煤炭高等教育“十四五”规划教材

新工科数据结构

编著　鲁法明　曾庆田　王婷　贾瑞生　包云霞

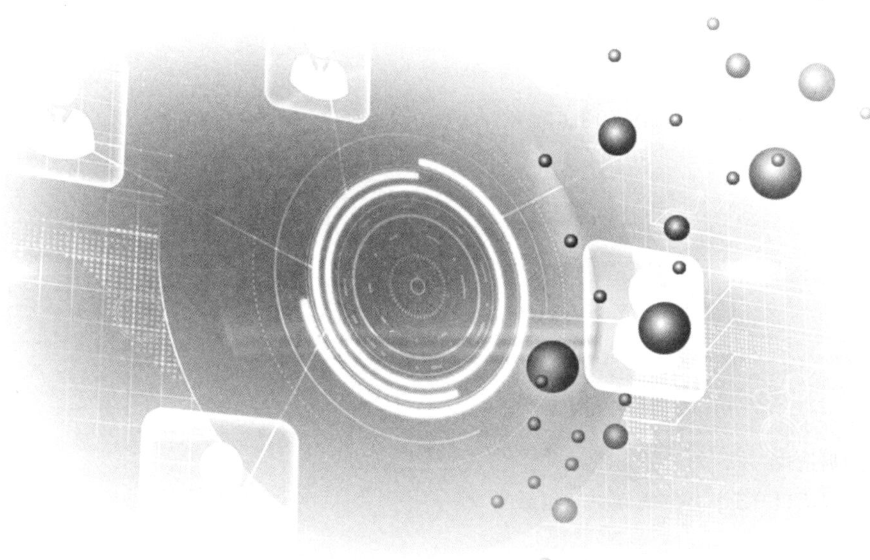

中国矿业大学出版社
· 徐州 ·

内 容 提 要

本书主要介绍非数值计算领域常见数据结构及抽象数据类型的定义、实现和应用，并结合数据结构相关的具体算法引申出一些通用的算法设计策略和创新性思维。同时，为兼顾知识传授与立德树人，对专业知识中蕴含的辩证思维、工程伦理、科学家精神、家国情怀与使命担当等思政元素进行深入挖掘和系统梳理，努力做到知识阐述、能力培养与人格塑造的有机融合。

全书图文并茂、深入浅出，适合计算机类相关专业的本、专科学生或从事计算机工程与应用工作的科技工作者使用。

图书在版编目(CIP)数据

新工科数据结构/鲁法明等编著.—徐州：中国矿业大学出版社，2023.9

ISBN 978-7-5646-5971-4

Ⅰ.①新… Ⅱ.①鲁… Ⅲ.①数据结构－高等学校－教材 Ⅳ.①TP311.12

中国国家版本馆 CIP 数据核字(2023)第 182614 号

书　　名 新工科数据结构
编　　著 鲁法明　曾庆田　王　婷　贾瑞生　包云霞
责任编辑 何　戈
出版发行 中国矿业大学出版社有限责任公司
(江苏省徐州市解放南路　邮编 221008)
营销热线 (0516)83885370　83884103
出版服务 (0516)83995789　83884920
网　　址 http://www.cumtp.com　**E-mail**:cumtpvip@cumtp.com
印　　刷 徐州中矿大印发科技有限公司
开　　本 889 mm×1194 mm　1/16　**印张** 16.25　**字数** 522 千字
版次印次 2023 年 9 月第 1 版　2023 年 9 月第 1 次印刷
定　　价 48.00 元

前　言

为更好地助力学生成长成才，按教育部新工科建设的理念和要求，你们着眼于教材内容的时代性、前沿性、高阶性、创新性和挑战度，在总结数十年教学经验和体会、查阅大量文献资料的基础上，倾注全力编写了这一教材。

当今世界正经历百年未有之大变局，中国特色社会主义进入新时代，实现中华民族伟大复兴迈上新征程。而在信息技术领域，无论是高端芯片等硬件的制造方面，还是操作系统等软件的研发方面，国内还存在很多“卡脖子”问题。“数据结构”是信息技术相关专业的核心课程，在这一特殊的历史时期，为肩负起立德树人根本任务，同时为祖国的信息技术行业培养更多的高技术人才，本教材力争将知识阐述、能力培养与人格塑造有效融合，既反映最新工程教育理念，又突出教材思政育人的功能，既注重学生创新创业能力的培育，也强调正确世界观、人生观和价值观的养成。

本教材适度引入 C＋＋ STL 及 Java 标准类库中常见数据结构的底层实现，以此增加教材内容的实用性；以工程实践中的实际问题或 IT 领域的最新技术为背景讲解知识点的应用，以此突出教材内容的前沿性；从经典的数据结构算法中挖掘其背后蕴含的辩证法哲理、创新性思维、科学家精神、中华优秀传统文化和家国情怀，以此增强教材内容的高阶性；通过对传统教学内容的拓展和引申提高教材内容的创新性和挑战度。

此外，从内容的呈现方式上看，本教材行文简洁，图文并茂，努力做到专业知识的通俗易懂和深入浅出；从内容覆盖面的角度看，本教材按照最新硕士研究生入学全国统一考试——计算机学科专业基础综合考试的大纲要求，实现了对大纲中数据结构相关内容的全覆盖。

“三寸粉笔，三尺讲台系国运；一颗丹心，一生秉烛铸民魂。”这是习近平总书记对人民教师的高度评价。作为高校教师，编者希望借此教材为广大学子的成长成才贡献自己的绵薄之力，期待我们中华民族伟大复兴的中国梦早日实现！

鲁法明　曾庆田　等
于山东科技大学
2023 年 6 月

目　录

第一章 绪论

《梅》 李方膺（清）

1.1 基本概念和术语

- **数据元素**：计算机程序对数据进行处理的基本单位。它可以是一个整数等简单类型数据，也可以是由若干属性（数据项）构成的结构体数据等复杂数据。
- **元素间的关系**：设D是一个数据元素的有限集合，笛卡儿积D×D的任意一个子集R都称为定义在D上的一个关系。若(u,v)∈R，则称u到v满足关系R，并称关系R下u为v的前驱、v为u的后继。例如：
  - 设D是某公司部门科室的集合，u与v是该公司两个部门科室，若(u,v)∈R成立当且仅当u下辖v，则R定义了该公司部门科室之间的一种“下辖关系”；
  - 设D是某些高铁站点的集合，u与v是当中两个站点，若(u,v)∈R成立当且仅当存在高铁从站点u直达站点v，则R定义了高铁站点之间的一种“直达关系”。
- **数据对象**：计算机程序加工处理的对象。它可以是一个单独的数据元素，也可以是若干具有相同属性的数据元素构成的集合，集合中的元素之间还可以包含各种关系。如操作系统的文件管理程序处理的数据对象由系统中的所有文件夹和文件构成，这些文件夹和文件在存储目录上具有上下级关系。
- **数据对象的逻辑结构**：当数据对象包含多个元素时，该对象根据元素间关系的不同可以形成线性、树形、图状、集合等不同的结构，统称它们为数据对象的逻辑结构。记数据对象中的元素集合为D，D中元素间的关系为R，则各种逻辑结构的定义如下：
  - **线性结构**：当D非空时，若D与R同时满足如下三个条件，则称该数据对象具有线性结构，D上的这种关系可简称为“一对一”的关系：
    (1) D中有且仅有一个元素u在关系R下无前驱，称之为首元素；
    (2) D中有且仅有一个元素v在关系R下无后继，称之为尾元素；
    (3) 除u与v外，D中其余任意一个元素在关系R下都有唯一的前驱和唯一的后继。

线性结构实例：等待核酸检测人员形成的队列

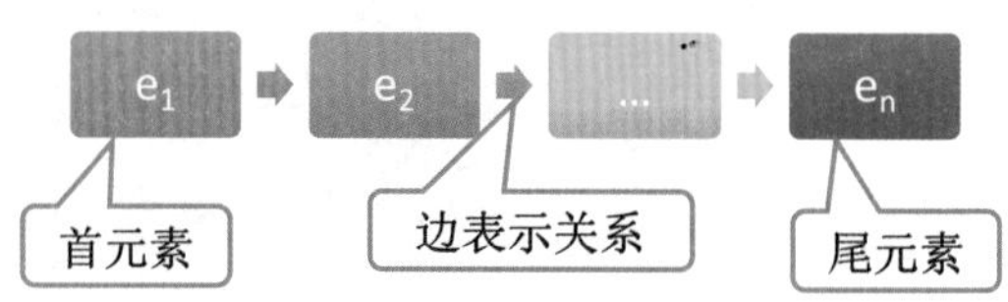

线性结构的一般化表示形式

  - **树形结构**：当D非空时，若D与R同时满足如下三个条件，则称该数据对象具有树形结构，D上的这种关系可简称为“一对多”的关系：

(1) D中有且仅有一个元素u在关系R下无前驱，称之为树的根结点；其余任何元素在关系R下有且仅有一个前驱。

(2) D中元素在关系R下可有任意多个后继，也可没有后继。没有后继的元素称为树的叶结点。

(3) 从根结点到其余任何元素结点通过关系R的传递闭包可达。

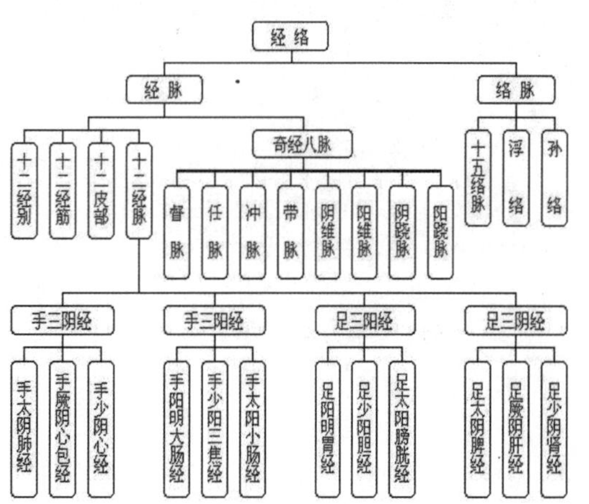

树形结构实例：各种经络在“包含”关系下形成一棵树

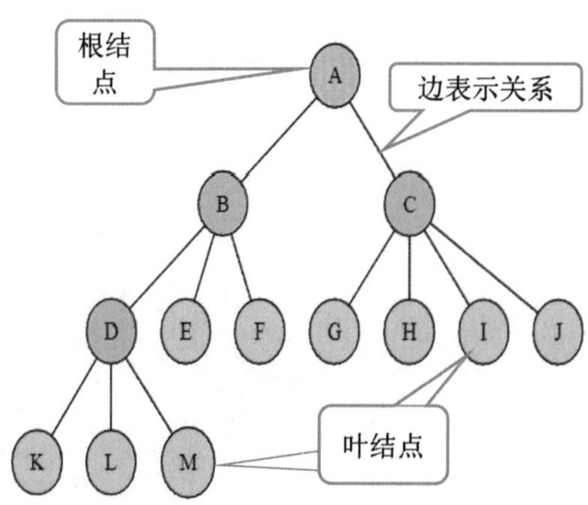

树形结构的一般化表示形式

- **图状结构**：当D非空时，R非空，且D中各个元素在关系R下均可有任意多个前驱，也可以有任意多个后继，则称该数据对象具有图状结构，D上的这种关系可简称为“多对多”的关系。

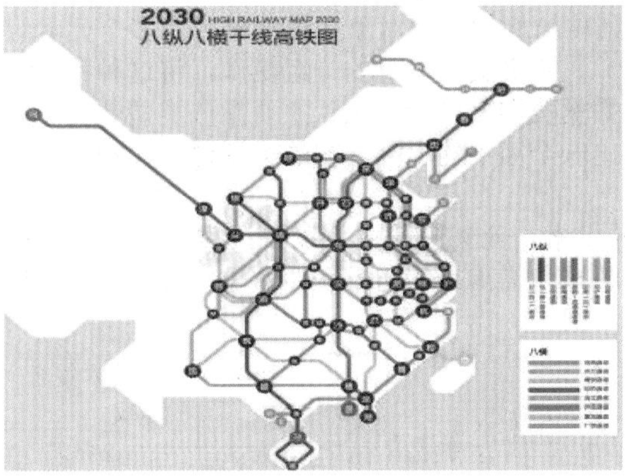

图状结构实例:各站点在“直达”关系下形成图状结构

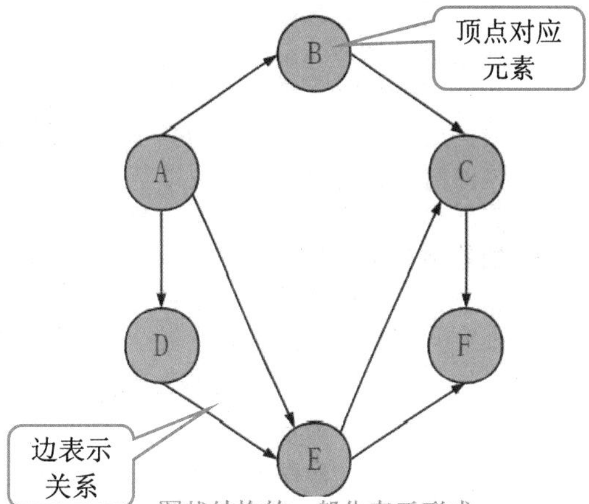

图状结构的一般化表示形式

- **集合结构**：无论D是否为空，R始终为空，则D中元素仅具有“同属一个集合”的关系，元素相互之间无关系，此时称该数据对象具有集合结构。

集合结构实例:诸子百家部分代表人物构成一个集合结构

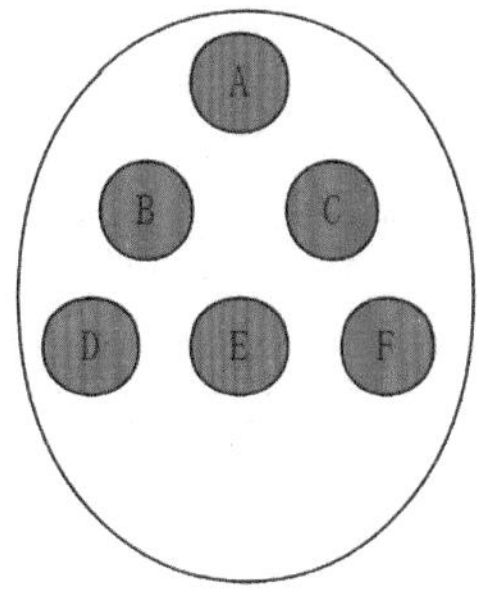

集合结构的一般化表示形式

➢ **数据对象的存储结构**：计算机存储数据对象时，既要存储对象的数据元素，也要存储元素间的关系，元素的存储根据元素取值类型的不同采用不同类型的数据存储结构即可；关系的存储则分两种形式，对应的数据对象的存储结构也分为两类，具体如下：

- **关系的顺序映像与顺序存储结构**：当两个元素u与v满足关系R，即(u,v)∈R时，借助u与v在物理存储器中存储位置上的相对关系来表示元素间的逻辑关系，称之为关系的顺序映像；相应的，当关系采用顺序映像时，数据对象在物理存储器中形成的存储结构称为数据对象的顺序存储结构。
- **关系的链式映像与链式存储结构**：为每个元素附加一个指针数据项，当(u,v)∈R时，令u的指针指向元素v(即令u的指针数据项存储v的存储地址)，称之为关系的链式映像；相应的，当关系采用链式映像时，数据对象在物理存储器中形成的存储结构称为数据对象的链式存储结构。

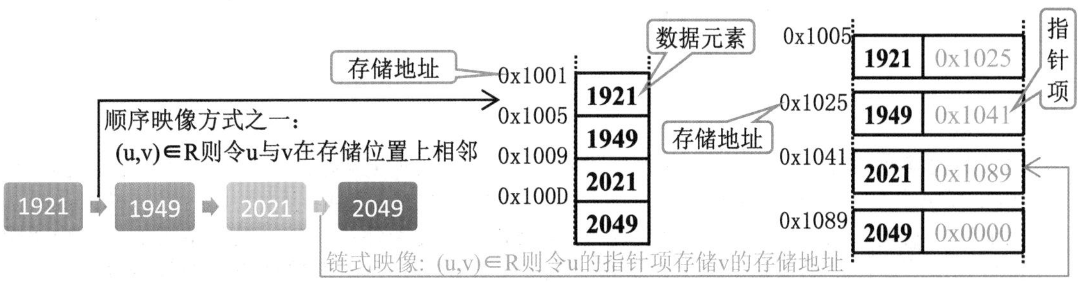

逻辑结构为线性结构的数据对象结构实例　　顺序存储结构实例　　　　链式存储结构实例

- **数据类型**：一个数据元素的集合及定义在该集合上的一组操作的总称。例如，C语言中的short类型可理解为“区间[-32 768,32 767]内的整数”及“定义在这些整数上的加减乘除和取余等运算”的总称。编程语言中已实现的数据类型称为**固有数据类型**。
- **抽象数据类型**(Abstract Data Type)：针对某种结构的数据对象（该对象可由多个元素组成且元素间可具有各种关系从而形成一定结构），定义其上常见的一组操作，将这种特定结构的数据对象及定义在其上的操作合称为**抽象数据类型**。所谓抽象，主要指该类型定义不涉及具体的数据存储和操作实现细节，而是仅给出一个简单的、高层次的类型说明，相当于在底层实现和顶层应用之间定义一套接口。
- **抽象数据类型的定义**：对数据对象包含的元素、元素间的关系以及该类对象的基本操作进行界定，通常需指明操作名、参数列表及各操作需满足的初始条件和操作结果。下面结合三维空间向量给出抽象数据类型定义的一般格式：

ADT VectorIn3DSpace {
 数据对象: D ={ a,b,c | a、b、c均为实数 }
 数据关系: R ={ (a, b), (b, c) }
 基本操作:
  InitSpaceVector(&V, a, b, c);
  操作结果：构造一个三维空间向量V，其三个坐标轴上的值分别为a/b/c
  DestroySpaceVector(&V);
  初始条件：向量V存在
  操作结果：销毁三维空间向量V
  VectorAdd(V1, V2, &VSum);
  初始条件：向量V1与V2存在
  操作结果：计算V1与V2的和，并生成两者的和向量Vsum
  VectorSub(V1, V2, &VSub);
  初始条件：向量V1与V2存在
  操作结果：计算V1与V2的差，并生成两者的差向量Vsub
  VectorAssign(&V, i, value);
  初始条件：向量V存在，i是介于1到3之间的整数
  操作结果：设定向量V第i个坐标值为value
  VectorGet(V, i, &value)
  初始条件：向量V存在，i是介于1到3之间的整数
  操作结果：计算向量V第i个坐标值，并用value带回
  VectorDotProduct(V1, V2, &product);
  初始条件：向量V1与V2存在
  操作结果：计算向量V1与V2的点乘积，并用product带回
  VectorEqual(V1, V2);
  初始条件：向量V1与V2存在
  操作结果：判断两向量是否相等，相等返回1，否则返回0
  VectorPrint(V);
  初始条件：向量V存在
  操作结果：输出向量V
}//ADT VectorIn3DSpace

抽象数据类型名

数据对象中元素集合的定义

定义元素间的关系，此处是一种线性结构，a是首元素，c是尾元素，b是a的后继、c的前驱

初始化与销毁操作通常所有抽象数据类型都有，又称构造函数和析构函数

在C++函数头的参数列表中，符号&表示一个参数为引用型参数，它与调用该函数的语句中的实参引用同一内存地址，在函数内修改该形参值即是对实参的修改，可用以带回函数的处理结果

产生该抽象数据类型新实例的操作，统称为生产型函数

对抽象数据类型实例进行修改的操作，包括元素的增删等，统称为变值型函数

只读取抽象数据类型实例的相关属性值而不修改的操作，统称为观察型函数

- **抽象数据类型的应用**：其一，很多不同应用问题涉及的数据对象具有相同的结构和基本操作(如图书表和货物表的维护问题)，可用统一的抽象数据类型描述它们，而且该抽象数据类型的同一实现可服务于多个不同应用，从而**提高软件复用性**；其二，抽象数据类型给出了更接近顶层应用需求的接口，为用户屏蔽了很多实现细节，可**降低软件设计的复杂性**。

1.2 抽象数据类型的实现

抽象数据类型的实现包括数据对象的存储和基本操作的实现两部分，本节以上一节给出的抽象数据类型VectorIn3DSpace为例，说明抽象数据类型的实现方法，同时对本书进行抽象数据类型实现时涉及的一些编码规范进行示例说明。

➢ **数据对象存储结构的定义**：数据对象的存储包括数据元素以及元素间关系的存储两方面。当数据对象具有线性逻辑结构时，关系采用顺序映像意味着该数据对象的所有元素按照从首元素开始，到尾元素结束，以逐个连续存储的方式存储到内存中，对应一个数组的空间；关系采用链式映像意味着该对象的所有元素以链表的形式存储。

- **实例分析**：以抽象数据类型VectorIn3DSpace为例，其逻辑结构、顺序存储结构与链式存储结构示意图，以及其顺序存储结构与链式存储结构定义分别如下：

向量 V= (a, b, c)的逻辑结构

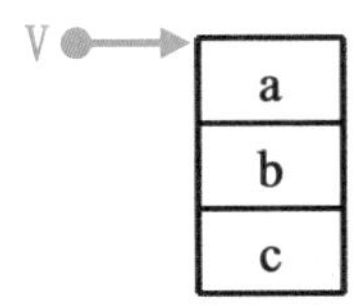

向量 V= (a, b, c)的顺序存储结构

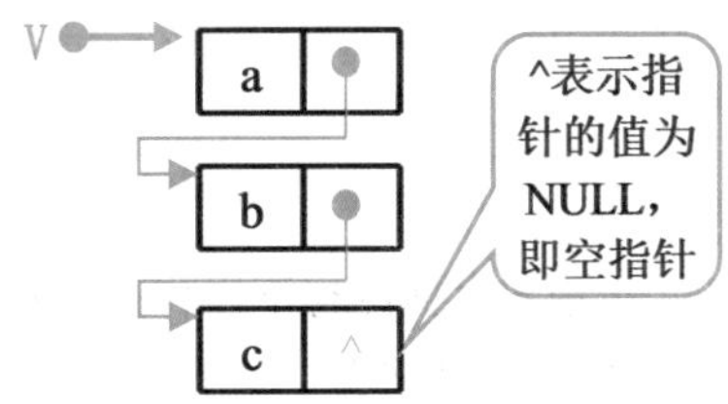

向量 V= (a, b, c) 的链式存储结构

```
//VectorIn3DSpace的顺序存储结构定义
typedef double ElemType; //自定义类型ElemType表示元素类型
typedef ElemType * VectorIn3DSpace_Sq; //借助末尾的Sq强调是顺序存储
```

此处ElemType*代表动态数组类型。相比直接规定长度的静态数组类型 ElemType [3]，动态数组可以根据需要灵活地进行存储空间的分配和释放，故优先采用动态数组

该关键字用于给某数据类型起一个新的别名。在原本定义变量的语句前面加入typedef，原本写变量名的位置写上新的类型名，可提高代码的易读性

```
//VectorIn3DSpace的链式存储结构定义
typedef double ElemType; //自定义类型ElemType表示元素类型
struct VectorNode{
   ElemType data;
   struct VectorNode * next;
}; //链表结点的类型定义
typedef struct VectorNode VectorNode; //借助typedef简化结构体类型名
typedef VectorNode * VectorIn3DSpace_L;//借助末尾的L强调是链式存储
```

此处VectorNode*代表指向链表结点的指针类型，通过首结点的地址标识一个链表

为使代码更紧凑，可在定义结构体类型的同时，为该结构体类型、指向该结构类型的指针类型分别起别名：

```
//VectorIn3DSpace的链式存储结构定义
typedef double ElemType; //自定义类型ElemType表示元素类型
typedef struct VectorNode{
   ElemType data;
   struct VectorNode * next;
}VectorNode , * VectorIn3DSpace_L;
```

同时自定义VectorNode与VectorIn3DSpace_L两个类型名

- **数据对象基本操作的实现**：操作的实现方法需要根据数据对象的具体存储结构来设计。同一个操作，当采用顺序存储或者链式存储两种不同的存储结构时，操作的实现方法与效率均可能不同。
  - **实例分析**：以抽象数据类型VectorIn3DSpace的初始化和元素赋值操作为例，分别给出它们在前述顺序存储结构和链式存储结构上的实现，并分析各自优缺点。

```
//顺序存储结构下操作InitSpaceVector的实现
Status InitSpaceVector_Sq(VectorIn3DSpace_Sq &V , ElemType a, ElemType b, ElemType c ){
  // 开辟含三个元素的一维动态数组V，并将V的三个元素值分别设置为a/b/c
  V = (ElemType *) malloc ( 3*sizeof(ElemType) );
  if( !V ) //!V等同于V==0,可降低漏写等号的概率
    exit( OVERFLOW );
  V[0] = a;   V[1] = b;   V[2] = c;
  return OK;
}
```

C++语言支持函数参数的引用传递，若只允许使用C语言语法，可通过指针传递的方式达到引用型参数带回函数处理结果的目的，试实现之

```
//链式存储结构下操作InitSpaceVector的实现
Status InitSpaceVector_L(VectorIn3DSpace_L & V , ElemType a, ElemType b, ElemType c ){
  //依次开辟三个结点，将它们数据域的值分别设置为a/b/c，并令第一个结点的next成员指
  //向第二个结点，第二个结点的next成员指向第三个结点，第三个结点的next成员为NULL
  V = (VectorNode *) malloc ( sizeof(VectorNode) );
  if( !V ) exit( OVERFLOW );
  V->data = a;
  V->next = (VectorNode *) malloc ( sizeof(VectorNode) );
  if( !V->next ) exit( OVERFLOW );
  V->next->data = b;
  V->next->next = (VectorNode *) malloc ( sizeof(VectorNode) );
  if( !V->next->next ) exit( OVERFLOW );
  V->next->next->data = c;
  V->next->next->next = NULL;
  return OK;
}
```

本书部分默认的符号常量与自定义类型定义如下：

```
#define OK 1
#define ERROR 0
#define TRUE 1
#define FALSE 0
#define OVERFLOW -2

//状态类型自定义
typedef int Status;
```

```
//顺序存储结构下操作VectorAssign的实现
Status VectorAssign_Sq(VectorIn3DSpace_Sq &V , int i, ElemType value){
  // 当i介于1到3之间时，将V的第i个元素（即V[i-1]）设置为value。
  if( i<1 || i>3 )  return ERROR;
  V[i-1] = value;
  return OK;
}
```

```
//链式存储结构下操作VectorAssign的实现
Status VectorAssign_L(VectorIn3DSpace_L &V , int i, ElemType value){
  // 当i合法时，定位到第i个结点，并将该结点的data成员赋值为value
  if( i<1|| i>3) return ERROR;
  VectorNode * p = V;  //令指针p指向首结点
  //计数器k表示p指向结点的序号，只要k还没到i就令指针p后移
  for(int k=2; k<=i; ++k)
    p = p->next;
  p->data = value;
  return OK;
}
```

采用顺序存储时，可根据数组首地址和序号直接访问元素，而链式存储则要通过一个循环定位指定序号的元素，因此，就操作VectorAssign而言，顺序存储结构下该操作实现的效率更高。不过，若进行元素的增删，则顺序存储下可能要移动大量的元素，而链式存储无须连续存储

1.3 数据结构与算法

□ 算法特性及其与数据结构的关系

瑞士计算机科学家、计算机科学教育杰出贡献奖得主尼古拉斯·沃斯（Niklaus Wirth）著有一本名为*Algorithms + Data Structures = Programs*的著作。此外，他在1984年获得图灵奖时再次强调了“程序=算法+数据结构”的理念。该理念中，数据结构指对程序加工的数据对象进行存储、组织的方案，算法指针对程序需要解决的问题而制定的求解步骤的序列。数据结构与算法并非相互孤立的，而是存在密切的联系，本节对相关概念以及两者之间的关系进行说明。

- **算法的特性**：作为对问题求解步骤的描述，算法具有如下特性：
  - **输入(Input)**：算法通常有一定的输入（某些情况下也可没有输入），这些输入来自同一个特定的集合；
  - **输出(Output)**：算法必须有一个或多个输出，这些输出对应问题的解；
  - **有穷性(Finiteness)**：对任意的输入，算法求解问题的步骤必须是有穷的；
  - **确定性(Definiteness)**：算法中每一个步骤的含义必须是确定、无二义性的；
  - **可行性(Effectiveness)**：算法中每一个步骤必须是可行的（即每个步骤都可以被分解为基本的计算机可执行的操作指令），而且各步骤能在有限的、可接受的时间内完成。
- **算法与数据结构的关系**：数据结构是算法设计的前提和基础，设计良好的数据结构有望提高算法解决问题的效率。
  - 以下图中含n个元素、具有线性逻辑结构的数据对象L为例，假设要解决的问题是根据给定的序号i(i介于1到n之间)获取指定元素。若采用顺序存储结构，可直接在该对象存储空间首地址的基础上加i-1即可定位待获取元素（称之为**随机访问**）；若采用链式存储结构，则从首元素结点开始沿指针逐个前进i-1次方可定位待获取元素（称之为**顺序访问**）。相比而言，对按序号获取元素这一问题，线性结构的对象采用顺序存储结构而非链式存储结构将具有更高的算法效率。

含n个元素的线性结构的数据对象L

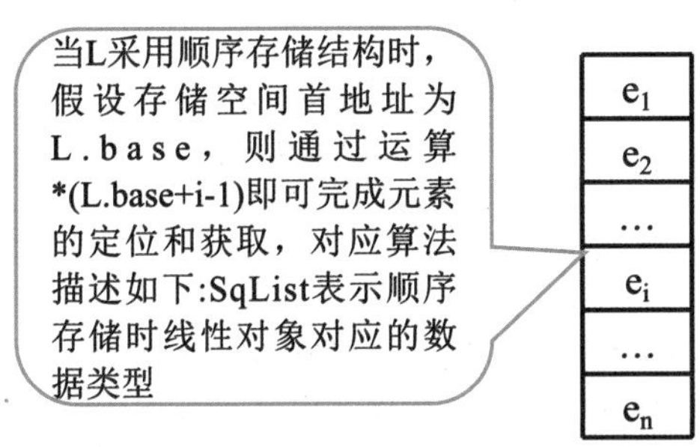

当L采用顺序存储结构时，假设存储空间首地址为L.base，则通过运算*(L.base+i-1)即可完成元素的定位和获取，对应算法描述如下:SqList表示顺序存储时线性对象对应的数据类型
e_1
e_2
…
e_i
…
e_n

对象L的顺序存储结构

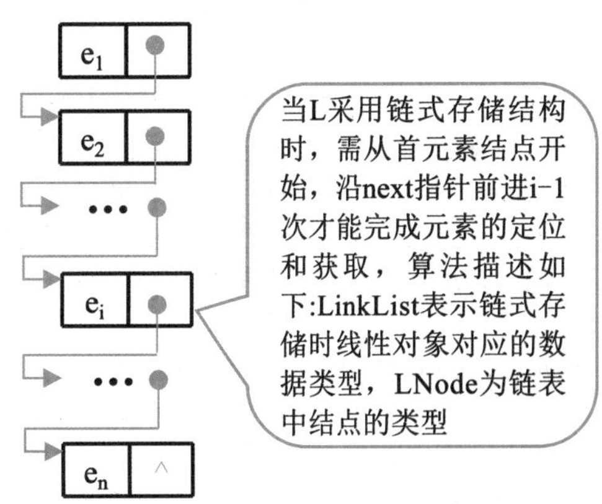

e_1
e_2
•••
e_i
•••
e_n
^
当L采用链式存储结构时，需从首元素结点开始，沿next指针前进i-1次才能完成元素的定位和获取，算法描述如下:LinkList表示链式存储时线性对象对应的数据类型，LNode为链表中结点的类型

对象L的链式存储结构

```
//顺序存储时线性对象的元素获取算法
ElemType GetElemByIndex_Sq(SqList L, int i){
   return *(L.base+i-1);
}
```

当i的取值不是介于1到n之间时，该算法将访问数组合法区域之外的空间，存在数组越界访问的漏洞。考虑如何优化

```
//链式存储时线性对象的元素获取算法
ElemType GetElemByIndex_L(LinkList L, int i){
   LNode *p=L;
   for( int k=1; k<=i-1; k++ )
      p = p->next
   return *p;
}
```

当i小于1时，算法的求解结果错误；当i大于n时触发空指针访问异常，考虑如何优化

□ 算法质量的评价

一个好的算法，不仅要满足前述的有穷性、确定性和可行性等必要条件，还应在算法的正确性、可读性、健壮性以及算法的时间效率、空间效率上尽量优秀，本小节对此进行简单介绍，后续小节围绕算法时间和空间效率的度量进行详细说明。

➢ 算法质量的评价指标

- **正确性：** 指算法的输出满足问题求解的需要，可分为多个层次：不含语法错误，对常见的、典型的输入能够得出符合要求的解，对精心设计的、苛刻的输入也能得出符合要求的解，对任何合法的输入都能得出符合要求的解。以上节线性结构对象上按序号获取元素的两个算法为例，它们只能达到上述第二个层次的正确性。
- **可读性：** 算法除了能解决问题外，还需要便于人们的阅读与交流。可读性好的算法既有利于算法的后续维护和扩展，也更容易检查其中隐藏的错误或者漏洞。常见的提高算法可读性的措施包括：在算法中添加注释、变量或在函数命名时采用更符合其含义或功能的规范标识符，将相对独立的功能进行模块化封装等。
- **健壮性：** 当输入的数据非法时，算法应能给出合理的提示，而不是给出莫名的输出，甚至中断程序执行或者导致程序崩溃。比如，上节给出的两个算法就不满足健壮性的要求，因为i非法时两个算法都未给出合理的提示。一个可行的处理方案是，通过函数的返回值表示异常的性质，以便程序捕获该异常并进行相应的处理。
- **时间效率：** 对同一个问题和同样的输入，在相同的计算机配置等运行环境下，算法求解问题耗费的时间越少，其时间效率越高。时间效率主要取决于问题求解需要执行的基本操作的数量，以上节线性结构对象上的两个元素获取算法为例，顺序存储结构上获取算法的时间效率在大多数情况下优于链式存储结构上的算法。
- **空间效率：** 算法运行时，除程序源代码和输入数据占据的存储空间外，可能还需额外开辟辅助的存储空间。对同一个问题和同样的输入，算法求解问题需要的辅助空间越少，其空间效率越高。
- **算法质量优化实例：** 下面是对上节两个算法的质量优化后的结果，其正确性、可读性、健壮性相比上节的算法均有所提升，同时说明了算法的时间和空间效率。

```
/*
 *获取顺序存储结构下线性对象的第i个元素
 *@param[L]：采用按顺序存储的线性结构对象
 *@param[i]：待查找的元素的序号
 *@param[e]：带回待查找元素的引用型参数
 *@return：返回一个整数类型的状态码
*/
Status GetElemByIndex_Sq(SqList L, int i,
                         ElemType &e ){
  if( i<=0 || i>L.length) //处理i非法的异常
    return ERROR; //若i非法则返回ERROR

  else{
    e = *(L.base+i-1);//用e带回第i个元素
                       //L.base为存储空间首地址
    return OK; //查找成功则返回OK
  }
}
```

i合法时，该算法基本操作的执行数量以及辅助存储空间大小不随问题规模（n和i的值）的增大而增加

```
/*
 *获取链式存储结构下线性对象的第i个元素
 * ……(参数与返回值说明同左侧算法)
**/
Status GetElemByIndex_L(LinkList L, int i,
                        ElemType &e ){
  if( i<=0) //处理i取值过小的异常
    return ERROR;
  else{
    LNode *p=L; //令指针变量p指向链表首结点
    int count = 1;//count对p所指结点进行计数
    /*只要p指向的结点存在且未到第i个结点，
      则令p指向下一结点，同时令count增1*/
    while( p!=NULL && count < i){
      p = p->next;
      count++;
    }
    if( !p ) //若p为空说明i过大，结点不存在
      return ERROR;
    else{
      e = p->data; //用e带回第i个元素的信息
      return OK;
    }
  }
}
```

基本操作执行数量在i大于或等于表长时达到最大，随n的增长基本呈线性增长；辅助存储空间大小不随问题规模的增大而增加

□ 算法时间效率的度量

问题求解过程中，算法所执行基本操作的数量难以有效体现不同算法在时间效率上的不同。比如，对同一个问题，假设三个算法解决该问题时基本操作的执行次数函数分别为 $F_1(n)=n^2+2n+1$、$F_2(n)= n^2-2n+50$ 和 $F_3(n)= n^3-10n+20$，其中n是表示问题规模的参数。由如下的函数图像可知，随n取值不同，三个函数的相对大小有时会不同。而且，鉴于计算机的高效运算速度，操作次数上小的差别对求解性能的影响不大，所以，不宜通过具体操作次数的大小区分算法的好坏。但是，操作次数随问题规模增大的增长率却能有效地区分不同算法的好坏。因此，一般以算法求解问题时基本操作执行次数随问题规模增大的增长率作为算法时间效率的度量标准。

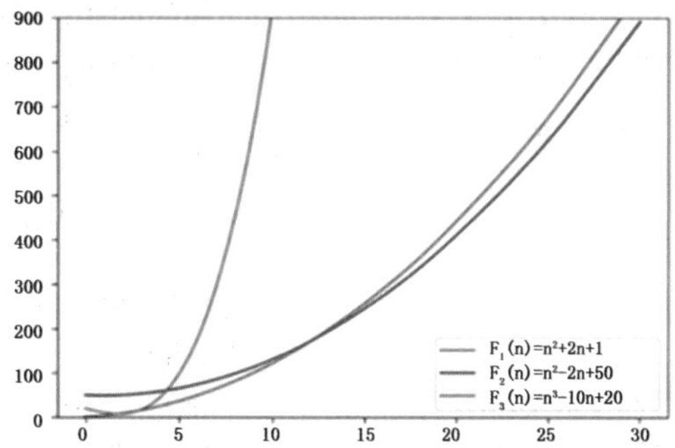

为便于描述，假设一个问题的规模用参数n表示，算法求解该问题需要执行的基本操作次数记为函数 F(n)，称其为**算法的频度函数**。如前述的$F_1(n)$、$F_2(n)$和$F_3(n)$都是算法的频度函数。

一般而言，频度函数F(n)通常由很多小项的和或差构成[如$F_1(n)$由n^2、2n、1共3个小项的和构成]。不难发现，各小项的增长率是不同的（比如，当n大于一定的值时，n^2的增长率大于2n，而常数项1是不增长的），记增长率最大的小项为$F_{maxGrowth}(n)$。鉴于常数的乘子不影响函数的增长率，我们将$F_{maxGrowth}(n)$ 中的常数乘子项去掉（如$2n^2$去掉常数乘子项后为n^2），记得到的函数为$f_{maxGrowth}(n)$。如此一来，不难发现，随着问题规模n的增大，F(n)的增长率渐近于$f_{maxGrowth}(n)$的增长率，此时，我们称$O(f_{maxGrowth}(n))$为**算法的渐近时间复杂度**，简称时间复杂度，记作 $T(n) = O(f_{maxGrowth}(n))$。例如，频度函数分别为$F_1(n)$、$F_2(n)$和$F_3(n)$的三个算法，其时间复杂度分别为$O(n^2)$、$O(n^2)$和 $O(n^3)$。

➢ 算法时间复杂度计算实例

- **问题描述**：对含n个元素的一维数组a，要求将其循环右移m位，如下图所示。

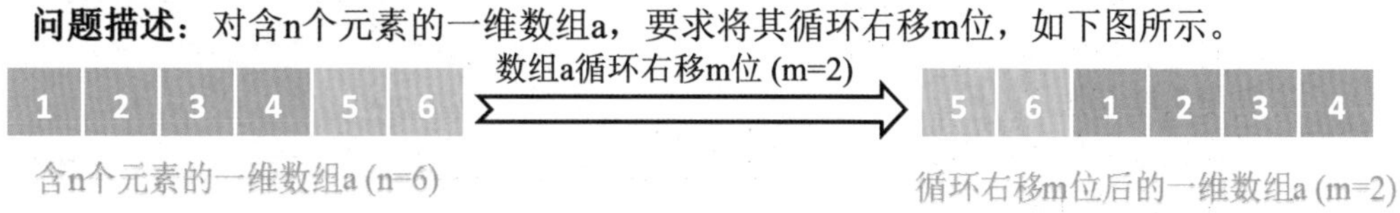

- **算法设计**：对于该问题，可设计两种求解算法。

✓ **算法1**：基本思想是重复m轮，每轮循环右移1位。具体算法及其时间复杂度如下。

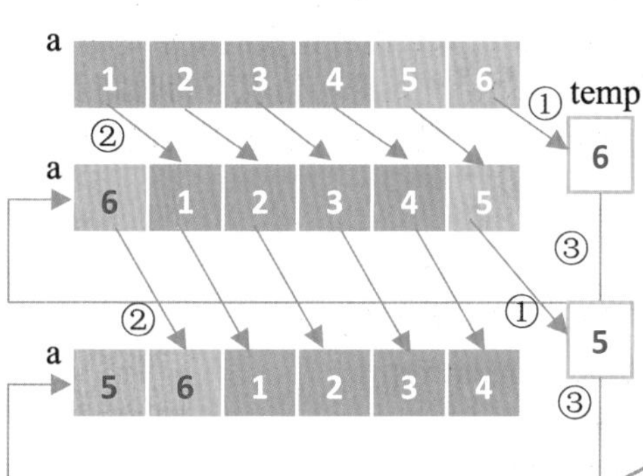


```
Status ArrayRotateR_1(int *a, int n, int m){
  if( n<=0 || m<=0 ) return ERROR;
  else{ // 重复m轮，每轮循环右移1位
    for(int i=1;i<=m; i++){
      int tmp = a[n-1]; //备份尾元素，对应左图步骤①
       //从后向前将前n-1个元素逐个后移1位，对应②
       for( int k = n-2; k>=0; k--)
          a[k+1] = a[k];
       a[0] = tmp; //将备份元素填入数组首部，对应③
    }
    return OK;
  }//else
}
```

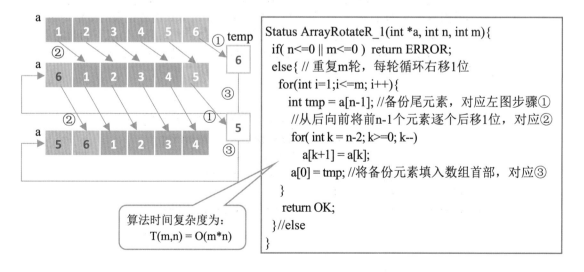

算法时间复杂度为：
T(m,n) = O(m*n)

✓ **算法2**：开辟一个与a等长的辅助数组b，首先将a前n-m个元素复制到辅助数组右侧，再将a后m个元素复制到辅助数组左侧，最后，将辅助数组的元素逐个赋值。**注意**：m大于等于n时，m需对n取余，试思考原因。

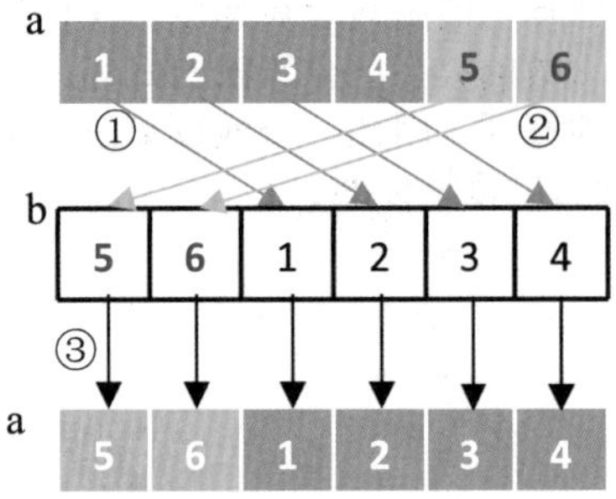

算法时间复杂度为：
T(m,n) = O(n)

```
Status ArrayRotateR_2(int *a, int n, int m){
   if( n<=0 || m<=0 )  return ERROR;
   else{
      m = m%n;
      int *b=(int *)malloc(n*sizeof(int));
      //将区间a[0..n-m-1]中的元素移至b[m..n-1]
      for(int i=0, j=m; i<=n-m-1; i++,j++)
         b[j] = a[i];
       //将区间a[n-m..n-1]中的元素移至b[0..m-1]
      for(int i=n-m, j=0; i<=n-1; i++,j++)
         b[j] = a[i];
      //将区间b[0..n-1]中的元素移至a[0..n-1]
      for(int i=0; i<=n-1; i++)
         a[i] = b[i];
      return OK;
   }//else
}
```

□ 算法时间复杂度拓展

➢ **算法复杂度函数及其增长率**：常见的算法复杂度函数及其增长趋势如图所示，就增长率而言，$O(1) < O(\log n) < O(n) < O(n \log n) < O(n^2) < O(2^n) < O(n!)$。一般而言，将多项式时间复杂度内可解的问题看作容易处理的问题，当复杂度超过多项式时，对于规模较大的问题这类算法均难以有效求解。

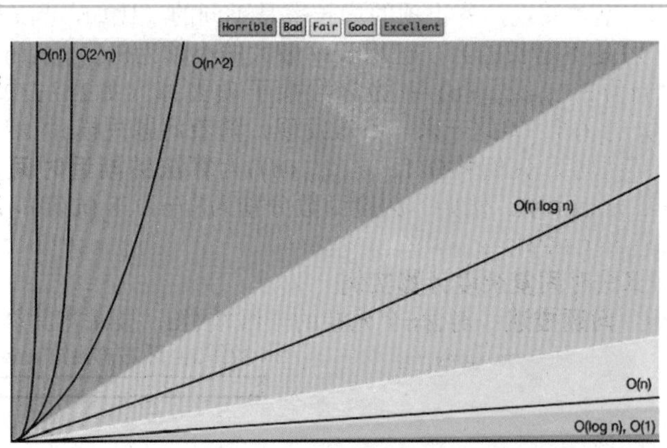

➢ **算法最坏复杂度与平均复杂度**：一个算法的时间复杂度除依赖问题规模外，有时还与算法的输入有关。以如下的数组查找算法为例，当查找的元素x位于数组的最后时，需比较n次，此时的时间复杂度为O(n)；当x位于数组首元素时，仅需比较1次，此时的时间复杂度是O(1)；假设x肯定位于数组中，且位于数组各位置的概率均等，则此时的平均比较次数为(n+1)/2，此时的复杂度也为O(n)。这三种情况下的时间复杂度分别称为算法的最坏、最好和平均时间复杂度。默认情况下，复杂度指最坏时间复杂度。

```
//在数组a中查找元素x，返回x在数组中的下标
int ArraySearch (int *a, int n, int x){
   for ( int k=0; k<n; k++ )     {
      if( a[k] == x)  return k;
   }
   return -1; //x不在数组中时返回-1
}
```

最坏时间复杂度：O(n)
平均时间复杂度：O(n)
最好时间复杂度：O(1)

□ 算法空间效率的度量

类似算法的时间效率度量，不宜通过算法辅助空间的大小比较来区分空间效率的好坏，而应将算法辅助空间随问题规模增加的增长率作为算法空间效率的度量指标。

假设一个问题的规模用参数n表示，算法求解该问题需要的辅助空间大小记为函数 G(n)，记构成G(n)的各个小项中增长率最大的小项为$G_{maxGrowth}(n)$。进一步将$G_{maxGrowth}(n)$ 中的常数乘子项去掉，记得到的函数为$g_{maxGrowth}(n)$。如此一来，不难发现，随着问题规模n的增大，G(n)的增长率渐近于$g_{maxGrowth}(n)$的增长率，此时，我们称$O(g_{maxGrowth}(n))$为**算法的渐近空间复杂度**，简称空间复杂度，记作 $S(n) = O(g_{maxGrowth}(n))$。

以上节一维数组循环右移的两个算法为例。就算法1而言，无论数组长度n与循环右移的位数m怎么变化，该算法开辟的辅助空间始终只是temp、i 与k三个变量的空间，辅助空间的大小不随问题规模的增长而增长，其空间复杂度是常数阶的，即O(1)。就算法2而言，其辅助空间除了变量i、j两个固定大小的辅助空间外，还有一个长度为n的辅助数组b，该算法所需辅助空间的大小是n的线性函数，故其空间复杂度为O(n)。

```
Status ArrayRotateR_1(int *a, int n, int m){
  if( n<=0 || m<=0 )  return ERROR;
  else{
    int temp = a[n-1]; //备份尾元素
    //重复m轮，每轮循环右移1位
    for(int i=1;i<=m; i++)
      //从后向前将前n-1个元素逐个后移1位
      for( int k = n-2; k>=0; k--)
         a[k+1] = a[k];
    a[0] = temp; //将备份元素填入数组首元
                 //素
    return OK;
  }//else
}
```

S(m,n) = O(1)
T(m,n)=O(m*n)

VS

S(m,n) = O(n)
T(m,n) = O(n)

```
Status ArrayRotateR_2(int *a, int n, int m){
  if( n<=0 || m<=0 )  return ERROR;
  else{
     m = m%n;
     int *b=(int *)malloc(n*sizeof(int));
     //将区间a[0..n-m-1]中的元素移至b[m..n-1]
     for(int i=0, j=m; i<=n-m-1; i++,j++)
        b[j] = a[i];
     //将区间a[n-m..n-1]中的元素移至b[0..m-1]
     for(int i=n-m, j=0; i<=n-1; i++,j++)
        b[j] = a[i];
     //将区间b[0..n-1]中的元素移至a[0..n-1]
     for(int i=0; i<=n-1; i++)
        a[i] = b[i];
     return OK;
  }//else
}
```

□ 算法时间复杂度与空间复杂度的对立统一：以数组循环右移问题的求解为例，同一问题的不同求解算法，有的空间复杂度好而时间复杂度差（如算法1），有的时间复杂度好而空间复杂度差（如算法2），很多情况下，时间复杂度和空间复杂度难以两全。由此可见，**时间复杂度和空间复杂度相当于算法内部的一对矛盾**。马克思主义唯物辩证法认为，事物都由既相互对立又相互统一的一对矛盾组合而成，而且，在一定的条件下矛盾双方会各自向其对立面转化。老子也曾有云：“有无相生，难易相成”“反者道之动,弱者道之用”。这提示我们，在实践之中，要善于寻找问题中存在的矛盾双方，并通过对立面的探索来解决正面问题。具体到算法设计的实践上，**根据上述对立统一的观点，我们可以考虑牺牲算法的空间复杂度以提升算法的时间性能，或者牺牲算法的时间复杂度来优化算法的空间效率**。试基于这一思想设计时间性能尽量好的排序算法。

□ 算法设计的工匠精神

工匠精神的内涵是“执着专注、精益求精、一丝不苟、追求卓越”。自古以来，中国人民就有精益求精的传统，追求卓越的品质早已深深地融入我们的血脉。在算法设计领域，对算法质量的极致追求也是工匠精神的一种体现。仍以数组循环右移的问题为例，前文给出的两个算法中，算法1的空间复杂度好而时间复杂度差，算法2的时间复杂度好而空间复杂度差，能否找到一个时间复杂度和空间复杂度都达到最优的求解算法呢？对于数组循环右移的问题，这个答案是肯定的。具体而言，考察算法2，它开辟了一个与原数组等长的辅助数组用于元素间的位置交换。实际上，鉴于存储空间的可复用性，可尝试仅开辟一个元素的辅助空间作为所有元素交换用的共享临时空间，由此可得如下算法，其时间复杂度为O(n)，空间复杂度为O(1)，可以证明，对数组循环右移问题，这个算法的时间复杂度和空间复杂度已经是最优的了。

如图灵奖得主Donald E. Knuth（高纳德）所言，**编程是一门艺术**！编写优美的程序需要灵感和高超的技巧，这充满了乐趣、挑战和美，程序员就是创造这种艺术的艺术家，仅当程序员秉承工匠精神方能体会编程之美！

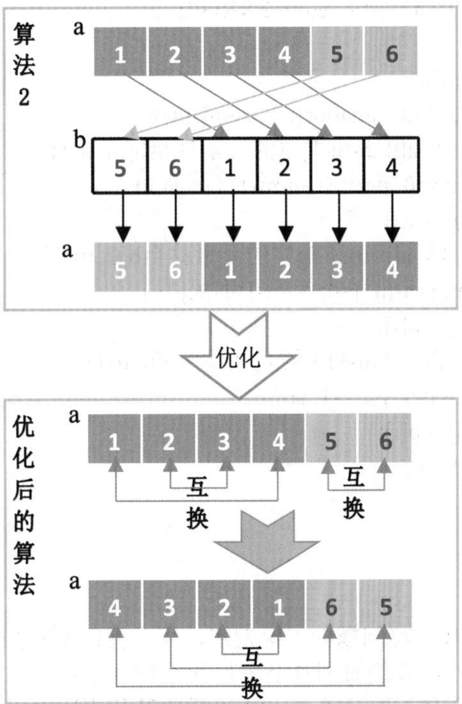


```
/*
 *一维数组的循环右移
 *@param[a]：一维数组的数组名，即数组首地址
 *@param[n]：数组元素个数，即数组长度
 *@param[e]：循环右移的位数
 *@return：右移成功返回OK，否则返回ERROR
*/
Status ArrayRotateR (int *a, int n, int m){
   if( n<=0 || m<=0 )  return ERROR;
   else{
      m = m%n;
      int temp;
      //将区间a[0..n-m-1]中的元素就地逆置
      for(int i=0, j=n-m-1; i<j; i++,j--){
         temp=a[i];  a[i]= a[j]; a[j]=temp;
      }
       //将区间a[n-m..n-1]中的元素就地逆置
      for(int i=n-m, j=n-1; i<j; i++,j--){
         temp=a[i];  a[i]= a[j]; a[j]=temp;
      }
      //将区间a[0..n-1]中的元素就地逆置
      for(int i=0, j=n-1; i<j; i++,j--) {
         temp=a[i];  a[i]= a[j]; a[j]=temp;
      }
      return OK;
   }//else
}
```

时间复杂度：O(n)
空间复杂度：O(1)

第二章 线性表

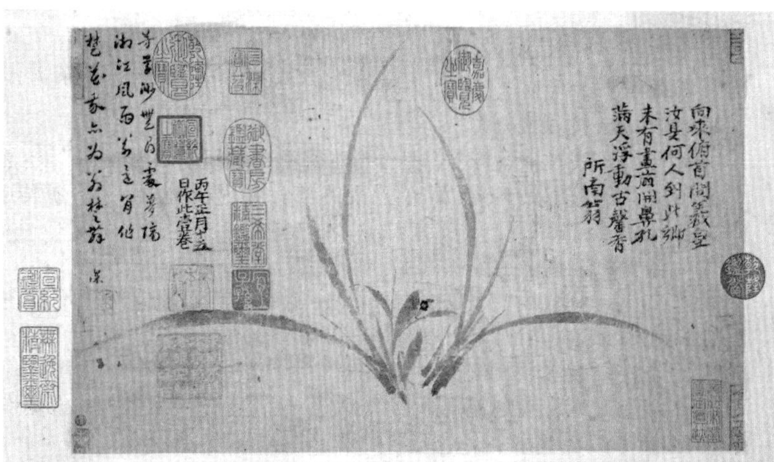

《墨兰图》郑思肖（宋）

2.1 线性表的抽象数据类型定义

□ **线性表的定义**：线性表是一个定义在线性结构数据对象上的抽象数据类型，具体如下：

ADT List{

数据对象D：D ={e_1,e_2,…,e_n}(n>=0)是具有相同属性和结构的数据元素的有限集合。

数据关系R：R ={<e_i, e_{i+1}>| i=1,2,…,n-1}是D上二元关系的集合。

基本操作：

InitList(&L)
操作结果：构造一个空的线性表L

DestroyList(&L)
初始条件：线性表L存在
操作结果：销毁线性表L

ListInsert (&L, i, e)
初始条件：线性表L存在，i是介于1到表长加1之间的整数
操作结果：在线性表L的第i个元素的位置插入一个新元素e

ListErase (&L, i, &e)
初始条件：线性表L存在，i是介于1到表长之间的整数
操作结果：删除表L中第i个位置上的元素，并用e带回

ListClear (&L)
初始条件：线性表L存在
操作结果：清空表L中的所有元素

ListAssign(L, i, value)
初始条件：线性表L存在，i是介于1到表长之间的整数
操作结果：设定线性表L第i个元素的值为value

ListEmpty (L)
初始条件：线性表L存在
操作结果：判断L是否为空表，是的话返回TRUE，否则返回FALSE

ListSize (L)
初始条件：线性表L存在
操作结果：返回L中元素的个数

ListGetElem (L, i, &e)
初始条件：线性表L存在，i是介于1到表长之间的整数
操作结果：获取线性表L第i个元素的值，并用e带回

ListFind (L, e)
初始条件：线性表L存在，e是一个元素
操作结果：获取线性表L中第一个与e相等的元素的位次，不存在时返回0

ListTraverse(L, visit())
初始条件：线性表L存在
操作结果：从头到尾遍历表L，对每个位置上的元素执行visit操作

> visit是一个函数指针，根据传递函数的不同可以执行不同的操作

}//ADT List

□ **线性表的应用实例**：诸如各类榜单、列表、序列数据的维护等问题均可基于线性表实现，多项式或者有序集合的操作也可。

编号	事项	年份	金额/万元
1	5.12汶川大地震捐款	2008	600
2	福建省残联基金会捐款	2013	2500
3	中国残联及附件残疾人福利基金会捐款	2018	8000
4	河北山东捐款	2019	10000
5	武汉疫情捐款	2020	1000
6	河南郑州特大洪灾捐款	2021	5000

鸿星尔克实业有限公司部分捐赠列表

Beijing 2008

（获金牌总数前10名的国家）

排名	国家及地区	金牌	银牌	铜牌	总数
1	中国	51	21	28	100
2	美国	36	38	36	110
3	俄罗斯	23	21	28	72
4	英国	19	13	15	47
5	德国	16	10	15	41
6	澳大利亚	14	15	17	46
7	韩国	13	10	8	31
8	日本	9	6	10	25
9	意大利	8	10	10	28
10	法国	7	16	17	40

2008年北京奥运奖牌榜

2.2 线性表的顺序存储与实现

- **线性表的顺序存储**：线性表元素之间的关系采用顺序映像，由此可将一个线性表存储到一个连续的内存空间中，称其为一个顺序表，对应的顺序存储结构定义如下：

```
//线性表的顺序存储结构定义
#define LIST_INIT_SIZE 100
typedef int ElemType; //自定义类型ElemType为元素类型（此处设为int）
typedef struct SqList {
  ElemType * base; //存储空间首地址，相当于一个数组名
  int capacity; //线性表存储空间的容量
  int size; //表长，即线性表中有效元素的个数
}SqList ;
```

初始化空顺序表时的容量

- **顺序存储结构下线性表操作的实现**
  - **顺序表的初始化**：开辟一定初始容量的存储空间，将首地址赋予顺序表的base成员，表容量赋值为LIST_INITSIZE，表长赋值为0。
  - 注意：内存开辟失败时通过exit函数进行异常捕获和处理。

```
Status InitList_Sq ( SqList &L ){
  L.base = (ElemType *) malloc ( LIST_INIT_SIZE*sizeof(ElemType) );
  if( !L.base )
    exit( OVERFLOW );
  L.capacity = LIST_INIT_SIZE;
  L.size = 0;
  return OK;
}
```

为区分同一线性表操作在顺序存储结构和链式存储结构上的不同实现，操作名后加上表示存储方式的后缀，顺序存储结构对应的后缀为_Sq，链式存储结构对应的后缀为_L

  - **顺序表的销毁**：若顺序表尚未销毁，则释放其对应的存储空间，L.base赋NULL，L.size赋0；若顺序表存储空间已经释放，则返回ERROR。

```
Status DestroyList_Sq ( SqList &L ){
  if( !L.base )
    return ERROR;
  free(L.base);
  L.base = NULL;
  L.size = 0;
  return OK;
}
```

若顺序表存储空间已经释放，则返回ERROR，防止内存空间重复释放

  - **顺序表的清空**：若顺序表存在则L.size赋0,返回OK；否则，返回ERROR。

```
Status ListClear_Sq ( SqList &L ){
  if(L.base){
    L.size = 0;
    return OK;
  }
  return ERROR;
}
```

➢ **顺序表的插入：**若插入位置合法，表未满时将插入位置之后的元素从后向前逐个后移一个元素位置，将待插入元素插入指定位置，再令表长增1即可；当表已满时，先将顺序表容量扩充为原本容量的2倍，之后执行前述操作。注意事项及实现如下：

- 注意：(1)插入元素的位置i应介于区间[1,L.size+1]，否则应报错；

 (2)插入位置之后的元素若从前到后逐个移动会如何，试思考之；

 (3)假设插入位置合法，插入位置在[1,L.size+1]之间的取值概率相等，则平均移动的元素数量为L.size/2，算法时间复杂度为O(L.size)。

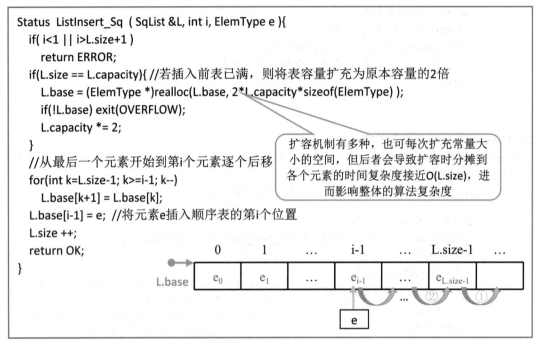

```
Status  ListInsert_Sq  ( SqList &L, int i, ElemType e ){
   if( i<1 || i>L.size+1 )
      return ERROR;
   if(L.size == L.capacity){ //若插入前表已满，则将表容量扩充为原本容量的2倍
      L.base = (ElemType *)realloc(L.base, 2*L.capacity*sizeof(ElemType) );
      if(!L.base) exit(OVERFLOW);
      L.capacity *= 2;
   }
   //从最后一个元素开始到第i个元素逐个后移
   for(int k=L.size-1; k>=i-1; k--)
      L.base[k+1] = L.base[k];
   L.base[i-1] = e; //将元素e插入顺序表的第i个位置
   L.size ++;
   return OK;
}
```

扩容机制有多种，也可每次扩充常量大小的空间，但后者会导致扩容时分摊到各个元素的时间复杂度接近O(L.size)，进而影响整体的算法复杂度

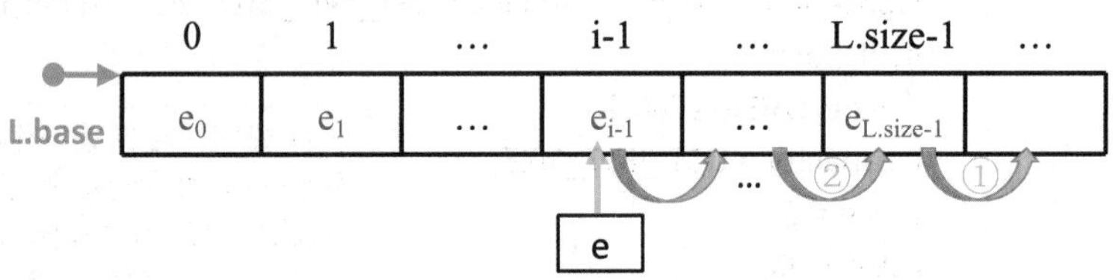

➢ **顺序表的删除：**若第i个元素存在，则将其值备份以便函数执行结束后带回，之后将删除位置之后的元素从前向后逐个前移一个元素位置，再令表长减1即可；若第i个元素不存在，则返回ERROR。相关注意事项、具体实现及示例如下：

- 注意：(1)删除元素的位置i应在区间[1,L.size]之内，否则应报错；

 (2)删除位置之后的元素若从后到前逐个移动会如何，试思考之；

 (3)假设删除位置合法，删除位置在[1,L.size]中的取值概率相等，则平均移动的元素数量为(L.size-1)/2，算法时间复杂度为O(L.size)。

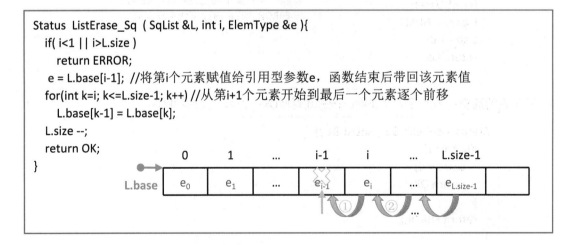

```
Status  ListErase_Sq  ( SqList &L, int i, ElemType &e ){
   if( i<1 || i>L.size )
      return ERROR;
   e = L.base[i-1]; //将第i个元素赋值给引用型参数e，函数结束后带回该元素值
   for(int k=i; k<=L.size-1; k++) //从第i+1个元素开始到最后一个元素逐个前移
      L.base[k-1] = L.base[k];
   L.size --;
   return OK;
}
```

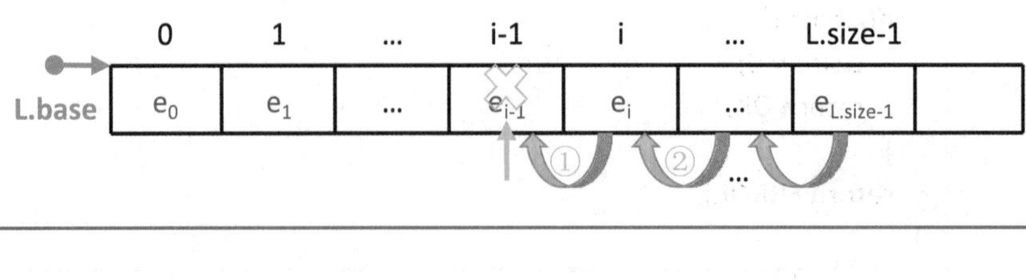

➢ **顺序表的查找定位**：从首元素开始至最后一个元素结束，逐个访问顺序表中的元素，一旦当前访问到的元素与待查找值相等，则记录当前元素的位序并退出循环。循环结束后返回元素的位序或者返回0。

```
int ListFind_Sq ( SqList L, ElemType e ){
  int result=0;
  for(int i=0; i<=L.size-1; i++){
    if( L.base[i] == e ) {
      result = i+1;
      break;
    }//if
  }//for
  return result;
}
```

仅当顺序表元素类型为简单数据类型时方可通过运算符“== ”比较两个元素是否相等，否则，应单独定义函数进行元素是否相等的判定

➢ **顺序表的遍历输出**：从顺序首元素开始至末尾元素，逐个执行visit操作即可。
- 注意：若visit函数操作失败，则应该捕获并处理这类异常。

```
//输出单个表元素的函数
Status PrintElem( ElemType e ){
  printf("%d",e);
  return OK;
}
Status ListTraverse_Sq ( SqList L, Status (*visit) (ElemType) ) {
  Status flag;
  for(int i=0; i<=L.size-1; i++){
    flag = visit(L.base[i]);
    if( flag != OK )
      return ERROR;
  }
  return OK;
}
```

此处假设顺序表中元素类型为int，若是其他类型的数据，则PrintElem函数的实现要根据实际情况做修改

visit为函数指针，该指针的基类型与上述PrintElem的函数签名相同，可将PrintElem传递给visit

visit存储了函数PrintElem的首地址，可通过visit直接调用PrintElem函数，也可通过(*visit)(L.base[i])调用PrintElem函数

□ 拓展

➢ **C++的标准模板库(STL)**：STL是一个高效的C++程序库，当中包含了诸多常用数据结构（亦称**容器**）和算法的实现，为C++程序员们提供了一个可扩展的应用框架，高度体现了软件的可复用性。

➢ **vector容器**：vector是C++ STL中的可变长动态数组，类似本节的顺序表，vector <int> v(n)可定义一个元素类型为int、长度为n的动态数组，通过v[k]可访问v的k号元素(k介于0到“元素个数-1”之间)，常见方法如下，读者可查阅相关资料并加以练习。

- v.size()：返回v中元素的个数；
- v.push_back(e)：在v的末尾追加一个元素e；
- v.insert(v.begin()+k,e)：在v的k号元素位置插入一个新元素e，其中v.begin()返回指向v中首元素的迭代器（迭代器可看作指针的泛化,它允许程序员用相同的方式处理不同的容器）；
- v.pop_back()：删除v的最后一个元素；
- v.erase(v.begin()+k)：删除v的k号元素；
- v.clear()：清空v中的元素

2.3 顺序表的应用

顺序表的优缺点：顺序表可随机访问各元素，各种操作的实现也相对简单；然而，若在顺序表的头部或中间位置进行元素插入和删除，则会引起大量元素的移动，由此会导致算法效率的降低。因此，当对一个线性结构对象的处理主要涉及元素的检索或访问，而很少涉及元素的增加和删除时，或者当元素的插入和删除主要集中在表尾时，线性结构对象采用顺序表存储更为合理。下面结合两个应用实例说明顺序表的应用。

2.3.1 学生信息表维护

学生信息表是一个典型的线性结构对象，而且对学生信息的操作主要是各类检索和访问，学生的新增或删除并不频繁，由此，可在顺序表的基础上解决学生信息表维护的各类问题。以学生信息表的创建和输出为例，相关代码分为如下几个部分：

```
//引入常用的头文件
#include <stdio.h> //标准输入输出头文件
#include <malloc.h> //动态存储分配头文件
#include <stdlib.h> //标准库头文件

#define TRUE   1
#define FALSE 0
#define OK 1
#define ERROR 0
#define INFEASIBLE -1
#define OVERFLOW -2
#define NULL 0 //代表空指针
typedef int Status;
```

通用的头文件引入与函数状态定义语句块

具体问题域相关的元素类型定义与操作实现语句块

```
//问题域元素类型定义及相关操作的实现
typedef struct Student{
  char stuID[15];  char name[20];   int age;  char gender;
}Student;
typedef Student ElemType;
//学生信息输入函数，不同信息间用回车分割
void InputStu (Student &s){
   printf(“学号：”); gets(s.stuID);
   printf(“姓名：”); gets(s.name);
   printf(“年龄：”); scanf(“%d”, &s.age);
   printf(“性别：”); scanf(“%c”,&s.gender); //输入M代表男性，输入F代表女性
   getchar(); //将性别输入结束后缓冲区多余的回车符读掉
                //否则会被作为下一个字符串输入函数的输入
}
void OutputStu (Student s){
   printf(“================\n”);
   printf(“学号：”); puts(s.stuID);
   printf(“姓名：”); puts(s.name);
   pirntf(“年龄：%d\n”, s.age);
   printf(“性别：%c\n”,s.gender);
   printf(“================\n”);
}
void InputElem(ElemType &e){ InputStu(e); }
void OutputElem(ElemType e){ OutputStu(e); }
```

```
//顺序表定义及相关函数的声明
#include “SqList.h” //可通过引入自定义的头文件实现，也可具体给出
```

顺序表类型定义与函数声明语句块

基于SqList实现的问题求解语句块

```
//学生信息表的创建和输出函数
int main(){
   int n;
   ElemType e;
   SqList L;
   InitList_Sq(L);
   printf(“请输入记录数量:”);
   scanf(“%d”,&n);
   for(int i=1;i<=n;++i){
      InputElem(e);
      ListInsert_Sq(L, L.length+1, e);
   }
   printf(“您输入的记录信息如下：\n”)
   for(int i=1;i<=n;++i){
      ListGetElem (L, i, e);
      OutputElem(e);
      printf(“\n”);
   }
   return OK;
}
```

基于C++ STL中的vector实现问题求解的语句块

```
//学生信息表的创建和输出函数
#include <vector>
int main(){
   int n;
   ElemType e;
   vector <ElemType> L;
   printf(“请输入记录数量:”);
   scanf(“%d”,&n);
   for(int i=1;i<=n;++i){
      InputElem(e);
      L.pushback (e);
   }
   printf(“您输入的记录信息如下：\n”)
   for(int i=1;i<=n;++i){
      e=L[i-1];
      OutputElem(e);
      printf(“\n”);
   }
   return OK;
}
```

◆ **注意：**上述代码实现了“学生信息表的创建和输出”，若将问题修改为“图书信息表的创建和输出”，仅需修改具体问题域相关的元素类型定义与操作实现语句块。由此可见，基于抽象数据类型的定义和实现可大大提高软件复用率，降低开发难度。

□ **中华传统文化中的抽象思维：**《易经•系辞》有云：“形而上者谓之道，形而下者谓之器。”强调“道”是形而上的本体，是超越一切具体的存在，是宇宙的本源；而“器”是有形的存在，是道的载体，是万物各自的相。中华文化中注重的“道”强调的就是一种抽象思维。子曰：“君子不器。”指的是“有学问有修养的人不应被物的表相所束缚，应透过表相去领悟无形的道”。两者都强调了“抽象”的重要性，而数据结构中的“抽象数据类型”就可以看作抽象思维的一个具体产物。

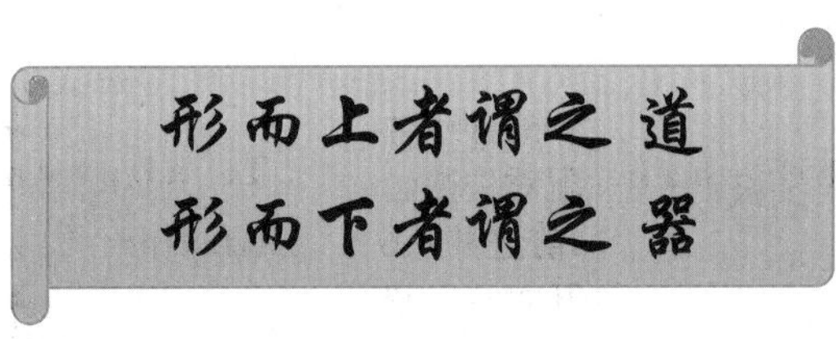
形而上者谓之道
形而下者谓之器

君子不器
——《论语》

2.3.2 字符串的模式匹配

字符串是一个字符序列，可看作元素类型为char的线性表。字符串的操作通常以子串而非单个的字符元素为基本单位，比如求子串、子串替换、字符串拼接等。本节重点关注字符串的模式匹配操作，即给定一个较长的主字符串T和一个较短的模式字符串W，要在主串T中查找模式串W。这一问题在搜索引擎、DNA测序、垃圾邮件过滤、剽窃检测等领域中均有应用。

- **字符串的顺序存储**：在C++ STL中，字符串采用顺序存储，其简化的存储结构如下。实际中，当串长较小时会在内存栈区开辟字符数组，而串长较大时才会在内存堆区开辟字符数组，base为字符数组首地址。

```
#define LIST_INIT_SIZE 100
typedef char ElemType;
typedef struct {
   ElemType * base; //字符数组首地址
   int capacity; //串容量
   int size; //串长
}SqList, String; //定义String的元素类型为char的顺序表类型
```

设置ElemType为char类型

本章约定从数组的1号元素开始存放有效字符

- **字符串模式匹配的蛮力算法**
  - **算法思想**：先从主串的首元素字符开始，逐个字符与模式串中的字符进行比较，若相等则继续比较两者的下一对字符，不断重复直至模式串的全部字符均配对成功，或者出现字符配对失败的情况。若属于前一种情况则意味着模式匹配成功，主串中存在模式串；否则，再从主串的第二个元素字符开始，逐个字符与模式串中的字符进行比较。与之前类似，若模式串的字符全部配对成功则模式匹配成功；否则，再从主串的第三个元素字符开始重复上述过程。以此类推，直至匹配成功，或者主串没有剩余字符。
  - **实例分析**：设主串T=“ababcabcacbab”，模式串W=“abcac”，蛮力算法进行模式匹配的过程如下：

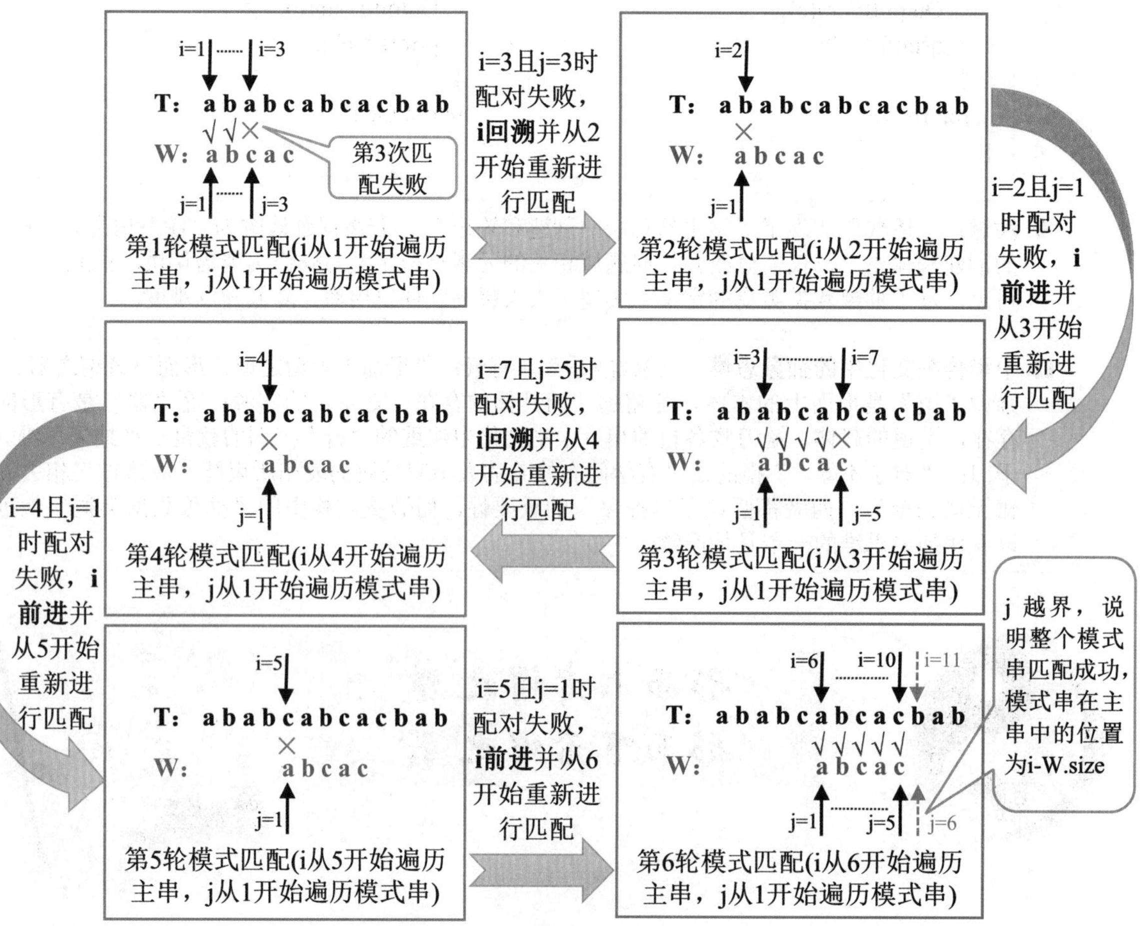

➢ **算法设计：** 设置下标i与j分别从头开始遍历主串T与模式串W，只要i与j均未越界则分以下三种情况进行处理，直至匹配成功（j越界）或者失败（i越界）：

（1）若T.base[i]==W.base[j]，则说明主串与模式串的当前字符配对成功，i与j均前进一位；

（2）若T.base[i]!=W.base[j]且j=1，则主串当前字符与模式串首字符配对失败，则i前进；

（3）其他情况下，i回溯至本轮匹配开始位置的右侧，j回溯至1，并开始下一轮次匹配。

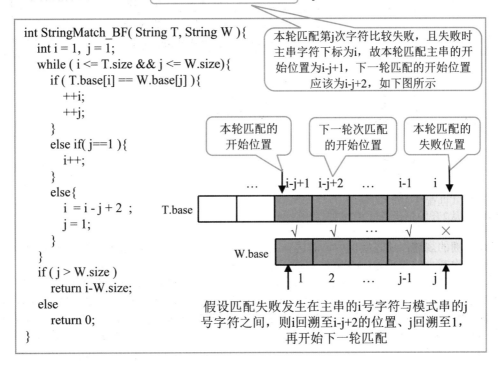

```
int StringMatch_BF( String T, String W ){
  int i = 1,  j = 1;
  while ( i <= T.size && j <= W.size){
    if ( T.base[i] == W.base[j] ){
      ++i;
      ++j;
    }
    else if( j==1 ){
      i++;
    }
    else{
      i  = i - j + 2  ;
      j = 1;
    }
  }
  if ( j > W.size )
    return i-W.size;
  else
    return 0;
}
```

本轮匹配第j次字符比较失败，且失败时主串字符下标为i，故本轮匹配主串的开始位置为i-j+1，下一轮匹配的开始位置应该为i-j+2，如下图所示

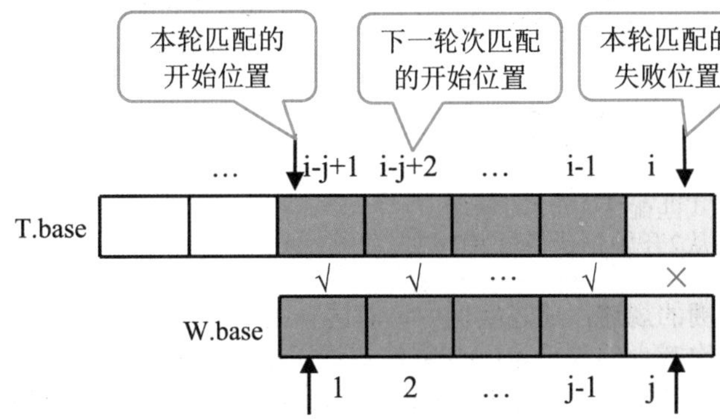

假设匹配失败发生在主串的i号字符与模式串的j号字符之间，则i回溯至i-j+2的位置、j回溯至1，再开始下一轮匹配

➢ **算法分析：** 最坏情况下，蛮力算法从主串的第一个字符到最后一个字符都各进行一轮模式匹配，每一轮字符比较的数量都与模式串长度相等，此时，总的比较次数为T.size*W.size，故算法的最坏时间复杂度为O(T.size * W.size)。算法的空间复杂度为O(1)。此外，若某一轮匹配开始时，主串剩余字符的数量小于模式串长度，则匹配肯定失败，据此可对上述算法进行一定的优化，但算法的时间复杂度仍未降低。

□ 字符串模式匹配的KMP算法

➢ **算法思想：** 字符串模式匹配的蛮力算法中，当字符T.base[i]与W.base[j]配对失败时，除非j为1，否则i与j都要回溯以开始下一轮比较。实际上，这种回溯是不必要的。若T.base[i]与W.base[j]配对失败，则说明“模式串的子串W.base[1..j-1]”与“主串当前字符的前缀T.base[i-j+1..i-1]”各字符均相等，i不回溯也可知接下来会进行“T.base[i-j+1..i-1]各真后缀（等于W.base[1..j-1]的真后缀）”与“模式串各等长前缀（即W.base[1..j-1]的各等长前缀）”的匹配，而所有这些子串及其匹配结果都可由模式串的信息推理得到，从而无须进行指针的回溯即可完成匹配，这种算法由Donald Knuth（唐纳德·克努特）、James H. Morris（詹姆斯·莫里斯）和Vaughan Pratt（沃恩·普拉特）提出，根据提出者名字首字母命名为KMP算法。下面结合实例予以说明。

➢ **实例分析：** 仍以主串T=“ababcabcacbab”和模式串W=“abcac”为例，模式匹配与分析过程如下：

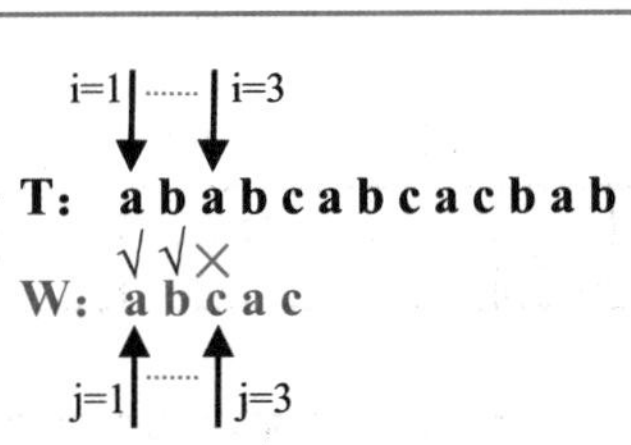

第1轮模式匹配(i从1开始遍历主串，j从1开始遍历模式串)

i=3且j=3时配对失败，则当前轮匹配时主串左侧已配对成功的子串必然等于W.base[1..j-1]（即ab），i不回溯也知接下来进行ab的真后缀（即b）与模式串等长真前缀（即a）的匹配。两者不匹配，之后只需比较主串中当前i号字符与模式串首字符

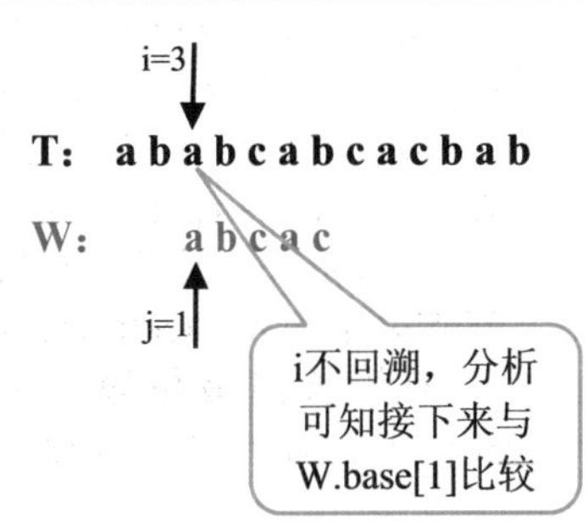

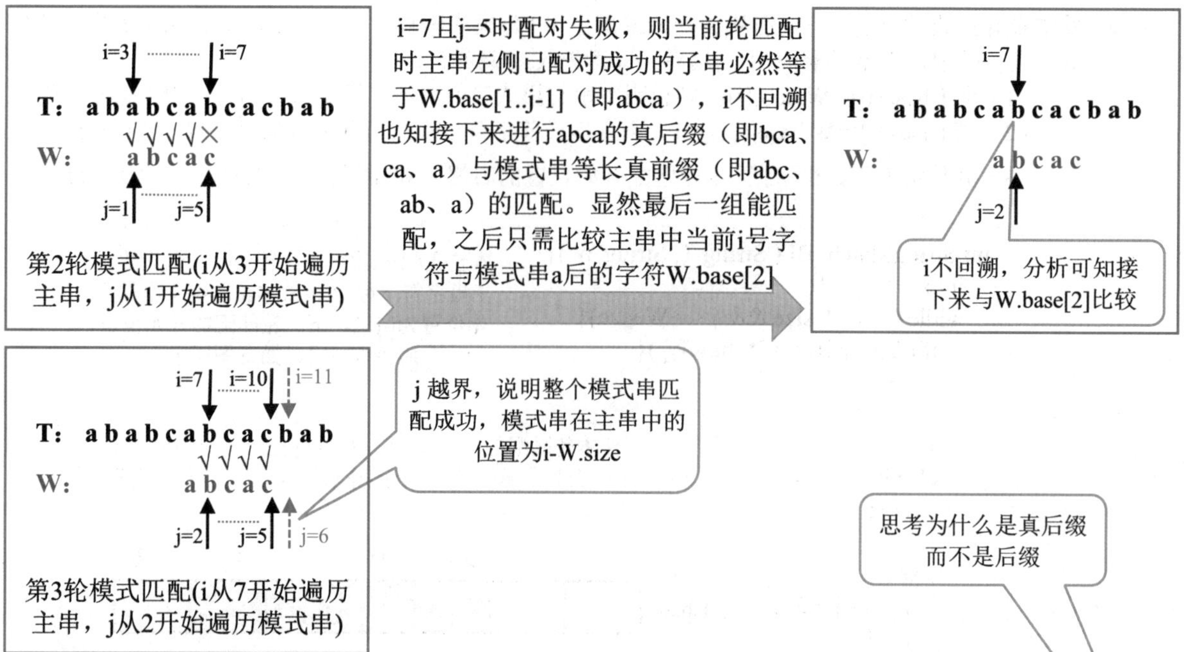

- **指针回溯的规避：**前述实例中，对同一主串和模式串，蛮力算法匹配了6轮，而KMP算法仅需3轮。匹配轮次减少的关键是KMP算法规避了指针i的回溯。当主串的i号字符与模式串的j号字符配对失败时，通过对模式串的分析，KMP算法会计算出主串i号字符接下来应与模式串的哪个字符比较（记模式串中该符号的下标为next[j]），从而无须回溯指针。计算next[j]的关键是**"找T.base[i-j+1..i-1]的真后缀T.base[i-k..i-1]，**使其与**W的等长前缀W.base[1..k]**相等"，接下来只需令主串的i号字符与模式串的k+1号字符进行对比（因为T.base[i-k..i-1]与W.base[1..k]必会配对成功）。若有多个T.base[i-j+1..i-1]的真后缀与W的等长前缀相等，则选最长的子缀以提高匹配速度，next[j]的值为该最长子缀的长度加1。由下图分析可知，"找T.base[i-j+1..i-1]的真后缀T.base[i-k..i-1]使其与W的等长前缀W.base[1..k]相等"的问题可转换为**"找W截止到W.base[j-1]的真后缀，使其与W的等长前缀相等且最长"**，next[j]的值为该子缀的长度加1。

- 若主串i号字符与模式串j号字符配对失败，当"T.base[i-j+1..i-1]的真后缀T.base[i-k..i-1]"与"W的等长前缀W.base[1..k]"相等时，接下来只需令主串的i号字符与模式串的k+1号字符比较，因为T.base[i-k..i-1]与W.base[1..k]必会逐个配对成功。
- 若有多个"T.base[i-j+1..i-1]的真后缀T.base[i-k..i-1]"与"W的等长前缀"相等，则选最长的子缀以提高匹配速度。若该子缀长度为k，则next[j]为k+1。
- 因T.base[i]与W.base[j]配对时才失败，故前j-1个字符均配对成功，据此可知"T.base[i-j+1..i-1]的真后缀"就等于"W截止到W.base[j-1]的等长后缀"。故前述找最长匹配子缀的问题转化为**"找W截止到W.base[j-1]的后缀使其与W的等长前缀相等且最长"**，next[j]的值为该子缀长度加1。

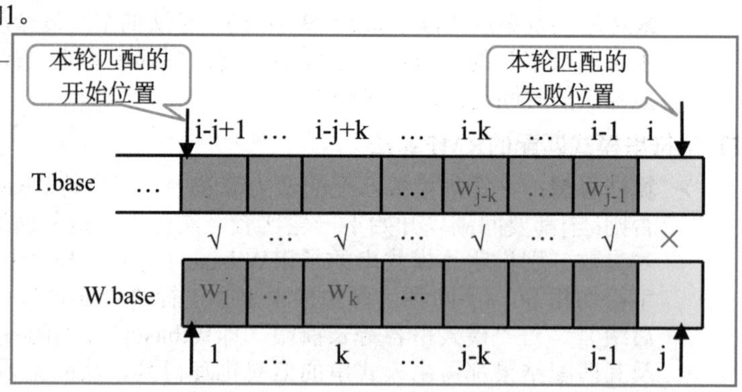

T.base[i] 与W.base[j] 配对失败，假设T截止到T.base[i-1]的后缀T.base[i-k..i-1]与W的前缀W.base[1..k]相等

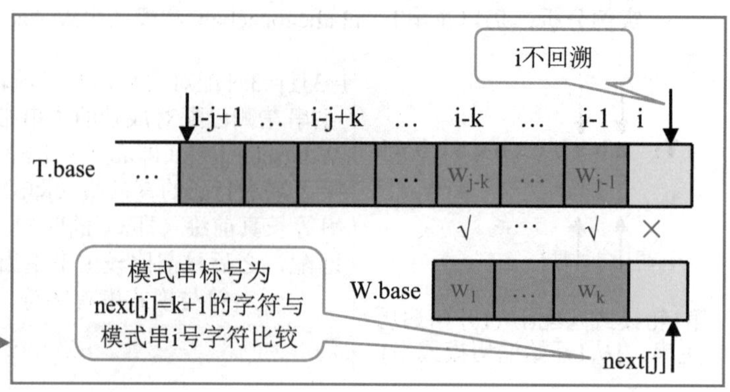

➢ **模式串最长匹配真后缀与next[j]的计算**

（1）j=1意味着主串中的i号字符与模式串的首个字符配对失败，此时，主串中的i号字符不应与模式串任何字符匹配，而应令i后移并重新与模式串的首字符比较。这种情况下设置next[1]为0。

（2）当j=2时，主串i号字符与模式串第2个字符配对失败，接下来主串中的当前字符只能与模式串的首字符进行比较，故next[2]=1。

对任意模式串，next[1]与next[2]的取值均如上所述。当j>2时，需要结合模式串的具体信息计算next值，具体而言，要找**"W截止到W.base[j-1]的真后缀"使其与"W的等长前缀"相等且最长**。以模式串"abcac"为例，各个最长匹配子缀及对应的next值如下。

（3）当j=3时，主串i号字符与模式串第3个字符配对失败，前续配对成功的子串为"ab"，其截止到W.base[3-1] 的真后缀只有一个，即W.base[2..2]="b"；与其等长的W前缀也只有一个，即W.base[1..1]="a"，两者不相等，故最长匹配子缀长度为0，next[3]=0+1=1。

（4）当j=4时，主串i号字符与模式串第4个字符配对失败，前续配对成功的子串为"abc"，其截止到W.base[4-1]的真后缀有两个，分别为W.base[2..3]="bc"和W.base[3..3]="c"；与它们等长的W前缀分别为W.base[1..2]="ab"和W.base[1..1]="a"，显然，两组子缀都不相等，故最长匹配子缀长度为0，next[4]=0+1=1。

（5）当j=5时，主串i号字符与模式串第5个字符配对失败，前续配对成功的子串为"abca"，其截止到W.base[5-1]的真后缀有三个，分别为W.base[2..4]="bca"、W.base[3..4]="ca"、W.base[4..4]="a"；与它们等长的W前缀分别为W.base[1..3]="abc"、W.base[1..2]="ab"、W.base[1..1]="a"，显然，最长匹配子缀为最后一组"a"，其长度为1，故next[5]=1+1=2。

综上所述，对于模式串"abcac"而言，其对应的各next值如下表所示。根据这些next值，对于主串"abcabcac"而言，第1轮匹配时与模式串第5个字符配对失败，此时，主串指针不回溯，而是直接与模式串第next[5]=2个字符比较，具体过程如下图所示，可见整个模式匹配只需两轮即可完成，KMP算法的效率相比蛮力算法有较大提高。

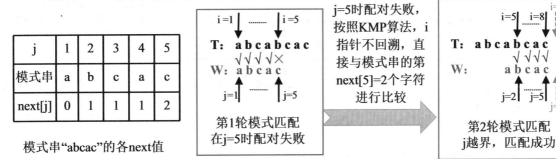

j	1	2	3	4	5
模式串	a	b	c	a	c
next[j]	0	1	1	1	2

模式串"abcac"的各next值

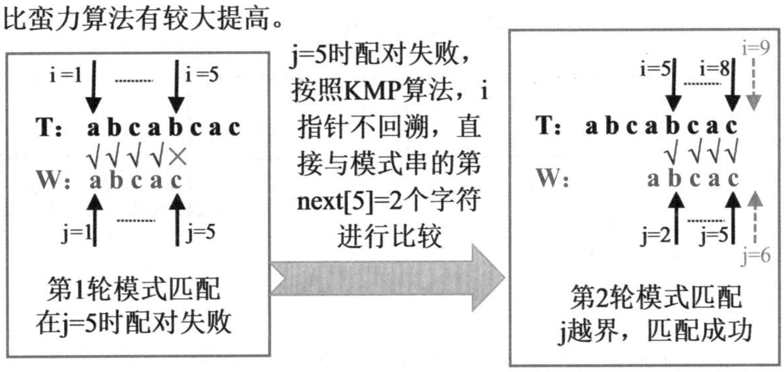

根据next值进行模式匹配的过程实例

• **next数组的递推计算**

前文通过枚举模式串的特定后缀和前缀计算next值，效率偏低。实际可用递推的方式计算next数组各元素值。具体而言，对任意模式串，next[1]为0，next[2]为1；假设next[j]=k（这意味着W的前缀W.base[1..k-1]与截止到W.base[j-1]的后缀W.base[j-k+1..j-1]相等且最长），要计算next[j+1]则需找W的前缀使其与W截止到W.base[j]的后缀相等且最长，next值为其长度加1。下面分情况讨论：

（1）若W.base[k]=W.base[j]，将两者分别拼接到W的前缀W.base[1..k-1]与后缀W.base[j-k+1..j-1]中，因拼接前两者相等且最长，故拼接上相等的两个字符后，W的前缀W.base[1..k]与后缀W.base[j-k+1..j]仍然相等，且该子缀是截止到W.base[j]的最长相等子缀，由此可知next[j+1]=k+1。示意图如下：

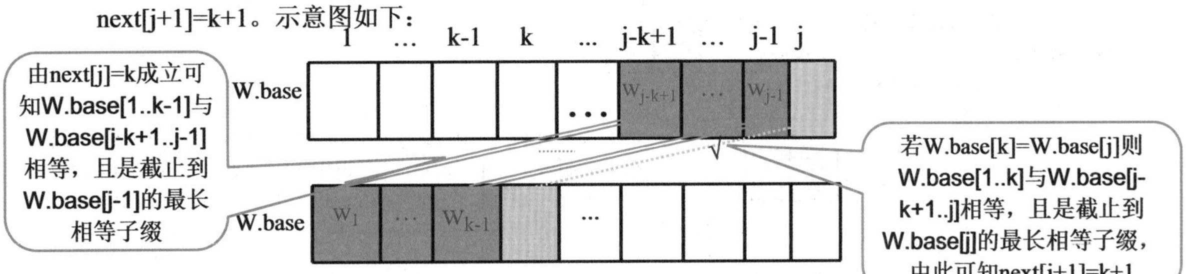

（2）若W.base[k]≠W.base[j]，则说明W.base[1..k]与W.base[j-k+1..j]仅最后一个字符不匹配。将W.base[j-k+1..j]看作主串，将W.base[1..k]看作模式串，则两者在模式串第k个字符配对时首次失败。为得到一个与W.base[j-k+1..j]的后缀相匹配的尽量长的W前缀，应令W.base[j]与W.base[next[k]]比较。换而言之，相当于重置前一次模式匹配时的k为next[k]，即令k:= next[k]（如下图所示）。接下来，继续按上面的两种情况分别处理，直至W.base[k]=W.base[j]成立或者k=0。若为前者，则属于第一种情况，应令next[j+1]:=k+1；若为后者，则意味着W.base[j+1]的左侧没有后缀能与W的前缀匹配成功，此时next [j+1]应设置为1。

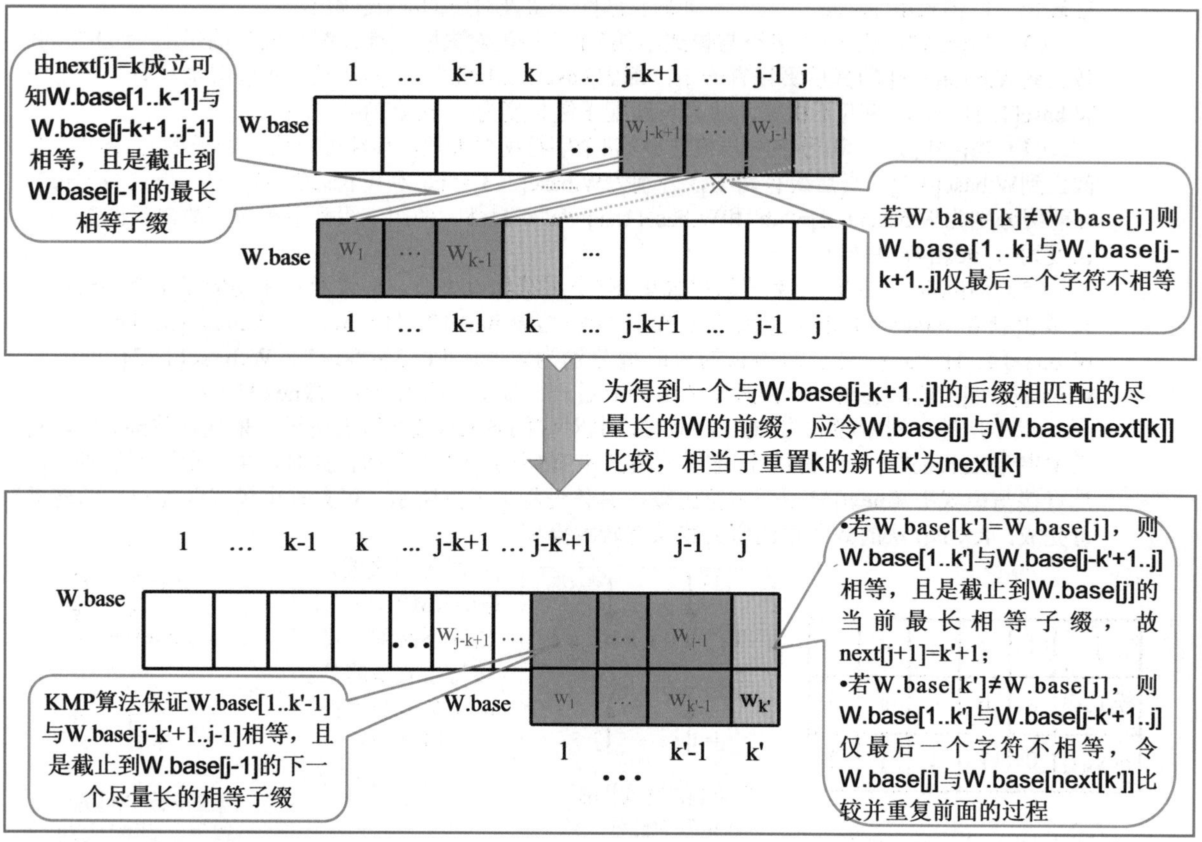

- **next数组递推计算实例：**以模式串W="aaaba"为例，根据next值的含义易知next[1]=0与next[2]=1，下面给出递推计算next[3]、next[4]、next[5]的过程示意图。

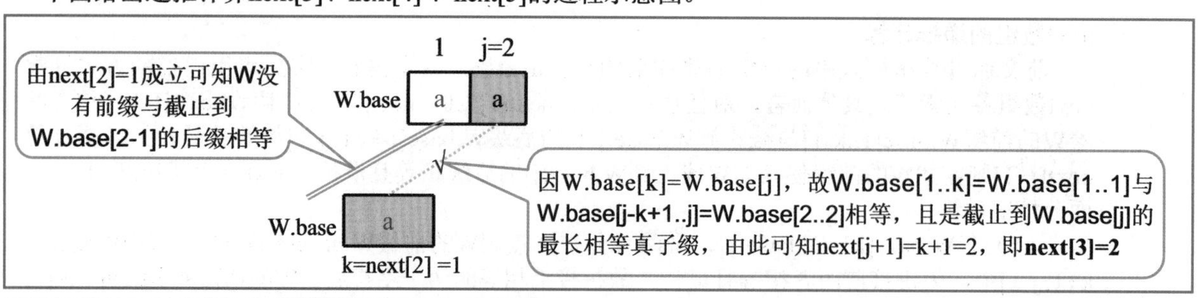

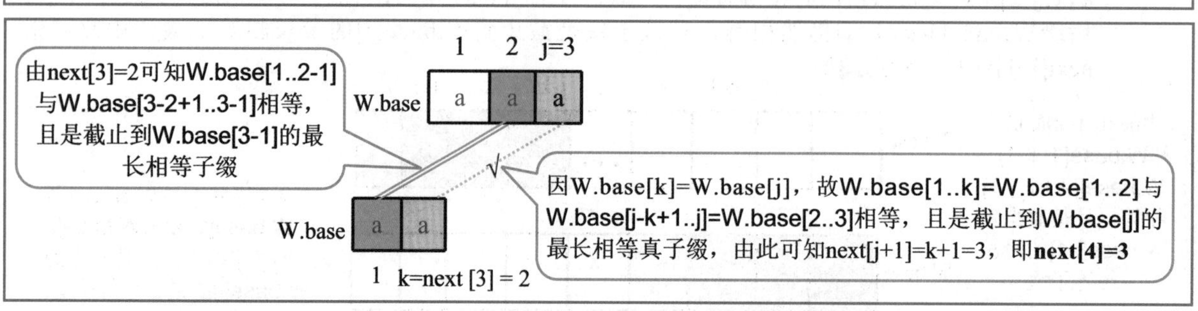

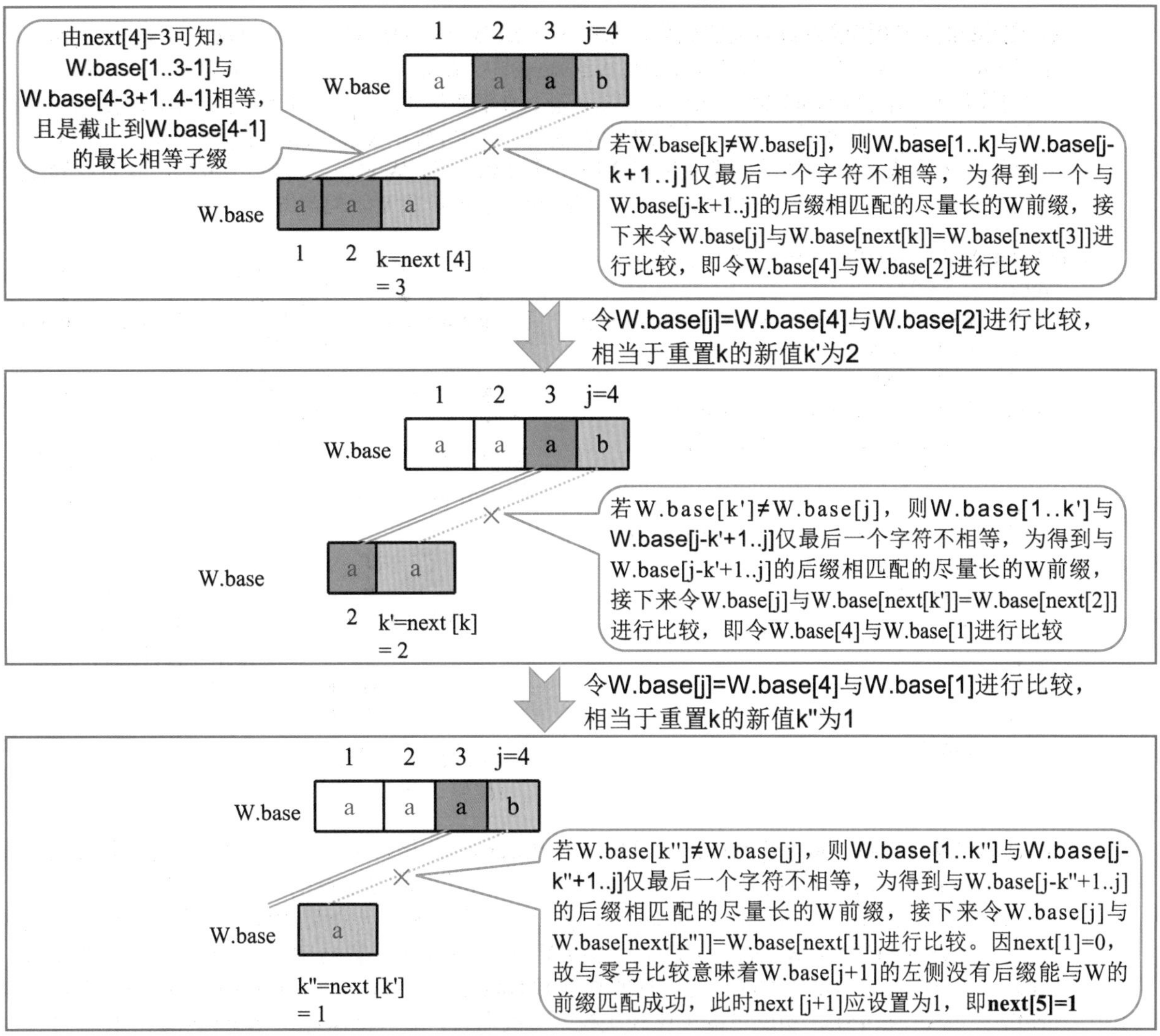

- **next数组的求取算法：** 由前述原理和过程分析可得模式串next数组的以下两种求取算法。表面上看算法的最坏时间复杂度为O(W.size²)，但实际却为O(W.size)。究其原因，考察右侧算法，对j的每个取值k都增加且仅增加1，而无论我们将k回移多少次，只会消耗增加的k的数量（因k是非负数）。因此，对所有j的取值，k回移的总次数不会超过j的最大值W.size，故算法时间复杂度为O(W.size)。

```
void GetNext_1 ( String W, int  *next ){
   next[1] = 0;
   if( W.size >= 2 )  next[2] = 1;
   int j = 2, k = 1; //设置k为next[j]
   while( j < W.size ){
      if( k > 0 && W.base[k] == W.base[j] ){
         next[ j+1 ] = k+1;
         j++;  k++; //j后移，k更新为其对应next值
      }
      else if ( k > 0 && W.base[k] != W.base[j] )
         k = next[k]; //j不变， k回移
      else if( k == 0 ){
         next[j+1] = 1;
         j++;  k=1; //j后移，k更新为其对应next值
      }
   }
}
```

```
void GetNext_2 ( String W, int  *next ){
   next[1] = 0;
   int j = 1, k = 0;
   while( j < W.size ){
      while( k > 0 && W.base[k] != W.base[j] ){
         k = next[k]; //j不变，k回移
      }
      next[ j+1 ] = k+1;
      j++;
      k++;
   }
}
```

分析可知从next[1]开始递推也能正确得到next[2]，故该处不单独处理next[2]

注意：该算法将k为0和配对成功两种情况做了统一处理

➢ **模式匹配的KMP算法及next值的优化：** 根据前述KMP算法的原理，分别设置下标变量i和j遍历主串T和模式串W，如果j>0且T.base[i]与W.base[j]配对成功，则i与j均后移指向下一个字符；如果j>0且T.base[i]与W.base[j]配对失败，则令j=next[j]并重新开始下一轮T.base[i]与T.base[j]的配对；如果j=0，则令i后移并置j为1。上述过程不断重复，直至j越界或者i越界。j越界意味着模式串所有字符均配对成功，此时返回模式串在主串中的开始位置i-W.size；否则，i越界，这意味着主串遍历完毕，不存在与模式串相等的子串，返回0。具体算法及实例如下：

```
int StringMatch_KMP( String T, String W ){
   int i = 1,  j = 1;
   int* next=(int*)malloc((W.size+1)*sizeof(int));
   if( !next ) exit( OVERFLOW );
   GetNext( W, next );
   while ( i <= T.size && j <= W.size ){
      if ( j>0 && T.base[i] == W.base[j] ){
         ++i;  ++j;
      }
      else if( j>0 && T.base[i] != W.base[j] )
         j = next [ j ];
      else if( j == 0 ){
         i ++ ;  j = 1;
      }
   }
   if ( j > W.size )  return i-W.size;
   else   return 0;
}
```

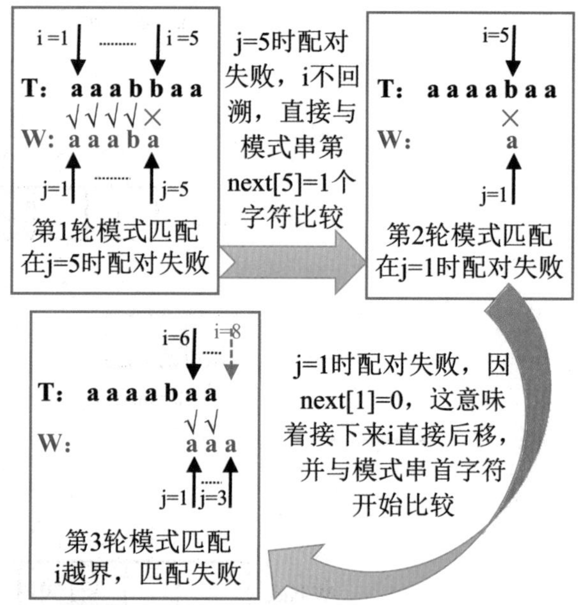

• **KMP算法执行实例与next值的优化：** 以模式串"aaaba"为例，上节已求得其next值。假设主串为"aaabbaa"，则KMP算法的执行过程如上方右图所示。值得注意的是，第1轮模式匹配过程中，i=5时T.base[i]（等于b）与W.base[5]（等于a）配对失败，根据KMP算法，接下来T.base[i]应与W.base[next[5]]即W.base[1]配对，然而W.base[1]与W.base[5]相同，这意味着即使比较T.base[i]与W.base[1]也会失败，此时应直接比较T.base[i]与W.base[next[next[5]]]，相当于设置next[5]为next[next[5]]，如此可减少比较次数。一般而言，若W.base[j]==W.base[next[j]] 则可进一步更新next[j]为next[next[j]]，由此可得一种改进的、效率更高的iNext值，具体算法和实例如下。根据改进的iNext数组，上方第2轮匹配可省略，KMP算法请结合iNext数组自行修改。

j	1	2	3	4	5
模式串	a	a	a	b	a
next[j]	0	1	2	3	1
iNext[j]	0	0	0	3	0

模式串"aaaba"的next值与改进iNext值

以iNext[2]的计算为例，当T.base[i]与W.base[2]配对失败时，按照未改进的next数组应再与W.base[1]比较，然而，W.base[2]与W.base[1]都是'a'，所以，即使不比较也知道会配对失败，将iNext[2]设置为iNext[1]可省略此比较。

再考虑iNext[3]，当T.base[i]与W.base[3]配对失败时，未改进的next数组应再与W.base[2]比较，然而，W.base[3]与W.base[2]都是'a'，所以，即使不比较也知道会配对失败，将iNext[2]设置为iNext[2]可省略此比较

```
void GetINext ( String W, int  *iNext ){
   iNext[1] = 0;
   int j = 1, k = 0;
   while( j < W.size ){
      if( k > 0 && W.base[k] == W.base[j] ){
         iNext[ j+1 ] = k+1;
         if( W.base[j+1] == W.base[k+1] )
            iNext[ j+1 ] = iNext[k+1];
         j++;  k++;
      }
      else if ( k > 0 && W.base[k] != W.base[j] )
         k = iNext[k]; //j不变，k回移
      else if( k == 0 ){
         iNext[ j+1 ] = 1;
         if( W.base[j+1] == W.base[1] )
            iNext[ j+1 ] = iNext[1];
         j++;  k = 1;
      }
   }
}
```

若W.base[j+1]与其iNext值k+1对应的字符相等，则更新其iNext值为iNext[k+1]

若W.base[j+1]与其iNext值1对应的字符相等，则更新其iNext值为iNext[1]

- **KMP算法的变形与复杂度分析：** 类似前文next数组计算的两种不同形式的算法，KMP算法也存在如下形式的算法实现。考察下面的算法可见，对i的每个取值j都增加且仅增加1，而无论我们将j回移多少次，只会消耗增加的j的数量（因j是非负数）。因此，对所有i的取值，j回移的总次数不会超过i的最大值T.size。再加之计算iNext数组需要的时间复杂度为O(W.size)，所以，KMP算法进行模式匹配的总时间复杂度为O(T.size+W.size)。而KMP算法需要额外开辟一个与模式串等长的next数组，算法的空间复杂度为O(W.size)。

```
int StringMatch_KMP( String T, String W ){
   int i = 1,  j = 1;
   int* iNext=(int*)malloc( (W.size+1)*sizeof(int) );
   if( !iNext ) exit( OVERFLOW );
   GetINext( W, iNext );
   while ( i <= T.size && j<=W.size ){
      while( j>0 && T.base[i] != W.base[j] ){
         j = iNext[j]; //i不变，j回移
      }
      ++i;
      ++j;
   }
   if ( j > W.size )
      return i-W.size;
   else
      return 0;
}
```

- **思考：** James H. Morris在1970年发表的论文“An Analysis of the Boyer-Moore String Searching Algorithm”中首次描述了KMP算法的核心思想。1977年，Donald E. Knuth和Vaughan R. Pratt在论文“Fast Pattern Matching in Strings”中又独立提出了这一算法。在科学领域，社会和技术的进步、新的研究工具和方法的出现都可能推动多个独立的研究者在相同或相似的时间段内得出相似的结论，而新观点或者新论断的提出又将推动社会和技术的进步。试分析出现这种现象的原因，是时势造英雄还是英雄造时势？

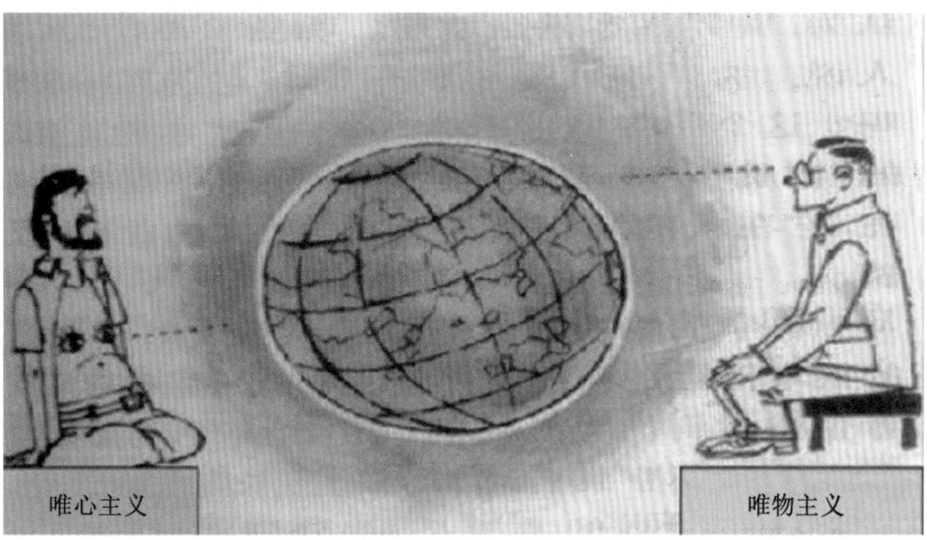

2.4 线性表的链式存储与实现

□ **线性表的链式存储**：线性表元素之间的关系采用链式映像，如此可将一个线性表存储到一个单链表中，用首结点的地址标识整个数据对象，称其为一个链表，对应的存储结构定义及结构示意图如下：

```
//线性表的链式存储结构定义
typedef int ElemType; //元素类型的定义
typedef struct LNode {
   ElemType data; //存储元素信息的数据域
   struct LNode *next; //存储后继结点地址的指针域
}LNode; //链表结点的类型定义
typedef LNode * LinkList ; //链表的类型定义
```

```
//线性表的链式存储结构定义
typedef int ElemType;
typedef struct LNode {
   ElemType data;
   struct LNode *next;
}LNode, * LinkList;
```

为紧凑起见，可同时定义LNode与LinkList

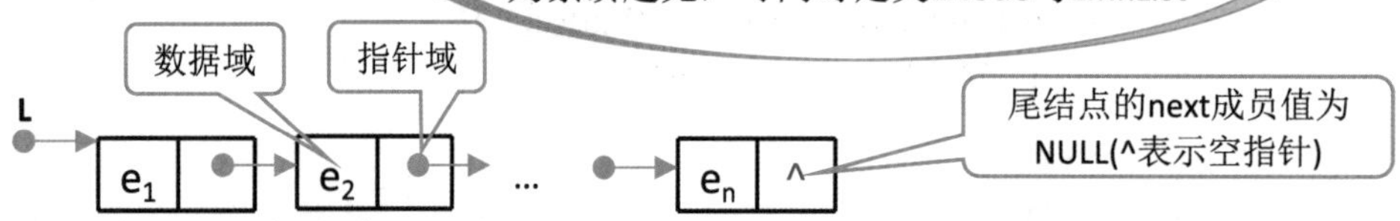

链表存储结构示意图

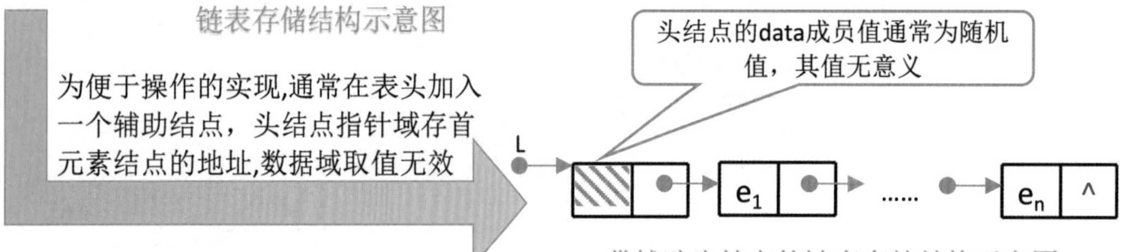

为便于操作的实现,通常在表头加入一个辅助结点，头结点指针域存首元素结点的地址,数据域取值无效
头结点的data成员值通常为随机值，其值无意义
L
e1
......
en
^

带辅助头结点的链表存储结构示意图

□ **链式存储结构下线性表操作的实现**

➢ **链表的初始化**：开辟一个头结点，指针域赋空即可。

• 注意：内存开辟失败时通过exit函数进行异常捕获和处理

```
Status  InitList_L( LinkList &L ){
   L = (LNode *) malloc ( sizeof(LNode) );
   if( !L )
      exit( OVERFLOW );
   L->next = NULL;
   return OK;
}
```

头结点指针域赋空，数据域不设置值

➢ **链表的销毁**：初始化一个指针p指向头结点，只要p指向的结点存在就将其释放，并令p指向下一个结点。最后，L赋空即可。

```
Status  DestroyList_L( LinkList &L ){
   LNode *p = L,*post_p;
   while (p){
      post_p = p->next;
      free( p );
      p=post_p;
   }
   L = NULL;
   return OK;
}
```

释放结点前，用指针post_p记录后继结点的地址，方便p将来后移

L务必赋空，否则，L指向已被释放的头结点的存储空间，会导致悬空指针漏洞

➢ **链表的插入：**先尝试定位到链表第i-1个元素结点，若该结点存在则开辟一个新结点并将其插入第i-1个结点的后面即可；若第i-1个元素结点不存在则无法在第i个位置插入，返回ERROR。相关注意事项、具体实现及示例如下：

- 注意：(1)i小于1或大于“表长+1”均应报错，但是否过大需借助循环定位实现；
  (2)假设插入位置合法则算法时间复杂度为O(i)，插入首元素时效率最高，在表尾插入时效率最低，这与顺序表插入时的情况恰恰相反。

```
Status ListInsert_L ( LinkList &L, int i, ElemType e ){
  if( i<1 ) return ERROR;
  //首先通过指针变量p和计数器count定位到第i-1个元素结点
  LNode * p = L;
  int count = 0; //count始终是p所指结点的位序
  //只要p所指结点存在且该结点未到第i-1个，就令p指向下一结点且count加1
  while( p && count < i-1 ){
    p = p->next; count ++;
  }
  if( !p ) return ERROR; //第i-1个元素结点不存在，此时无法完成插入
  else{
    //第i-1个元素结点存在时，开辟新结点，插入p所指结点的后面
    LNode * q = (LNode *) malloc( sizeof( LNode ) );
    if( !q ) exit (OVERFLOW);
    q->data = e;
    q->next = p->next; //对应下图语句①
    p -> next = q; //对应下图语句②
    return OK;
  }
}
```

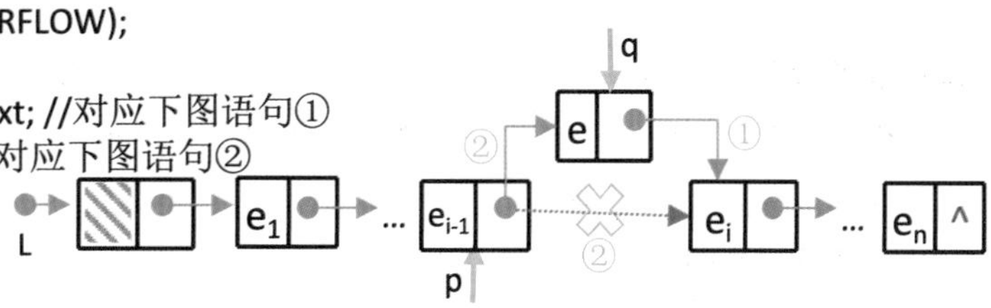

➢ **链表的删除：**先尝试定位到链表第i个元素结点，若该结点存在则修改第i-1个结点的next成员，让其存放第i+1个结点的地址，之后，将原第i个结点的数据域值带回；若第i个结点不存在则返回ERROR。相关注意事项、具体实现及示例如下：

- 注意：(1)i小于1或大于“表长”均应报错，但是否过大需借助循环定位实现；
  (2)假设删除位置合法则算法时间复杂度为O(i)，删除首元素时效率最高，删除表尾时效率最低，这与顺序表删除时的情况恰恰相反。

```
Status ListErase_L ( LinkList &L, int i, ElemType &e ){
  if( i<1 ) return ERROR;
  //首先通过指针变量prep和p定位第i-1个与第i个元素结点
  LNode * prep = L, *p = L->next;
  int count = 1; //count始终是p所指结点的位序
  //只要p所指结点存在且该结点未到第i个，就令p指向下一结点且count加1
  while( p && count < i ){
    prep=p; p = p->next; count ++;
  }
  if( !p ) return ERROR; //第i个元素结点不存在，此时无法完成删除
  else{
    //第i个元素结点存在时，令其前驱结点的next指针指向其后继结点
    prep->next = p->next; //对应下图语句①
    e = p->data;
    free (p) ;
    return OK;
  }
}
```

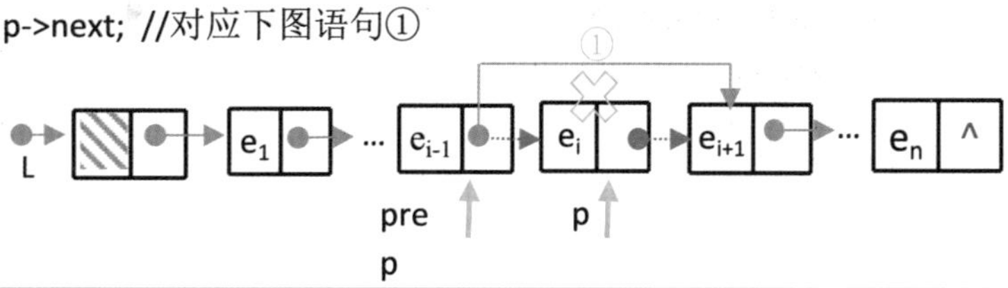

➢ **链表的查找定位**：初始化一个指向首元素结点的指针变量，计数器设置为1；只要该指针还指向一个结点且该结点未到第i个，则令p指向下一结点，计数器加1。循环结束后，若p为NULL则返回ERROR；否则用e带回定位元素的值，返回OK。

```
Status  ListGetElem_L ( LinkList L, int i, ElemType &e ) {
  if( i<=0 ) return ERROR; //i非法的处理
  LNode * p = L->next;
  int count=1; //count始终为p所指结点的位次
  while ( p!=NULL && count < i ){
    p = p->next;
    count++;
  }//while
  if (!p) //i超过表长时定位失败
    return ERROR;
  else {
    e = p->data;
    return OK;
  }
}
```

> 记链表表长为n，则在链表中根据位次定位元素的时间复杂度是O(n)，因为只能沿链表逐个结点前进和定位；而顺序表可根据存储空间首地址和位次直接计算元素地址，时间复杂度为O(1)

➢ **求链表的表长**：初始化一个指向头结点的指针变量，计数器设置为0；只要该指针存在后继结点则令p指向下一结点，计数器加1。循环结束返回计数器值。

```
int  ListSize_L ( LinkList L) {
  LNode * p = L;
  int count = 0;
  while( p->next != NULL){
    p = p->next;
    count++;
  }
  return count;
}
```

> 计算链表长度的时间复杂度为O(n)，因为只能沿链表逐个结点前进和计数；为提高效率，可在链表的存储结构定义中加入表长成员

```
//一种优化的链表存储结构
typedef  int  ElemType;
typedef  struct LNode {
  ElemType data;
  struct LNode *next;
}LNode;
typedef struct{
  LNode *head; //头指针
  LNode *tail;//尾指针
  int size; //表长
}*OptLinkList;
```

➢ **链表结点的追加**：设一指针定位到尾结点，之后开辟新结点并拼接到其后即可。

```
Status ListPushBack_L( LinkList &L, ElemType e){
  LNode * p = L;
  int count = 0;
  while( p->next!= NULL ){
    p = p->next;
    count++;
  }
  LNode *q = (LNode *) malloc(sizeof(LNode));
  if(!q) exit(OVERFLOW);
  q->data = e; q->next = NULL;
  p->next = q;
  return OK;
}
```

> 在链表尾部追加新结点的时间复杂度为O(n),为提高效率，可在链表的存储结构定义中加入尾指针成员

□ **拓展**：试基于优化的链表存储结构定义，完成链表各项基本操作的实现。

- **求链表中结点的前驱：**初始化一个指向头结点的指针变量prep，只要prep还指向一个结点且该结点的后继不是指定结点，则令prep指向下一结点。循环结束后，若prep为NULL则返回ERROR；否则用e带回prep所指结点的值，返回OK。

```
Status  ListGetPriorElem ( LinkList L, LNode *p, ElemType &e ) {
   LNode *prep = L;
   while ( prep -> next != p ){
      prep = prep->next;
   }//while
   if (!prep)  return ERROR;
   else {
      e = prep->data;
      return OK;
    }
}
```

单链中求指定位置结点前驱的最坏时间复杂度为O(n)，若该操作频繁使用，可修改链表存储结构，每个结点中额外添加一个prior指针记录前驱结点的地址，由此可得双向链表。相比单链表每个结点多一个指针空间，但部分操作效率更高

线性表的双向链表存储结构

```
//双向链表存储结构定义
typedef  int  ElemType;
typedef  struct DLNode {
   ElemType data;
   struct DLNode *prior;
   struct DLNode *next;
}DLNode, * DLinkList;
```

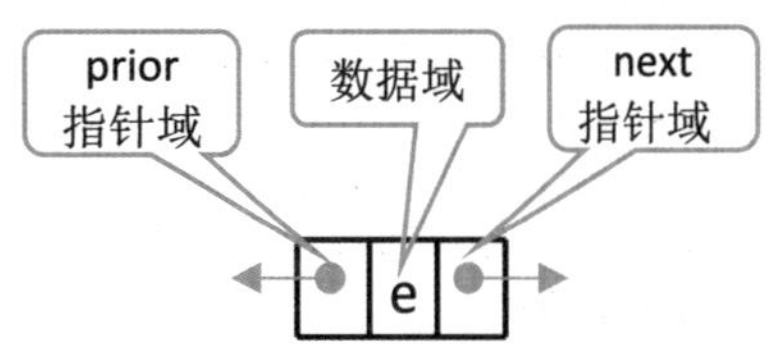

双向链表结点结构示意图

为方便表尾操作，令头结点的prior指针指向尾结点，尾结点的next指针指向头结点，由此形成双向循环链表

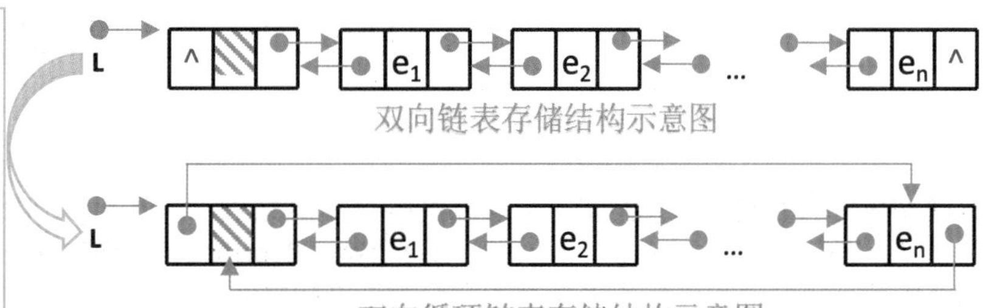

双向链表存储结构示意图

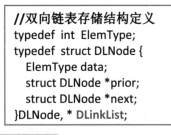

双向循环链表存储结构示意图

- **双向循环链表的初始化：**开辟一个结点，令其prior指针和next指针指向自身即可。

```
Status  InitList_DL( DLinkList &L ){
   L = (DLNode *) malloc ( sizeof(DLNode) );
   if( !L ) exit( OVERFLOW );
   L->next = L;  L->prior = L;
   return OK;
}
```

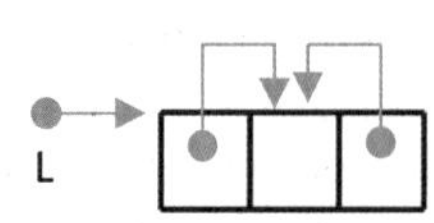

空的双向循环链表

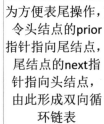

- **双向循环链表结点的追加：**开辟一个新结点并赋值，将其拼接到尾结点后即可。

```
Status  ListPushBack_DL( DLinkList &L, ElemType e ){
   DLNode *tailPtr= L->prior;
   DLNode *q = (DLNode *) malloc ( sizeof(DLNode) );
   if( !q ) exit( OVERFLOW );
   q->data = e;  //新结点数据域赋值
   tailPtr->next = q; q->prior = tailPtr;  //新结点双向拼接到尾结点后
    q->next = L;   L->prior = q;  //新结点双向拼接到头结点前
   return OK;
}
```

➢ **双向循环链表的插入：**先尝试定位到链表第i-1个元素结点，若该结点存在则开辟一个新结点并将其插入第i-1个结点的后面即可；若第i-1个元素结点不存在则无法在第i个位置插入，返回ERROR。

- 注意：(1)插入首元素时效率最高，表尾插入时应使用前面的ListPushBack_DL函数；
  (2)若给定待插入位置结点的地址而非位序，试实现算法并分析其复杂度。

```
Status  ListInsert_DL  ( DLinkList &L, int i, ElemType e ){
   if( i<1 )  return ERROR;
   //首先通过指针变量p和计数器count定位到第i-1个元素结点
   DLNode* p = L;
   int count = 0; //count始终是p所指结点的位序
   //只要p所指结点存在且该结点未到第i-1个，就令p指向下一结点且count加1
   while( p && count < i-1 ){
      p = p->next;  count ++;
   }
   if( !p ) return ERROR;  //第i-1个元素结点不存在，此时无法完成插入
   else{
      DLNode * q = (DLNode *) malloc( sizeof( DLNode ) );
      if( !q ) exit (OVERFLOW);
      q->data = e;
      q->next = p->next; p->next->prior = q; //对应下图语句①②
      p->next = q;  q->prior = p; // //对应下图语句③ ④
      return OK;
   }
}
```

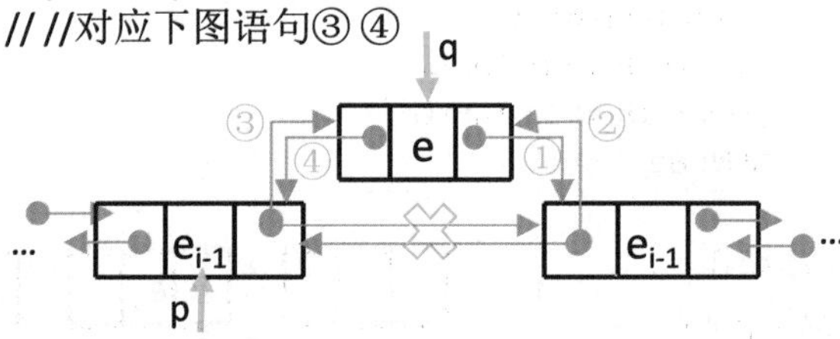

➢ **双向循环链表的删除：**先尝试定位到链表第i个元素结点，若其存在则修改第i-1个结点的next成员，让其指向第i+1个结点；之后，令第i+1个结点的prior成员指向第i-1个结点；最后将原第i个结点的数据域值带回；若第i个结点不存在则返回ERROR。

- 注意：(1)删除首元素时效率最高，删除表尾时可借助头结点的prior指针高效实现；
  (2)若给定待删除结点的地址而非位序，试实现算法并分析其复杂度。

```
Status  ListErase_DL  ( DLinkList &L, int i, ElemType &e ){
   if( i<1 )  return ERROR;
    //首先通过指针变量prep和p定位第i-1个与第i个元素结点
   DLNode * prep = L, *p = L->next;
   int count = 1; //count始终是p所指结点的位序
   //只要p所指结点存在且该结点未到第i个，就令p指向下一结点且count加1
   while( p && count < i ){
      prep = p;  p = p->next;  count ++;
   }
   if( !p ) return ERROR;  //第i个元素结点不存在，此时无法完成删除
   else{
      prep->next = p->next;  //对应下图语句①
      p->next->prior = prep; //对应下图语句②
      e = p->data;
      free (p) ;
      return OK;
   }
}
```

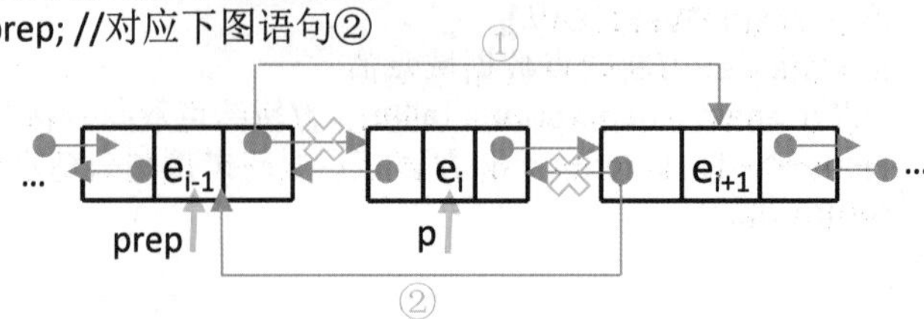

- **双向循环链表的创建**：先开辟并初始化一个头结点，之后，根据元素个数重复执行如下操作：开辟新结点，输入新结点的元素值，将新结点双向拼接到链表当前尾结点的后面，以及头结点的前面。

- **注意**：若每次都将新结点双向插入头结点的后面，思考所得链表有何不同？

```
//给定元素个数，按照元素的输入顺序创建一个双向循环链表
Status  ListCreate_DL ( DLinkList &L, int n){
  //开辟头结点并初始化
  L = (DLNode *) malloc( sizeof(DLNode) );
  if(!L) exit (OVERFLOW);
  L->next = NULL; L->prior = NULL;
  DLNode *tailPtr = L; //初始化尾指针
  DLNode *q;
  for(int i=1; i<=n; i++){
    //开辟新结点
    q = (DLNode *) malloc( sizeof(DLNode) );
    if(!q) exit (OVERFLOW);
    InputElem( q->data );
    //新结点双向拼接到尾结点后
    tailPtr -> next = q;
    q->prior = tailPtr;
    //新结点双向拼接到头结点前
    q->next = L;
    L->prior = q;
    tailPtr = q; //尾指针指向新的尾结点
  }
  return OK;
}
```

- **双向循环链表的逆序输出**：初始化一个指向尾结点的指针，只要它还未指向头结点，则输出结点的数据域值，再令指针指向前驱结点。

```
void  ListRvsPrint_DL ( DLinkList L){
  DLNode* p = L->prior; //初始化一个指向尾结点的指针
  while( p != L ){
    OutputElem( p->data );
    p = p -> prior;
  }
}
```

注意循环链表遍历结束时的判定条件与普通链表遍历结束时判定条件的不同

□ **拓展**：list是C++标准模板库中采用双向链表存储结构实现的一个线性表容器，与本节的双向链表类似。可通过list <int> L 定义一个元素类型为int的空双向链表，list包含如下常见的方法，请查阅相关资料并加以练习：

- L.size()：返回L中元素的个数；
- L.push_back(e)：在L的末尾追加一个元素e；
- L.push_front(e)：在L的第一个元素位置插入e；
- L.insert(L.begin()+k,e)：在L的第k+1个元素位置插入一个元素e，其中L.begin()返回指向L中首元素结点的迭代器；
- L.pop_back()：删除L的最后一个元素；
- L.pop_front()：删除L的第一个元素；
- L.erase(L.begin()+k)：删除L的第k+1个元素；
- L.clear()：清空L中的元素。

2.5 链表的应用

- **链表的优缺点**：链表在进行元素的插入或者删除时无须进行元素的移动，尤其是双向链表在给定插入或者删除的结点地址后可在常数时间复杂度内完成元素的增删，这相比顺序表的增删更为高效，所以，当频繁涉及非尾部元素的增删时，线性结构对象采用链式存储更为合理。此外，采用链式存储结构无须像顺序表那样事先开辟足够大的元素空间，而是根据需要动态开辟结点，这不会造成空间浪费。不过，链式存储结构下只能顺序访问各个元素，当操作接口涉及元素的位序时通常效率较低。

- **约瑟夫环问题的循环链表仿真求解**
  - **约瑟夫环问题**：约瑟夫（Josephus）是一个犹太人，他在反抗罗马人的战争中连同一个朋友和另外39人被围困在山洞中。约瑟夫想投降，但其他人不同意。传说约瑟夫想到一个主意：让41个人围成一个圆圈，从第1个人开始报数，数到3的那个人将被杀死。接着再从被杀人的位置开始报数，还是从1数到3，以此类推。站在什么位置才能成为最后的幸存者呢？约瑟夫解决了这个问题，并和他的朋友幸存下来。约瑟夫后来被犹太人斥为叛徒，但这个问题得到广泛研究。

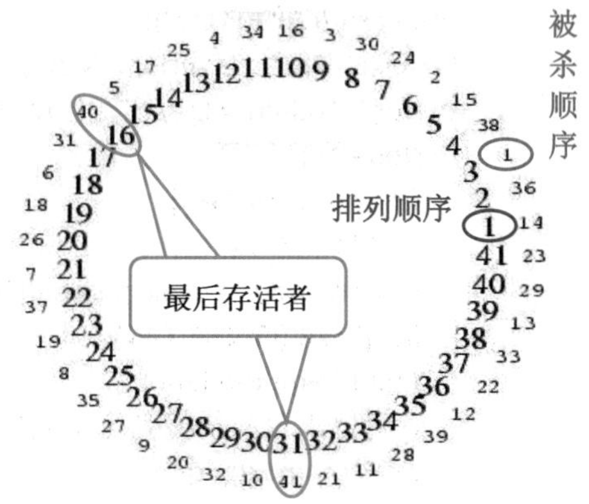

  - **约瑟夫环的循环链表仿真**：可借助下图所示的循环链表模拟约瑟夫环。初始化头指针L指向报数为1的人，沿链表前进并报数，报数为3的结点从链表中删除；之后，再令头指针指向被删结点的后继，重新开始报数。如此重复，直至最后仅剩2个人，如此即可借助计算机仿真的方法完成问题求解。

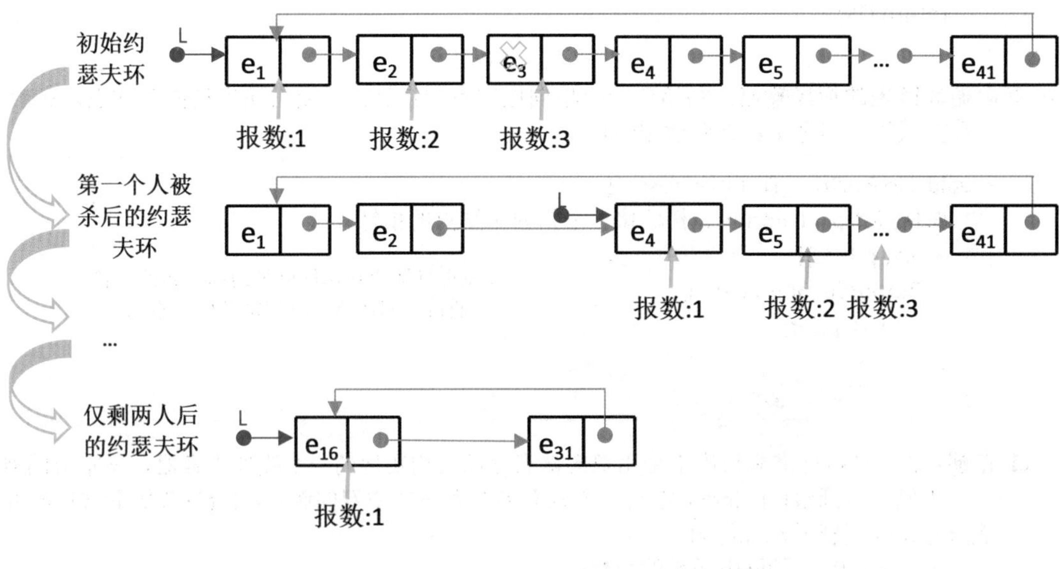

  - **约瑟夫环仿真求解的数据结构定义**

```
//循环链表中元素的定义
typedef struct ElemType{
    int personID; //最初序列的人员编号
    int deathOrder; //被杀的序号
}ElemType;
```

```
//循环链表中元素的定义
typedef struct CLNode{
    ElemType data;
    struct CLNode *next;
}CLNode, *CLinkList;
```

- **初始约瑟夫环循环链表的创建：**根据给定的人员数量重复开辟相应数量的结点，每次均将新结点拼接到链表尾结点的后面、首结点的前面，并将结点数据域的personID根据人员顺序初始化，被杀序号一律初始化为0。

```
Status JosephusCircleCreate (CLinkList &L, int n){
//给定初始人数n，构造初始约瑟夫环对应的循环链表
  if(n<=0) return ERROR;
  CLNode *p = NULL, *tailPtr = NULL;
  for(int i=1; i<=n; ++i){
    p = (CLNode *)malloc( sizeof(CLNode) ); //开辟一个新结点
    if(!p) exit( OVERFLOW );
    if( i==1 ) {
       L = p; tailPtr = p; //开辟第一个结点时，令头指针L和尾指针均指向它
    }
    p->data.personID = i;  p->data.deathOrder = 0; //新结点数据域初始化
    tailPtr->next = p;  p->next = L; //新节点拼接到尾节点后和首结点前
    tailPtr = p; //尾指针指向新的尾结点
  }
  return OK;
}
```

- **约瑟夫环循环链表结点的删除：**给定循环链表中欲删除结点的地址，若此时链表中仅剩这一个结点，则释放之，并把头指针赋空即可。否则，为提高效率，不真正删除欲删结点，而是将问题转换为删除其后继结点（在此之前，用后继结点的数据域覆盖欲删结点的数据域）；最后，令头指针指向新的报号为1的结点。示意图与对应的代码如下：

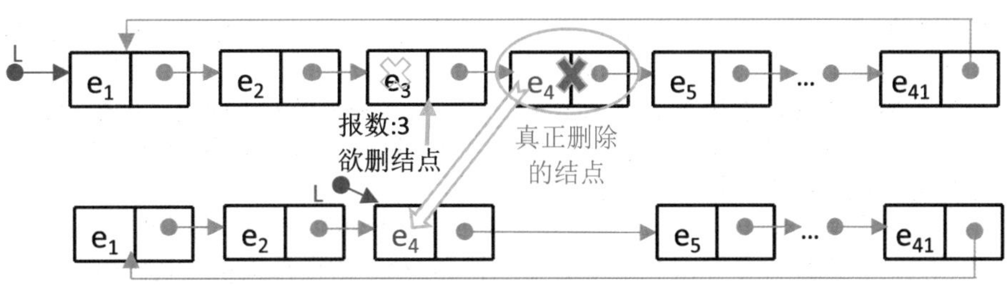


```
void JosephusCircleErase (CLinkList &L, CLNode *p_deathPerson){
//p_deathPerson为循环链表L中欲删除结点的地址
//删除p_deathPerson对应的元素，并令L指向链表中新的报号为1的结点
  if( L->next==L ){ //环中仅剩一个元素时直接删除首结点即可
     free( L ); L=NULL;
  }
  else{
    //用欲删结点之后继结点的数据域覆盖欲删结点的数据域
    CLNode *q = p_deathPerson->next;
    p_deathPerson->data = q->data;
    //从循环链表中删除欲删结点的后继结点
    p_deathPerson->next = q->next;
    free( q );
    //令循环链表的头指针指向新的报号为1的结点
    L=p_deathPerson;
  }
}
```

➢ **约瑟夫环问题的仿真求解**：初始化一个约瑟夫环循环链表，令p指向第一个报数的结点，计数器记录当前报数人所报的数值。只要剩余的人数多于2个：若当前报数的人需要被删则删除之，并重置p与计数器；否则，p指向下一个结点，计数器加1。

```
void JosephusCircleSimulation (int n, int k){
  //n为初始约瑟夫环中的人数，k为人员被杀时报的序号
  //输出最后两个幸存者的编号
  CLinkList L;
  JosephusCircleCreate( L, n );
  int numberOfPersonRemain = n;
  CLNode * p=L ; //p用来指向当前报号的人员
  int count=1; //计数器，记录人员报数时的当前数值
  while (numberOfPersonRemain > 2 ){
     if( count < k ){
        p = p->next; //前进
        count ++; //报数
     }
     else if( count == k ){
        JosephusCircleErase (L, p); //删除
        numberOfPersonRemain--;
        p=L; count =1;  //重置p与count
     }
  }
  printf("两幸存者编号为：%d,%d\n",L->data.personID, L->next->data.personID );
}
```

剩余人数小于k时，考虑此循环条件如何优化？

□ **拓展与思考**：基于循环链表和仿真方法求解约瑟夫环问题的时间复杂度为O(n*k)，实际存在一个复杂度为O(n)的递推算法可解决该问题。下面给出简要说明，试实现此递推求解程序，体会其**多阶段决策求解**(将复杂问题求解归结为多个阶段的子问题，直至归结为一个可直接求解的简单问题，最后反过来递推计算最终解)的策略，这种策略通常可得到一个问题求解的**动态规划**算法，请查阅相关资料学习。

递推求解约瑟夫环问题的关键在于置每轮开始报数人的下标为0，则最终幸存者必然在每轮均有一个下标，分析该下标的变化规律可得相应的递推关系，具体如下：

- 第1轮时，开始报数人为第1个人，置其下标为0，最后一个幸存者在此轮的下标记为f(n,k)，f的第一个参数代表当前轮次开始时尚有多少人幸存。
- 第2轮时，开始报数人为第k+1个人，其在上一轮的下标为k，本轮将其下标重置为0相当于将最后一个幸存者在上一轮下标的基础上向前移动了k位，新的下标由此变为f(n,k)-k（若该公式算得的值为负则在其基础上对n取余以保证下标非负）。记最后一个幸存者在此轮的下标为f(n-1,k)，则显然有如下等式成立：

  f(n-1,k) = f(n,k)-k [在f(n,k)-k非负时]

由上式可得递推公式如下：

f(n,k) = [f(n-1,k)+ k] % n（对n取余是为保证下标小于人数）

- 第x轮时，最后一个幸存者的下标相当于在上一轮下标的基础上向前面移动了k位，新的下标由此变为f(n-x+2,k)-k（若该公式算得的值为负则在其上对n-x+2取余以保证下标非负）。记最后一个幸存者在此轮的下标为f(n-x+1,k)，则类似可得如下递推公式：

  f(n-x+2,k) = [f(n-x+1,k)+ k] % (n-x+2)

- 最后一轮，最后一个幸存者的下标必然为0，即f(1,k)= 0。

按照上述得到的递推公式，由f(1,k)=0可知f(2,k)=[f(1,k)+k] % 2，继续递推，依次可得f(3,k)、f(4,k)，…，直至f(n,k)。而最后一个幸存者的编号显然为其第一轮的下标加上1（因下标是从0开始，而第一轮时每个人的编号为其下标加1），最终答案即为f(n,k)+1。

第三章 栈

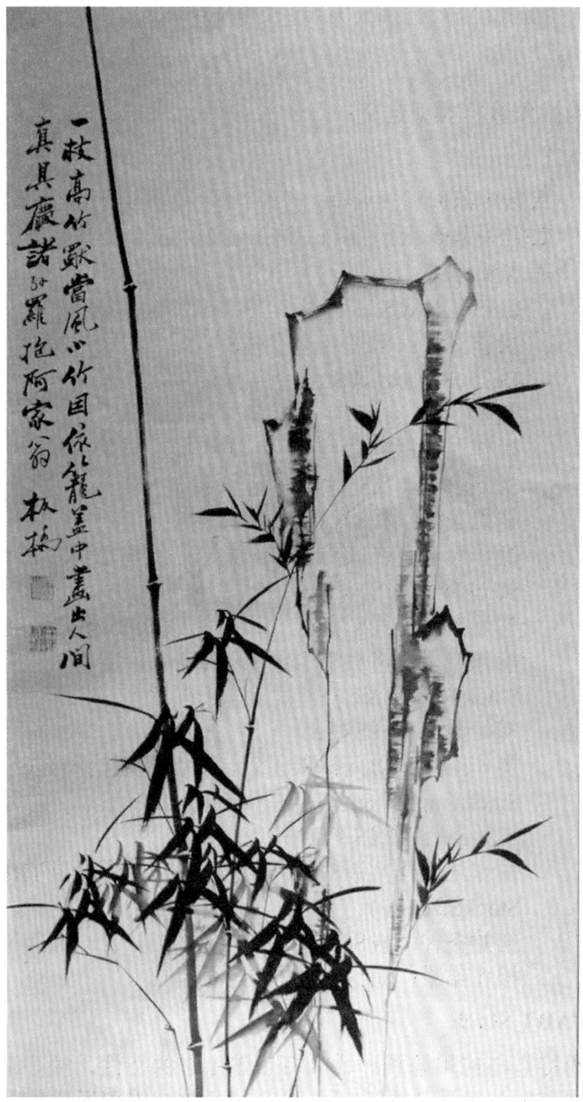

《竹石图》郑板桥（清）

3.1 栈的抽象数据类型定义

- **栈的概念：** 栈相当于一个操作受限的线性表，它也是一个定义在线性结构数据对象上的抽象数据类型，但线性表的元素访问以及插入和删除操作可在表中任意位置进行，而栈的元素访问、插入和删除操作都只能在线性结构对象的尾端（又称栈顶）进行，最后入栈的元素最先出栈，因此，栈又被称为后进先出的线性表。栈的逻辑模型如下方右图所示：

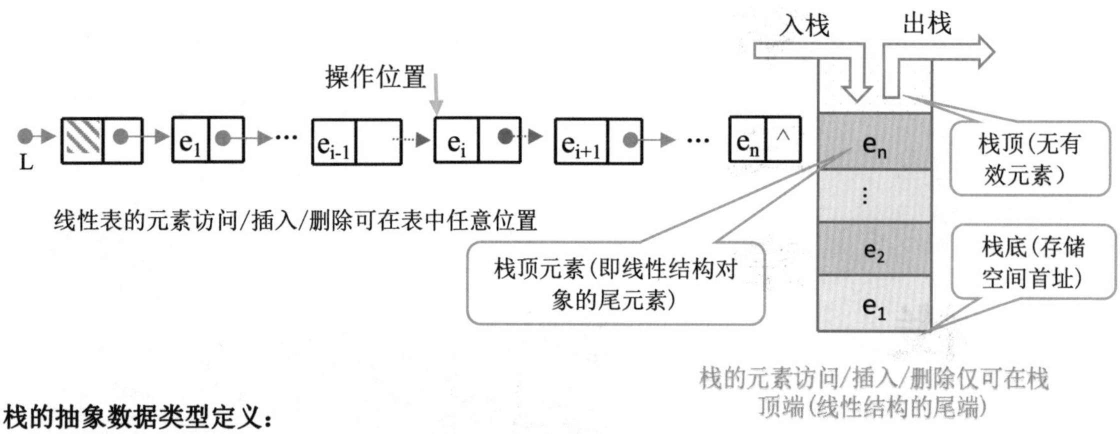

- **栈的抽象数据类型定义：**

ADT Stack{

数据对象D： D ={$e_1,e_2,\ldots,e_n$}(n>=0)是具有相同属性和结构的数据元素的有限集合；

数据关系R： R ={<e_i, e_{i+1}>| i=1,2,…,n-1}是D上二元关系的集合；

基本操作：

InitStack(&S)
操作结果：构造一个空栈S

DestroyStack(&S)
初始条件：栈S存在
操作结果：销毁栈S

StackPush (&S, e)
初始条件：栈S存在
操作结果：在栈S的顶端压入一个新元素e

StackPop (&S, &e)
初始条件：栈S存在
操作结果：将栈S的栈顶元素删除，并将被删除元素用e带回

StackTop(S, &e)
初始条件：栈S存在
操作结果：访问栈顶元素，将其值赋给参数e带回

StackEmpty (S)
初始条件：栈S存在
操作结果：判断S是否为空栈，是的话返回TRUE，否则返回FALSE

StackSize (S)
初始条件：栈S存在
操作结果：返回栈S中元素的个数

}//ADT Stack

- **栈的特点与应用场景：** 栈具有后进先出的特性，很多问题也具有此特性。比如函数嵌套调用时，最后被调用的函数最先返回，因此，函数调用和返回相关的信息被维护在一个栈中。此外，若问题处理过程中频繁访问某序列中最后一个元素，此时也可用栈存储该序列。比如，括号匹配检查过程中，每次遇到一个右括号都应检查最后一个输入的左括号是否匹配；再如，网站浏览过程中每次点击浏览器的“后退”按钮访问历史浏览记录中的最后一条记录，应用软件中的“撤销”或“恢复”操作撤销或恢复的都是最近的事件。

3.2 栈的存储与实现

- **栈的顺序存储**：采用顺序映像表示栈元素间的关系，由此可将栈存储到一个连续的内存空间中，称其为一个顺序栈。为方便栈顶操作，在栈的存储结构中专门设置成员变量记录栈顶位置(栈顶元素后继的空元素位置)，对应的顺序存储结构定义如下：

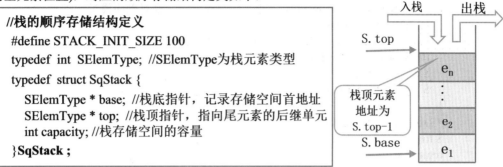

```
//栈的顺序存储结构定义
 #define STACK_INIT_SIZE 100
 typedef int SElemType; //SElemType为栈元素类型
 typedef struct SqStack {
    SElemType * base; //栈底指针，记录存储空间首地址
    SElemType * top; //栈顶指针，指向尾元素的后继单元
    int capacity; //栈存储空间的容量
 }SqStack ;
```

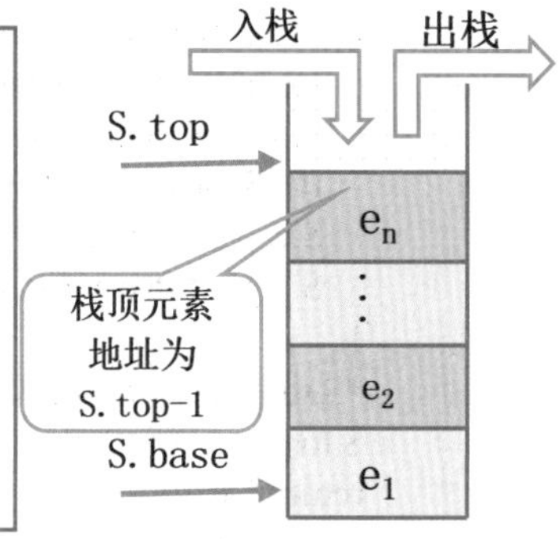

- **顺序栈操作的实现**：
  - **栈的初始化**：初始化栈容量为STACK_INIT_SIZE并开辟相应容量的存储空间，将首地址同时赋予栈底指针和栈顶指针。

```
Status InitStack ( SqStack &S ){
   S.base = (SElemType *) malloc ( STACK_INIT_SIZE*sizeof(SElemType) );
   if( !S.base )
      exit( OVERFLOW );
   S.top = S.base ;
   S.capacity = STACK_INIT_SIZE;
   return OK;
}
```

因顺序栈各基本操作的复杂度都是常数阶，故栈一般均采用顺序存储，顺序栈各操作名的末尾无须通过后缀_Sq强调其存储结构

  - **栈的销毁**：若顺序栈尚未销毁，则释放其对应的存储空间，栈顶指针和栈底指针均赋NULL，栈容量赋0；若顺序栈已经释放，则返回ERROR。

```
Status DestroyStack ( SqStack &S ){
   if( !S.base )
      return ERROR;
   free( S.base );
   S.base = NULL;
   S.top = NULL;
   S.capacity = 0;
   return OK;
}
```

若顺序栈存储空间已经释放，则返回ERROR，防止内存释放错误

  - **计算栈长**：因栈顶指针指向的是栈顶元素的后继存储单元，而栈底指针指向栈元素存储空间首地址，故S. top-S. base即为栈长。

```
int StackSize ( SqStack S ){
   return S.top-S.base ;
}
```

  - **空栈判定**：栈顶指针指向第一个无效元素，故栈空当且仅当S. top==S. base。

```
Status StackEmpty ( SqStack S ){
   return S.top==S.base ;
}
```

- **入栈**：如果入栈前顺序栈已满，则先将栈存储空间扩充为原本容量的2倍。之后，将入栈元素压入S. top指向的存储空间，最后S. top上移即可。
- **注意**：S. base是存储空间首地址，而S. top指向尾端，故S. top上移是S. top自增。

```
Status  StackPush ( SqStack &S, SElemType e ){
    if( S.top-S.base == S.capacity){ //若入栈前栈已满，则对顺序栈进行扩容
        int size = S.top-S.base;
        S.base = (SElemType *) realloc( S.base, 2*S.capacity );
        if( !S.base ) exit(OVERFLOW);
        S.capacity *= 2;
        S.top = S.base + size;
    }
    *S.top = e; //元素e入栈
    S.top ++; //栈顶指针上移
    return OK;
}
```

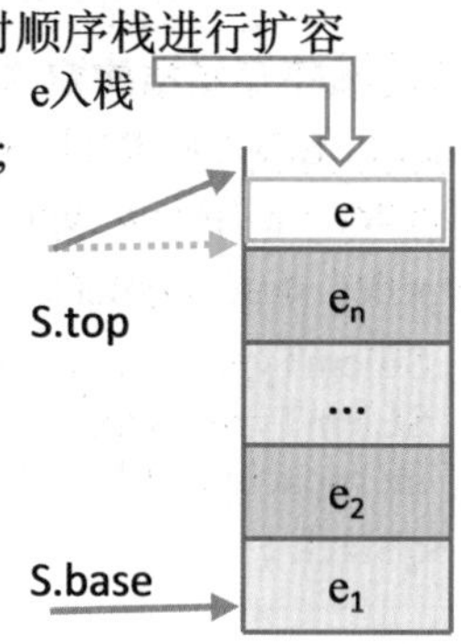

- **出栈**：若为空栈则返回ERROR；否则将栈顶元素赋给引用型参数e，之后S. top下移。
- **注意**：S. base是存储空间首地址，而S. top指向尾端，故S. top下移是S. top自减。

```
Status  StackPop ( SqStack &S, SElemType &e ){
    if( S.top == S.base ) //若出栈前栈已空则报错
        return ERROR;
    else{
        e = *(S.top - 1); //带回栈顶元素
        S.top --; //栈顶指针下移
        return OK;
    }
}
```

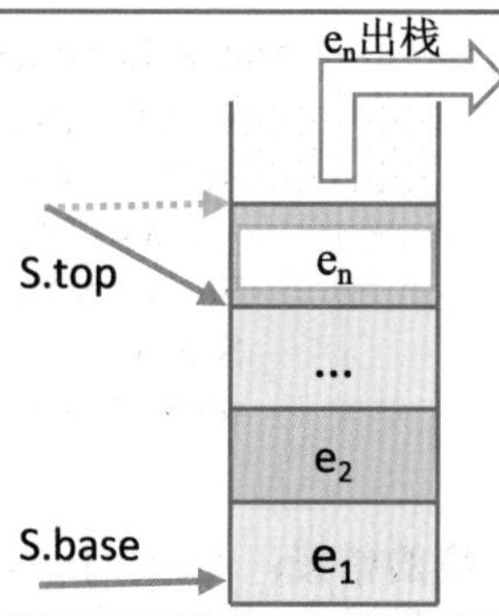

- **获取栈顶元素**：若栈为空则返回ERROR；否则将栈顶元素赋给引用型参数e，返回OK。

```
Status  StackTop ( SqStack S, SElemType &e ){
    if( S.top == S.base ) //若为空栈则报错
        return ERROR;
    else{
        e = *(S.top - 1); //带回栈顶元素
        return OK;
    }
}
```

□ **思考**：前述顺序栈各算法的时间复杂度均为常数阶，性能优秀。仅存的不足是，顺序栈栈顶及其后的存储空间未存放有效元素，从而造成一定的空间浪费。试设计栈的链式存储结构，并与顺序栈对比性能。设计时注意考虑结点指针域应指向后继还是前驱？

□ **拓展**：stack是C++标准模板库中实现的栈容器，可通过stack <int> S 定义一个元素类型为int的空栈，其常见方法如下，请查阅相关资料并加以练习：

- S. push(e)：向栈顶压入元素e
- S. pop()：出栈（仅移除栈顶元素，不带回栈顶元素的值）
- S. top()：返回栈顶元素的值
- S. size()：返回栈中元素的个数
- S. empty()：判断是否空栈

3.3 栈的应用

- **平衡符号检查：**
  - **符号平衡规则：** 程序源码或算术表达式中经常会包含很多不同类型的括号（包括用作开始符的各种左括号，以及用作结束符的各种右括号），正常情况下，每个结束符前面应至少有一个开始符，且最后一个开始符的类型应与当前结束符类型匹配。此外，所有开始符都应有结束符与之匹配。例如，括号序列“{[]()}”是合法的；而“{[])}”“{[)(]}”“{[](”均非法，第一个表达式左括号缺失或右括号多余，第二个表达式括号类型不匹配，第三个表达式右括号缺失或左括号多余。
  - **符号平衡检查算法：** 每遇一个结束符都需访问最后的开始符，故用栈实现，算法如下：
    - 初始化一个存放开始符的栈，以便获取各结束符前最后一个开始符。
    - 逐个读取各个符号：
      - 若当前符号是开始符，则将其入栈；
      - 若当前符号是结束符，当开始符栈为空时，说明左括号缺失或者右括号多余；当开始符栈不空但弹出的栈顶元素与当前结束符不匹配时，说明括号类型不匹配；
    - 若开始符栈不空，则说明左括号多或者右括号缺失。

```
//栈元素类型定义
typedef struct Symbol{
   char token; //存放符号值
   int lineNum; //存放当前符号所在的行号
} Symbol, SElemType;
//符号平衡检查算法：输入符号信息序列，检查括号匹配错误信息并输出
void checkBalance ( Symbol tokenSeq[ ], int n ){
   SqStack S;  InitStack(S);  //初始化存放开始符的栈
   Symbol pendingSymbol; //存放出栈的开始符
   for(int i=0; i<n; i++){
      switch(tokenSeq[i].token){
      case '(' :  case '[' :  case '{' :
         StackPush(S,tokenSeq[i]);
         break;
      case ') ' :  case '] ' :  case '} ' :
         if(StackEmpty(S)==TRUE)
            printf("Extraneous %c at Line %d.\n",tokenSeq[i].token,tokenSeq[i].lineNum);
         else{
            StackPop(S,pendingSymbol);
            if( (tokenSeq[i].token==')' && pendingSymbol.token!='(') ||
                  (tokenSeq[i].token==']' && pendingSymbol.token!='[') ||
                  (tokenSeq[i].token=='}' && pendingSymbol.token!='{')
              )
               printf("Token %c at Line %d does not match %c at Line %d\n",
                        tokenSeq[i].token,tokenSeq[i].lineNum,
                        pendingSymbol.token,pendingSymbol.lineNum );
         }
         break;
      }
   }
   while(!StackEmpty(S)){
      StackPop(S,pendingSymbol);
      printf("Unmatched %c at line %d\n",pendingSymbol.token,pendingSymbol.lineNum);
   }
}
```

遇开始符则直接入栈

遇结束符则进行符号平衡检查

结束符匹配结束，但开始符有剩余

- **算术表达式求值：**
  - **表达式规范**：假设表达式中只含加减乘除四类运算，允许出现括号，表达式合法（包括括号匹配合法等），且操作数均为非负整数（“-”只作为减运算符出现）。
  - **运算规则**：算术表达式的计算遵循“先乘除后加减”“左结合”“先括号内后括号外”的规则。按上述规则，假设leftOp为相邻的两个运算符中的左运算符，rightOp为右运算符，则两者执行的优先性可通过如下算法确定：

```
//算符优先性判定算法
//若leftOp应先于rightOp计算则返回‘>’，反之返回‘<’；
//若leftOp为左括号而rightOp为右括号则返回‘=’（此时两括号直接舍弃即可）。

char precede(char leftOp, char rightOp){
  if( leftOp=='(' && rightOp==')' ) return '='; //左右运算符分别是左右括号返回'='
  else if( leftOp=='(' && rightOp!=')' ) return '<'; //左侧为左括号则优先计算右侧
  else if( rightOp=='(' ) return '<'; //右侧为左括号则优先计算右侧
  else if (rightOp==')' && leftOp!='(' ) return '>'; //右侧为右括号则优先计算左侧
  else if ( rightOp=='\0' ) return '>'; //右侧为表达式结束符则优先计算左侧
  else {
    int leftOpPrecedence,rightOpPrecedence;
    if(leftOp == '+' || leftOp == '-')
      leftOpPrecedence = 0;
    else if(leftOp == '*' || leftOp == '/')
      leftOpPrecedence = 1;
    if(rightOp == '+' || rightOp == '-')
      rightOpPrecedence = 0;
    else if(rightOp == '*' || rightOp == '/')
      rightOpPrecedence = 1;
    if( leftOpPrecedence >= rightOpPrecedence ) return '>';
    else return '<';
  }
}
```

对括号和结束符之外的运算符，计算其优先级

按综合优先级和结合性确定运算顺序：优先级高或者优先级相等但是优先出现者，优先运算

- **算符优先法计算表达式的值：**
  - **基本思想**：逐个读取操作数和运算符，关注各个读到的运算符，若当前运算符的优先级高于**上一个**待处理运算符，则当前运算符不能执行（因为其后的运算符可能优先性更高），设置其为待处理，读取下一个符号；若当前运算符的优先级低于上一个待处理运算符，则上一个运算符应执行（对应的操作数应是之前读到或中间计算得到的**最后两个数值**）；若当前读到右括号而上一个待处理的运算符是左括号，则说明这两个括号内的运算都已结束，直接读取下一个符号。上述过程不断重复，直至所有运算符和输入都处理完毕。
  - **算法实现**：为方便读取上一个待处理的运算符，设置运算符栈ops存储所有待处理的运算符；当执行一个运算符时，为方便获取之前读到或中间计算的**最后两个数值**，设置操作数栈values存储所有待运算之数值；之后，重复如下操作至所有运算结束：
    - 若当前读到一个操作数则直接压入操作数栈等待运算，读下一个符号。
    - 若当前读到一个运算符，则分三种情况：
      - 当前运算符的优先级高于运算符栈的栈顶元素(上一个待处理的运算符)，则当前运算符入栈等待处理，读下一个符号；
      - 当前运算符的优先级低于运算符栈的栈顶元素(上一个待处理的运算符)，则ops的栈顶运算符出栈，values的两个栈顶操作数依次出栈，三者运算并将结果存入values（接下来不读新符号而是重新比较当前运算符与新的栈顶运算符)；
      - 当前读到的运算符是右括号而栈顶待处理运算符是左括号，则两个括号均舍弃，读取下一个符号。

```
int ExpressionEvaluate ( char tokens[] ){
//参数tokens以字符串的形式存放表达式，该函数计算表达式的值并返回
  stack <int> values; //操作数栈
  stack <char> ops; //运算符栈
  int i=0; //用于遍历表达式串的下标计数器
  while( !ops.empty() || tokens[i]!='\0'){
    if(tokens[i] == ' ') i++; //忽略表达式中的空白符，直接读取下一符号
    else if(isdigit(tokens[i])){ //若当前读到一个数字符号，则获取完整的数值并入栈
      int val = 0;
      while(tokens[i]!='\0' && isdigit(tokens[i])) {
        val = (val*10) + (tokens[i]-'0');
        i++;
      }
      values.push(val); //整数数值入数栈values
    }
    else { //当前读到一个运算符
      if( !ops.empty() && precede( ops.top(),tokens[i] )=='>' ){ //栈顶运算符优先级高
        int rightValue = values.top(); values.pop();
        int leftValue = values.top();   values.pop();
        char op = ops.top();  ops.pop();
        values.push( applyOp(leftValue, rightValue, op) ); //执行栈顶运算符，结果入栈
      }
      else if(!ops.empty() && precede(ops.top(),tokens[i])=='='){//左右括号相遇则脱括号
        ops.pop();  i++;
      }
      else if( tokens[i]!='\0' ){ //当前符号非结束符，且其优先级高或运算符栈为空
        ops.push(tokens[i]);  i++;
      }
    }
  }
  return values.top();
}
```

操作数栈与运算符栈的元素类型不同，为简化代码复杂度，栈的实现使用C++ STL中的stack类

```
int applyOp(int a, int b, char op){
  switch(op) {
  case '+': return a + b;
  case '-':  return a - b;
  case '*': return a * b;
  case '/':  return a / b;
  }
}
```

➢ **表达式计算实例**：以表达式4-3*(2+1)为例，上述算法的求解过程如下表所示：

i取值	当前符号	操作	操作数栈	运算符栈
0	4	操作数直接压入操作数栈	4	
1	-	运算符栈为空，当前运算符入栈	4	-
2	3	操作数直接压入操作数栈	4 3	-
3	*	当前运算符优先级高，入栈	4 3	- *
4	(	左括号直接入栈	4 3	- * (
5	2	操作数直接压入操作数栈	4 3 2	- * (
6	+	当前运算符优先级高，入栈	4 3 2	- * (+
7	1	操作数直接压入操作数栈	4 3 2 1	- * (+
8	)	栈顶运算符优先级高，出栈并计算	4 3 3	- * (
8	)	左右括号相遇，出栈，脱括号	4 3 3	- *
9	\0	栈顶运算符优先级高，出栈并计算	4 9	-
9	\0	栈顶运算符优先级高，出栈并计算	-5	

注意此时i不变

该步操作结束后，运算符栈空且当前符号为结束符，操作数栈中存放最终计算结果，程序结束

□ 拓展与思考：

- **波兰式与逆波兰式**：常见的表达式中运算符位于两个操作数的中间，如4-3*(2+1)，这种表达式需借助括号以及运算符的优先级和结合性确定计算过程，这一过程较为烦琐，计算效率有待优化。1924年波兰科学家扬·武卡谢维奇（Jan Łukasiewicz）提出了表达式的另外两种形式，它们无须括号且运算过程不需考虑优先级。一种将运算符写在操作数的前面，而且运算符按运算次序的逆序出现，这种表达式称为前缀表达式，又称波兰式，如表达式4-3*(2+1)对应的波兰式为-4*3+21；另一种表达式的运算符写在操作数的后面，运算符按照运算次序顺序出现，这种表达式称为后缀表达式，又称逆波兰式，如表达式4-3*(2+1)对应的逆波兰式为4321+*-。对逆波兰式而言，只需逐个扫描表达式中的符号，每遇到一个运算符直接取它前面的、最后的两个操作数做计算即可。如对于逆波兰式4321+*-，先计算2+1得到新的逆波兰式433*-；之后，计算3*3得49-；最后，计算4-9得最终结果-5。由此可见，若能在程序的编译阶段将表达式转换为逆波兰式，则程序执行过程中表达式的计算效率将大大提升。实际上，类似本节所给算符优先法计算表达式值的算法，每读到一个数字都将其直接输出，每执行一个运算时将该运算符输出，如此便可得到表达式的逆波兰式，试实现之。
- **“中华”小行星**：扬·武卡谢维奇生活的年代，波兰充满了战争与动荡，他用祖国的名字命名其科研成果，以表达对祖国的美好祝愿。无独有偶，我国天文学家张钰哲1928年在美留学期间发现了一颗新的小行星，根据国际天文学联合会的规定，小行星可由发现者命名，张钰哲想到自己的祖国曾是世界上天文学发展最早、天象记录最丰富的国家，而现在国力不强、科学落后，深受洋人欺侮和侵略，因此他毅然决定，将这颗小行星命名为“CHINA”，表达他对祖国的热爱之情。作为中国现代天文学事业的奠基人之一，张钰哲亲手开创了我国小行星和彗星的观测与研究事业，还发表了我国第一篇论述人造卫星轨道的论文，为我国航天事业做出了卓越贡献。美国哈佛大学天文台将该台发现的第2051号小行星命名为“Chang”（张），以示对张钰哲的敬重和表彰。

Jan Łukasiewicz
1878—1956

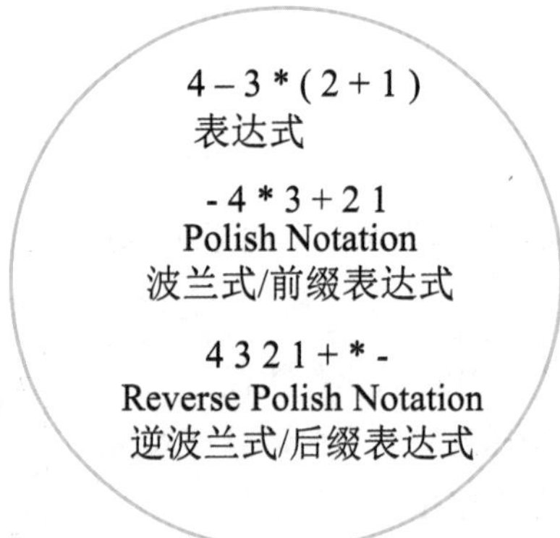

4 – 3 * (2 + 1)
表达式
- 4 * 3 + 2 1
Polish Notation
波兰式/前缀表达式
4 3 2 1 + * -
Reverse Polish Notation
逆波兰式/后缀表达式

百战艰难拼汉血，三山摧毁坐观成
步天测度原无补，病榻栖迟负国恩
——张钰哲
（1963年住院疗养期间）

3.4 栈与递归

- **递归的概念**：从语法的角度看，递归是一个函数直接或者间接调用自身的现象。不过，更重要的是，可以将递归看作程序设计领域一个问题求解的有力工具。通过递归函数，无须编码给出具体的求解过程，只需给出两条解题规则，则程序会根据这两条规则自动进行问题的推理和求解，这可以大大简化程序设计的复杂度。下面以阶乘计算和进制转换问题为例，对这两条规则分别予以说明。
  - **递归边界**：问题规模或复杂度最小时的场景界定及其对应的问题求解方案。在计算整数n的阶乘时，“当n为0时问题规模和复杂度最低，此时问题答案是1”，此即该问题的递归边界；在十进制非负整数转二进制数的问题中，“当n为0或1时无须转换，直接输出”，此即该问题的递归边界。
  - **递归关系**：当问题规模或复杂度超过递归边界时，“将较大规模或较高复杂度问题的求解**归结为**求解较小规模或较低复杂度问题”的方案。阶乘计算问题中，“当n>0时，通过关系式‘n! = n *(n-1)!’可将‘计算n的阶乘’归结为‘计算n-1的阶乘’（得到n-1的阶乘后，在其上乘n便得原问题的解）”，此即该问题的递归关系；进制转换问题中，“先将n/2的二进制串输出，再输出n%2，即得n的二进制串”，如此便将“n的二进制转换问题”归结为了“n/2的进制转换”，此即该问题的递归关系。
    - **注意**：递归关系需保证问题在通过若干次归结后可以到达递归边界。比如，不能基于关系式“n! = n *(n-1)*(n-2)!”将“计算n的阶乘”这一问题归结为“计算n-2的阶乘”，因为n为奇数时，上述递归关系无法把问题最终归结到递归边界（即归结为0的阶乘计算这一边界问题），除非修改递归边界，试修改之。
  - **递归函数**：递归函数主要由递归边界和递归关系构成，上述问题的递归函数如下：

```
//阶乘计算的递归函数
long GetFactorial ( int n ){
  long result;
  if(n == 0)              // 递归边界
    result = 1;
  else                    // 递归关系
    result = n*GetFactorial(n-1);
  return result;
}
```

```
//十进制转二进制的递归函数
void DecToBin ( int n ){
  if(n == 0 || n == 1)    // 递归边界
    printf ("%d", n);
  else{                   // 递归关系
    DecToBin ( n/2 );
    printf("%d", n%2);
  }
}
```

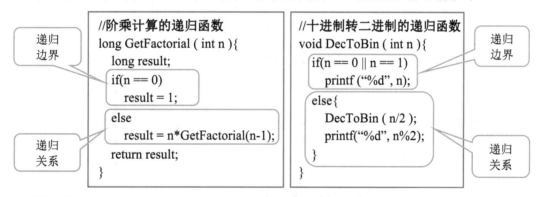

  - **递归求解原理**：对规模或复杂度超过递归边界的问题，通过若干次递归关系和函数递归调用可将问题逐步归结到递归边界（此过程称为**递归前进**）；之后，基于递归边界的解，再逐步返回即可得到原问题的解（此过程称为**递归返回**）。下面以计算2的阶乘为例，说明递归求解的原理。为方便理解，每次递归调用都给出了程序源码的副本，不执行的语句用删除线标出，函数参数的值直接写到代码中。

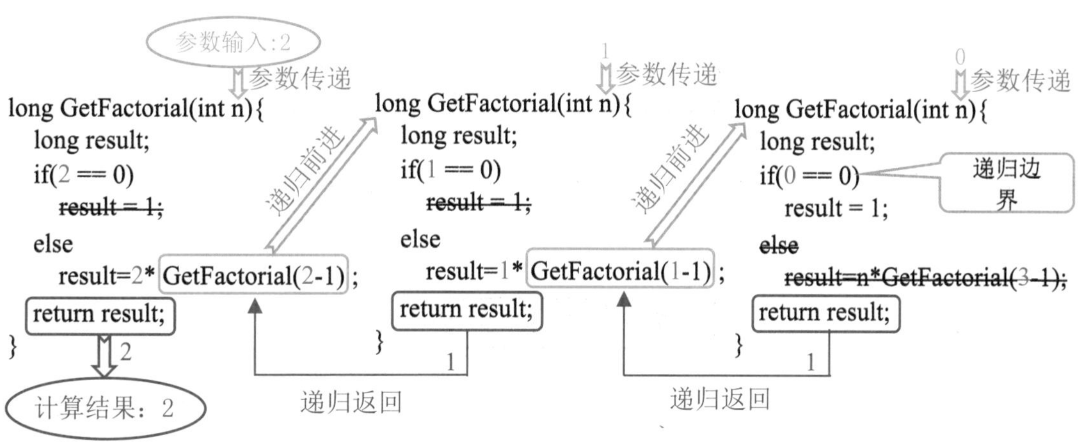

- **递归与栈：** 递归前进过程中，在函数被调用执行之前，实参取值、返回地址等信息需传递给被调函数保存；递归返回过程中，函数各变量的取值等信息需予以恢复。每一次递归前进或返回，上述实参取值、返回地址以及函数变量取值等信息均需要用一个数据结构来保存。因函数的调用和返回具有“后进先出”的特性，即最后调用的函数最先返回，因此，在递归函数执行过程中，系统使用栈维护上述信息，该栈称为函数调用栈。下面以阶乘的递归计算问题为例，说明求解过程中函数调用栈的变化情况（为便于理解，函数代码中加入行号，以此作为代码的内存地址）。简单来说，递归前进发生函数调用时会入栈，递归返回时会出栈，栈顶元素记录当前执行时的变量取值等上下文信息。

```
//阶乘计算的递归函数
long GetFactorial(int n){
1  long result;
2  if(n == 0)
3     result = 1;
4  else
5      result = n*GetFactorial(n-1);
6  return result;
}
int main( ){
7  GetFactorial( 2 )
}
```

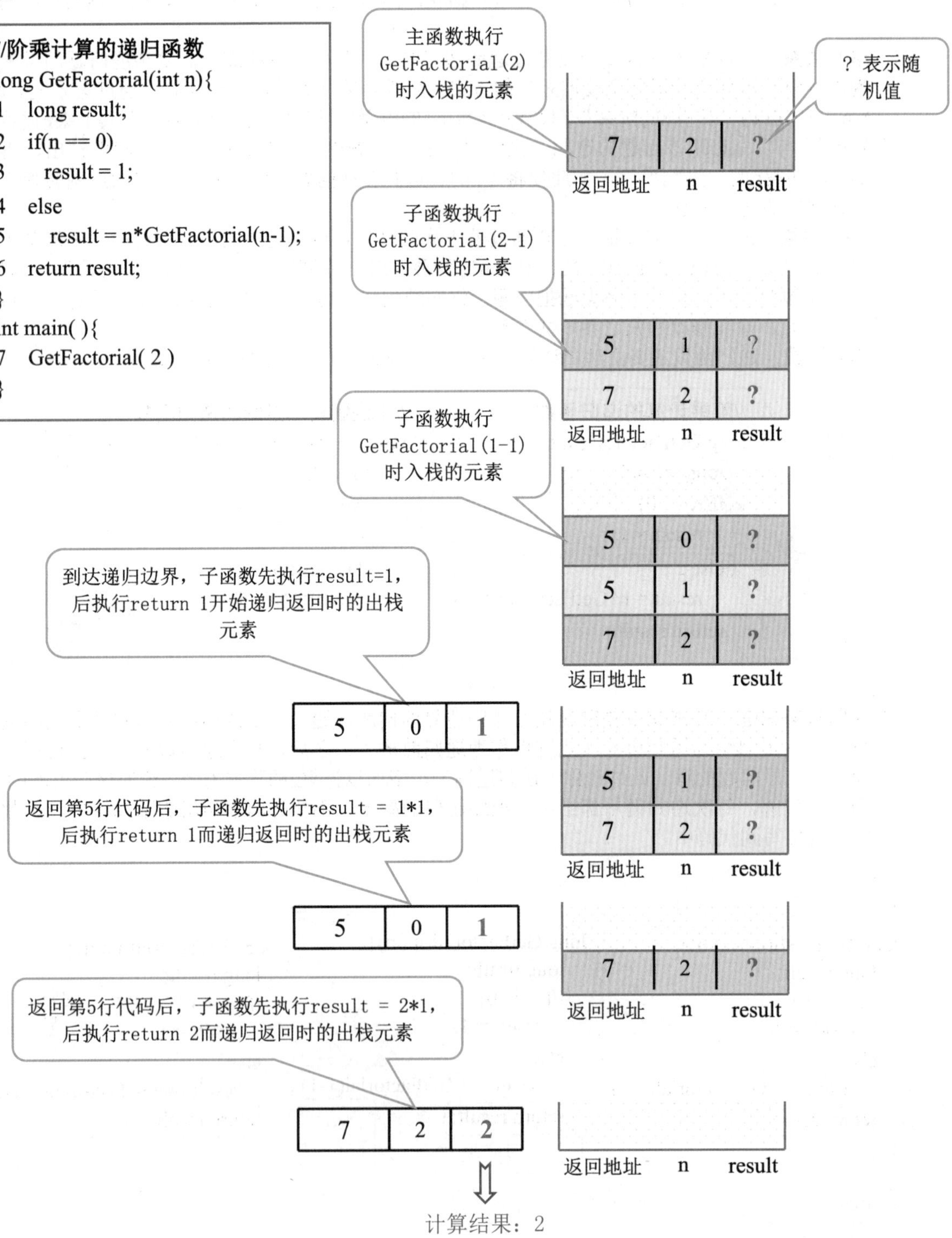

- **递归与问题求解**：设计递归算法求解问题的关键是递归边界和递归关系的确定，根据问题的具体特点有如下几种常见的递归算法设计策略，下面分别结合实例予以说明。
  - **递归与递推**：当“较小规模或较低复杂度问题的解”与“较大规模或较高复杂度问题的解”之间存在明显的递推关系时，可根据该递推关系确定递归关系和递归边界，由此得出一个递归求解算法。该类问题求解的关键是寻找递推关系，一个可能的方案是，假设较小规模或较低复杂度问题可通过递归函数求解，在此基础上，考虑较大规模或较高复杂度问题如何求解。下面以冲锋梯攀登问题为例说明该方法。
    - **冲锋梯攀登问题**：世界消防救援锦标赛中设有冲锋梯攀登项目。假设消防员一步能跨过1个或者2个阶梯，n级阶梯时共有多少种攀登方案。
    - **递推与递归关系**：假设k<n时，k级阶梯的攀登方案数量可通过函数f(k)求得。对n级阶梯的攀登问题，最后一步跨越只有两种可能：或者跨过1个阶梯，或者跨过2个阶梯。当最后一步跨越1个阶梯时，之前必然跨过n-1个阶梯，由前述假设，这n-1个阶梯的攀登方案数量可通过f(n-1)计算得到；最后一步跨越2个阶梯时，之前必然跨过n-2个阶梯，同样地，由前述假设，这n-2个阶梯的攀登方案数量可通过f(n-2)计算得到。综上所述，可得递推关系式 f(n) = f(n-1) + f(n-2)，这同时也是该问题求解的递归关系式。
    - **递归边界**：求解n级阶梯的攀登方案数量，借助上述递归关系，最终可归结为一级和两级阶梯的攀登方案数量问题。显然，当只有一级阶梯时，攀登方案数量为1，即f(1)=1。当有两级阶梯时，或者分两步，每步跨越一个阶梯；或者一步跨越2个阶梯，总共只有这两种方案，即f(2)=2。

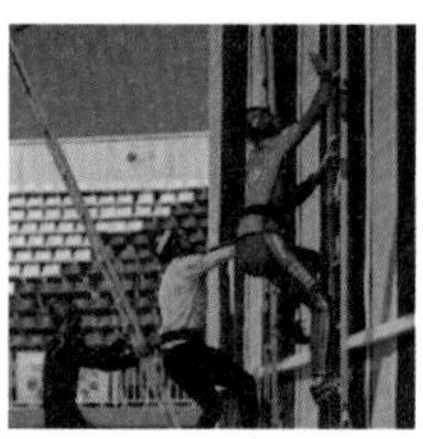

世界消防救援锦标赛冲锋梯攀登赛瞬间

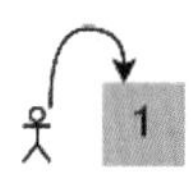

只有一级阶梯时的攀登方案

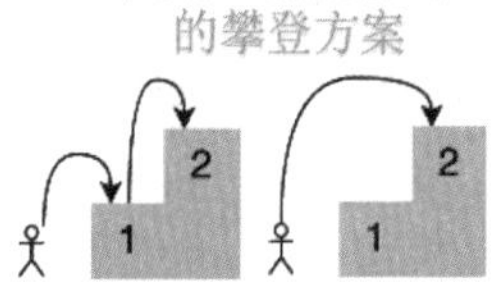

(a)方案I (b)方案II

只有两级阶梯时的攀登方案

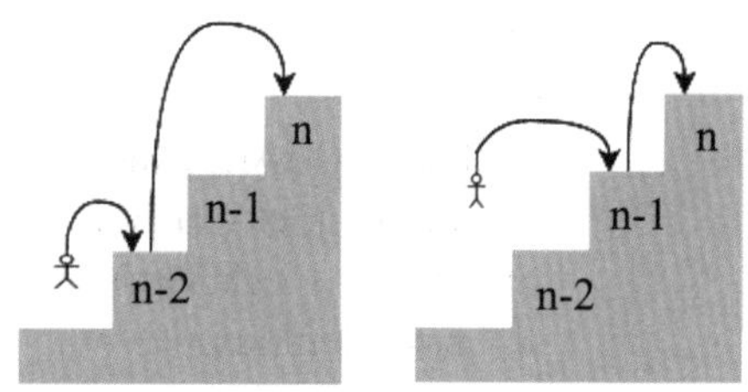

(a)最后1步跨2个阶梯 (b)最后1步跨1个阶梯

含n级阶梯时攀登方案的两种情况

- **递归函数**：根据上述递归关系与递归边界，冲锋梯攀登问题求解的递归函数如下。下面同时给出迭代法求解该问题的函数，试对比两者的时间和空间性能。

```
//冲锋梯攀登方案计算的递归函数
long f (int n){
  long result;
  if(n == 1)
    result = 1;
  else if (n == 2)
    result = 2;
  else
    result = f(n-1) + f(n-2);
  return result;
}
```

递归边界：if(n == 1) … result = 2;

递归关系：else result = f(n-1) + f(n-2);

递归算法代码简洁、易于理解，但时间和空间性能较差，在需要重复计算子问题的解时更是如此。可借助备忘录法和动态规划法处理这一问题，请查阅相关资料。

```
//迭代法计算冲锋梯攀登方案的函数
long f (int n){
  long result;
  if(n == 1) result = 1;
  else if ( n==2 ) result = 2;
  else{
    int x=1, y=2;
    for(int i=3; i<=n ++i ){
      result = x + y;
      x = y;
      y = result;
    }
  }
  return result;
}
```

迭代求解：for循环部分

➢ **递归与分治**：当问题求解需处理的数据对象可分解为多个同构的子对象时，原对象对应的问题可以分解为多个子问题，综合各子问题的解可得原问题的解，这是一种典型的“分而治之”的求解方案。确定好递归边界后，子问题的求解可递归完成，在此基础上综合子问题的解可求解原问题，下面以数组求最大值为例说明该方法。

- **分治法求数组最大值**：当数组长度大于1时，将数组分解为“前半段元素组成的子数组”与“后半段元素组成的子数组”两个部分，前半段子数组的最大值递归求解，后半段子数组的最大值递归求解，两段子数组的最大值取大者即为原数组的最大值。
- **递归关系**：根据前述分析，“整个数组的最大值计算问题”可归结为“前半段子数组求最大值”与“后半段子数组求最大值”两个子问题，两个子问题可递归求解，之后两者取大者，此即该问题求解的递归关系 。
- **递归边界**：按上述递归关系，原问题最终可归结为长度为1的数组求最大值，显然其最大值就是元素自身，此为该问题求解的递归边界。
- **递归函数**：根据上述递归关系与递归边界，可得数组求最大值的递归函数如下。实际上，数组还有多种不同的分治方案，比如分解为“首元素”和“其余元素”组成的子数组；也可基于这种策略进行数组排序，试分别实现之。

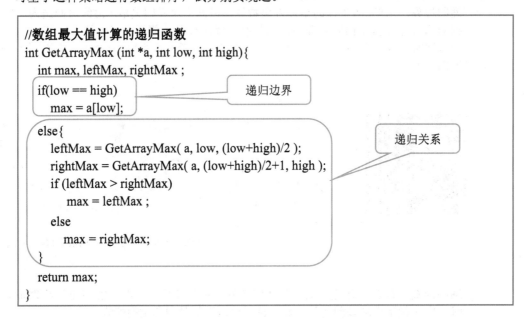

```
//数组最大值计算的递归函数
int GetArrayMax (int *a, int low, int high){
  int max, leftMax, rightMax ;
  if(low == high)
    max = a[low];
  else{
    leftMax = GetArrayMax( a, low, (low+high)/2 );
    rightMax = GetArrayMax( a, (low+high)/2+1, high );
    if (leftMax > rightMax)
       max = leftMax ;
    else
       max = rightMax;
  }
  return max;
}
```

递归边界

递归关系

分治法(Divide and Conquer)示意图

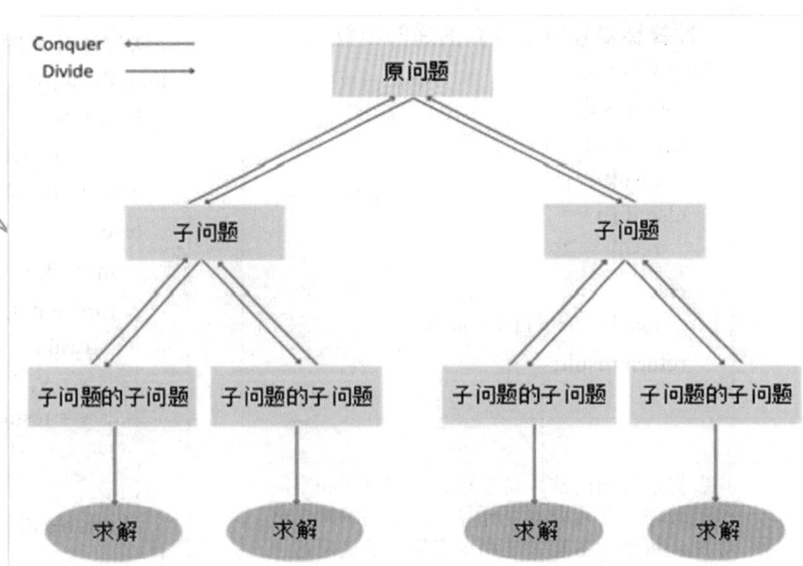

- **递归与回溯**：当问题的求解分为多个步骤，且每个步骤都执行相同的处理方案时，比如枚举当前状态下各种可能的解，此时也可借助递归设计算法。递归函数中只需将求解过程最后一步的判定条件及解的输出作为递归边界，将每一步的处理和求解过程作为递归处理的主体，如此一来，每递归前进一次，求解过程便前进一步，最终可到达递归边界，进而得出问题的解。因这类解题方案在得到一个可行解或者某一步骤试探结束后都要回退到上一步尝试另一种可能的解，故这一过程称为回溯，这类算法又称回溯算法，下面结合全排列问题给出该方法的说明。
  - **全排列问题**：给定自然数N，要求输出所有的全排列，比如N=3时，全排列包括“1 2 3”“1 3 2”“2 1 3”“2 3 1”“3 1 2”“3 2 1”。
  - **递归边界**：N个数的全排列，每一步选择一个可用的数字，N步后得到一个全排列，第N+1步时处理结束，输出此时的方案即可，此即递归边界。
  - **单步处理主体**：每一步均是逐个试探各个可能的数字，若其合法（该数字之前的各步未曾使用，可借助全局数组books记录各数字的使用情况），则保存当前选择，递归前进到下一步，递归返回后抹除当前选择而尝试另一种选择；若其不合法，则直接尝试下一选择。在本轮所有的可能试探结束后，回溯到前一步骤。
  - **递归函数**：根据上述递归关系与递归主体可得全排列问题的递归算法如下。为便于理解，代码中给出了表示“回溯”和“尝试下一选择”的return与continue语句，这些语句实际上可以省略。回溯法也可看作一种改进的枚举算法，作为一种通用的问题求解模板应用广泛，试查阅学习相关资料。

```
#define N 3
int a[N+1]= {0}; //数组a的1号到N号元素存放每一步选择的数字
int books[N+1]= {0}; //数组books记录各数字使用情况, books[i]==0表示i未曾使用
```

```
//回溯法输出全排列的递归函数
void Go( int  step )
//参数step表示当前处理的步骤序号
{
  if(step>N)
  {
    PrintSolution(a); //输出当前解
    return; //回溯，此语句可省略
  }
  else
  {
    for(int x=1; x<=N; x++) { //枚举试探每一个数字
      if(books[x]==0) { //数字x未曾使用
        a[step]=x; //当前步骤选择数字x
        books[x]=1; //标记x为已使用
        Go(step+1); //递归前进，处理后续各步
        a[step]=0; //抹除当前选择
        books[x]=0; //重置x为未使用
        continue; //尝试下一种选择，此语句可省略
      }//if
      else continue; //尝试下一种选择，此语句可省略
    }//for
    return; //回溯，此语句可省略
  }//else
}
```

递归边界：N个数字选择完毕，到达第N+1步时输出当前方案，之后回溯到上一步尝试另一种选择

```
void PrintSolution(int *a){ //输出全排列
  for(int i=1; i<=N; i++)
    printf("%3d", a[i]);
  printf("\n");
}
```

单步处理主体：每一步枚举尝试各种可能，若当前选择合法则递归前进处理后续步骤，递归返回后抹除当前选择而试探下一种可能；若非法则直接开始下次试探。本轮试探结束后回溯

第四章 队列

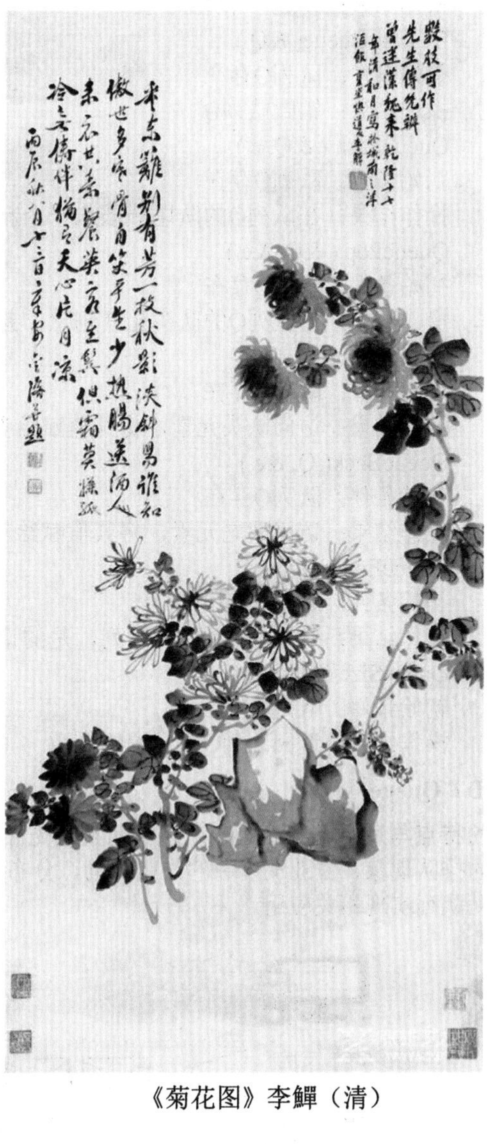

《菊花图》李鱓（清）

4.1 队列的抽象数据类型定义

- **队列的概念**：队列同样是一个定义在线性结构数据对象上的抽象数据类型，相当于一个操作受限的线性表，队列元素的访问和删除只能在线性结构对象的起始端（又称队头），元素的插入只能在尾端（又称队尾）。队列的逻辑模型如下图所示：

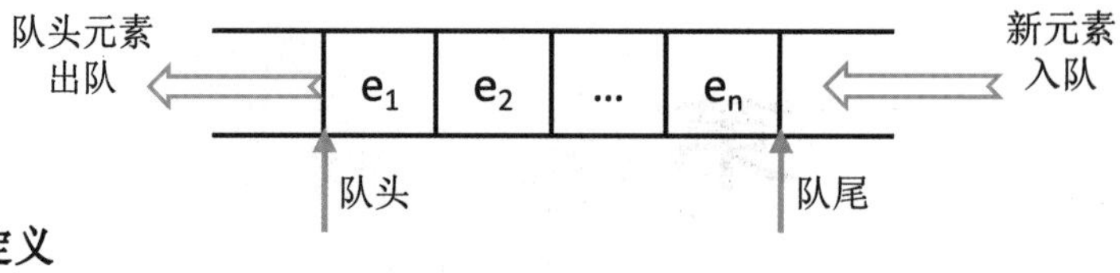

- **队列的抽象数据类型定义**

ADT Queue{

数据对象D：D ={$e_1,e_2,\ldots,e_n$} (n>=0) 是具有相同属性和结构的数据元素的有限集合；

数据关系R：R ={<a_i, a_{i+1}>| i=1,2,…,n-1} 是D上二元关系的集合；

基本操作：

InitQueue(&Q)
操作结果：构造一个空队列S
DestroyQueue(&Q)
初始条件：队列Q存在
操作结果：销毁队列Q
QueuePush (&Q, e)
初始条件：队列Q存在
操作结果：在队列Q的队尾端压入一个新元素e
QueuePop (&Q, &e)
初始条件：队列Q存在
操作结果：将队列Q的队头元素删除，并将被删除元素用e带回
QueueFront(Q, &e)
初始条件：队列Q存在
操作结果：访问队头元素，将其值赋给参数e带回
QueueBack(Q, &e)
初始条件：队列Q存在
操作结果：访问队尾元素，将其值赋给参数e带回
QueueEmpty (Q)
初始条件：队列Q存在
操作结果：判断Q是否为空队列，是的话返回TRUE，否则返回FALSE
QueueSize (Q)
初始条件：队列Q存在
操作结果：返回队列Q中元素的个数

}//ADT Queue

- **队列的特点与适用场景**：最先入队的元素最先出队，因此，队列又称为先进先出的线性表。日常生活中的排队现象、作业调度中的作业队列、分布式系统通信时的消息队列等都具有先进先出的特性，可借助队列实现相关应用。

4.2 队列的顺序存储与实现

- **队列的顺序存储**：采用顺序映像表示队列元素间的关系，由此可将队列存储于一个连续的内存空间。然而，为提高队列操作的效率并有效利用存储空间，在队列的顺序存储结构中设置专门的指针变量指向队头元素和队尾。删除队头元素时，队头指针递增后移，如此可避免删除首元素引起的元素移动；队尾插入元素时，队尾指针递增后移；一旦出队或入队要求队头或队尾指针从存储空间最后一个存储单元继续后移时，则将其重置为存储空间首地址，如此可重新利用队列起始部分因出队导致的空闲空间，具体如下所示：

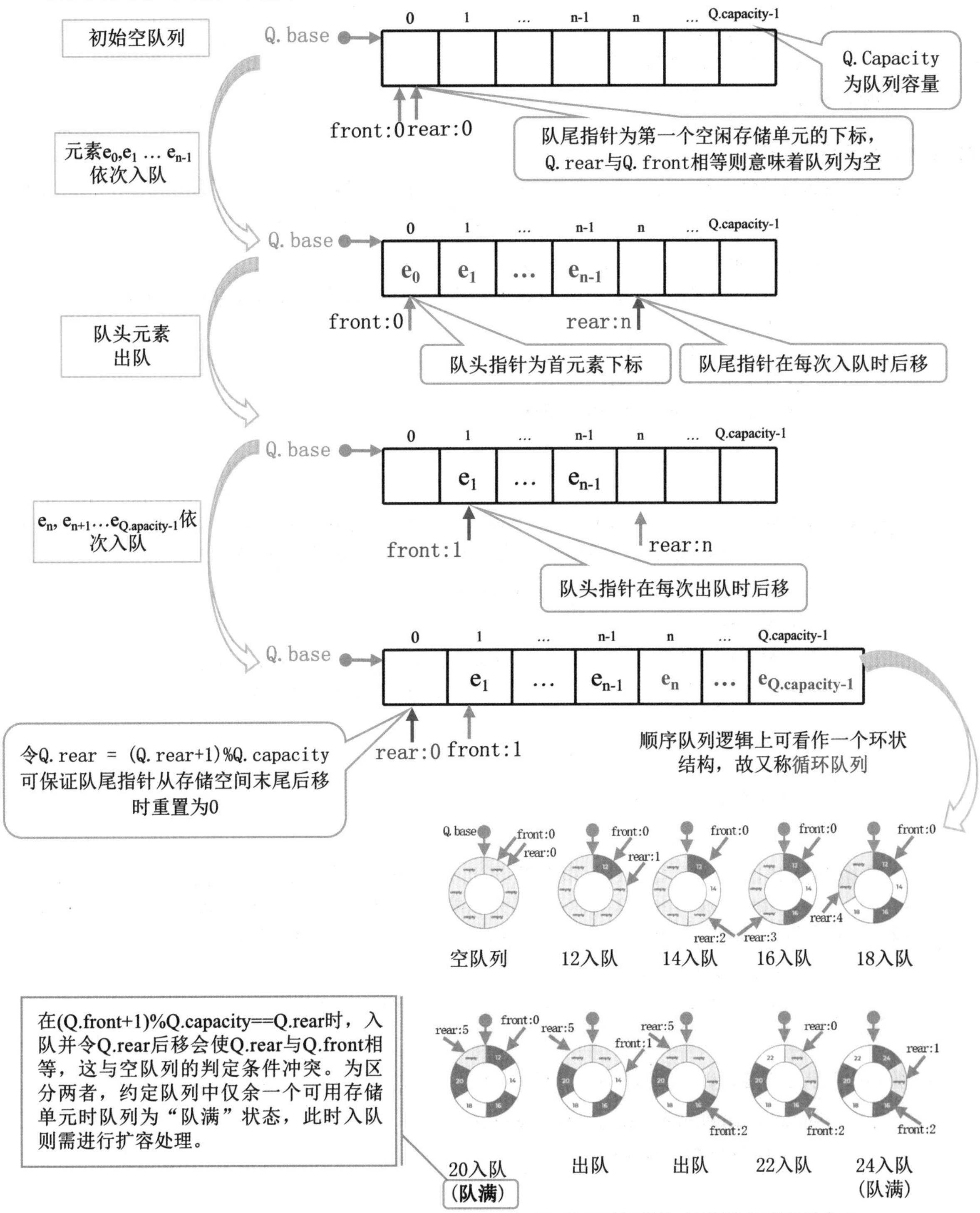

队列入队出队过程距离(假设队列容量为6)

□ 循环队列的存储结构定义

```
//循环队列的存储结构定义
  #define QUEUE_INIT_SIZE 100
  typedef  int  QElemType; //队元素类型
  typedef  struct SqQueue {
     QElemType * base;//存储空间首地址
     int front;  //队头元素下标
     int rear; //队尾的下标
     int capacity; //循环队列存储空间的容量
  }SqQueue;
```

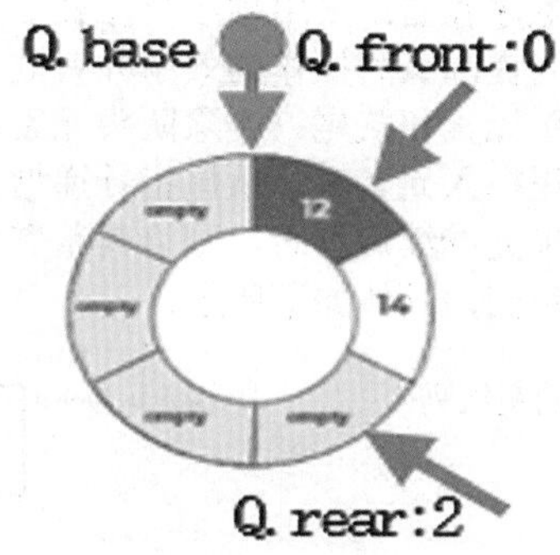

□ 循环队列操作的实现

➢ **循环队列的初始化：** 初始化队列容量为QUEUE_INIT_SIZE并开辟相应大小的存储空间，将所开辟空间的首地址赋予队列基址指针，队头元素下标和队尾下标设置为0。

```
Status  InitQueue_Sq ( SqQueue &Q ){
   Q.base = (QElemType *) malloc ( QUEUE_INIT_SIZE*sizeof(QElemType) );
   if( !Q.base )
      exit( OVERFLOW );
   Q.front = 0;  Q.rear = 0;
   Q.capacity = QUEUE_INIT_SIZE;
   return OK;
}
```

➢ **循环队列的销毁：** 若循环队列尚未销毁，则释放其对应的存储空间，队列基址指针赋NULL，队头元素和队尾下标赋0，队列的容量赋0；若队列已经释放，则返回ERROR。

```
Status  DestroyQueue_Sq ( SqQueue &Q ){
   if( !Q.base )
      return ERROR;
   free( Q.base );
   Q.base = NULL;
   Q.front = 0; Q.rear = 0;
   Q.capacity = 0;
   return OK;
}
```

若循环队列存储空间已经释放，则返回ERROR，防止内存释放错误

➢ **计算循环队列的队长：** Q.rear指向队尾元素后继单元，Q.front指向队头元素，若Q.rear>=Q.front，则Q.rear-Q.front为队列长度，否则Q.rear-Q.front+Q.capacity为队列长度，两者可统一表示为（Q.rear-Q.front+Q.capacity）% Q.capacity。

```
Status  QueueSize_Sq  ( SqQueue Q ){
   return  ( Q.rear-Q.front+Q.capacity ) % Q.capacity;
}
```

➢ **循环队列队空判定：** Q.rear指向第一个无效元素，队空当且仅当Q.rear==Q.front。

```
Status  QueueEmpty_Sq  ( SqQueue Q ){
   return Q.rear == Q.front;
}
```

- **循环队列入队：**若入队前队列已满，则先将队列存储空间扩充为原本容量的2倍，并在满足条件Q.rear<Q.front时将下标介于0与Q.rear-1之间的队列元素移动到新增的存储空间中；之后，将入队元素插入Q.rear指向的存储空间；最后Q.rear后移。
- **注意：**最坏情况下该操作需将几乎全部的队列元素移动到新分配的存储空间中，考虑如何优化，可参考C++ STL中关于dequeue的存储方案设计。

```
Status  QueuePush_Sq ( SqQueue &Q, QElemType e ){
  if( (Q.front+1)%Q.capacity == Q.rear ){ //队满扩容，必要时进行元素移动
    Q.base = (QElemType *) realloc( Q.base, 2*Q.capacity );
    if( !Q.base ) exit(OVERFLOW);
    if(Q.rear<Q.front){
      for(int i=0;i<Q.rear;i++)
        Q.base[Q.capacity+i]=Q.base[i];
      Q.rear=Q.capacity+Q.rear;
    }
    Q.capacity *= 2;
  }
  Q.base[ Q.rear ] = e; //e入队
  Q.rear = ( Q.rear+1 ) % Q.capacity;
  return OK;
}
```

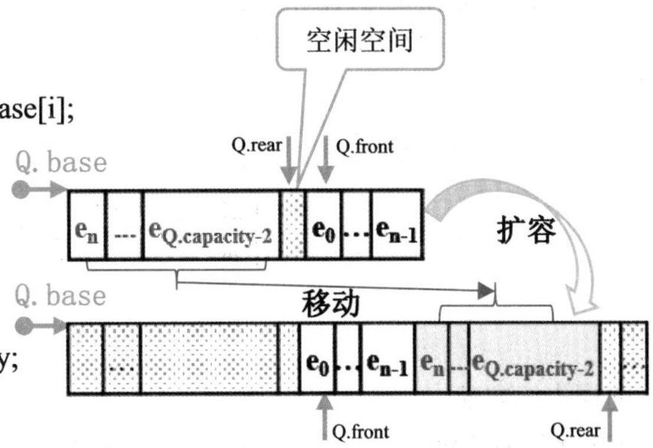

- **循环队列出队：**若为空队列则返回ERROR；否则将队头元素赋给引用型参数e，后移Q.front。

```
Status  QueuePop_Sq ( SqQueue &Q, QElemType &e ){
  if( Q.rear == Q.front ) //若出队前队列已空则报错
    return ERROR;
  else{
    e = Q.base[Q.front]; //带回队头元素
    Q.front = ( Q.front+1 ) % Q.capacity; //队头指针后移
    return OK;
  }
}
```

- **获取队头：**若为空队列则返回ERROR；否则将队头元素赋给引用型参数e，返回OK。

```
Status  QueueFront_Sq ( SqQueue Q, QElemType &e ){
  if( Q.rear == Q.front ) //若为空队列则报错
    return ERROR;
  else{
    e = Q.base[ Q.front ]; //带回队头元素
    return OK;
  }
}
```

□ **拓展：**queue是C++标准模板库中实现的队列容器，可通过queue <int> Q 定义一个元素类型为int的空队列，其常见方法如下，请查阅相关资料并加以练习：

- Q.push(e)：向队尾插入元素e
- Q.pop()：移除队头元素（不带回栈顶元素的值）
- Q.front()：返回队头元素的引用
- Q.back()：返回队列最后一个元素的引用
- Q.size()：返回队列中元素的个数
- Q.empty()：判断是否空队列

4.3 队列的链式存储与实现

□ **队列的链式存储**：采用链式映像表示队列元素间的关系，由此可将队列存储于一个链表中，称其为链队列。为提高队尾操作的效率，在链队列中同时设置链表的头指针、尾指针和队列元素个数，其存储结构如下：

```
//链队列结点的类型定义
typedef int QElemType; //元素类型定义
typedef struct QNode {
    QElemType data; //数据域
    struct QNode *next; //后继指针域
}QNode; //链队列结点的类型定义
```

```
//链队列的存储结构定义
typedef struct LinkQueue {
    QNode * head; //头指针
    int size; //队列长度
    QNode * tail; //尾指针
}LinkQueue; //链队列结点的类型定义
```

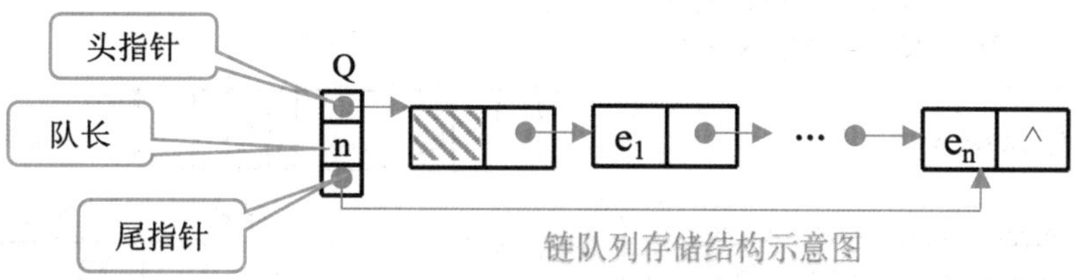

链队列存储结构示意图

□ **链队列操作的实现**

➢ **链队列的初始化**：开辟一个头结点，令头指针和尾指针均指向头结点，队列长度赋0。

```
Status InitQueue_L( LinkQueue &Q ){
    Q.head = (QNode *) malloc ( sizeof(QNode) );
    if( !Q.head )
        exit( OVERFLOW );
    Q.head->next = NULL;
    Q.tail = Q.head;
    Q.size = 0;
    return OK;
}
```

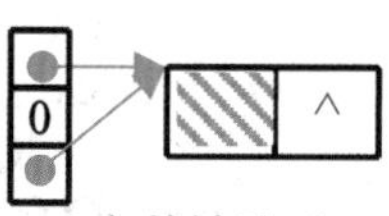

空的链队列

➢ **链队列的销毁**：初始化一个指针p指向头结点，只要p指向的结点存在就将其释放，并令p指向下一个结点。最后，队列的头尾指针赋空，队列长度赋0。

```
Status DestroyQueue_L( LinkQueue &Q ){
    QNode *p = Q.head,*post_p;
    while (p){
        post_p = p->next;
        free( p );
        p=post_p;
    }
    Q.head = NULL;
    Q.tail = NULL;
    Q.size = 0;
    return OK;
}
```

链队列销毁操作的时间复杂度是O(Q.size)，而循环队列销毁的时间复杂度是O(1)

➢ **链队列的入队**：开辟一个新结点，将其数据域赋值为入队元素，指针域赋空，之后拼接到尾结点的后面，最后，令尾指针指向新开辟的结点，队列长度加1。

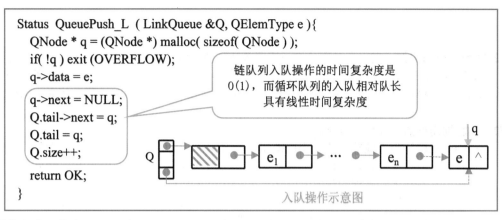

```
Status  QueuePush_L  ( LinkQueue &Q, QElemType e ){
    QNode * q = (QNode *) malloc( sizeof( QNode ) );
    if( !q ) exit (OVERFLOW);
    q->data = e;
    q->next = NULL;
    Q.tail->next = q;
    Q.tail = q;
    Q.size++;
    return OK;
}
```

链队列入队操作的时间复杂度是0(1)，而循环队列的入队相对队长具有线性时间复杂度

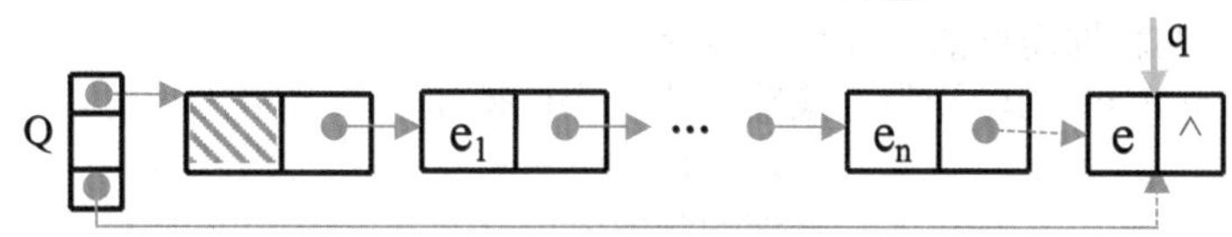

入队操作示意图

- **链队列的出队**：若为空队列则报错；否则，删除首元素结点，修改头指针的值，队列长度减1。
- **注意**：若出队前链队列只有一个元素，则出队后应令队列尾指针指向头结点。

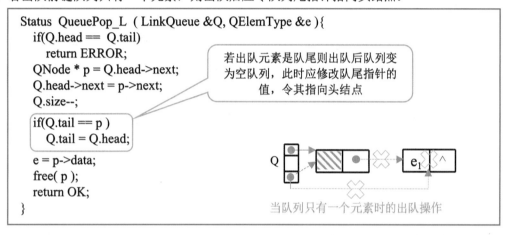

```
Status  QueuePop_L  ( LinkQueue &Q, QElemType &e ){
    if(Q.head ==  Q.tail)
        return ERROR;
    QNode * p = Q.head->next;
    Q.head->next = p->next;
    Q.size--;
    if(Q.tail == p )
        Q.tail = Q.head;
    e = p->data;
    free( p );
    return OK;
}
```

若出队元素是队尾则出队后队列变为空队列，此时应修改队尾指针的值，令其指向头结点

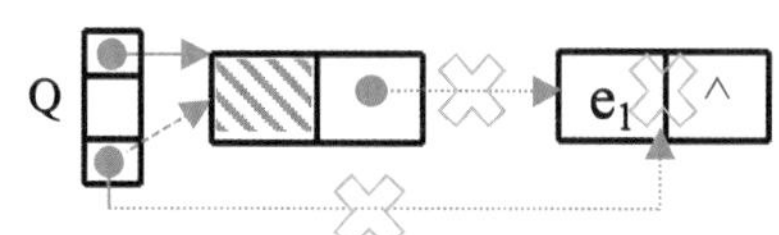

当队列只有一个元素时的出队操作

- **思考**：循环队列的入队操作可能会引起大量元素的移动，链队列的销毁操作需要所有结点逐一释放，且链队列中每个元素均需配置一个后继指针从而导致存储空间利用率低。针对上述问题，C++ STL中设计了存储结构如下图所示的**双端队列**(double-ended queque,记为deque)容器，并基于此容器实现了STL中的deque类。deque存储方案如下，它允许在两端进行高效入队和出队，体会队列存储结构设计精益求精的过程并实现之。
    - **等长连续空间块**：分块存储元素的多个等长连续存储空间，可按需要开辟或销毁块；
    - **map数组**：记录各个空间块的首地址，随着块的增加可扩充map数组的容量；
    - **start迭代器**：含四个成员，node指向map数组中记录队头所在块首地址的元素，first记录队头所在块的首地址，cur指向队头，last记录队头所在块的尾地址；
    - **finish迭代器**：各成员作用与start的成员类似，只不过finish记录的是队尾所在块及队尾（注意队尾是队列尾元素的后继位置）的信息，cur指向队尾。

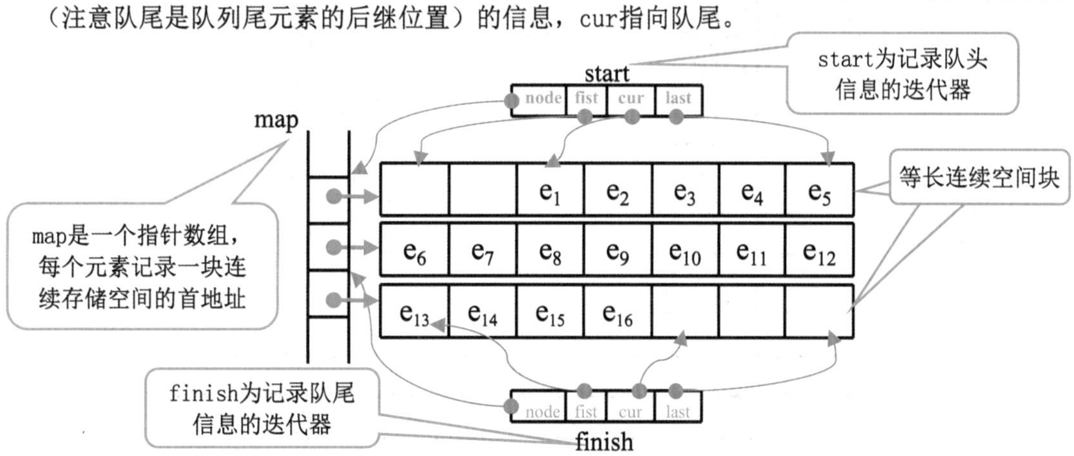

4.4 队列的应用

- **队列的应用实例**：当一个资源被多个消费者共享使用时，可借助队列实现“先到先服务”的共享资源调度，如CPU调度；当数据允许异步传输时，可借助队列实现缓冲区，如打印缓冲池；对于日常生活或计算机系统中很多需要排队的场景，可借助队列实现业务的计算机仿真，据此进行系统的性能评估。
- **CPU轮询调度的仿真与性能评估**
  - **CPU的轮询调度策略**：当一个CPU服务于多个进程时，若遵循“先到先服务”（先到来的进程先运行，结束之后方允许下一进程执行）的调度策略，则前期到来的进程需要较大的CPU时长时，其后到来之进程的响应时间（从第一次请求到系统做出反应的时间）会很长，这严重影响交互式系统的用户体验。解决该问题的方案之一是在“先来先服务”的基础上加入“时间片”的策略，即令CPU以分时的方式按照先来先服务的顺序服务于多个进程，但每一次CPU被一个进程占用的时长不超过预定义的“时间片”大小，这种策略称为轮询调度（Round Robin Scheduling），其调度模型如下图所示。

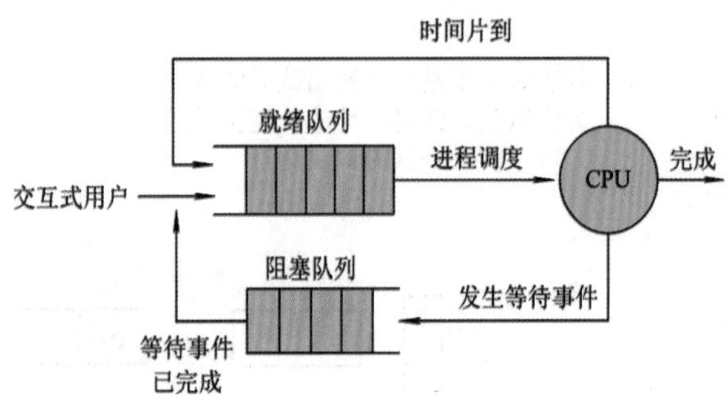

轮询调度模型

性能指标

时间片(time slice)：2

进程ID	CPU时长	到达时刻	响应时间	等待时间
P_1	3	0	0	2
P_2	3	1	1	3
P_3	1	2	3	3

轮询调度实例

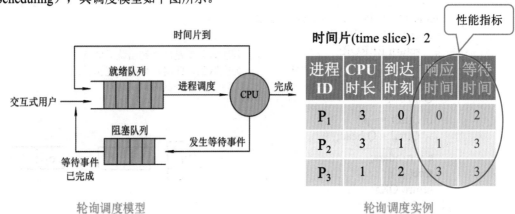

轮询调度实例：假设有3个进程，各进程需要的CPU时长、到达时刻及时间片信息如上，不考虑I/O等阻塞事件，则按照轮询调度策略，各时刻的系统状态与甘特图如下，该策略下系统的平均响应时间为4/3，平均等待时间为8/3。

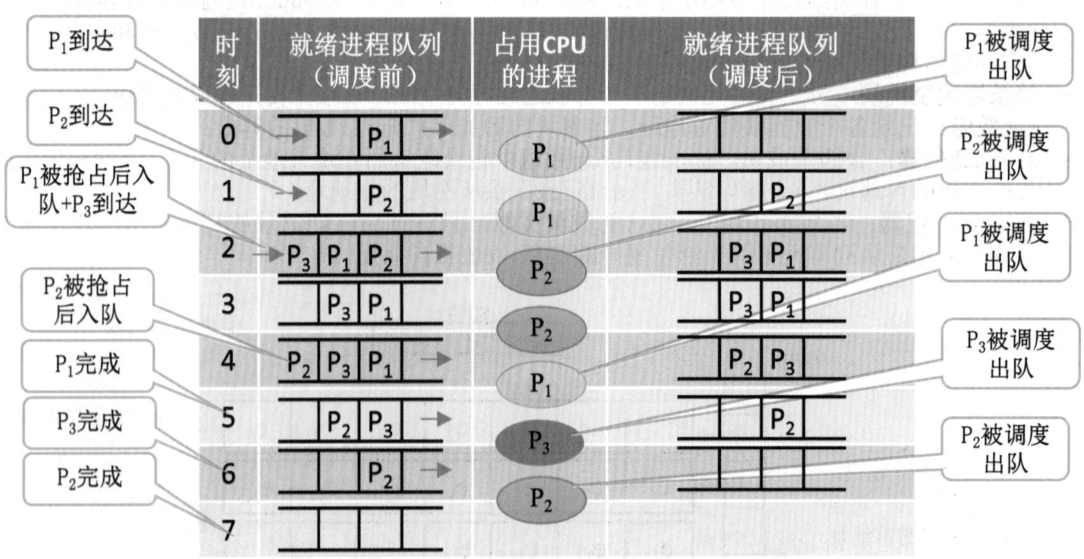

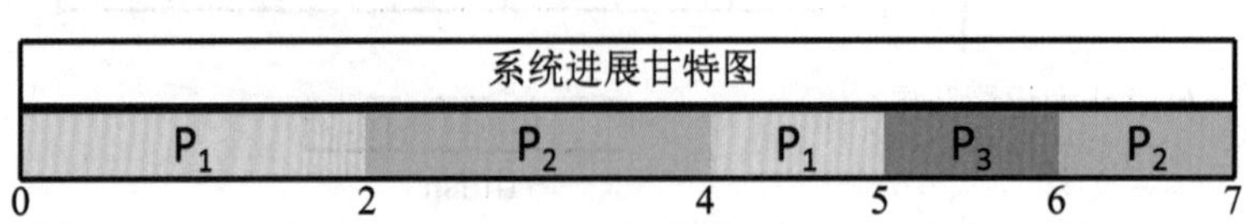

➢ **轮询调度的仿真算法**：初始化队列waitingQueue存储就绪状态的进程，初始化数组remainingBurstTime记录各个进程剩余需耗用的CPU时长，变量timeSlot记录当前时间片被耗用的长度。从零时刻开始，各时刻均执行如下操作，直至所有进程完成：
- 若当前时刻有新到达的进程，则将其加入就绪进程队列。
- 若当前CPU空闲(timeSlot为0)且就绪进程队列为空，则直接进入下一时刻。
- 否则，执行如下操作：
  - 若当前CPU空闲且就绪进程队列非空，则队头进程出队并为其分配CPU；若该进程是首次得到CPU响应则计算其响应时间。
  - 当前占用CPU之进程本轮次消耗的CPU时长timeSlot递增，剩余CPU时长递减；若进程完成(剩余CPU时长为0)则释放CPU(重置timeSlot为0)；若进程未完成(剩余CPU时长不为0)且时间片耗光，则将进程插入就绪队列。

进程信息存储结构定义

```
typedef struct Process{
    int processID; //进程ID
    int arrivalTimestmp; //进程到达就绪队列、进入就绪状态的时刻
    int burstTime; //进程执行完毕所需的CPU时长（不包括I/O耗费的时长）
    int waitingTime; //进程处于就绪状态等待CPU所花费的总等待时长
    int responseTime; //自进程就绪至进程第一次获得CPU响应的时长
    int finishTimestmp; //进程执行结束的时刻
}Process; //进程类型定义
```

轮询调度的仿真算法

按到达先后顺序记录各进程的到达时刻和CPU时长信息，执行结束后带回各进程的响应时长、等待时长

进程数量与时间片大小

进程响应时间计算(初始各进程响应时间为-1)

进程等待时间计算

```
void Schedl_RoundRbn( Process PrcsList[], int n, int timeSlice ){
    int remainingBurstTime[n]; //记录各进程剩余CPU时长
    for ( int i=0; i<n; i++)  remainingBurstTime[i] = PrcsList[i].burstTime;
    SqQueue waitingQueue;  InitQueue_Sq( waitingQueue );
    int curTime = 0, pID=0, timeSlot = 0, runPID, finishedPCount=0;
    while ( finishedPCount < n ){
        while ( pID<n && PrcsList[pID].arrivalTimestmp == curTime ){ //新进程到达则入队
            QueuePush_Sq ( waitingQueue, pID ); pID++;
        }//while
        if ( !timeSlot && QueueEmpty_Sq(waitingQueue) ) //CPU空闲且无就绪进程
            curTime ++;
        else{ //CPU被占用或者存在就绪进程
            if( !timeSlot && !QueueEmpty_Sq(waitingQueue) ){//CPU空闲且存在就绪进程
                QueuePop_Sq(waitingQueue, runPID);  //队头进程出队并运行
                if( PrcsList[runPID].responseTime==-1 ) //进程第一次获得CPU,计算响应时间
                    PrcsList[runPID].responseTime = curTime- PrcsList[runPID].arrivalTimestmp;
            }//if
            timeSlot = (timeSlot + 1 ) % timeSlice;  curTime ++;
            remainingBurstTime[runPID]--;
           if( ! remainingBurstTime[runPID] ) { //进程完成，计算等待时间
                PrcsList[runPID].finishTimestmp = curTime;  finishedPCount++;  timeSlot = 0;
                PrcsList[runPID].waitingTime = curTime - PrcsList[runPID].burstTime
                                                        - PrcsList[runPID].arrivalTimestmp;
            }
            if (remainingBurstTime[runPID] && !timeSlot ) //进程未完成但是时间片耗光
                QueuePush_Sq( waitingQueue,  runPID);
        }//else
    }//while
}
```

□ 拓展与思考

- **CPU调度策略**：常见的CPU调度策略除了前述“先到先服务”“时间片轮询”之外，实际还有“最短作业优先”“优先级调度”等策略，不同策略下进程的平均响应时间和等待时间有所不同。比如，时间片轮询策略通常具有较优的响应时间和较差的等待时间，而最短作业优先则与之相反，试查阅各种不同的调度策略，分析它们各自的优缺点。
- **矛盾分析法**：马克思主义唯物辩证法指出，矛盾是普遍存在的。比如，对一个CPU调度策略，其平均响应时间和等待时间通常难以两全，两者构成一对矛盾。这种情况下，根据唯物辩证法的观点，要坚持“两点论”与“重点论”的统一。“两点论”强调既要看矛盾的主要方面，也要看矛盾的次要方面；“重点论”强调要把握矛盾的主要方面。“两点论与重点论的统一”要求在实践中要区分矛盾的主次方面，既要坚持两点论基础上的重点论，明确重点是两点中的重点，而不是一点论，也要明确“两点论”是有重点的两点论，而不是均衡论。在CPU调度的具体实践中，针对用户交互实时性要求强的场景(类似WPS Office的办公软件，用户每输入一个字符都需要立刻显示在文档中），此时“响应时间”是矛盾的主要方面，应设计调度策略在保证较优响应时间的前提下尽量缩短周转时间；反之，在类似程序编译这样的场景中，用户更关注其等待时间，此时“等待时间短”是矛盾的主要方面，应设计调度策略在保证较优等待时间的前提下尽量缩短响应时间。
- **毛泽东诗词中的矛盾论**：《西游记》中,白骨精为吃唐僧肉而使用奸计挑拨唐僧师徒的关系，成功地骗过了唐僧，但最终还是被孙悟空制服。1961年10月18日，郭沫若在北京民族文化宫观看浙江省绍兴剧团演出的《孙悟空三打白骨精》后，写诗呈毛泽东：“人妖颠倒是非淆，对敌慈悲对友刁。咒念金箍闻万遍，精逃白骨累三遭。千刀当剐唐僧肉，一拔何亏大圣毛。教育及时堪赞赏，猪犹智慧胜愚曹。”毛泽东看了郭沫若的诗，写诗和之：“一从大地起风雷，便有精生白骨堆。僧是愚氓犹可训，妖为鬼蜮必成灾。金猴奋起千钧棒，玉宇澄清万里埃。今日欢呼孙大圣，只缘妖雾又重来。”毛泽东通过和诗指出，与唐僧是人民内部矛盾，与白骨精才是敌我矛盾，我们应分清主次，把矛头对准最主要的敌人。作为对马克思主义唯物辩证法的重要贡献，毛泽东的哲学著作《矛盾论》蜚声国际思想界、学术界，请同学们查阅并学习相关资料。

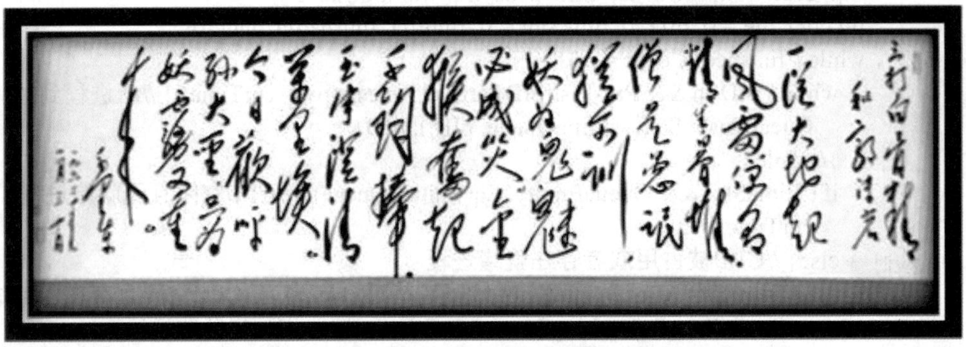

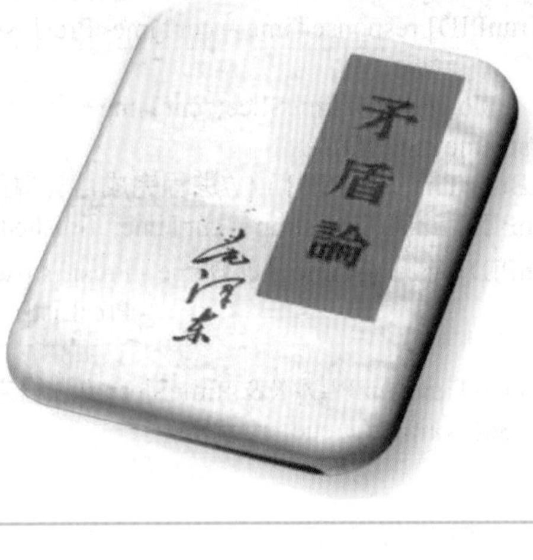

第五章 数组

《荷花图》谢荪（清）

5.1 数组的抽象数据类型定义

□ **数组的概念**：数组可以看作一个特殊的线性表，表中元素不再像线性表、栈或者队列元素那样是不可分解的原子类型，数组每个元素是可以分解的、有结构的对象。例如，二维数组可以看作一个广义上的线性表，表中的每个元素可以是一行或者一列元素组成的一维数组，具体如下所示。

$$A_{m\times n}=\begin{bmatrix} a_{0,0} & a_{0,1} & a_{0,2} & \cdots & a_{0,n-1} \\ a_{1,0} & a_{1,1} & a_{1,2} & \cdots & a_{1,n-1} \\ \cdots & \cdots & \cdots & \cdots & \cdots \\ a_{m-1,0} & a_{m-1,1} & a_{m-1,2} & \cdots & a_{m-1,n-1} \end{bmatrix}$$

将二维数组看作行向量组成的线性表

$$A_{m\times n}=\begin{bmatrix} (a_{0,0}, a_{0,1}, a_{0,2}, \ldots, a_{0,n-1}) \\ (a_{1,0}, a_{1,1}, a_{1,2}, \ldots, a_{1,n-1}) \\ \cdots \\ (a_{m-1,0}, a_{m-1,1}, a_{m-1,2}, \ldots, a_{m-1,n-1}) \end{bmatrix}$$

$$A_{m\times n}=\left[\begin{pmatrix} a_{0,0} \\ a_{1,0} \\ \cdots \\ a_{m-1,0} \end{pmatrix}\begin{pmatrix} a_{0,1} \\ a_{1,1} \\ \cdots \\ a_{m-1,1} \end{pmatrix}\begin{pmatrix} a_{0,2} \\ a_{1,2} \\ \cdots \\ a_{m-1,1} \end{pmatrix}\cdots\begin{pmatrix} a_{0,n-1} \\ a_{1,n-1} \\ \cdots \\ a_{m-1,n-1} \end{pmatrix}\right]$$

将二维数组看作列向量组成的线性表

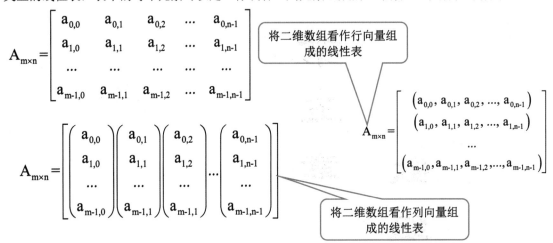

□ **数组的抽象数据类型定义**：数组在数值计算等领域应用广泛，常见的高级程序设计语言均将其作为一个固有数据类型加以实现，本章从抽象数据类型的角度重新给出数组的定义和实现，一者加深对数组类型的理解，二者重点研究特殊类型数组的压缩存储方案设计和操作实现。下面是数组的具体抽象数据类型定义。

ADT Array{

数据对象D：$D=\{a_{i_1 i_2 \ldots i_n}|$，n是数组的维数,$i_k$是数组元素在第k维上的下标，其值是0 到$b_k$之间的一个整数，$b_k$是数组第k维的长度，$a_{i_1 i_2 \ldots i_n}\in$ElemSet是具有相同属性和结构的数据元素}；

数据关系R：$R=R_1\cup R_2\cup\ldots\cup R_n$，其中$R_k$是第k维上的下标。

$R_k=\{<a_{i_1 i_2 \ldots i_k \ldots i_n}, a_{i_1 i_2 \ldots i_k+1 \ldots i_n}>| \forall 1\le j\le n.j\ne k:0\le i_j\le b_k-1 \wedge 0\le i_k\le b_k-2, a_{i_1 i_2 \ldots i_k \ldots i_n}, a_{i_1 i_2 \ldots i_k+1 \ldots i_n}\in D\}$

基本操作：

InitArray(&A, *n*, $Size_1$, $Size_2$, …, $Size_n$)

操作结果：构造一个维数为n、第k（k=1,2,…,n）维长度为$Size_k$的数组A，成功返回OK，失败返回ERROR

DestroyArray(&A)

初始条件：数组A存在

操作结果：销毁数组A

GetValue (A, &e, i_1, i_2, …, i_n)

初始条件：A是一个n维数组，i_1, i_2, …, i_n是各个维度上的下标

操作结果：下标合法时用*e*带回数组中指定下标的元素值，并返回OK；否则返回ERROR

SetValue (&A, i_1, i_2, …, i_n, v)

初始条件：A是一个n维数组，i_1, i_2, …, i_n是各个维度上的下标，v为一个元素值

操作结果：下标合法时设置数组中指定下标的元素的值为v，并返回OK；否则返回ERROR

}//**ADT Array**

5.2 数组的存储与访问

数组的操作一般不涉及元素的增加或删除，故通常采用顺序存储结构表示数组。不过，高维数组是一个多维结构，每个维度上都对应一组二元关系，而内存中的存储单元是一个一维的结构，为解决这一问题，通常有如下两种数组存储方案：

- **行优先存储**：以前面维度的下标为主序顺序排列各元素。以二维数组为例，以第一维的行标为主序，存储时先存储行标为0的各个元素，后存储行标为1的各个元素，以此类推；对三维数组而言，先存储第一维、第二维下标均为0的各个元素，后存储第一维下标为0、第二维下标为1的各个元素，以此类推，此种存储方案称为**行优先存储**。
- **列优先存储**：以后面维度的下标为主序顺序排列各元素。以二维数组为例，以第二维的列标为主序，存储时先存储列标为0的各个元素，后存储列标为1的各个元素，以此类推；对三维数组而言，先存储第三维、第二维下标均为0的各个元素，后存储第三维下标为0、第二维下标为1的各个元素，以此类推，此种存储方案称为**列优先存储**。
- **元素随机访问**：假设数组A存储空间的首地址为A.base，当采用行优先存储时，对二维数组来说，元素a_{ij} (i,j=0,1,2,…)的存储地址为A.base +((i*$size_2$)+j)*sizeof(ElemType)，其中$size_2$为第二维的长度（即矩阵列数），ElemType为数组元素类型；对n维数组来说，元素$a_{i_1 i_2 \dots i_n}$的地址为A.base+((i_1*$size_2$*$size_3$*…*$size_n$)+(i_2*$size_3$*…*$size_n$)+…+(i_{n-1}*$size_n$)+i_n) *sizeof(ElemType)，不难发现，各元素的存储地址可根据下标和数组各维长度直接计算得到，所有元素的存储位置计算时间相同，与元素存储位置无关，此种元素访问方式称为**随机访问**。
  - **思考**：采用列优先存储时二维数组和高维数组指定下标元素的存储地址如何计算？

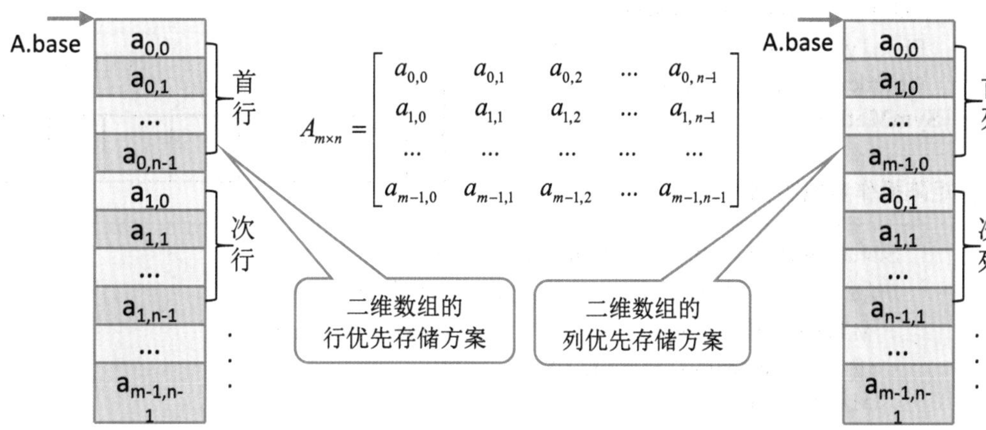

$$A_{m\times n}=\begin{bmatrix} a_{0,0} & a_{0,1} & a_{0,2} & \cdots & a_{0,n-1} \\ a_{1,0} & a_{1,1} & a_{1,2} & \cdots & a_{1,n-1} \\ \cdots & \cdots & \cdots & \cdots & \cdots \\ a_{m-1,0} & a_{m-1,1} & a_{m-1,2} & \cdots & a_{m-1,n-1} \end{bmatrix}$$

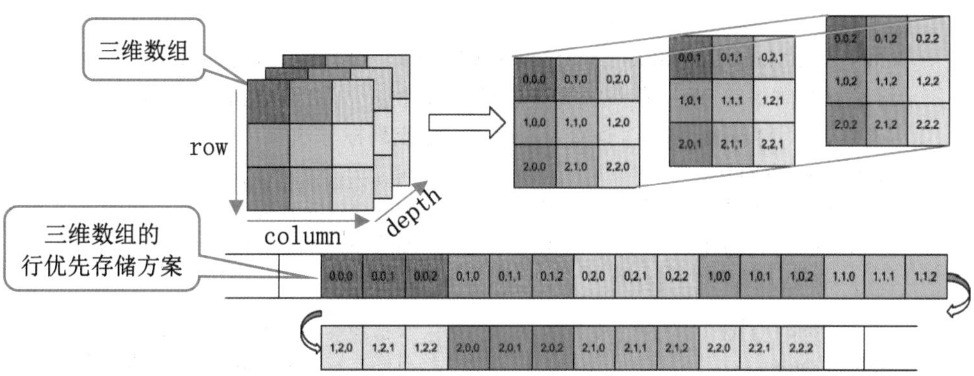

> □ **拓展**：数组的维数是不固定的，若要实现抽象数据类型Array则需要允许数组初始化函数InitArray、元素取值函数GetValue和元素赋值函数SetValue的参数列表是可变长度的，在C语言中可借助标准头文件stdarg.h中的宏va_start、va_arg、va_end以及变量类型va_list实现上述功能，试查阅相关资料并尝试实现抽象数据类型Array。

5.3 特殊矩阵的压缩存储

□ **对称矩阵的压缩存储**：对称矩阵的元素以主对角线为对称轴对应相等，具有良好的数学性质，而且在无向图的存储表示等领域应用广泛。对于n*n阶的对称矩阵而言，若采用普通的二维数组存储则需要开辟n^2个元素的空间，而实际上，鉴于对称矩阵元素的对称相等性，可仅将矩阵下三角或者上三角部分的元素存储到一个一维数组中，此时需存储的元素数量可压缩至1+2+3+…+n=n*(n+1)/2个，下图是对称矩阵压缩存储的示意图。

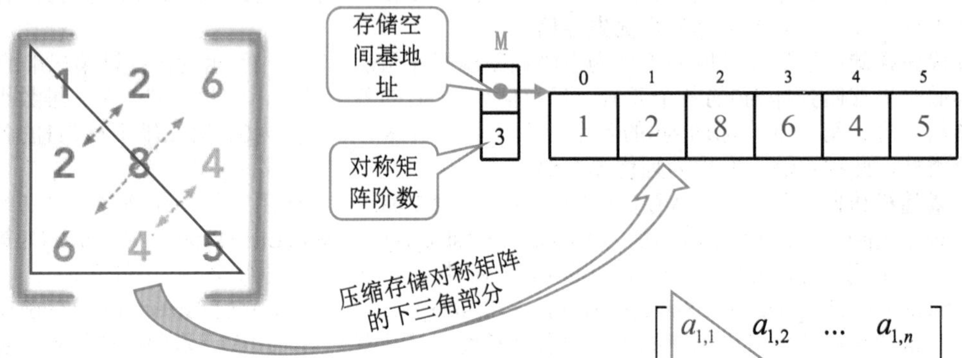

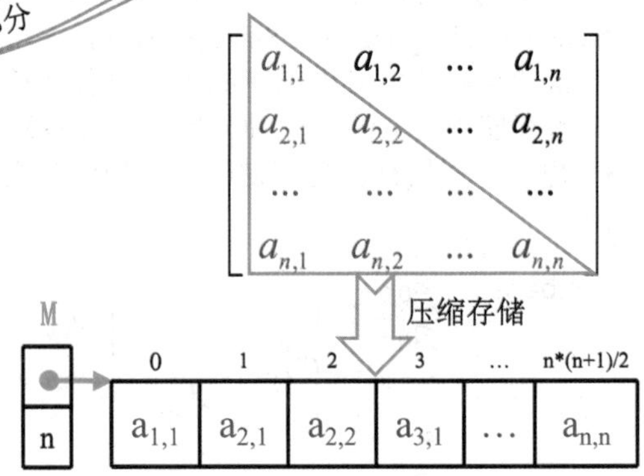

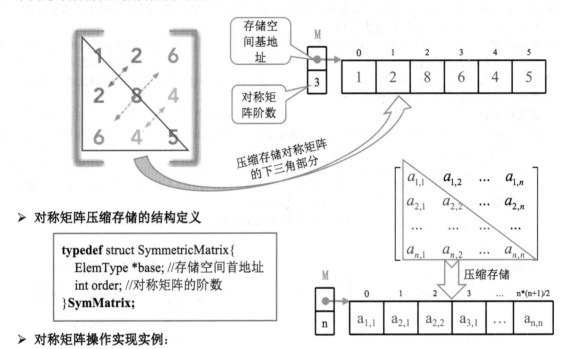

➢ **对称矩阵压缩存储的结构定义**

```
typedef struct SymmetricMatrix{
  ElemType *base; //存储空间首地址
  int order; //对称矩阵的阶数
}SymMatrix;
```

➢ **对称矩阵操作实现实例：**

```
Status  InitSymMatrix( SymMatrix &M, int n ){
//给定对称矩阵的阶数n，初始化一个指定大小的对称矩阵
  M.base = (ElmeType *) malloc ( n*(n+1)/2*sizeof(ElemType) );
  if( !M.base ) exit( OVERFLOW );
  M.order = n;
  return OK;
}
```

```
Status  SymMatrixSetValue( SymMatrix &M, int i, int j, ElemType e ){
//将对称矩阵中第i行、第j列的元素赋值为e，i与j介于1到M.order之间
  if( i<1 || i>M.order || j<1 || j>M.order ) //行标或列标非法
    return ERROR;
  else if( i >= j ) //元素位于下三角
    M.base [ (i*(i-1)/2) + j - 1 ] = e;
  else //元素位于上三角
    M.base [ (j*(j-1)/2) + i - 1 ] = e;
  return OK;
}
```

前i-1行存储的元素数：1+2+…+(i-1)
本行存储的元素数：j
当前元素的下标：1+2+…+(i-1)+j-1
= (i*(i-1)/2) + j - 1

上三角部分的元素M_{ij}未存储，转换为求其对称元素M_{ji}，而M_{ji}压缩存储后的下标为：1+2+…+(j-1)+i-1
= (j*(j-1)/2) + i - 1

□ **思考与练习**

➢ 试补充实现对称矩阵的销毁、取元素值等其他操作；

➢ 试设计上三角矩阵、下三角矩阵、三对角矩阵的压缩存储方案，并实现相应操作。

- **稀疏矩阵的压缩存储**：稀疏矩阵中非零元素占极少数（通常认为占比不超过5%），若用普通的二维数组存储稀疏矩阵：一方面，需要耗费大量的空间存储零元素；另一方面，稀疏矩阵运算过程中也会产生大量不必要的计算。根据稀疏矩阵不同的处理需求可以设计不同的稀疏矩阵压缩存储方案，下面进行简要介绍。
  - **稀疏矩阵的坐标表示法**：每个非零元素的行坐标、列坐标与取值分别存放到一个一维数组的对应位置中，同时设置属性变量存储稀疏矩阵的非零元个数和矩阵阶数，如此得到的存储方案称为稀疏矩阵的坐标表示法，又称ijv表示法(i表示行坐标，j表示列坐标，v表示元素值)。
    - 优点：简单易懂，易于稀疏矩阵的创建和非零元的访问；
    - 缺点：矩阵运算及元素增删效率低。

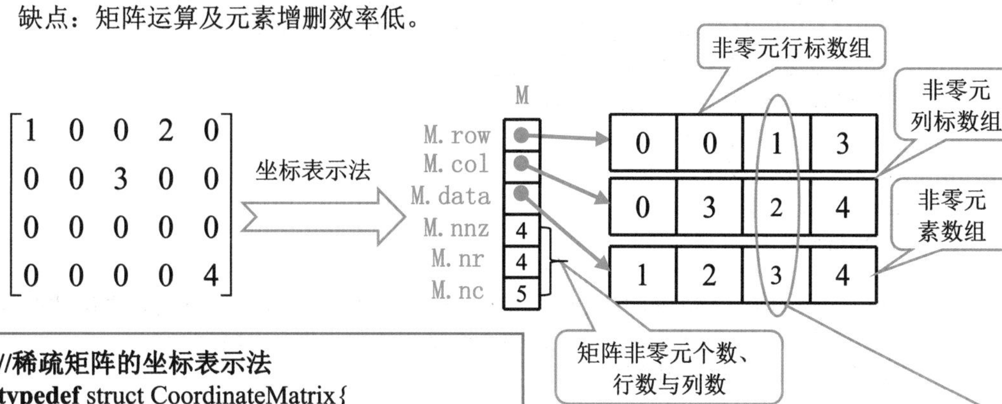

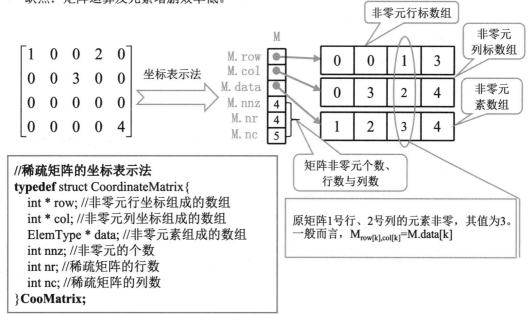

```
//稀疏矩阵的坐标表示法
typedef struct CoordinateMatrix{
    int * row; //非零元行坐标组成的数组
    int * col; //非零元列坐标组成的数组
    ElemType * data; //非零元素组成的数组
    int nnz; //非零元的个数
    int nr; //稀疏矩阵的行数
    int nc; //稀疏矩阵的列数
}CooMatrix;
```

原矩阵1号行、2号列的元素非零，其值为3。一般而言，$M_{row[k],col[k]}$=M.data[k]

  - **稀疏矩阵的行压缩表示法**：与稀疏矩阵的坐标表示法相似，同样有data数组记录各个非零元素，indices数组类似坐标表示法中的col数组记录各个非零元的列坐标，nnz、nr与nc记录矩阵非零元个数、行数与列数；不同之处在于去掉了记录非零元行标的row数组，增加了长度为M.nr+1的indptr数组，该数组前M.nr个元素记录各行首个非零元在data数组中的下标，最后一个元素为非零元个数，M.indptr[i+1]-M.indptr[i]为i号行的非零元个数。
    - 优点：稀疏矩阵的加法、乘法，稀疏矩阵与矢量的乘法、行切片等运算更高效；
    - 缺点：矩阵列切片与元素增删效率低，为提高列切片效率可设计列压缩方案。

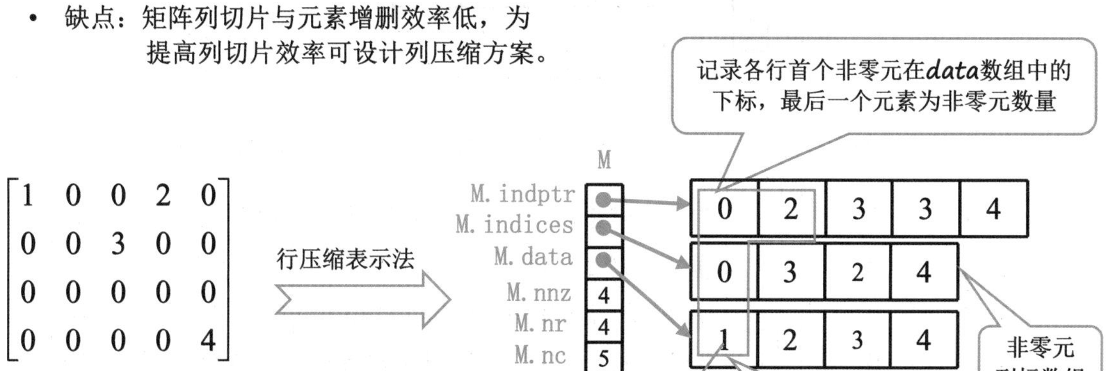

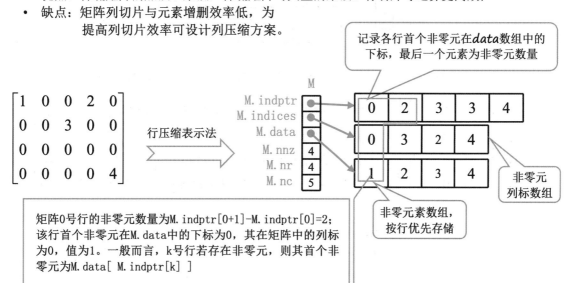

矩阵0号行的非零元数量为M. indptr[0+1]-M. indptr[0]=2；该行首个非零元在M. data中的下标为0，其在矩阵中的列标为0，值为1。一般而言，k号行若存在非零元，则其首个非零元为M. data[M. indptr[k]]

- **行压缩表示的稀疏矩阵与矢量乘**：稀疏矩阵与矢量的乘法经常出现在深度神经网络的模型训练和应用过程中，若采用传统的二维数组表示稀疏矩阵既会导致存储空间的浪费，也会导致大量不必要的运算，乘法次数为M.nr*M.nc。若采用行压缩表示法，一方面可节省空间，另一方面，只需将稀疏矩阵中的非零项与矢量的对应元素相乘，乘法次数可降低为M.nnz，具体算法及运算过程如下。

```
//稀疏矩阵的行压缩表示法
typedef struct CompressedSparseRowMatrix{
   int * indptr; //记录各行首个非零元在data数组中的下标
                 // M.indptr[i+1]-M.indptr[i]为i号行的非零元个数
   int * indices; //非零元列标组成的数组
   ElemType *data; //非零元素组成的数组
   int nnz; //非零元的个数
   int nr; //稀疏矩阵的行数
   int nc; //稀疏矩阵的列数
}CSRMatrix;
```

```
Status CSRMatrixVectorMultiply ( CSRMatrix &M, int * V, int n, ElemType * (&Product) ){
//给定稀疏矩阵M与n维矢量V，计算两者的乘积矢量用Product带回
   if( M.nc != n ) return ERROR;
   Product = (ElemType *) malloc( M.nr * sizeof(ElemType) ); //为乘积矢量开辟空间
   for( int i = 0; i < M.nr; i++){ //逐行计算乘积矢量的各个分量
      Product[i] = 0; //初始化分量的值为0
      for( int k= M.indptr[i]; k < M.indptr[i+1]; k++ ){
         Product[i] += M.data[k] * V[ M.indices[k] ];
      }
   }
   return OK;
}
```

仅稀疏矩阵中的非零元素M.data[k]参与计算即可，该元素列标为M.indices[k]，故需要累加的乘积项是： M.data[k]*V[M.indices[k]]

M.data[k]：稀疏矩阵非零元

M.indices[k]：稀疏矩阵非零元列标

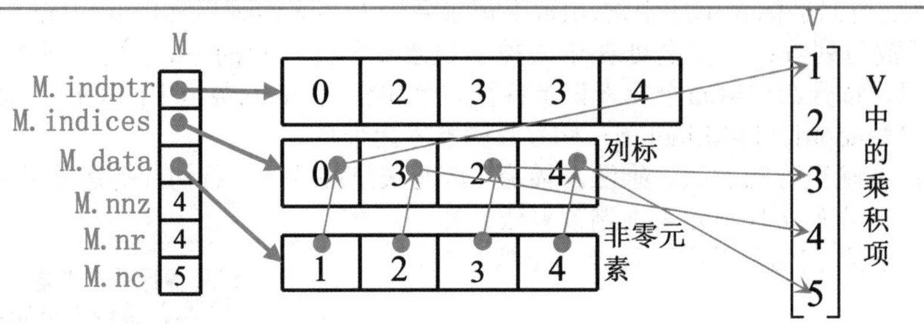

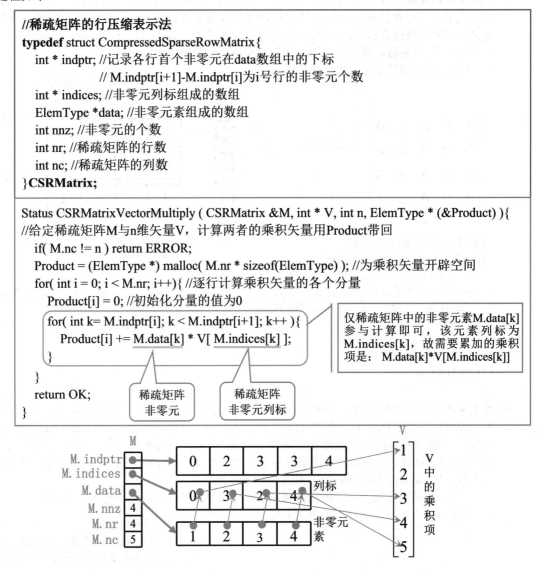

先由矩阵的非零元确定列标，再根据列标找到V中的乘积项，之后进行乘法运算

$$\begin{bmatrix}1&0&0&2&0\\0&0&3&0&0\\0&0&0&0&0\\0&0&0&0&4\end{bmatrix}\begin{bmatrix}1\\2\\3\\4\\5\end{bmatrix}=\begin{bmatrix}1*1+0*2+0*3+2*4+0*5\\0*1+0*2+3*3+0*4+0*5\\0*1+0*2+0*3+0*4+0*5\\0*1+0*2+0*3+0*4+4*5\end{bmatrix}=\begin{bmatrix}1*1+2*4\\3*3\\0\\4*5\end{bmatrix}=\begin{bmatrix}9\\9\\0\\20\end{bmatrix}$$

非压缩存储时的乘法次数：M.nr*M.nc

行压缩存储时的乘法次数：M.nnz

- **行压缩表示的稀疏矩阵转置**：一种方案是多轮次遍历M中的非零元，每轮将某一列的非零元在行列坐标互换后填入目标矩阵，其时间复杂度为O(M.nc*M.nnz)；另一种方案是先计算原矩阵各列首个非零元在目标矩阵非零元数组中的下标，之后，遍历原矩阵非零元一轮即可将各非零元直接放入目标矩阵非零元数组的相应位置，其时间复杂度可降低至O(M.nc+M.nnz)，称之为**稀疏矩阵的快速转置算法**，具体如下：

```
Status CSRMatrixTranspose( CSRMatrix M, CSRMatrix &T ){
//给定稀疏矩阵M，计算其转置矩阵用T带回
  int nnzCol[ M.nc ] = { 0 };
  for( int k=0; k<M.nnz; k++ )
    nnzCol[ M.indices[k] ] ++;
  int indptrCol[ M.nc+1 ] = { 0 };
  for( int j=0; j<M.nc+1; j++ )
    indptrCol[ j+1 ] = indptrCol[ j ] + nnzCol[ j ];
  //下面计算目标矩阵T的各成员取值
  T.nnz = M.nnz; T.nr = M.nc; T.nc = M.nr; //转置矩阵的非零元个数和阶数赋值
  T.indptr = (int *) malloc( (T.nr+1) * sizeof(int) ); //开辟转置矩阵的indptr数组
  if( !T.indptr ) exit ( OVERFLOW );
  for( int i=0; i<T.nr+1; i++ ) T.indptr[ i ] = indptrCol[ i ] ;
  T.data = (ElemType *) malloc( T.nnz * sizeof(ElemType) ); //开辟转置矩阵的data数组
  if( !T.data ) exit ( OVERFLOW );
  T.indices = (int *) malloc( T.nnz * sizeof(int) ); //开辟转置矩阵的indices数组
  if( !T.indices ) exit ( OVERFLOW );
  for( int i = 0; i < M.nr; i++){ //逐行访问原矩阵M的各个非零元,i为非零元的行坐标
    for( int k= M.indptr[i]; k < M.indptr[i+1]; k++ ){ //依次访问原矩阵i号行的非零元
      int j = M.indices[ k ]; //计算当前非零元素在原矩阵中的列坐标存入变量j
      T.data[ indptrCol[j] ] = M.data[ k ] ; //将当前非零元填入T.data的相应位置
      T. indices[indptrCol[j] ] = i; //将当前元素的行坐标赋值给T中该元素的列坐标
      indptrCol[j]++; //令indptrCol[j]记录M中第j列的下一非零元在T.data中的下标
    }//for
  }//for
  return OK;
}
```

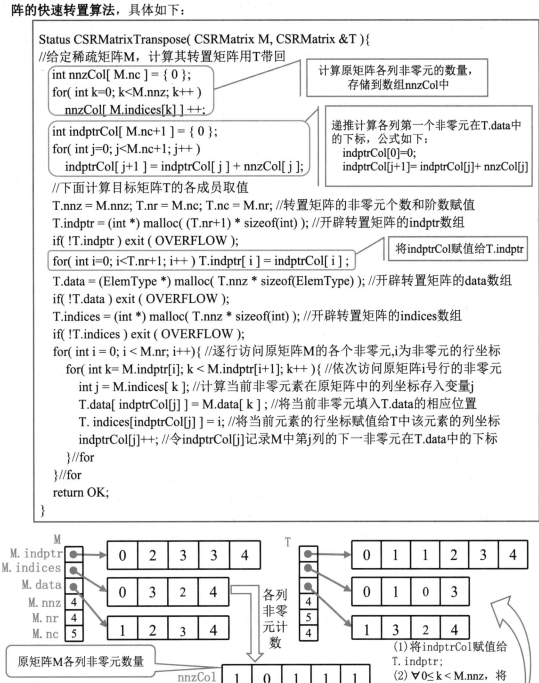

计算原矩阵各列非零元的数量，存储到数组nnzCol中

递推计算各列第一个非零元在T.data中的下标，公式如下：
indptrCol[0]=0;
indptrCol[j+1]= indptrCol[j]+ nnzCol[j]

将indptrCol赋值给T.indptr

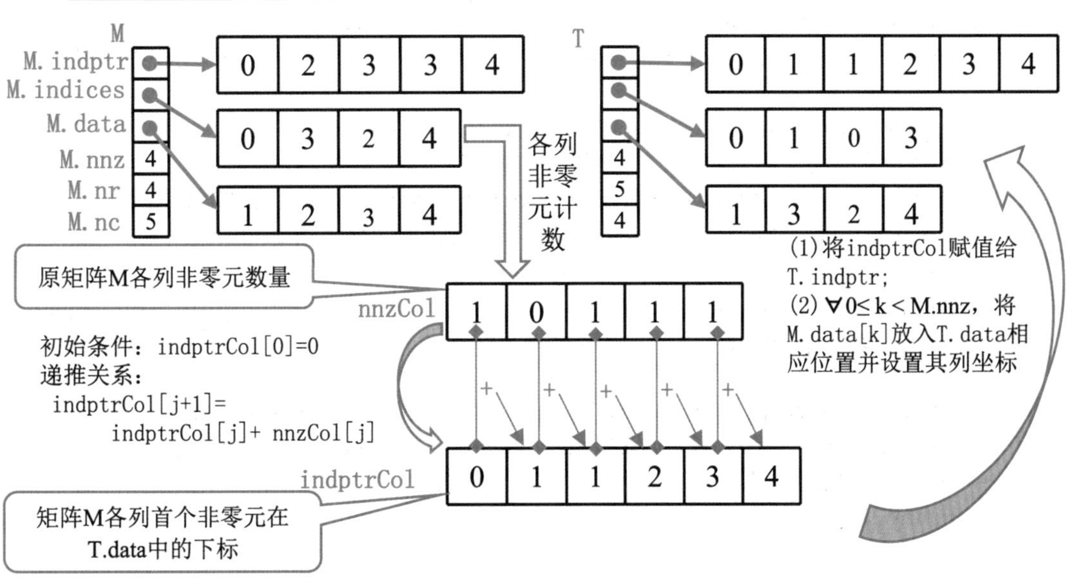

- **稀疏矩阵的十字链表表示法：**稀疏矩阵的坐标表示法和行压缩表示法均使用数组存储矩阵的非零元素信息，进行稀疏矩阵元素的增删时可能引起元素的大量移动，从而导致效率低下。为解决上述问题，可采用稀疏矩阵的链式存储结构，将每一行、每一列的非零元素各自组织成一个链表存储，每个非零元素对应链表中一个结点（结点记录非零元的行坐标、列坐标、元素值、行链表next指针以及列链表next指针），同时将行链表和列链表的的首节点地址分别存储到一个行头指针数组和列头指针数组中，具体存储实例如下图所示，称其为稀疏矩阵的十字链表表示。

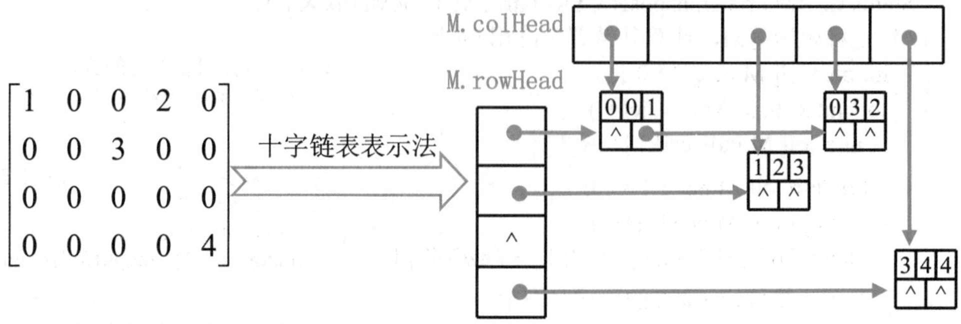

- **十字链表表示的稀疏矩阵元素置零：**根据欲删除之元素的行坐标与列坐标定位行链表和列链表中的结点，分别从两个链表中将结点删除即可，具体算法如下。

```
//稀疏矩阵的十字链表表示法
typedef struct OLNode{
    int i, j; //非零元行坐标和列坐标
    ElemType v; //非零元取值
    struct OLNode * cNext; //列链表next指针
    struct OLNode * rNext; //行链表next指针
}OLNode, * OLPtr;
typedef struct CrossLinkedSparseMatrix{
    OLPtr *rowHead; //记录各行链表的首结点地址的数组
    OLPtr *colHead; //记录各列链表的首结点地址的数组
    int nnz, nr, nc; //非零元的个数、稀疏矩阵的行数与列数
}CLSMatrix;
```

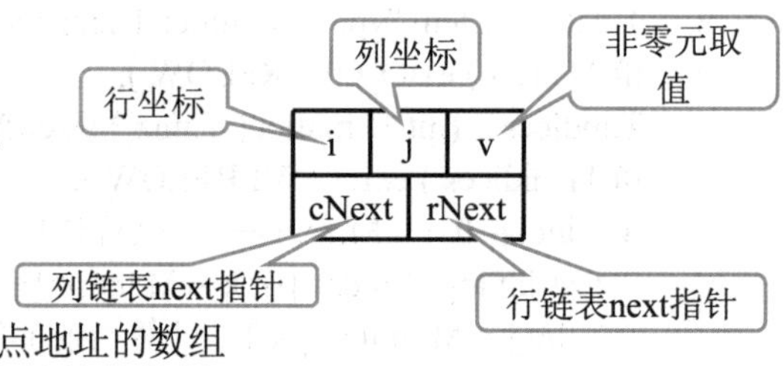


```
Status CLSMatrixClr ( CLSMatrix &M, int i, int j ){
//删除稀疏矩阵M中行坐标为i、列坐标为j的元素，其中0≤i<M.nr，0≤j<M.nc
    if( i<0 || i>=M.nr || j<0 || j>=M.nc ) return ERROR; //i与j非法则返回ERROR
    OLPtr prep_row=NULL, p_row = M.rowHead [i];
    while ( p_row && p_row->j != j){
        prep_row = p_row;  p_row = p_row->rNext;
    }
    if( !p_row ) return OK; //定位失败，被删元素原本就为零
    else{ //定位成功，分别从行链表和列链表中删除元素结点
        if( prep_row==NULL ) M.rowHead [i] = p_row->rNext; //删除行链表首结点
        else prep_row->rNext = p_row->rNext; //从行链表中间移除指定元素结点
        OLPtr prep_col=NULL, p_col = M.colHead [j];
        while ( p_col && p_col->i != i){
            prep_col = p_col;  p_col = p_col->cNext;
        }
        if( prep_col==NULL ) M.colHead [j] = p_col->cNext; //删除列链表首结点
        else prep_col->cNext = p_col->cNext; //从列链表中间移除指定元素结点
        free ( p_col ); //释放被删除结点对应的存储空间
        return OK;
    }//else
}
```

指针p_row在i号行链表中定位列坐标为j的元素结点，prep_row定位其前驱

指针p_col在j号列链表中定位行坐标为i的元素结点，prep_col定位其前驱

□ 矩阵的萌芽与中国古代数学

- **矩阵的萌芽与《九章算术》**：早在公元一世纪左右，《九章算术》的“方程术”便，用算筹将系数和常数项排列成一个长方阵，这就是矩阵最早的雏形。魏晋时期的数学家刘徽又在《九章算术注》中进一步完善，给出了完整的演算程序。矩阵在我国古代的萌芽，蕴含了丰富的矩阵算法与程序化等思想，正如著名数学家吴文俊所说：“以《九章算术》为代表的中国传统数学思想方法，同以《几何原本》为代表的古希腊数学思想方法异其旨趣，各有千秋！在世界数学发展的历史长河中，此消彼长，一度西方数学占了上风，以至于今天还有人一提到数学，言必称希腊，欧几里得、阿基米德；言必称西欧，牛顿、莱布尼兹。但是，在电子计算机出现后的今天，计算机的原理同中国传统数学思想方法若合符节。因此，我认为，在未来，以《九章算术》为代表的算法化、程序化、机械化的数学思想方法体系，凌驾于以《几何原本》为代表的公理化、逻辑化、演绎化的数学思想方法之上，不仅不无可能，甚至于说成是殆成定局，本人也认为并非过甚之辞！”
- **算筹与十进制**：我国古代的算筹是一根根同样长短和粗细的小棍子，以纵横两种排列方式表示单位和数目。个位用纵式，十位用横式，百位用纵式，千位用横式，以此类推，遇零则置空。如1 500多年前的《孙子算经》所言：凡算之法，先识其位，一纵十横，百立千僵，千十相望，万百相当。显然，算筹示数法与现代数学中的十进制计数法一致，这在世界数学史上是一个伟大的创造。
- **筹算与程序化**：我国古代以算筹为工具进行记数、列式和验算的方法统称为筹算。筹算一边计算，一边布棍，一边念口诀，充分体现以算为主，寓理于算的中国古代算法思想，在筹算的基础上我国古代数学取得了辉煌成就，祖冲之父子借助筹算计算圆周率精确到小数点后第6位，比法国数学家韦达的相同成就早了1 100多年。
- **中国古代数学的衰落**：我国的数学研究源远流长，尤其在两汉、魏晋南北朝及宋元时期取得诸多成果，但元末明初之后，由于社会动荡、政治腐败、生产力落后等诸多因素，我国数学开始走向衰落。如今和平盛世，实现中华民族伟大复兴成为全国人民的迫切愿望。祖冲之、刘徽、《九章算术》《周髀算经》《四元玉鉴》等一批大家和著作曾使中国数学处于世界巅峰，祝愿新的世纪在我们的共同努力下，中国各项科学技术都实现伟大复兴！

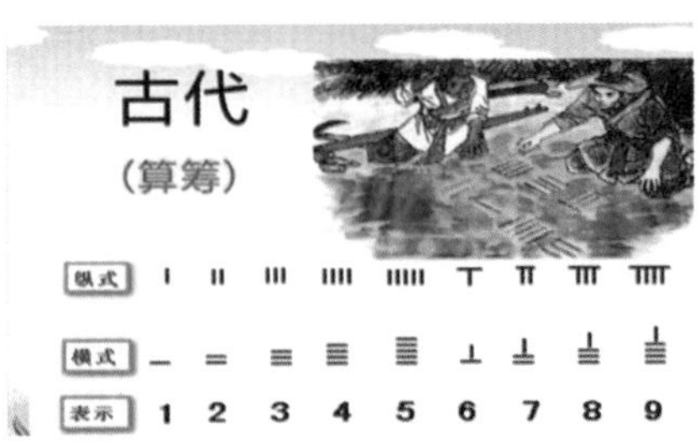

《孙子算经》中的算筹示数

今有上禾三秉，中禾二秉，下禾一秉，实三十九斗；上禾二秉，中禾三秉，下禾一秉，实三十四斗；上禾一秉，中禾二秉，下禾三秉，实二十六斗。问上、中、下禾实一秉各几何？

——《九章算术》

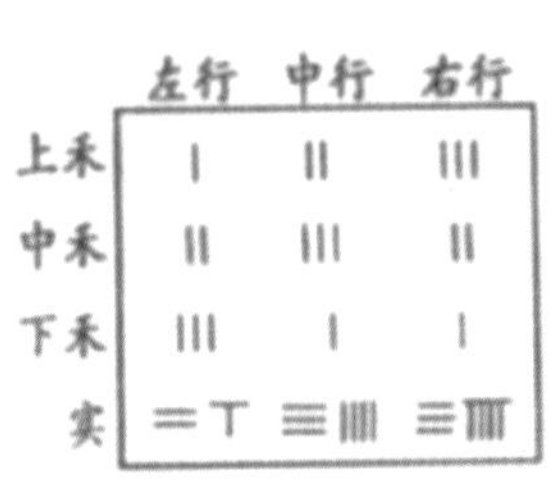

《九章算术》中的方程
（现代数学矩阵的雏形）

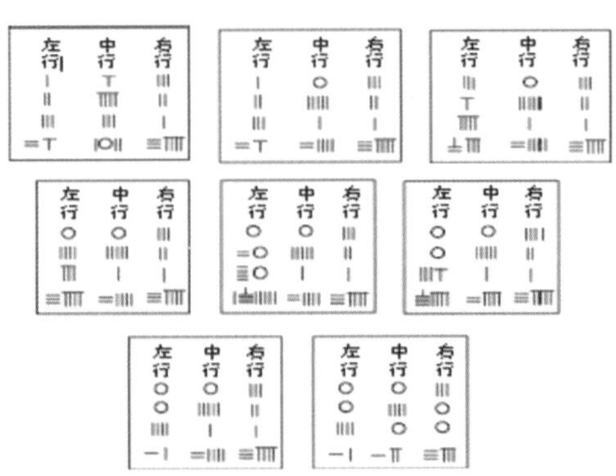
《九章算术》中的筹算解方程（对应增广矩阵的初等变换，与19世纪的高斯消元法一致）

第六章 树与森林

《苍松片石图》沈周（明）

6.1 树的概念和术语

☐ 树的基本概念与术语

- **树**(Tree):假设某数据对象中元素的集合为D，元素间的关系为R，若该对象中每个元素在关系R下可以有多个后继或者没有后继，非空时有且仅有一个元素无前驱（称其为根结点），其余元素均有唯一的前驱；而且，从根结点到其余任何元素通过关系的传递可达，则称该对象的逻辑结构是树。
- **双亲/孩子/兄弟结点**：若结点x是结点y的前驱，则称x为y的双亲结点或者父结点，称y为x的孩子结点；双亲相同的多个结点互称为兄弟结点。
- **祖先/子孙结点**：对于任意结点x与z，若存在结点序列$y_1,y_2,\ldots,y_n$使得$x=y_1$、$z=y_n$与$\forall\ 1\le k<n$：$<y_k,y_{k+1}>\in R$同时成立，则称x为z的祖先结点，称z为x的子孙结点。
- **子树**：对树中任意一个结点x，设y是x的一个孩子结点，则结点y及其子孙结点以及这些结点之间的关系也构成一棵树，称其为x的一棵子树。
- **度与叶子结点**：结点x的后继的个数称为x的度；当x的度为0时，称x为叶子结点；树中所有结点的度的最大值，称为树的度。
- **树的深度与宽度**：约定树的根结点在第一层，根结点的孩子结点在第二层，以此类推，树中结点的最大层次数称为树的深度；某一层中包含的结点数称为该层的宽度，各层宽度的最大值称为树的宽度。
- **树的实例**：下图给出了树及其相关术语的一个示意图，该树的根结点为A，树的度为3，树的深度为4，宽度为4，包含I、J、F、C、G、H共6个叶子结点；结点B有两棵子树，分别是以E和F为根的两棵子树。

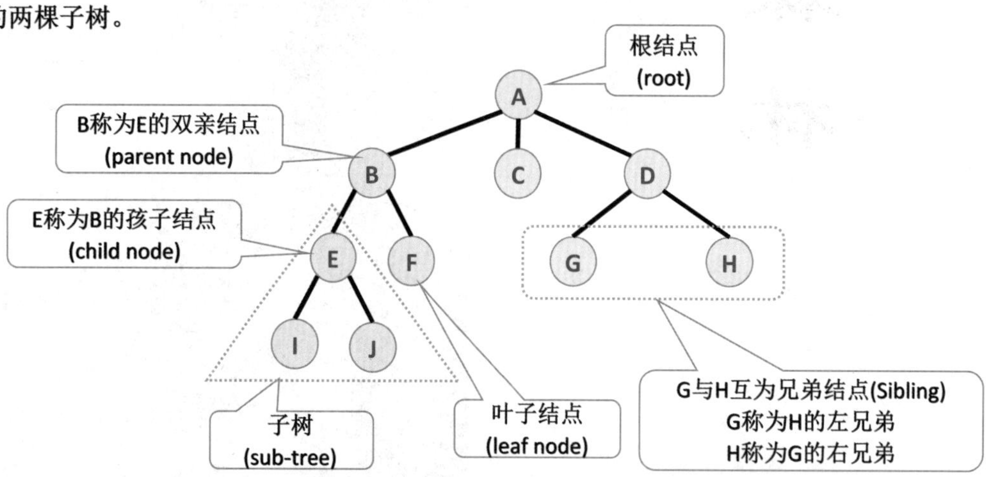

- **树的表示**：除了上图中的表示法外，树还可以通过嵌套集合、凹入表示、广义表、思维导图等多种方式进行表示，下面是上图中树对应的其他几种表示方法。

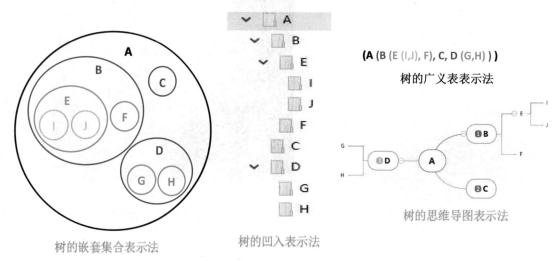

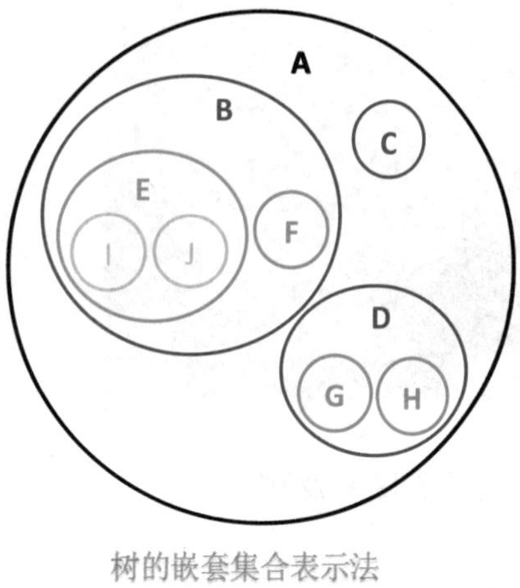

树的嵌套集合表示法

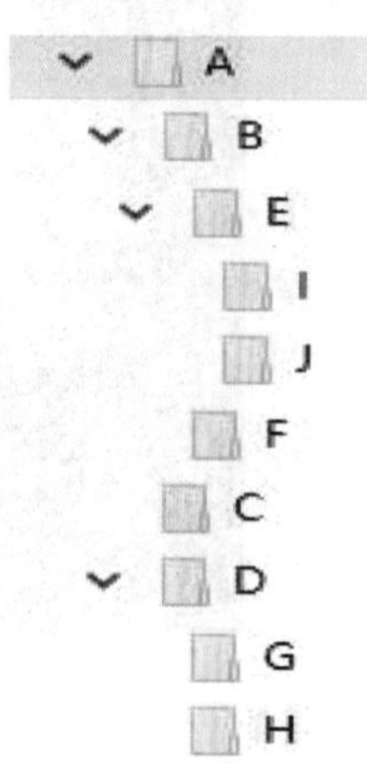

树的凹入表示法

(A (B (E (I,J), F), C, D (G,H)))

树的广义表表示法

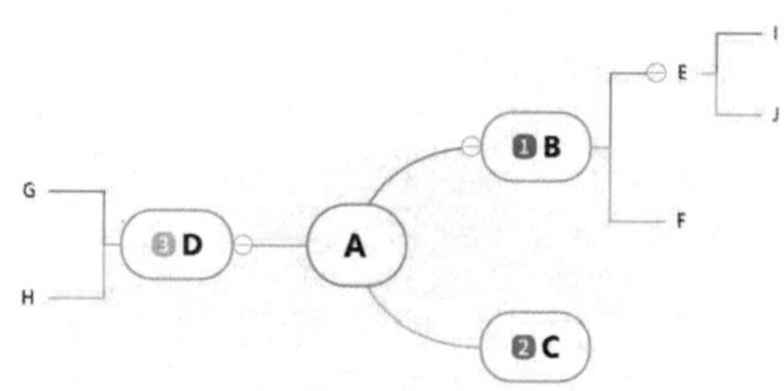

树的思维导图表示法

□ 树的应用实例

树的应用广泛，公司的组织架构、操作系统的文件目录、鸿蒙应用开发的项目文件结构、中医经络系统以及很多的思维导图都属于树形结构。

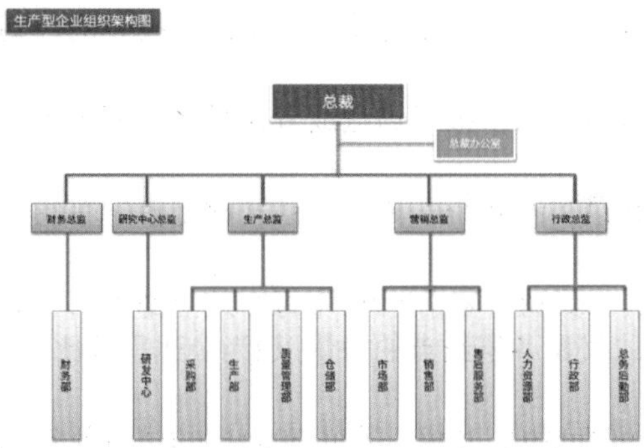

某生产性企业公司组织机构树

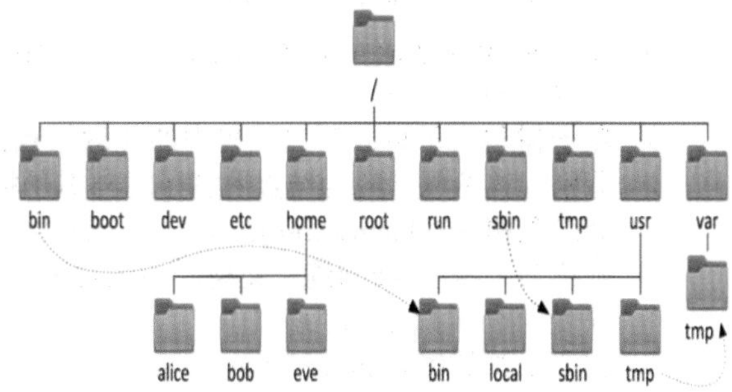

Linux操作系统文件目录结构
(忽略虚线弧后是树形结构)

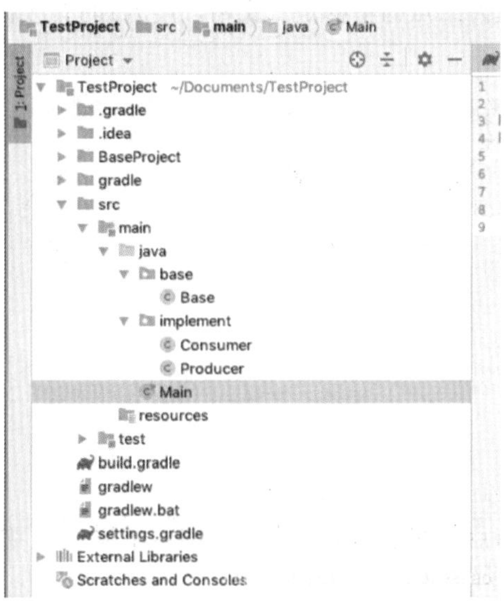

应用开发的项目文件目录树

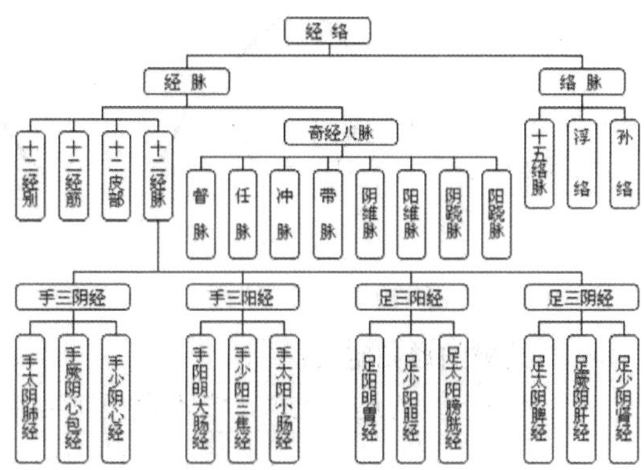

中医经络系统结构图

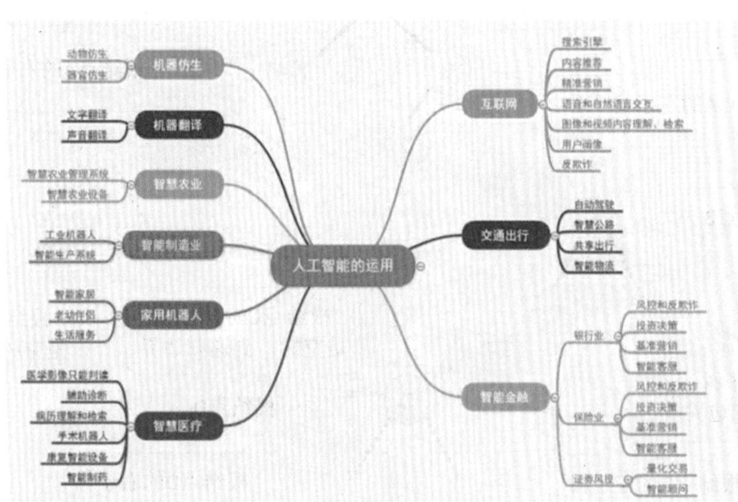

描述人工智能应用的思维导图

6.2 二叉树的概念与抽象数据类型定义

□ 二叉树的概念与术语

- **有序树与无序树**：若树中每个结点的子树或者说孩子结点是有次序（不能互换）的，则称该树为有序树，否则称其为无序树。
- **二叉树**(Binary tree):度不大于2（即每个结点最多有两个孩子结点或者说最多有两个子树）的有序树称为二叉树。
- **左子树与右子树**：对二叉树中的任意结点，其最多有两个子树，而且子树是有次序的，按次序分别称这两棵子树为结点的左子树与右子树。
- **满二叉树**(Full binary tree)：对于一个深度为k的二叉树，若前k-1层中每个结点都有两个孩子结点，则称其为深度为k的满二叉树。不难发现，满二叉树各层结点的数量以2为公比呈等比数列增长，深度为k时结点总数为2^k-1。
- **完全二叉树(Complete binary tree)**：对一个深度为k的二叉树，若其前k-1层的结点数量均达到最大，而最后一层相比深度为k的满二叉树而言仅缺少最后的连续的若干个结点，则称其为完全二叉树。
- **二叉树的实例**：以下是几个二叉树的实例，需要指出的是，二叉树并不要求树的度必须是2，只要度不大于2的有序树都是二叉树。因此，不含任何结点的空树是二叉树，度为1的有序树也是二叉树。

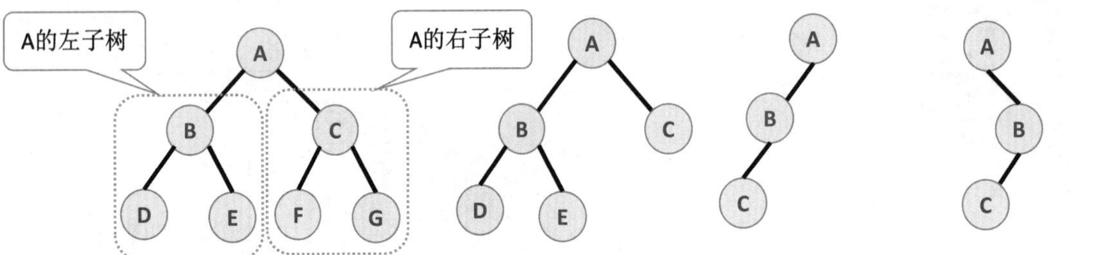

深度为3的满二叉树　　深度为3的完全二叉树　　各结点右子树均为空的二叉树　　度为1的二叉树

- **二叉树的递归定义**：
  - 空树是二叉树，它不含任何结点，规模最小；　递归边界
  - 非空时，二叉树可以分解为根结点、根结点的左子树以及根结点的右子树。其中，根结点的左子树与右子树都符合二叉树的递归定义。　递归关系

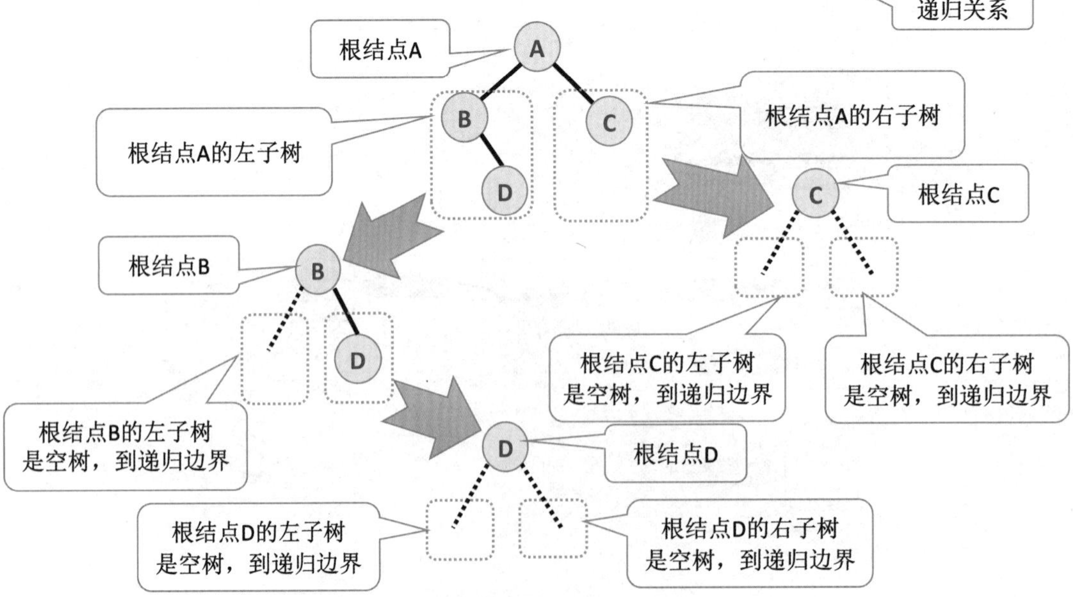

二叉树的递归分解示意图

□ 基于递归与分治的二叉树运算求解

➢ **求解原理**：基于二叉树的递归定义，可以把非空二叉树的运算归结为根结点及其左/右子树的运算。因左/右子树的规模严格小于原二叉树，不断递归最终可归结为空树的运算，而空树可直接求解，从而完成最终的运算。具体的求解框架如下：

- 当二叉树为空树时，直接求解；（递归边界）
- 非空时，将二叉树分解为根结点、根的左子树及根的右子树三部分；根结点**直接求解**，根的左子树与右子树**递归求解**；最后组合三者的求解结果得到原二叉树的解。（递归与分而治之）

根结点不可递归处理，因原树只有一个结点时，根结点与原树规模相同，对根结点的递归处理会导致无限递归

➢ **实例分析**：二叉树深度计算的求解原理如下：

•当二叉树是空树时，其深度为0；

•当二叉树非空时：

○根结点占整个深度中的1层，左子树和右子树的深度分别递归求解；

○整棵树的深度归结为左子树深度与右子树深度的最大值再加1。

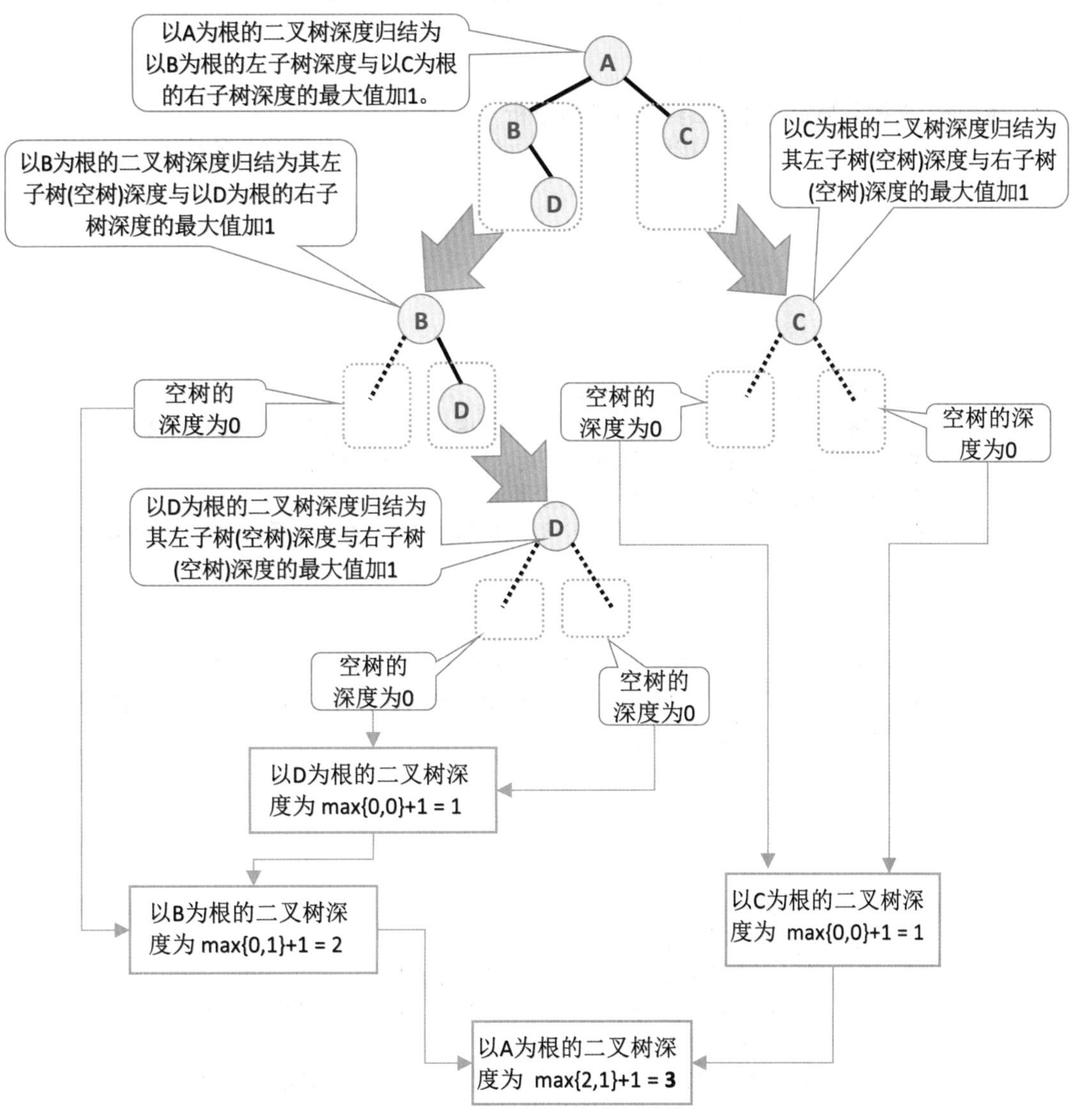

基于递归与分治计算二叉树深度的过程示意图

□ 二叉树的抽象数据类型定义

ADT BiTree{

数据对象D： D 是具有相同属性和结构的数据元素的有限集合；

数据关系R： $R=\{<u, v> \mid u\in D \wedge v\in D\}$是D上二元关系的集合，满足如下条件：

(1)若D为空集或者只有一个元素，则R为空集；

(2)若D多于1个元素，则R可划分为两个集合R_L与R_R，前者代表双亲与左孩子结点间关系的集合，后者代表双亲与右孩子结点间关系的集合。D与R_L、R_R满足如下条件：

(2.1) D中存在唯一的元素 r ，它在关系R下无前驱；

二叉树的根

(2.2) 若D -{r}非空，则D中元素可划分为两个互不相交的集合D_l与D_r使得：

(2.2.1) 若D_l非空，则D_l中存在唯一的元素r_l使得$<r, r_l> \in R$。且$<r, r_l> \in R_L$；

(2.2.2) 令$R_l := R \cap (D_l \times D_l)$，则 (D_l, R_l) 是符合本定义的一棵二叉树；

根的左子树

(2.2.3) 若D_r非空，则D_r中存在唯一的元素r_r使得$<r, r_r> \in R$ 且$<r, r_l> \in R_R$;

(2.2.4) 令$R_r := R \cap (D_r \times D_r)$，则 (D_r, R_r) 是符合本定义的一棵二叉树。

根的右子树

◆ 对二叉树类型定义之递归约束的实例分析

以下图中的二叉树为例，按照上述关于二叉树元素集合和关系集合的约定，可见：

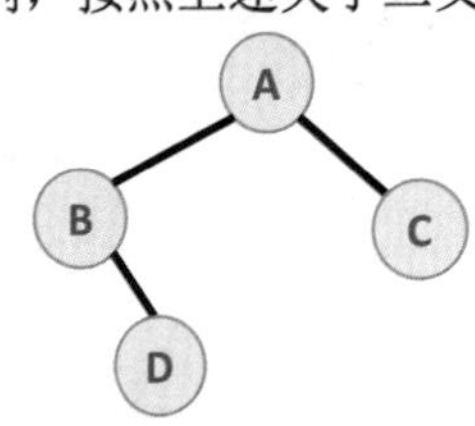

- 二叉树对应的元素集合为**D** ={A,B,C,D};
- 二叉树对应的关系集合**R**非空，可划分为$\mathbf{R}_L=\{<A,B>\}$与$\mathbf{R}_R=\{<A,C>, <B,D>\}$;
- **D**中元素A是**R**中唯一没有前驱的元素，它是二叉树的根结点；
- **D** -{A}可划分为$\mathbf{D}_l$={B,D}与$\mathbf{D}_r$={C}两个集合；
- $\mathbf{D}_r$中元素C是根结点A的右孩子，$\mathbf{R}_r=\mathbf{R}\cap(\mathbf{D}_r\times\mathbf{D}_r)=\phi$。不难发现二元组$(\mathbf{D}_r,\mathbf{R}_r)$对应的数据对象结构如下：

  - 该数据对象显然是一棵树，因其仅有一个元素，而关系集为空。
- $\mathbf{D}_l$中元素B是根结点A的左孩子，令$\mathbf{R}_l=\mathbf{R}\cap(\mathbf{D}_l\times\mathbf{D}_l)=\{<B,D>\}$，则二元组$(\mathbf{D}_l, \mathbf{R}_l)$构成的数据对象结构如下：

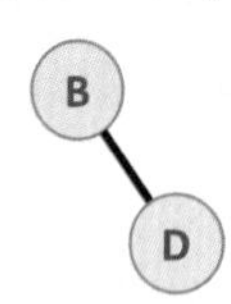

  - 该数据对象也是一个二叉树，因为：
    - 其元素集合为{B,D};
    - 其关系集合可划分为$R_L=\phi$ 与 $R_R=\{<B,D>\}$;
    - B是 $\mathbf{R}_l$ 中唯一没有前驱的元素，它是当前子二叉树的根结点；
    - 除去B外仅剩余一个结点D;
    - D是根结点B的右孩子，不难发现，二元组（{D},ϕ）对应的数据对象也符合二叉树的定义，因为它只有一个元素而且关系集合为空。

运算集合：

Status InitBiTree(BiTree &T)
　操作结果：构造一棵空二叉树，构造成功返回OK，失败返回ERROR。
Status DestroyBiTree(BiTree &T)
　初始条件：二叉树T非空；
　操作结果：销毁二叉树T，T变为空二叉树。成功返回OK，失败返回ERROR。
Status InsertBiTreeRoot(BiTree &T, char LOrR, TElemType e)
　操作结果：若原二叉树T非空，则添加一个新结点e作原二叉树根结点的双亲，原二叉树根结点作新结点的左孩子或右孩子结点（左右根据LOrR值确定）；若原二叉树T为空，则直接将新结点e插入T作根结点即可。成功返回OK，失败返回ERROR。
Status InsertSubBiTree(BiTree &T, BiTNodePtr p, char LOrR, BiTree subTree)
　初始条件：p指向二叉树T中的一个结点，若LOrR取值为'L'，则p指向的结点无左子树；若LOrR为'R'，则p指向的结点无右子树；subTree为另一二叉树；
　操作结果：将subTree插入T作p的左子树或者右子树（左右根据LOrR的值确定）。成功返回OK，失败返回ERROR。

BiTNodePtr在采用链式存储时是指针类型，在二叉树采用顺序存储时是整型

Status DelBiTreeRoot(BiTree &T, TElemType &e)
　初始条件：二叉树T非空且其根结点只有一个孩子；
　操作结果：将原树的根结点从树中删除，用e带回其值；同时，将原根结点唯一的孩子作为新树的根结点。成功返回OK，失败返回ERROR。
Status DelSubBiTree (BiTree &T, BiTNodePtr p, char LOrR, BiTree &subTree)
　初始条件：p指向二叉树T中的一个结点；
　操作结果：若LOrR取值为'L'（或'R'），则将p所指向结点的左子树（或右子树）置空，同时用subTree带回被删除左子树的根结点。成功返回OK，失败返回ERROR。
Status GetBiTreeRoot(BiTree T, TElemType &e)
　初始条件：二叉树T非空；
　操作结果：用e带回根结点对应的元素值。成功返回OK，失败返回ERROR。
Status GetBiTreeParent(BiTree T, BiTNodePtr p, BiTNodePrt &parent)
　初始条件：p指向二叉树T中的一个结点；
　操作结果：用parent带回p所指结点的双亲结点的地址。成功返回OK，失败返回ERROR。
Status GetSubBiTree (BiTree T, BiTNodePtr p, char LOrR, BiTree &subTree)
　初始条件：p指向二叉树T中的一个结点；
　操作结果：若LOrR取值为'L'（或'R'），则用subTree带回p所指结点的左（或右）子树的根。成功返回OK，失败返回ERROR。
Status SetBiTreeValue (BiTree T, BiTNodePtr p, TElemType e)
　初始条件：p指向二叉树T中的一个结点；
　操作结果：将p指向的结点的元素值设置为e。成功返回OK，失败返回ERROR。
int GetBiTreeDepth (BiTree T)
　操作结果：计算二叉树T的深度并返回。
int BiTreeNodeCount (BiTree T)
　操作结果：计算二叉树T的结点数并返回。
int BiTreeLeafCount (BiTree T)
　操作结果：计算二叉树T的叶子结点数并返回。
Status TraverseBiTree(BiTree T, Status (*visit)(BiTElemType))
　操作结果：按照某种规则依次遍历二叉树的每个结点，并对各结点对应的元素执行visit操作（visit是一个函数指针）。成功返回OK，失败返回ERROR。
}//ADT BiTree

6.3 二叉树的存储结构与基本操作

6.3.1 二叉树的二叉链表存储及其操作实现

□ 二叉树的二叉链表存储结构

➢ **存储方案设计**：将二叉树中的每个结点用一个结构体类型的数据表示，该结构类型数据包含如下三个成员，将根结点的地址作为二叉树的标识：
- data成员存储结点的数据域信息；
- lChild存储当前结点之左孩子结点的地址；
- rChild存储当前结点之右孩子结点的地址。

➢ **实例分析**：

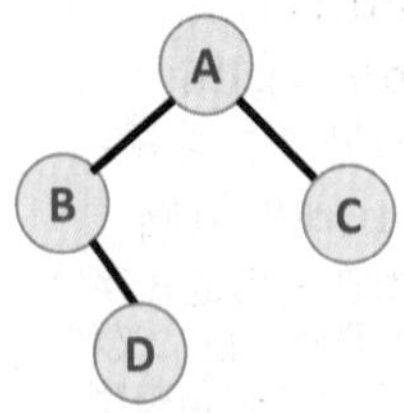

二叉树实例 T

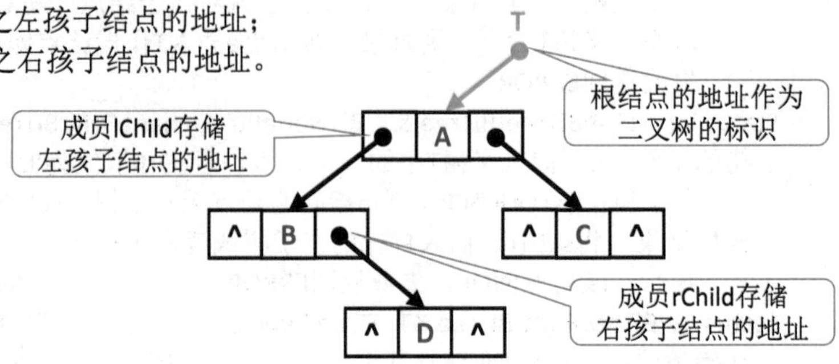

二叉树T的二叉链表存储结构

➢ **二叉树的二叉链表存储结构定义**

```
//二叉树的二叉链表存储结构定义
typedef int BiTElemType;  //假设二叉树中每个结点的数据域为整型
typedef struct BiTNode{
   BiTElemType data;  //结点数据域
   struct BiTNode * lChild;  //左孩子指针，存储左孩子结点的地址
   struct BiTNode * rChild;  //右孩子指针，存储右孩子结点的地址
}BiTNode , * BiTree ;
```

BiTNode为二叉链表存储结构中结点所属的结构体数据类型，BiTree是以BiTNode为基类型的指针数据类型，是二叉树所属的类型

□ 二叉链表存储结构下二叉树的操作实现

➢ **基于递归与分治计算二叉树的深度**
- **递归边界**：若二叉树为空树，则深度为0；
- **递归关系**：若二叉树非空，则原二叉树的深度为左子树深度与右子树深度的最大值加1，左子树和右子树的深度可递归计算。

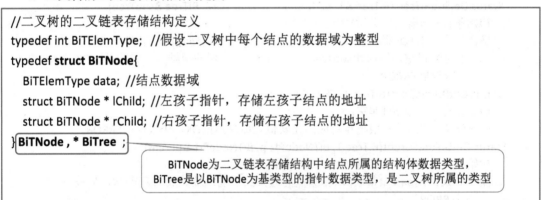

```
//二叉树深度计算的递归函数
int GetBiTreeDepth(BiTree T){
   if (T==NULL )  return 0;                              递归边界
   else{
     int depth_leftSubTree = GetBiTreeDepth( T->lChild );
     int depth_rightSubTree = GetBiTreeDepth( T->rChild );   递归关系
     if( depth_leftSubTree> depth_rightSubTree )
       return depth_leftSubTree+1;
     else
       return depth_rightSubTree+1;
   }
}
```

- **递归计算二叉树深度的过程示意图**：下图中，为各子树均设定了一个标识，给出了前述递归算法将二叉树的深度计算问题逐步归结为空树深度计算问题的具体过程，请仔细分析。

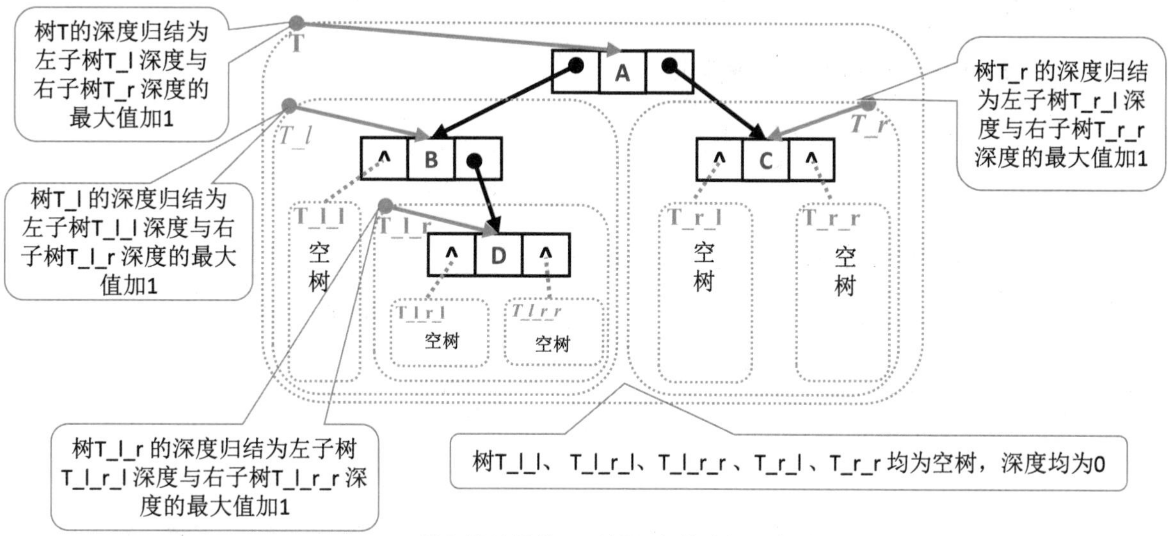

递归算法计算二叉树深度的过程示意图

➢ **基于递归与分治计算二叉树的结点数**

- **递归边界**：若二叉树为空树，则结点数为0；
- **递归关系**：若二叉树非空，则原二叉树结点数为左子树与右子树的结点数之和，再加上根结点的数量1，左子树和右子树的叶子数可递归计算。

```
//二叉树结点计数的递归函数
int BiTreeNodeCount (BiTree T){
  if (T==NULL )          // 递归边界
    return 0;
  else{
    return BiTreeNodeCount( T->lChild ) + BiTreeNodeCount( T->rChild ) +1  ;   // 递归关系
  }
}
```

➢ **基于递归与分治计算二叉树的叶子结点数**

- **递归边界**：若二叉树为空树，则叶子结点数为0；
  若二叉树只有一个结点，则叶子数为1。（若去掉这一规则，则任何二叉树的叶子结点数计算结果均为0，试思考原因）
- **递归关系**：若二叉树非空且根结点至少有一棵子树，则原二叉树的叶子结点数为左子树与右子树的叶子结点数之和，左子树和右子树的叶子数可递归计算。

```
//二叉树叶子结点计数的递归函数
int BiTreeLeafCount (BiTree T){
  if (T==NULL )                                      // 递归边界
    return 0;
  else if( T->lChild==NULL && T->rChild==NULL )
    return 1;
  else{
    return BiTreeLeafCount( T->lChild )+ BiTreeLeafCount( T->rChild );   // 递归关系
  }
}
```

- ➢ **基于递归与分治完成二叉树的创建**
  - **递归边界**：若要创建的二叉树为空树，则输入一个特殊的表示空树的元素；
  - **递归关系**：若要创建非空二叉树，则先创建根结点，之后递归创建根结点的左子树与右子树即可。

```
    Status CreateBiTree (BiTree &T){
①      BiTElemType e;  InputBiTElem(e);
②      if ( isNullElem(e)==TRUE ) {
③          T=NULL; return OK;
④      }
⑤      else{
⑥          T = (BiTNode *)malloc( sizeof(BiTNode) );
⑦          if( !T ) exit( OVERFLOW );
⑧          T->data=e;
⑨          CreateBiTree( T->lChild ) ;
⑩          CreateBiTree( T->rChild );
⑪          return OK;
⑫      }
    }
```

递归边界
空树的创建

非空树
根结点的创建

非空树
左右子树的递归创建

  - **创建实例**：假设二叉树元素类型为char，字符^代表空树，则创建如下二叉树需输入元素序列为 AB ^ D ^ ^ C ^ ^，各元素被读取后执行的操作如图所示。

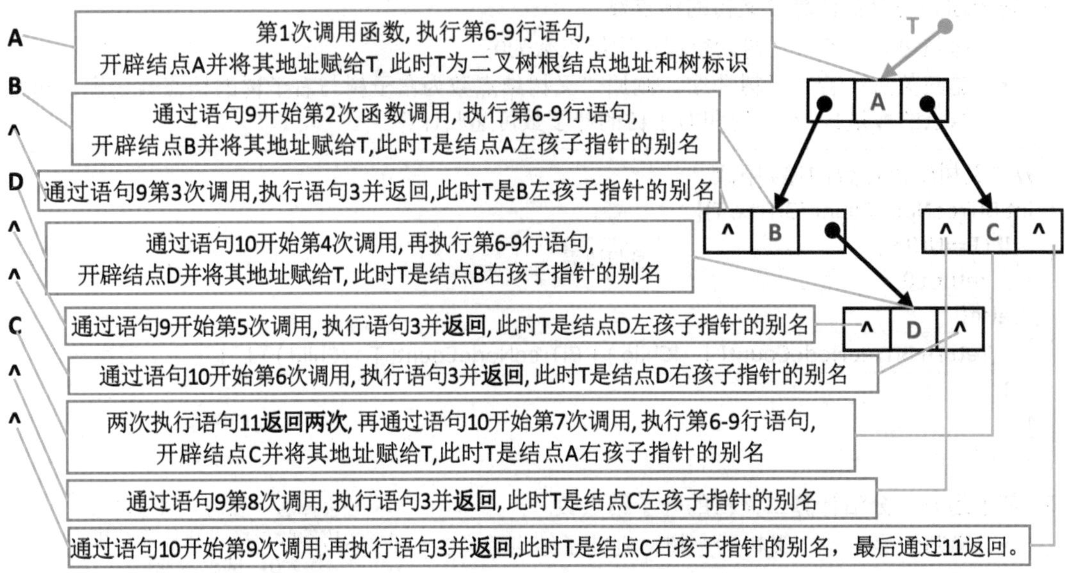

- ➢ **基于递归与分治的二叉树销毁**
  - **递归边界**：若要销毁的二叉树为空树，则无须执行任何操作，直接返回即可；
  - **递归关系**：若要销毁的二叉树非空，则先递归销毁左子树和右子树，之后释放根结点，并将二叉树标识赋空。

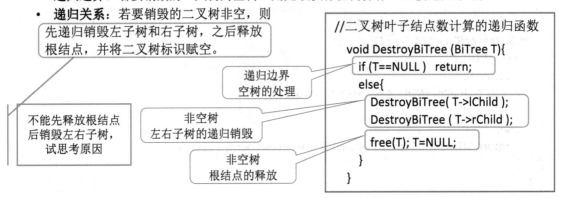

不能先释放根结点后销毁左右子树，试思考原因

```
//二叉树叶子结点数计算的递归函数
void DestroyBiTree (BiTree T){
    if (T==NULL )   return;
    else{
        DestroyBiTree( T->lChild );
        DestroyBiTree ( T->rChild );
        free(T); T=NULL;
    }
}
```

递归边界
空树的处理

非空树
左右子树的递归销毁

非空树
根结点的释放

6.3.2 二叉树的顺序存储及其操作实现

□ 二叉树的顺序存储结构

- **存储方案设计**：当二叉树为完全二叉树时，直接将树中各结点逐层按照从左到右的顺序存储到一个顺序表中；否则，在二叉树中插入若干代表空元素的结点，使其成为一个规模最小的完全二叉树，再按照完全二叉树存储。
- **实例分析**：下图所示二叉树T采用顺序存储时，对应的最小完全二叉树及其存储方案如下。

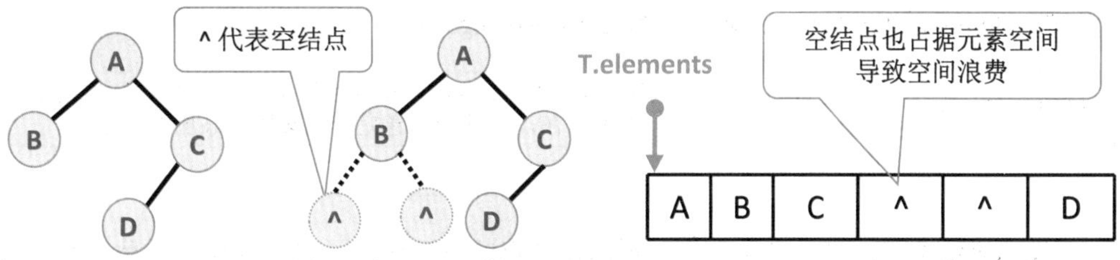

二叉树实例 T　　将T补全后的最小完全二叉树　　二叉树T的存储结构

- **二叉树的顺序存储结构定义**

```
//二叉树的顺序存储结构定义
typedef int BiTElemType;  //假设二叉树中每个结点的数据域为整型
typedef struct SqBiTree{
   BiTElemType *elements; //存放二叉树元素的动态数组
   int listLength; //二叉树补全为最小完全二叉树后结点的个数
   int listSize; //动态数组的容量
} SqBiTree;
```

□ 顺序存储结构下二叉树的操作实现

- **给定某二叉树结点的下标（假设下标从0开始），求其左孩子结点**
  - 分析：对完全二叉树而言，假设给定结点的下标为k，下面用数学归纳法证明其左孩子结点若存在，则左孩子结点的下标必然为2k+1。
  - 证明：显然，k=0时上述结论成立，因为0号结点是根结点，而根结点的左孩子或者不存在，存在时必然为元素数组的1号元素，而1=2*0+1成立。

    假设k=m时结论成立，即m号结点的左孩子存在时其结点下标为2m+1。则对于m+1号结点而言，若其左孩子存在，则根据完全二叉树的定义，m号结点的左孩子和右孩子结点必然都存在，而且m+1号结点左孩子的下标相比m号结点的左孩子下标大2（两者中间间隔了m号结点的右孩子），故m+1号结点的下标为2m+1+2=2(m+1)+1，这说明当k=m+1时k号结点左孩子下标也满足2k+1。如此一来，我们完成了由k=m成立推导出k=m+1成立的过程。

    结论：对任意自然数k，k号结点若存在左孩子，左孩子下标必然为2k+1。

    类似可证k号结点若存在右孩子则其下标为2k+2，若存在双亲则其下标为[(k-1)/2]

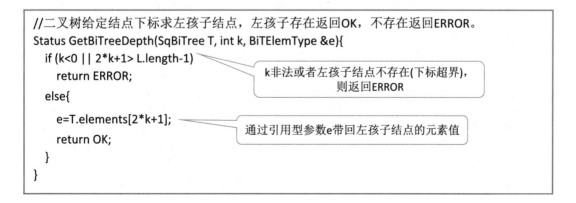

```
//二叉树给定结点下标求左孩子结点，左孩子存在返回OK，不存在返回ERROR。
Status GetBiTreeDepth(SqBiTree T, int k, BiTElemType &e){
  if (k<0 || 2*k+1> L.length-1)
     return ERROR;
  else{
     e=T.elements[2*k+1];
     return OK;
  }
}
```

k非法或者左孩子结点不存在(下标超界)，则返回ERROR

通过引用型参数e带回左孩子结点的元素值

➢ **分别设计非递归和递归算法计算二叉树的叶子结点数**

- **非递归算法思路**：依次遍历顺序存储结构中各个元素，若其不是空元素而且左孩子结点不存在，则叶子结点计数器加1。

```
//二叉树叶子结点计数的非递归函数
int BiTreeLeafCount (SqBiTree T){
  int count=0;
  for (int i=0; i<T.listLength; ++i)
    if( T.elements[i] != NULLELEM && 2*i+1 < T.listLength )
      count++;
  return count;
}
```

假设元素值NULLELEM意味着当前元素对应的二叉树结点本不存在，是补全构建完全二叉树时添加的空结点

- **递归算法思路**：将二叉树中各子树的根结点的下标作为子树的标识。如此一来，若二叉树为空树（根结点对应的数组元素不存在），则其叶子数为0；若二叉树只有一个结点（根结点的左右孩子为空），则叶子数为1；其他情况下，原二叉树的叶子结点数归结为为左子树与右子树的叶子结点数之和，左子树与右子树的叶子数可递归计算。

```
//二叉树叶子结点计数的递归函数
int SqBiTreeLeafCount (SqBiTree T, int indexOfRoot){
  int lChild =2*indexOfRoot+1, rChild= 2*indexOfRoot+2;
  if (indexOfRoot>T.list Length-1 || T.elements[indexOfRoot]==NULLELEM )
    return 0;
  else if(
      (lChild > L.length-1 ) ||
      ( T.elements[lChild]==NULLELEM) && (rChild >T.list Length-1 ) ) ||
      ( T.elements[lChild]==NULLELEM) &&(T.elements[rChild]==NULLELEM) )
    )
    return 1;
  else{
    return SqBiTreeLeafCount( lChild ) + SqBiTreeLeafCount( rChild );
  }
}
```

若根结点下标超出补全后完全二叉树最后一个结点的下标，或者根结点为空结点，则当前二叉树为空树，返回0

若左孩子结点下标超出补全后完全二叉树最后一个结点的下标，或者左孩子结点为空结点而右孩子结点下标超出补全后完全二叉树最后一个结点的下标，或者左、右孩子结点均为空结点，则当前二叉树只有一个结点，返回1

递归计算左子树与右子树的叶子结点数，返回两者之和

□ **拓展与思考**

➢ **二叉树不同存储结构的对比**：二叉树采用顺序存储相比二叉链表存储在计算结点的双亲以及进行二叉树的销毁等操作时更为高效，但是，顺序存储需为完全二叉树补全时添加的空结点开辟存储空间，从而造成空间浪费。当原二叉树为完全二叉树时不存在这一问题。二叉树采用二叉链表存储不存在为空结点开辟空间的问题，但是，计算二叉链表中结点的双亲等操作较为耗时，为解决这一问题，可以在二叉链表的每个结点上添加一个额外的指针成员来存储双亲结点的地址，由此得到二叉树的三叉链表存储结构。不过，二叉链表和三叉链表额外的指针域也会造成一定的空间浪费。

➢ **递归与非递归算法的对比**：截至目前所给二叉树各递归算法的时间与空间复杂度均为O(n)，其中n为二叉树的结点数。类似本节顺序存储结构下二叉树叶结点计数的问题，很多问题同时存在递归与非递归的求解算法，结合一些问题实例分析递归和非递归算法在算法设计难度、可读性以及算法的时间、空间复杂度方面的优缺点。

6.4 二叉树的遍历与线索二叉树

6.4.1 二叉树遍历的规则与实现

根结点的遍历不能用递归，否则会导致无限递归，试分析原因。

□ 二叉树遍历的概念与规则

- **遍历的概念**：按照某种规则依次访问二叉树各个结点并执行某个操作的过程称为二叉树的遍历。
- **遍历规则**：空二叉树遍历时无须执行任何操作；非空二叉树的遍历，可以分解为对根结点、左子树、右子树的遍历。根结点的遍历直接对其执行访问操作，左子树和右子树的遍历需要递归完成。根据根结点、左子树、右子树三者遍历顺序的不同，递归的遍历规则分为如下三种。
  - **先序遍历**：先访问根结点，再递归遍历左子树，最后递归遍历右子树；
  - **中序遍历**：先递归遍历左子树，再访问根结点，最后递归遍历右子树；
  - **后序遍历**：先递归遍历左子树，再递归遍历右子树，最后访问根结点。
- **实例分析**：假设某二叉树的二叉链表存储结构如下，不同规则下该树的遍历过程为：

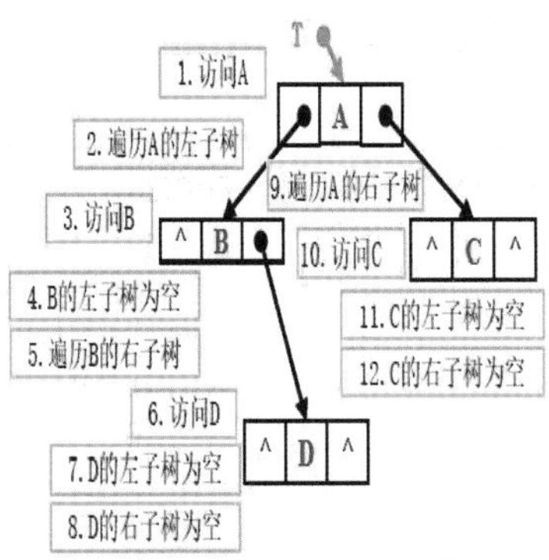

先序遍历二叉树的过程

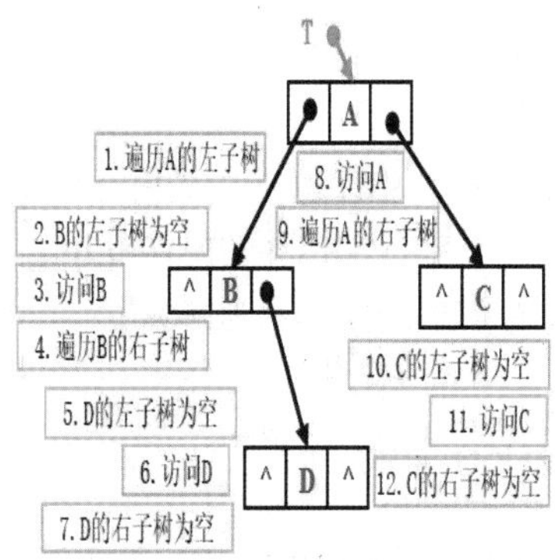

中序遍历二叉树的过程

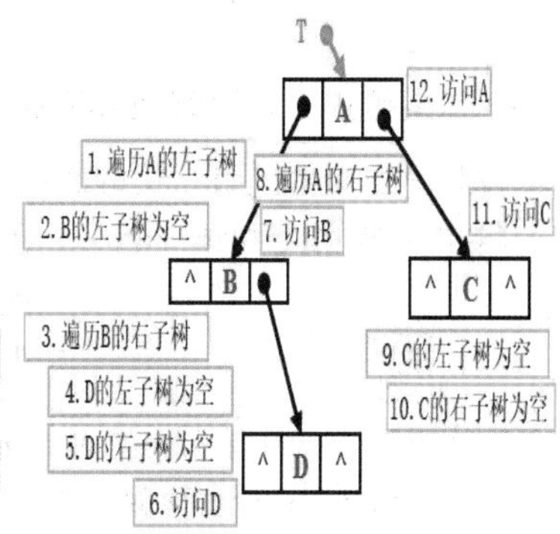

后序遍历二叉树的过程

- **先序遍历过程**：先访问根结点A，再递归遍历A的左子树（此递归过程中，先访问根结点B，再遍历B的左空子树，返回后再递归遍历B的右子树；递归遍历B的右子树时先访问根结点D，再遍历D的左空子树，返回后遍历D的右空子树），最后递归遍历A的右子树（此递归过程中，先访问根结点C，再遍历C的左空子树，返回后遍历C的右空子树）。若将空子树的访问也计算在内，则访问顺序依次为AB^D^^C^^；若忽略空子树的访问，则遍历过程为ABDC，后者称为二叉树的**先序遍历序列**。
- **中序遍历过程**：先递归遍历A的左子树（此递归过程中，先遍历B的左空子树，返回后访问根结点，之后再递归遍历B的右子树；递归遍历B的右子树时先遍历D的左空子树，返回后访问根结点D，之后再遍历D的右空子树），再访问根结点A，最后递归遍历A的右子树（此递归过程中，先遍历C的左空子树，返回后访问根结点C，之后再遍历C的右空子树）。若将空子树的访问也计算在内，则访问顺序依次为^B^D^A^C^；若忽略空子树的访问，则遍历过程为BDAC，后者称为二叉树的**中序遍历序列**。
- **后序遍历过程**：先递归遍历A的左子树，此递归过程中，先遍历B的左空子树，再递归遍历B的右子树(递归遍历B的右子树时先遍历D的左空子树，返回后再遍历D的右空子树，返回后访问根结点D），返回后访问根结点B；接下来递归遍历A的右子树，此递归过程中，先遍历C的左空子树，再遍历C的右空子树，返回后访问根结点C；最后访问根结点A。若将空子树的访问也计算在内，则访问顺序依次为^^^DB^^CA；若忽略空子树的访问，则遍历过程为DBCA，后者称为二叉树的**后序遍历序列**。

□ 二叉树遍历的实现

➢ 二叉树先序遍历的递归实现

visit是一个函数指针，用以接收对结点数据域进行访问操作的一个函数的地址，可以为输出或其他功能函数

```
//假设二叉树采用二叉链表存储结构，先序遍历二叉树，成功返回OK，失败返回ERROR。
Status PreOrderTraverse(BiTree T, Status (*visit) (TElemType) ){
  if ( !T)
    return OK;
  else{
    if( visit( T->data )==OK)
      if( PreOrderTraverse(T->lChild,visit)==OK )
        if( PreOrderTraverse(T->rChild,visit)==OK )
          return OK;
    return ERROR;
  }
}
```

空树无须处理，直接返回OK
递归边界

树非空时，先访问根结点，如果成功再递归遍历左子树，如果成功再递归遍历右子树，如果成功返回OK。若存在访问或者遍历失败则返回ERROR。
递归关系

➢ 二叉树中序遍历的递归实现

```
//假设二叉树采用二叉链表存储结构，中序遍历二叉树，成功返回OK，失败返回ERROR。
Status InOrderTraverse(BiTree T, Status (*visit) (TElemType) ){
  if ( !T)
    return OK;
  else{
    if( InOrderTraverse(T->lChild,visit)==OK )
      if( visit( T->data )==OK )
        if( InOrderTraverse(T->rChild,visit)==OK )
          return OK;
    return ERROR;
  }
}
```

空树无须处理，直接返回OK
递归边界

树非空时，先递归遍历左子树，如果成功再访问根结点，如果成功再递归遍历右子树，如果成功返回OK 。若存在访问或者遍历失败则返回ERROR。
递归关系

➢ 二叉树后序遍历的递归实现

```
//假设二叉树采用二叉链表存储结构，后序遍历二叉树，成功返回OK，失败返回ERROR。
Status PostOrderTraverse(BiTree T, Status (*visit) (TElemType) ){
  if ( !T)
    return OK;
  else{
    if( PostOrderTraverse(T->lChild,visit)==OK )
      if( PostOrderTraverse(T->rChild,visit)==OK )
        if( visit( T->data )==OK )
          return OK;
    return ERROR;
  }
}
```

空树无须处理，直接返回OK
递归边界

树非空时，先递归遍历左子树，如果成功再递归遍历右子树，如果成功再访问根结点，如果成功返回OK 。若存在访问或者遍历失败则返回ERROR。
递归关系

➢ 二叉树遍历的非递归实现

对于前述二叉树遍历的各种递归算法，分析其执行过程中递归工作栈的状态变化情况，可以自行维护一个栈来模拟上述递归算法的求解过程，从而完成递归遍历算法的非递归化。接下来，以二叉树的中序遍历为例，给出其递归工作栈的状态变化情况，并给出二叉树中序遍历非递归算法的实现。

◆ 以下图二叉树为例，基于递归算法进行中序遍历时，递归工作栈状态变化情况如下：

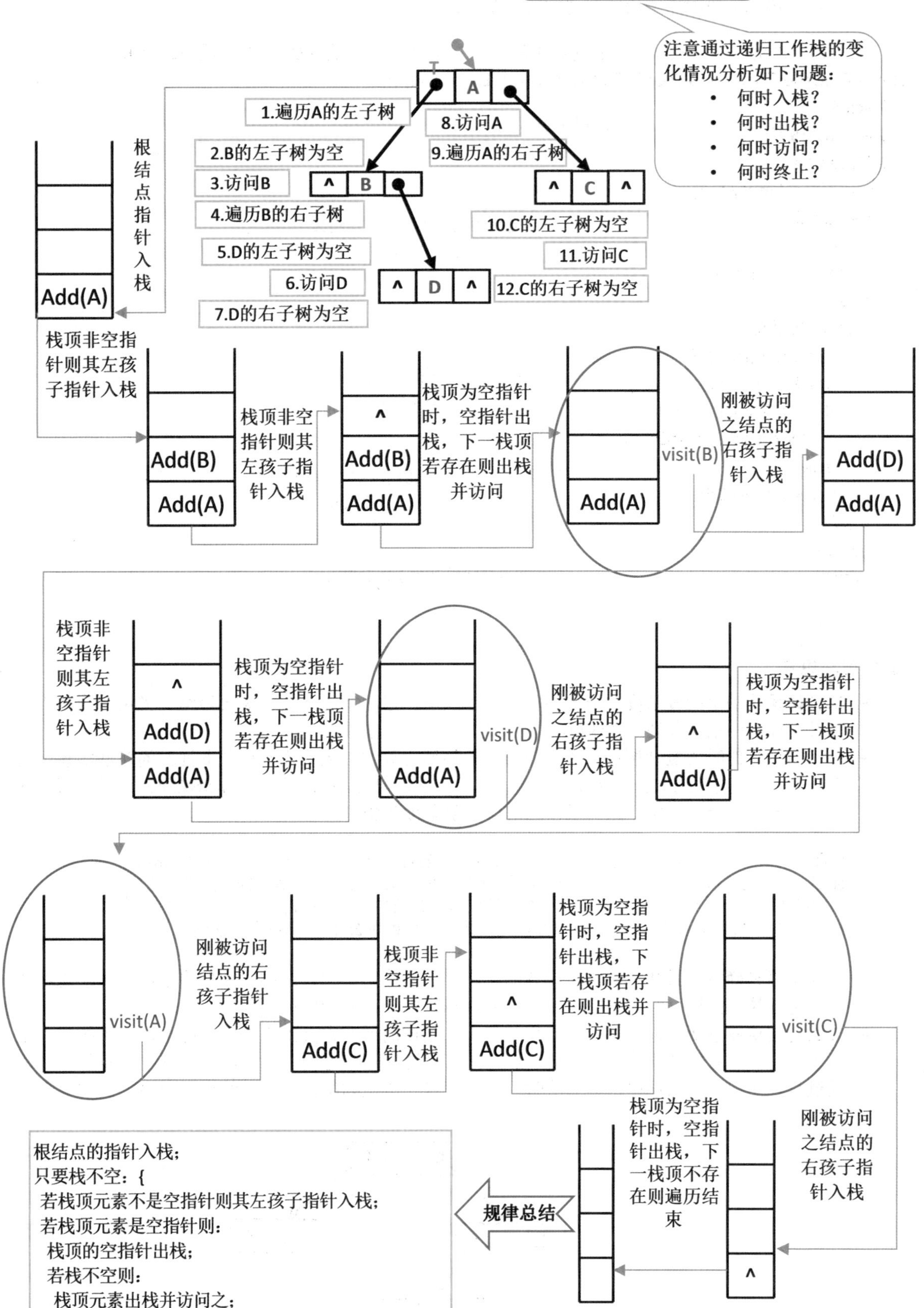
注意通过递归工作栈的变化情况分析如下问题：
• 何时入栈？
• 何时出栈？
• 何时访问？
• 何时终止？
T
A
B
C
D
1.遍历A的左子树
2.B的左子树为空
3.访问B
4.遍历B的右子树
5.D的左子树为空
6.访问D
7.D的右子树为空
8.访问A
9.遍历A的右子树
10.C的左子树为空
11.访问C
12.C的右子树为空
根结点指针入栈
Add(A)
栈顶非空指针则其左孩子指针入栈
Add(B)
栈顶非空指针则其左孩子指针入栈
^
栈顶为空指针时，空指针出栈，下一栈顶若存在则出栈并访问
visit(B)
刚被访问之结点的右孩子指针入栈
Add(D)
栈顶非空指针则其左孩子指针入栈
栈顶为空指针时，空指针出栈，下一栈顶若存在则出栈并访问
visit(D)
刚被访问之结点的右孩子指针入栈
栈顶为空指针时，空指针出栈，下一栈顶若存在则出栈并访问
visit(A)
刚被访问结点的右孩子指针入栈
Add(C)
栈顶非空指针则其左孩子指针入栈
栈顶为空指针时，空指针出栈，下一栈顶若存在则出栈并访问
visit(C)
刚被访问之结点的右孩子指针入栈
栈顶为空指针时，空指针出栈，下一栈顶不存在则遍历结束
规律总结

根结点的指针入栈；
只要栈不空：{
　若栈顶元素不是空指针则其左孩子指针入栈；
　若栈顶元素是空指针则：
　　栈顶的空指针出栈；
　　若栈不空则：
　　　栈顶元素出栈并访问之；
　　　刚被访问之结点的右孩子指针入栈；
}

◆ **二叉树中序遍历的非递归实现**：由前述对二叉树中序递归遍历时递归工作栈状态变化的规律分析，可得二叉树中序遍历的非递归算法如下：

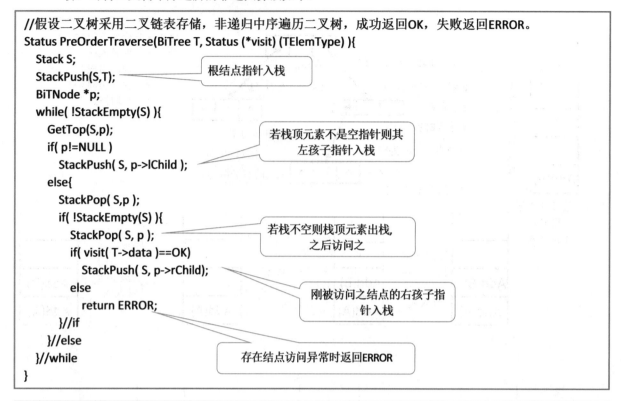

```
//假设二叉树采用二叉链表存储，非递归中序遍历二叉树，成功返回OK，失败返回ERROR。
Status PreOrderTraverse(BiTree T, Status (*visit) (TElemType) ){
  Stack S;
  StackPush(S,T);
  BiTNode *p;
  while( !StackEmpty(S) ){
    GetTop(S,p);
    if( p!=NULL )
      StackPush( S, p->lChild );
    else{
      StackPop( S,p );
      if( !StackEmpty(S) ){
        StackPop( S, p );
        if( visit( T->data )==OK)
          StackPush( S, p->rChild);
        else
          return ERROR;
      }//if
    }//else
  }//while
}
```

根结点指针入栈

若栈顶元素不是空指针则其左孩子指针入栈

若栈不空则栈顶元素出栈，之后访问之

刚被访问之结点的右孩子指针入栈

存在结点访问异常时返回ERROR

□ **拓展与思考**

➢ **二叉树遍历的空间复杂度**：前述各种遍历算法中，最坏情况下栈中需要容纳二叉树所有结点的指针，此时的空间复杂度为O(n)，当中n为二叉树的结点数。

➢ **二叉树遍历的时间复杂度**：二叉树的前述各种遍历算法，无论递归还是非递归的算法实现，每个结点及其空孩子指针都要入栈一次、出栈一次，结点还需执行一次visit操作。此外，每轮循环执行一次栈空的判定，这些操作总的时间复杂度为O(n)。

> **性质**：对任意二叉树，假设其结点数为n，采用二叉链表存储时，空孩子指针的个数为n+1。
> **证明**：二叉链表存储的二叉树，每个结点有2个指针域，故指针域总个数为2n。此外，除了根结点外，每个结点有且仅有唯一一个指针域的指针指向它，这些指针非空，它们共有n-1个，其余指针均为空指针。由此可知，空指针域的个数为 2n-(n-1)=n+1个。证毕。

➢ **由遍历序列确定二叉树**：给定二叉树的先序和中序遍历序列，或中序和后序遍历序列，思考如何确定这棵二叉树。给定先序和后序序列则不能确定，试给出反例。

➢ **二叉树的层序遍历**：前述遍历规则均是基于二叉树的递归定义给出的，实际上，还可按照先上后下、先左后右的顺序遍历二叉树，这称为二叉树的层序遍历。下图给出了某二叉树层序遍历的过程。实现二叉树层序遍历算法时，通常设置一个队列维护待访问结点的顺序，试实现之。

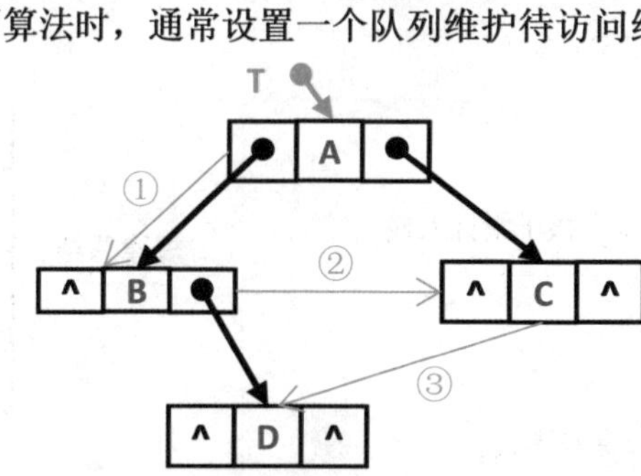

6.4.2 线索二叉树

□ 线索二叉树的概念

为提高二叉树遍历的效率，同时便于计算遍历序列中结点的前驱或后继，可在二叉树二叉链表存储结构中添加遍历序列中的前驱和后继信息，这些添加的前驱和后继信息统称为线索信息，添加线索信息后的二叉树称为线索二叉树，有如下线索化方案。

◆ **方案一**：二叉链表存储结构每个结点上额外添加两个指针predecessor和successor，前者存储遍历序列中前驱结点的地址，后者存储遍历序列中后继结点的地址。基于该方案，沿successor指针可直接完成二叉树的遍历，无须递归或者额外的栈结构，遍历效率更高；而且，根据两个新指针可以直接求取遍历序列中结点的前驱或后继。但是，该方案的缺点是每个结点均需额外添加两个新指针，造成结点存储密度和空间利用率的降低。下图是按照该方案对一个二叉树进行中序遍历线索化后的线索二叉树。当中额外添加一个线索二叉树的头结点，遍历序列首元素的predecessor指针和尾元素的successor指针均指向头结点。

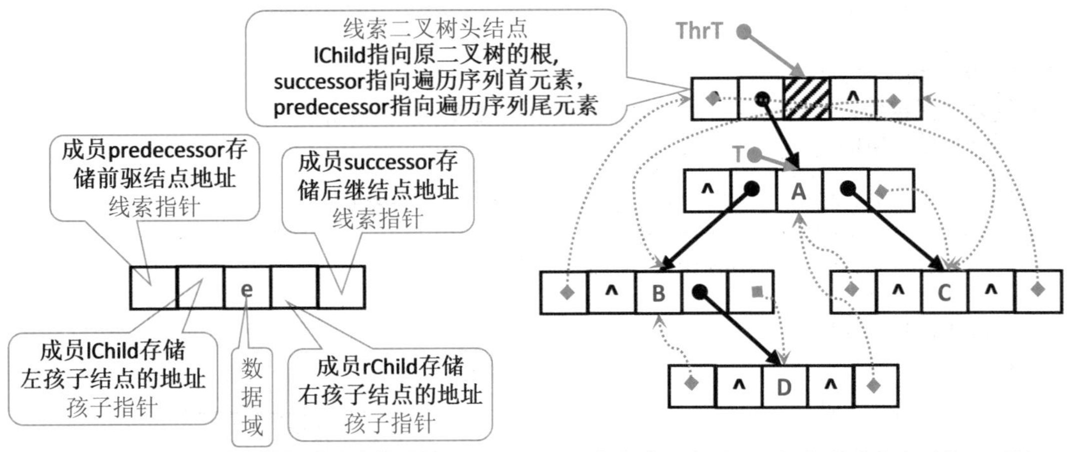

根据方案一进行二叉树线索化时结点的结构　　根据中序遍历序列BDAC添加线索信息后的二叉树

◆ **方案二**：将二叉链表中原本存在的空孩子指针利用起来，若一个结点的左孩子指针为空，则让其指向遍历序列中的前驱结点；若右孩子指针为空，则让其指向遍历序列中的后继结点。如上小节所述，n个结点的二叉链表中存在n+1个空指针域，因此，这种方案可以向二叉链表中添加n+1条线索信息，这能在一定程度上提高二叉树的遍历，以及计算遍历序列中结点前驱和后继等操作的效率。相比上一种方案，该方案无须额外添加新指针，不过，为区分孩子指针存储的是遍历序列的前驱/后继线索信息还是左/右孩子结点的信息，需为每个结点添加两个额外的指针信息类别标志域。相比方案一添加的两个指针而言，这两个标志域占据的存储空间小，相对节省空间，因此，通常所说的线索二叉树采用的是该方案，本教材亦默认此方案。

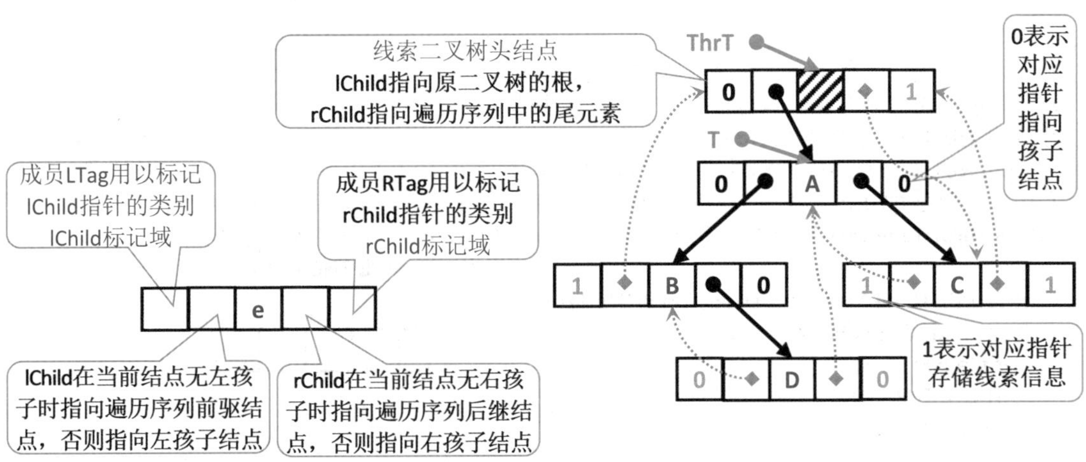

根据方案二进行二叉树线索化时结点的结构　　根据中序遍历序列BDAC添加线索信息后的二叉树

□ 线索二叉树的存储结构定义

```
typedef enum PointerTag {LINK, THREAD}; //LINK为0，表示指针存孩子信息，
                                         //THREAD为1，表示指针存储线索信息
typedef int BiTElemType; //假设二叉树中每个结点的数据域为整型
typedef struct ThrBiTNode{
  BiTElemType data; //结点数据域
  PointerTag lTag; //lChild指针类别标志域
  struct ThrBiTNode * lChild; //若lTag为LINK，则lChild存储左孩子结点的地址；
                              //若lTag为THREAD，则lChild存储遍历序列中前驱结点的地址
  PointerTag rTag; //rChild指针类别标志域
  struct ThrBiTNode * rChild; //若rTag为LINK，则rChild存储右孩子结点的地址；
                              //若rTag为THREAD，则rChild存储遍历序列中后继结点的地址
} ThrBiTNode, *ThrBiTree;
```

□ 线索二叉树操作的实现

- **线索二叉树的初始化**：初始化一个空的线索二叉树，只需开辟一个头结点，并将头结点的lChild指针赋值为NULL，令头结点的rChild指针指向自身。

```
//初始化一个空的线索二叉树，成功返回OK，不成功返回ERROR。
Status InitThrBiTree(ThrBiTree &ThrT){
  ThrT = (ThrBiTNode *) malloc( sizeof(ThrBiTNode) );
  if ( T==NULL)
    exit( OVERFLOW);
  else{
    ThrT->lTag = LINK;
    ThrT->lChild = NULL;
    ThrT->rTag = THREAD;
    ThrT->rChild = ThrT;
    return OK;
  }
}
```

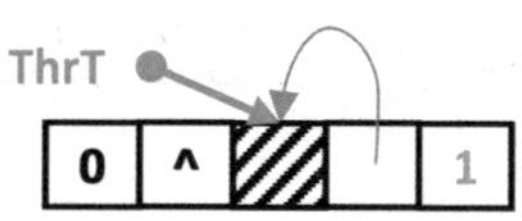

空线索二叉树的结构

- **中序线索二叉树结点的插入**：新结点必然是叶结点，根据新插入结点是在空树中插入、抑或是插入到已有结点的左孩子或者右孩子位置上，分三种情况分别处理。以中序线索二叉树为例，不同情况下需要进行的操作图示及代码如下。当新结点x作结点e的左孩子时，新结点的前驱为结点e的前驱，新结点的后继为结点e；当x作e的右孩子时，新结点的前驱为结点e，后继为e的后继。

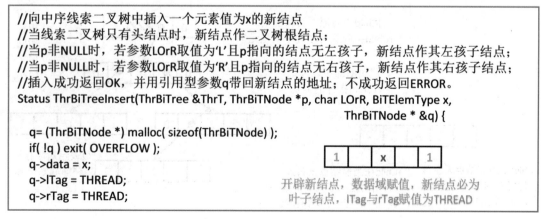

```
//向中序线索二叉树中插入一个元素值为x的新结点
//当线索二叉树只有头结点时，新结点作二叉树根结点；
//当p非NULL时，若参数LOrR取值为'L'且p指向的结点无左孩子，新结点作其左孩子结点；
//当p非NULL时，若参数LOrR取值为'R'且p指向的结点无右孩子，新结点作其右孩子结点；
//插入成功返回OK，并用引用型参数q带回新结点的地址；不成功返回ERROR。
Status ThrBiTreeInsert(ThrBiTree &ThrT, ThrBiTNode *p, char LOrR, BiTElemType x,
                                                    ThrBiTNode * &q) {
  q= (ThrBiTNode *) malloc( sizeof(ThrBiTNode) );
  if( !q ) exit( OVERFLOW );
  q->data = x;
  q->lTag = THREAD;
  q->rTag = THREAD;
```

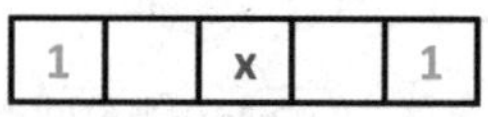

开辟新结点，数据域赋值，新结点必为叶子结点，lTag与rTag赋值为THREAD

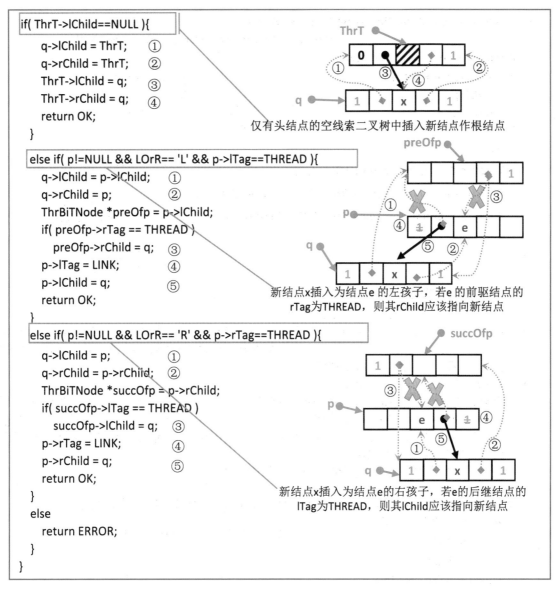

```
if( ThrT->lChild==NULL ){
    q->lChild = ThrT;          ①
    q->rChild = ThrT;          ②
    ThrT->lChild = q;          ③
    ThrT->rChild = q;          ④
    return OK;
}
```

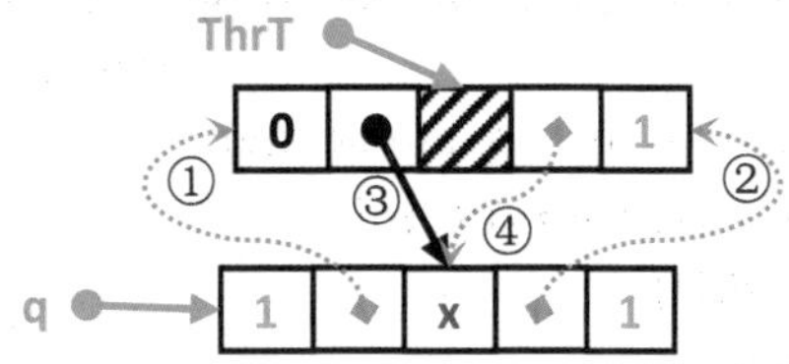

仅有头结点的空线索二叉树中插入新结点作根结点

```
else if( p!=NULL && LOrR== 'L' && p->lTag==THREAD ){
    q->lChild = p->lChild;          ①
    q->rChild = p;                  ②
    ThrBiTNode *preOfp = p->lChild;
    if( preOfp->rTag == THREAD )
        preOfp->rChild = q;         ③
    p->lTag = LINK;                 ④
    p->lChild = q;                  ⑤
    return OK;
}
```

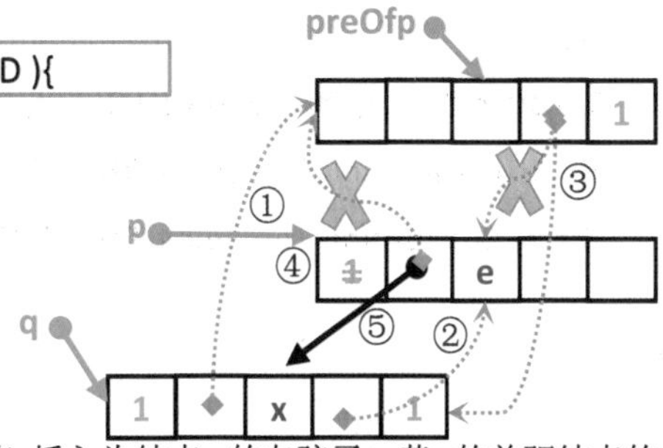

新结点x插入为结点e 的左孩子，若e 的前驱结点的rTag为THREAD，则其rChild应该指向新结点

```
else if( p!=NULL && LOrR== 'R' && p->rTag==THREAD ){
    q->lChild = p;                  ①
    q->rChild = p->rChild;          ②
    ThrBiTNode *succOfp = p->rChild;
    if( succOfp->lTag == THREAD )
        succOfp->lChild = q;        ③
    p->rTag = LINK;                 ④
    p->rChild = q;                  ⑤
    return OK;
}
else
    return ERROR;
}
}
```

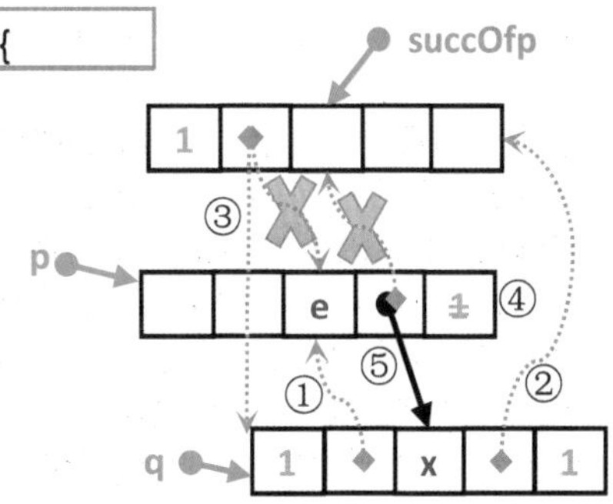

新结点x插入为结点e的右孩子，若e的后继结点的lTag为THREAD，则其lChild应该指向新结点

➢ **中序线索二叉树的创建**：分两个函数完成创建，ThrBiTreeCreate负责初始化线索二叉树的头结点，之后调用函数BiTreeCreateAndInThreading完成二叉树各元素结点的开辟及其数据域、指针域、标志域的赋值和线索化。

- 函数Status ThrBiTreeCreate(ThrBiTree &ThrT)用于创建线索二叉树，并通过参数Thrt带回线索二叉树头结点的地址；
- 函数Status BiTreeCreateAndInThreading(ThrBiTree &ThrT, ThrBiTNode *parent, char LOrR, ThrBiTNode *&T) 基于递归与分治的策略创建二叉树，参数ThrT为线索二叉树头结点的地址，第4个参数T带回要创建的子二叉树的根结点的地址，第2个参数parent指向要创建的子二叉树根结点的双亲结点地址，第3个参数LOrR标记要创建的子二叉树根结点是其双亲的左孩子还是右孩子结点。

```
Status ThrBiTreeCreate(ThrBiTree &ThrT) {
  if( InitThrBiTree(ThrT) == OK)
    if( BiTreeCreateAndInThreading(Thrt, Thrt, 'L',Thrt->lChild) == OK )
      return OK;
  return ERROR;
}
```

初始化仅含头结点的空线索二叉树

创建二叉树各元素结点

线索二叉树头结点

线索二叉树头结点是二叉树根元素结点的双亲

```
Status BiTreeCreateAndInThreading( ThrBiTree &ThrT,
                                   ThrBiTNode *parent, char LOrR, ThrBiTNode *&T){
    BiTElemType e;  InputBiTElem(e);
    if ( isNullElem(e)==TRUE ){
        T = NULL;
        return OK;
    }
    else{
        ThrBiTreeInsert(ThrT, parent, LOrR, e, T);
        BiTreeCreateAndInThreading( ThrT, T, 'L', ThrT->lChild );
        BiTreeCreateAndInThreading(ThrT, T, 'R', ThrT->rChild);
    }
}
```

思考：参数T若非引用型参数会带来什么错误？

空子树的创建递归边界

子二叉树根结点的创建与插入

当前根结点之左子树的递归创建

当前根结点之右子树的递归创建

➢ **中序线索二叉树的遍历：**

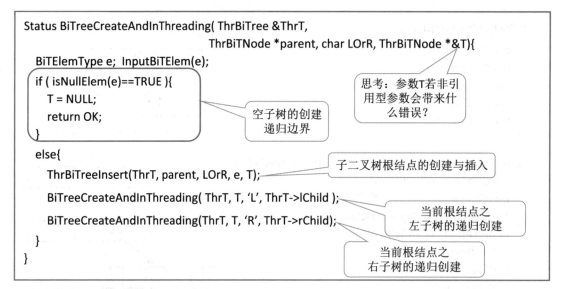

- **步骤1**：若中序线索树只有头结点则直接返回；
- **步骤2**：否则，从头结点之lChild指针指向的结点出发，只要其左孩子还存在(lTag为LINK)就不断沿左孩子指针前进，遇到的第一个没有左孩子（lTag为THREAD）的结点必是当前二叉树中序遍历的第一个结点，令指针p指向它；
- **步骤3**：访问p当前指向的结点；
- **步骤4**：如果当前结点的rTag为THREAD，则当前结点rChild指向的结点就是下一个应该访问的结点，令p指向它；如果其rTag为LINK，则从其右孩子结点出发，只要其左孩子还存在(lTag为LINK)就不断沿左孩子指针前进，遇到的第一个没有左孩子（lTag为THREAD）的结点就是下一个应该访问的结点，令p指向它；
- **步骤5**：重复步骤3-4，直至p指向线索二叉树的头结点。

```
Status InOrderTraverse_Thr( ThrBiTree ThrT, Status (*visit) (BiTElemType) ) {
    if( ThrT->lChild == NULL )
        return OK;
    p = T->lChild;
    while (p->lTag == LINK )
        p = p->lChild;
    do{
        if( visit(p->data) ==ERROR )  return ERROR;
        if( p->rTag == THREAD )
            p = p->rChild;
        else{
            p = p->rChild;
            while( p->lTag!=THREAD )
                p = p->lChild;
        }
    } while (p != ThrT);
    return OK;
}
```

线索二叉树无元素结点则直接返回OK

定位中序遍历第一个应该访问的结点

定位下一个应访问的结点

重复，直至遇到头结点

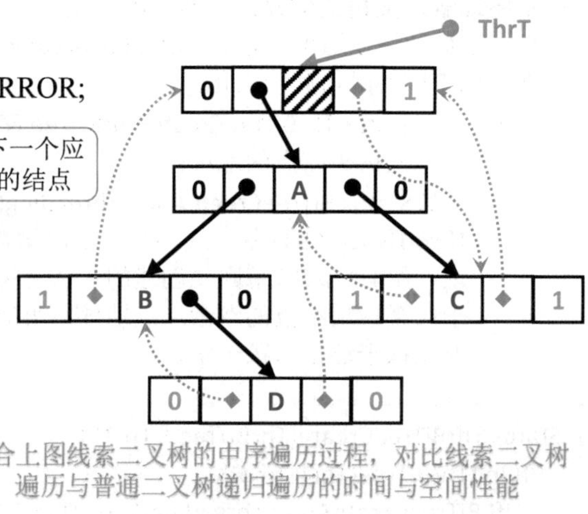

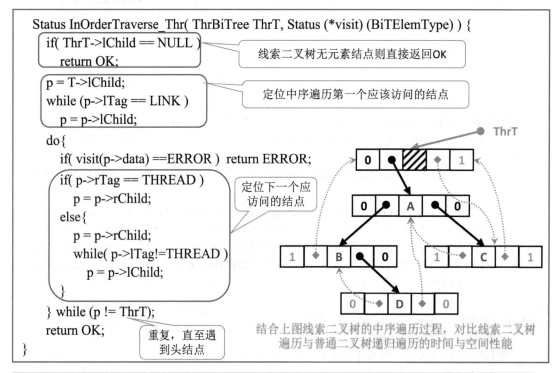

结合上图线索二叉树的中序遍历过程，对比线索二叉树遍历与普通二叉树递归遍历的时间与空间性能

☐ 思考

➢ 如何在线索二叉树中求指定位置结点的前驱？试修改存储结构提高前驱计算的效率。

6.5 二叉树的应用

6.5.1 优先队列

□ 基本概念

- **优先队列**：队列遵循先进先出原则，队头元素优先访问或删除。然而，在操作系统作业调度等应用场景中，元素会被赋予优先级，通常优先级最高的元素先访问或出队。传统的队列或其他线性结构实现这类操作需要线性时间复杂度，本节介绍的**优先队列**是一种可高效访问或删除最高优先级元素的数据结构，其访问和删除最高优先级元素的时间复杂度可分别降低为常数阶和对数阶。
- **最大/最小优先队列**：优先级取值越大则优先级越高的优先队列称作**最大优先队列**；反之则称为**最小优先队列**。
- **二叉堆**：为提高优先队列中出队和寻找最高优先级元素等操作的效率，将元素组织成满足如下两种规则之一的完全二叉树，符合这两种规则的完全二叉树分别称为大顶堆和小顶堆，统称为二叉堆。
  - **大顶堆规则**：任意元素的优先级均大于或等于其左孩子和右孩子结点的优先级；
  - **小顶堆规则**：任意元素的优先级均小于或等于其左孩子和右孩子结点的优先级。

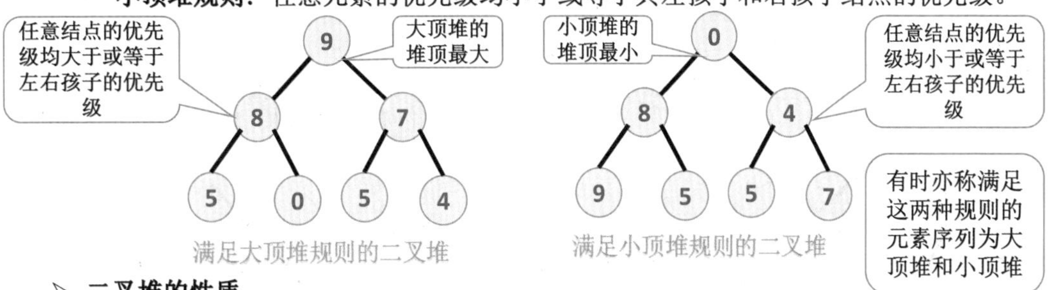

- **二叉堆的性质**
  - **性质1**：大顶堆与小顶堆的顺序存储结构中，按优先级比较，元素序列分别满足：
    - Q.base[i] ≥ Q.base [2*i+1] ∧ Q.base [i] ≥ Q.base[2*i+2]
    - Q.base[i]≤ Q.base [2*i+1] ∧ Q.base [i] ≤ Q.base[2*i+2]

  其中Q.base为顺序存储完全二叉树时的元素数组，i=0,1,..., **[QueueLength(Q)/2]-1**。（最后一个非叶子结点的下标）

  上面所给大顶堆和小顶堆顺序存储结构中的元素序列分别如下：

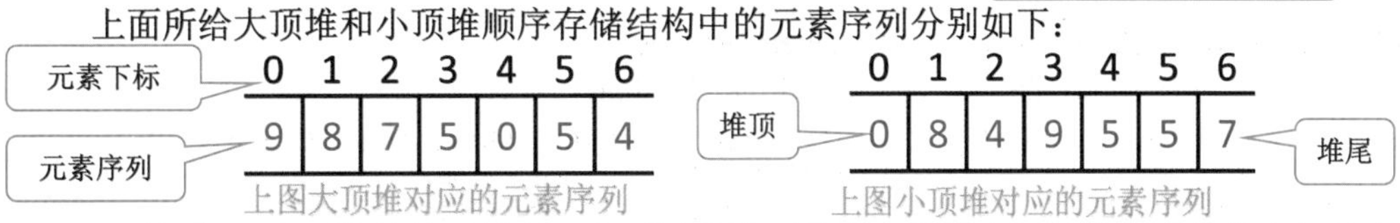

  - **性质2**：大顶堆的堆顶最大，小顶堆的堆顶最小，若优先级越大意味着优先级越高，则应采用大顶堆的方式存储优先队列；反之，采用小顶堆存储优先队列。

□ 优先队列的存储结构定义

优先队列通常采用二叉堆的顺序存储结构，其存储结构定义和示意图分别如下。

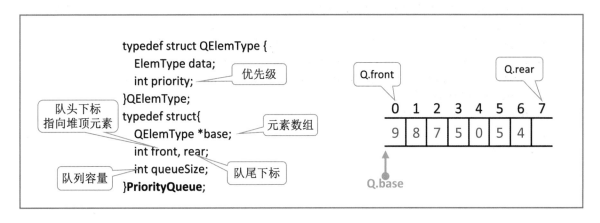

```
typedef struct QElemType {
    ElemType data;
    int priority;          // 优先级
}QElemType;
typedef struct{
    QElemType *base;       // 元素数组
    int front, rear;       // 队头下标 指向堆顶元素；队尾下标
    int queueSize;         // 队列容量
}PriorityQueue;
```

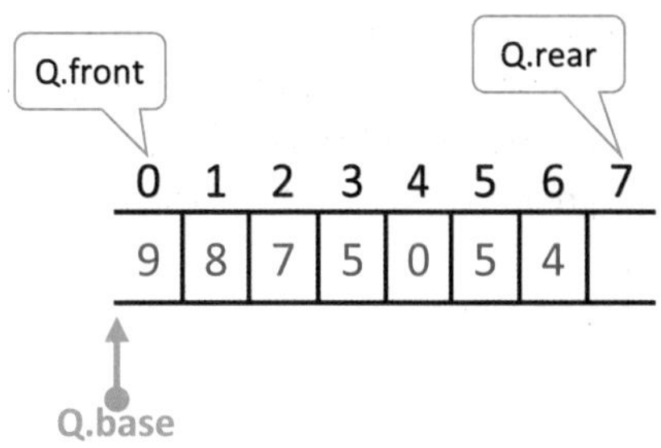

□ 优先队列的操作定义与实现

➢ **优先队列的出队与向下筛选**：优先队列的队头元素即二叉堆的堆顶，为保证其出队后余下的元素仍构成二叉堆，将堆尾元素移动到堆顶。从堆顶开始，若当前结点不满足堆的要求，则将其两个孩子结点中优先级高的孩子结点与双亲结点互换位置，如此可使当前结点满足堆的要求；之后，重置优先级高的孩子结点为当前结点，若其不满足堆的要求则重复上述过程，直至当前结点为叶子结点或者其符合堆的要求为止，该过程称为向下筛选(Sift Down)，又称下沉。

> 大顶堆要求当前结点的优先级大于或等于两个孩子结点的优先级
> 小顶堆要求当前结点的优先级小于或等于两个孩子结点的优先级

- **实例分析**：以如下大顶堆为例，队头元素9出队后向下筛选的过程如下。

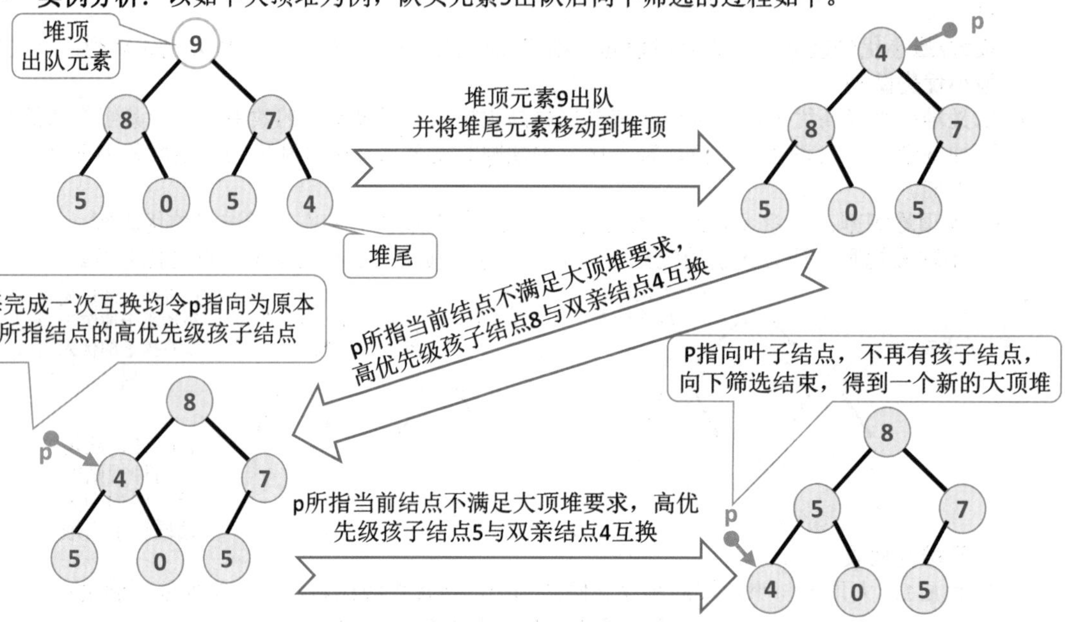

➢ **出队操作的实现**：最大优先队列的出队操作算法实现如下，最坏情况下结点互换次数等于二叉树的深度，故算法时间复杂度为$O(\log_2 n)$，其中n为优先队列中元素个数。

```
Status PriorityQueuePop(PriorityQueue &Q, QElemType &e){
    if( Q.rear == Q.front)  return ERROR; // //队空时返回ERROR
    //删除堆顶，堆尾元素移动至堆顶
    e = Q.base [Q.front];
    Q.base[Q.front] = Q.base [Q.rear-1];
    Q.rear --;
    //删除堆顶，堆尾元素移动至堆顶
    int p = Q.front;
    int greaterChild = GetIndexOfGreaterChild(Q, p);//求高优先级孩子结点下标，不存在时返回-1
    QElemType tmp;
    //只要p指向的当前结点不满足堆的要求，则将高优先级孩子结点与当前结点互换
    while(greaterChild >=0 && !( Q.base[p].priority>=Q.base[greaterChild].priority ) ){
        tmp=Q.base[p]; Q.base[p]=Q.base[greaterChild]; Q.base[greaterChild]=tmp; //互换
        p = greaterChild; //更新当前结点
        greaterChild = GetIndexOfGreaterChild(Q, p); //重新计算高优先级孩子结点的下标
    }
    return OK;
}
```

```
int GetIndexOfGreaterChild(PriorityQueue Q, int p){
    int lChild = 2*p+1, rChild = 2*p+2;
    if( lChild > Q.rear-1 )  return -1;
    if( rChild > Q.rear-1 ||
            Q.base[lChild].priority>=Q.base[rChild].priority )
        return lChild;
    return rChild;
}
```

➢ **优先队列的入队与向上筛选**：向优先队列的末尾插入一个元素时，对应的完全二叉树可能不再符合二叉堆的定义，此时，仅需从新插入的尾元素开始，如果当前结点的双亲结点不满足堆的要求，则将双亲结点与新插入的结点互换位置，如此可使当前结点的双亲满足堆的要求；之后，重置双亲结点为当前结点，若其双亲存在且仍然不满足堆的要求，则重复上述过程，直至当前结点为根节点或其双亲结点符合堆的要求为止，该过程为向上筛选(Sift Up)，又称上浮。

> 大顶堆要求双亲结点的优先级大于或等于两个孩子结点的优先级
> 小顶堆要求双亲结点的优先级小于或等于两个孩子结点的优先级

• **实例分析**：以如下大顶堆为例，假设新入队元素为9，则向上筛选的过程如下。

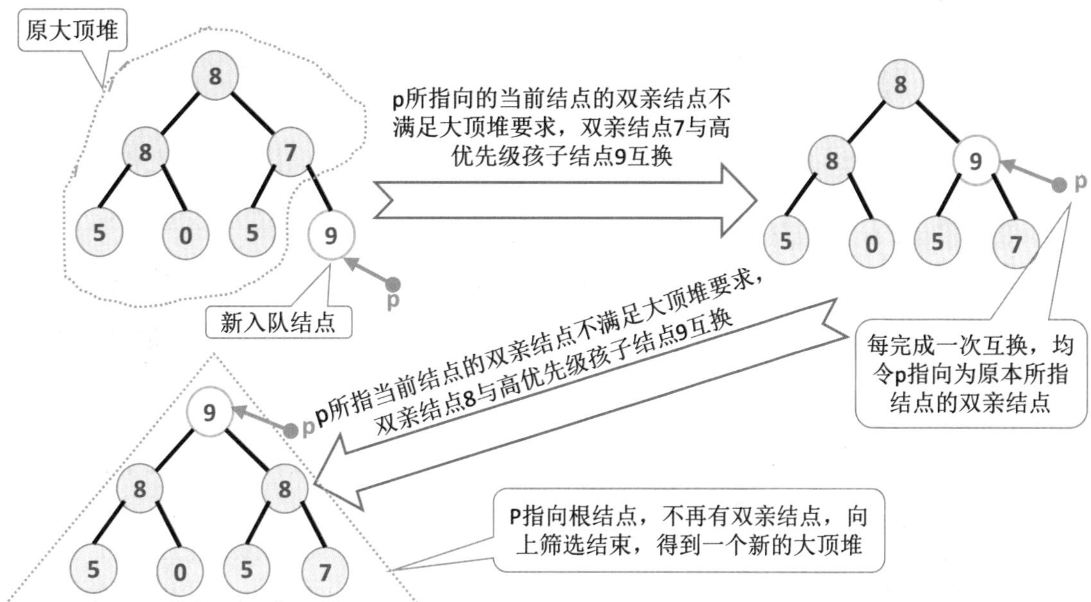

➢ **入队操作的实现**：最大优先队列的入队操作算法实现如下，最坏情况下结点互换次数等于二叉树的深度，故算法时间复杂度为$O(\log_2 n)$，其中n为优先队列中元素个数。

```
Status PriorityQueuePush(PriorityQueue &Q, QElemType e){
  if( Q.rear-Q.front == Q.queueSize){ //队满时需扩容
    Q.base=(QElemType *) realloc(Q.base,(Q.queueSize+QINCREMENT)*sizeof(QElemType));
    if( Q.base == NULL)  exit( OVERFLOW ) ;
    Q.queueSize += QINCREMENT;
  }
  Q.base [Q.rear++] = e; //新元素插入堆尾
  int p = Q.rear-1, parentOfp= (p-1)/2;
  QElemType tmp;
  while( p>0 && Q.base[p].priority>Q.base[parent Ofp].priority )
    tmp=Q.base[parentOfp]; Q.base[parentOfp]=Q.base[p]; Q.base[p]=tmp;
    p = parentOfp; parentOfp = (p-1)/2;
  }
  return OK;
}
```

插入前，若优先队列已满则做扩容处理。优先队列出队时队头指针不后移，不会出现循环队列中队头指针大于队尾指针的情况，判队满等操作较循环队列简单

结点互换

令p指向双亲结点，同时重置其他相应指针

6.5.2 Huffman编码

□ 信息编码与编码树

➢ **信息的二进制编码**：无论字符信息、图像信息还是语音等物理信号，在计算机内部都是用二进制进行编码存储。例如，美国国家标准学会针对西文字符的编码制定了ASCII码编码标准，将128个西文字符各用一个7位的二进制串进行编码。再以位图图像为例，它将图像划分为多行多列的栅格，各栅格对应的像素点颜色采用某种色彩模式进行编码（以RGB色彩模式为例，每个像素的颜色由Red、Green、Blue三原色的取值决定，而三原色各自的取值编码为一个8位的二进制串）。语音等连续的模拟信号量则通过抽样、量化，再将量化后的值编码为特定长度二进制串进行存储。

二进制	符号	二进制	符号	二进制	符号	二进制	符号
0000 0000	NUL	0010 0000	[空格]	0100 0000	@	0110 0000	`
0000 0001	SOH	0010 0001	!	0100 0001	A	0110 0001	a
0000 0010	STX	0010 0010	"	0100 0010	B	0110 0010	b
0000 0011	ETX	0010 0011	#	0100 0011	C	0110 0011	c
0000 0100	EOT	0010 0100	$	0100 0100	D	0110 0100	d
0000 0101	ENQ	0010 0101	%	0100 0101	E	0110 0101	e
0000 0110	ACK	0010 0110	&	0100 0110	F	0110 0110	f
0000 0111	BEL	0010 0111	'	0100 0111	G	0110 0111	g
0000 1000	BS	0010 1000	(	0100 1000	H	0110 1000	h
0000 1001	HT	0010 1001	)	0100 1001	I	0110 1001	i
0000 1010	LF	0010 1010	*	0100 1010	J	0110 1010	j
0000 1011	VT	0010 1011	+	0100 1011	K	0110 1011	k
0000 1100	FF	0010 1100	,	0100 1100	L	0110 1100	l
0000 1101	CR	0010 1101	-	0100 1101	M	0110 1101	m
0000 1110	SO	0010 1110	.	0100 1110	N	0110 1110	n
0000 1111	SI	0010 1111	/	0100 1111	O	0110 1111	o
0001 0000	DLE	0011 0000	0	0101 0000	P	0111 0000	p
0001 0001	DC1	0011 0001	1	0101 0001	Q	0111 0001	q
0001 0010	DC2	0011 0010	2	0101 0010	R	0111 0010	r
0001 0011	DC3	0011 0011	3	0101 0011	S	0111 0011	s
0001 0100	DC4	0011 0100	4	0101 0100	T	0111 0100	t
0001 0101	NAK	0011 0101	5	0101 0101	U	0111 0101	u
0001 0110	SYN	0011 0110	6	0101 0110	V	0111 0110	v
0001 0111	ETB	0011 0111	7	0101 0111	W	0111 0111	w
0001 1000	CAN	0011 1000	8	0101 1000	X	0111 1000	x
0001 1001	EM	0011 1001	9	0101 1001	Y	0111 1001	y
0001 1010	SUB	0011 1010	:	0101 1010	Z	0111 1010	z
0001 1011	ESC	0011 1011	;	0101 1011	[	0111 1011	{
0001 1100	FS	0011 1100	<	0101 1100	\	0111 1100	|
0001 1101	GS	0011 1101	=	0101 1101	]	0111 1101	}
0001 1110	RS	0011 1110	>	0101 1110	^	0111 1110	~
0001 1111	US	0011 1111	?	0101 1111	_	0111 1111	DEL

标准ASCII编码表

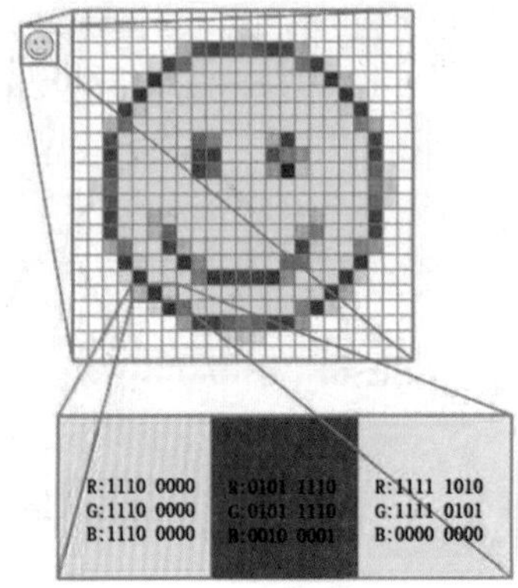

图像栅格化与RGB编码示意图

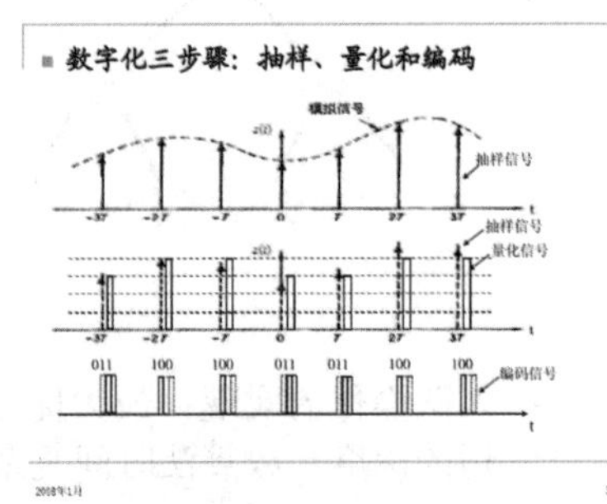

模拟信号抽样、量化与编码

➢ **编码方案与最优编码**：常见的编码方案有等长编码和不等长的前缀编码两种，对给定的信息符号串，不同编码方案得到的编码串总长可能不同，使编码串总长最小的编码方案称为最优编码方案。

- **等长编码**：不同信息符号采用不同的编码串，但各个符号的编码串长度相等。前述ASCII码和RGB颜色编码均是等长编码。假设符号种类为N，进行二进制等长编码时，只需为不同符号各自指定一个长度为$\lceil \log_2 N \rceil$的唯一的二进制串即可。
- **编码与解码**：下图给出了一串文本的等长编码实例，编码和解码原理如图中所示。

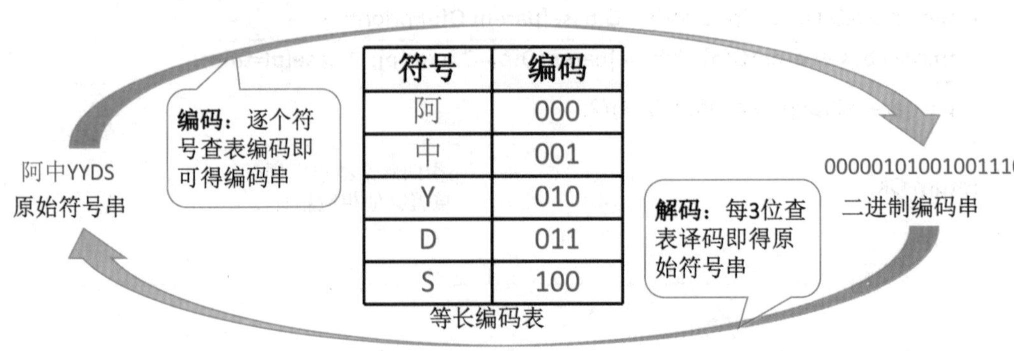

- **前缀编码**：不同信息符号的编码串长度可以不等，但是，任何一个符号的编码串都不能是另一个符号编码串的前缀。
- **前缀编码的编/解码**：在采用前缀编码方案时，编码的过程与等长编码一致，但是，解码过程不再是每次都截取固定长度编码串进行译码，而是从编码串的首位置开始，匹配到编码表中的一个字符便将其翻译为原始符号，再从下一个位置开始重复该过程。下图给出了两个前缀编码方案及其编码和解码过程的实例。

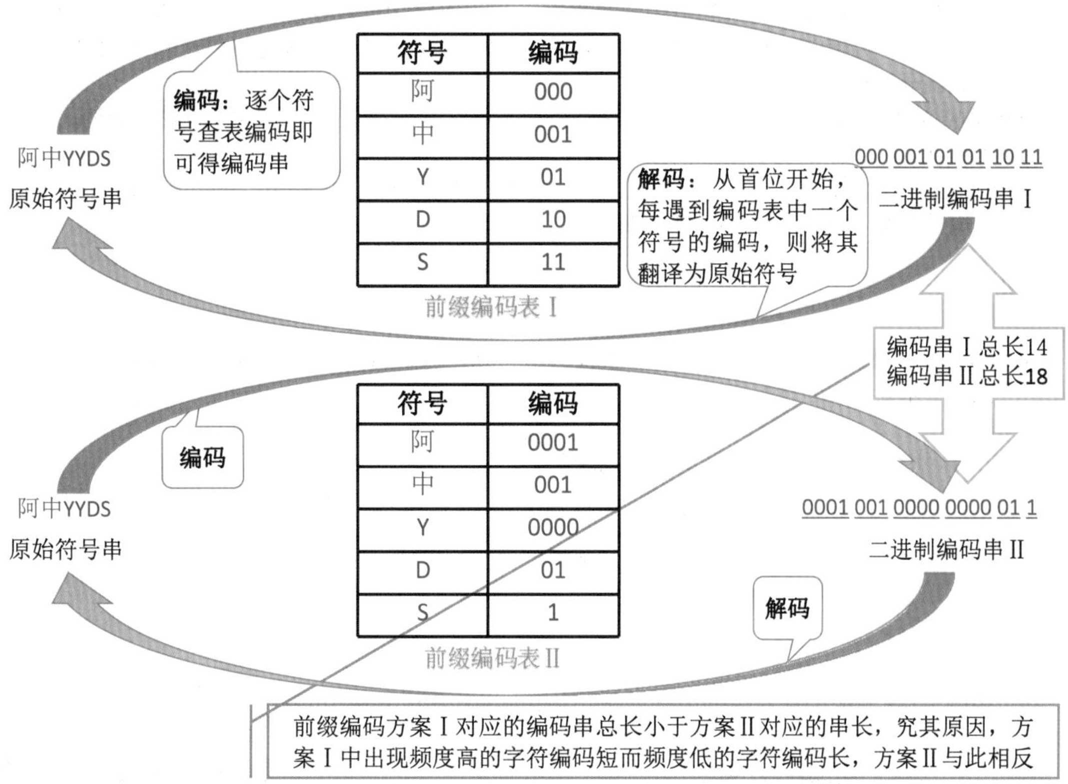

符号	编码
阿	000
中	001
Y	01
D	10
S	11

前缀编码表 I

符号	编码
阿	0001
中	001
Y	0000
D	01
S	1

前缀编码表 II

➢ **编码树及其带权路径长度**：约定二叉树中指向左孩子的边表示0，指向右孩子的边表示1，则任意二进制编码方案均可表示为一棵二叉树，称为**编码树**。将符号串中各个符号的出现频度作为编码树中该符号所对应结点的权值，编码树中每个结点到树根的路径长度与结点权值的乘积称为**结点的带权路径长度**，所有叶子结点的带权路径长度之和称为**树的带权路径长度**(记作WPL)，则编码树的带权路径长度与编码串总长相等。下面是前述各编码方案对应的编码树及其带权路径长度。

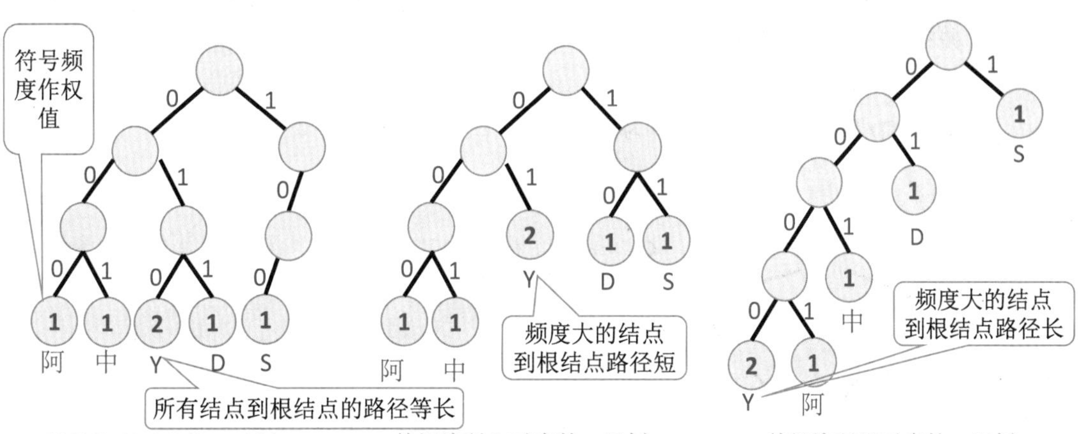

等长编码对应的二叉树T_1
WPL:3*1+3*1+3*2+3*1+3*1=18

前缀编码 I 对应的二叉树T_2
WPL:3*1+3*1+2*2+2*1+2*1=14

前缀编码 II 对应的二叉树T_3
WPL:4*2+4*1+3*1+2*1+1*1=18

□ 最优二叉树与Huffman编码

- **最优二叉树**：给定一个符号串，它对应的带权路径长度最小的编码树，即使得编码串总长度最小的编码方案对应的二叉树，称为最优二叉树。
- **Huffman树**：对比前述编码树T_2和T_3可见，为使带权路径长度尽量小，频度越大的符号对应的结点深度越小，频度越小则深度越大。基于这一思想，信息论先驱、美国科学家David Albert Huffman（戴维·霍夫曼）提出了一种最优二叉树的构造算法，基本思想是将构造最优二叉树的过程看作将独立的各个符号结点逐步合并到一棵二叉树中的过程，考虑到后合并的结点位于二叉树的浅层，为使带权路径长度最小，优先合并权值小的结点，按这一算法构造的最优二叉树称为**Huffman树**。
- **Huffman树的构造**：以符号串“为中国人民谋幸福，为中华民族谋复兴”的编码为例，下面给出其对应的Huffman树的构造过程。
  - Step 1：为每个符号构造一个结点，将符号的频度作为结点的权值，由此得到一个互不相交的树的集合，即一个森林，记作F；

  - Step 2：根据最小优先队列的入队算法，将森林F中每棵树的根结点根据其权值插入到一个最小优先队列Q中；

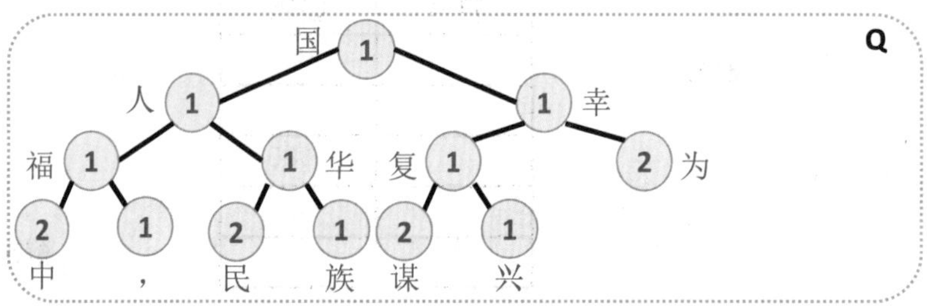

  - Step 3：根据最小优先队列出队算法，从Q中出队两权值最小的结点，记作X和Y；

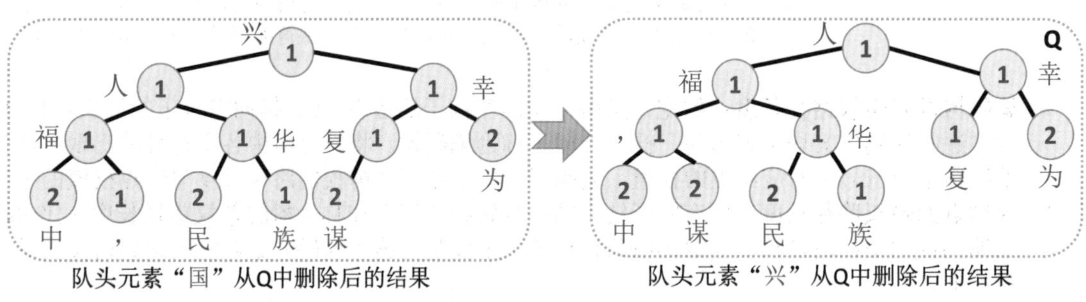

Q
队头元素“国”从Q中删除后的结果
队头元素“兴”从Q中删除后的结果

  - Step 4：在森林F中添加一个新结点，将其设置为X和Y的双亲，令其权值为X和Y两结点权值之和，并将新结点插入到最小优先队列Q中；

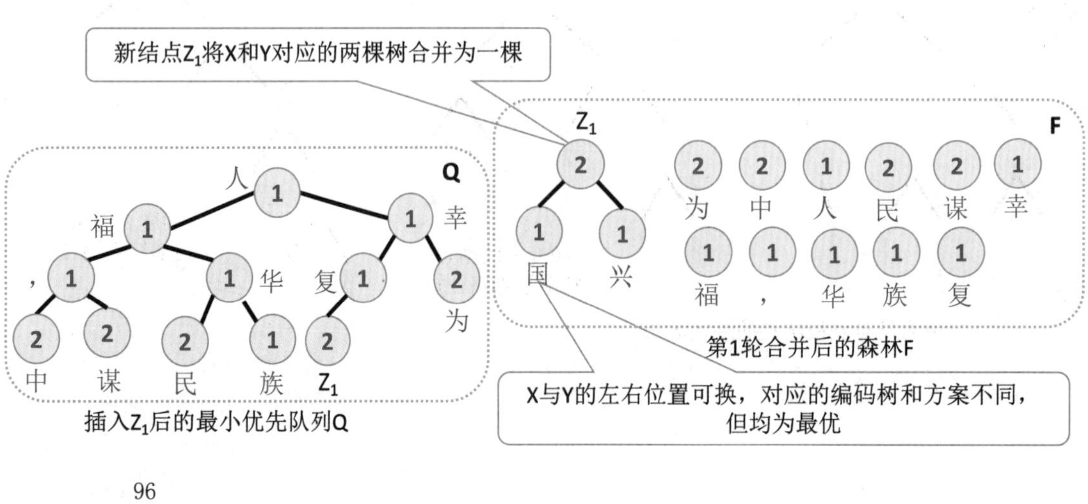

- Step5：步骤Step3到Step4每执行一轮，则森林中树的数量减小1，设符号的种类数为N，则将步骤Step3到Step4重复N-1轮即可完成Huffman树的构造。

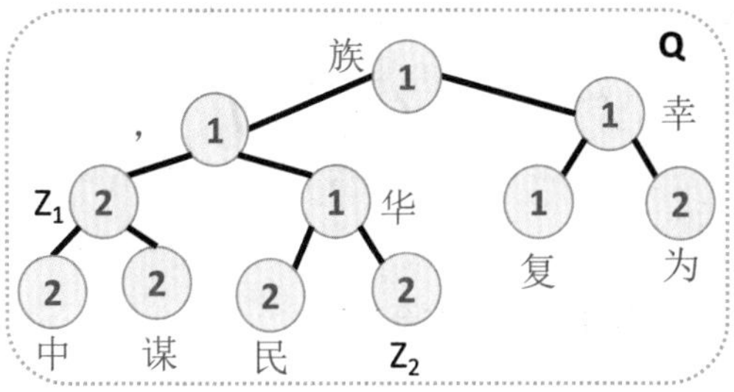

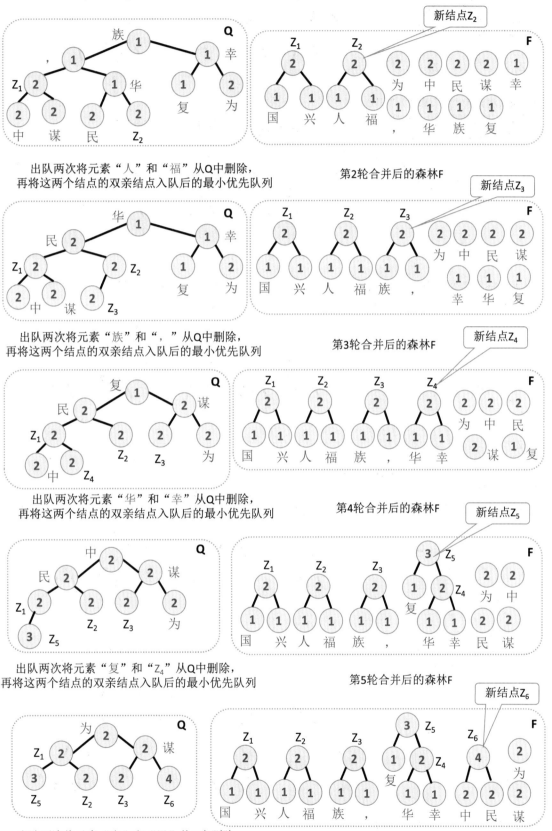

出队两次将元素“人”和“福”从Q中删除，再将这两个结点的双亲结点入队后的最小优先队列

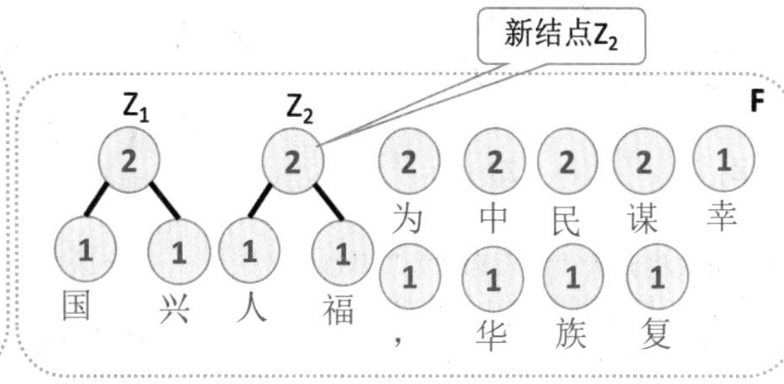

第2轮合并后的森林F

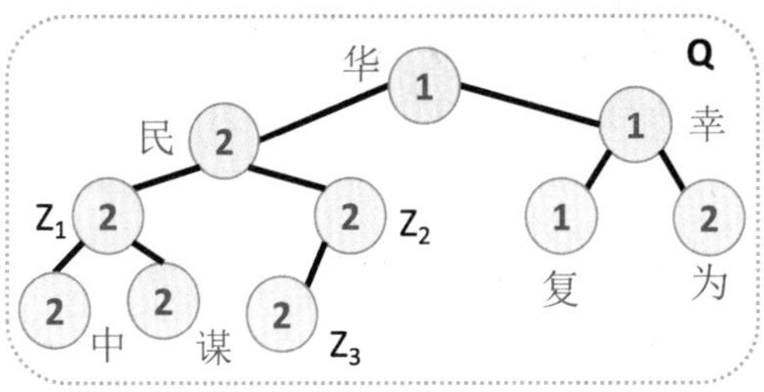

出队两次将元素“族”和“，”从Q中删除，再将这两个结点的双亲结点入队后的最小优先队列

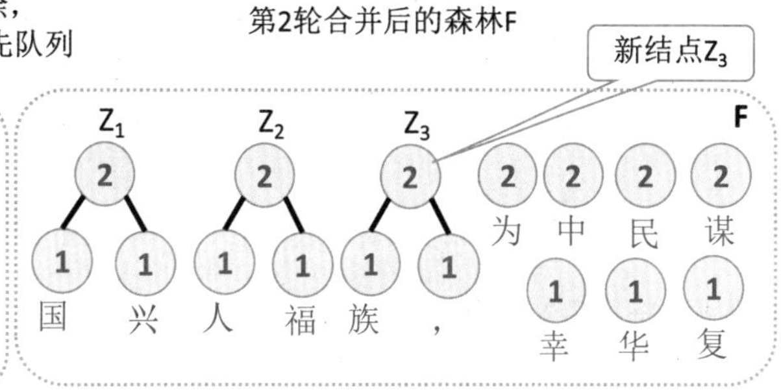

第3轮合并后的森林F

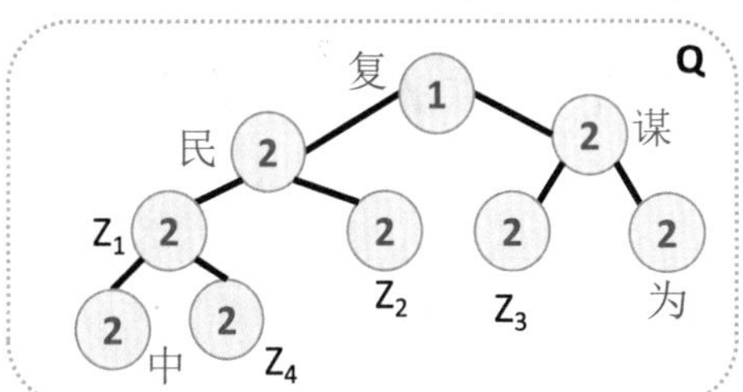

出队两次将元素“华”和“幸”从Q中删除，再将这两个结点的双亲结点入队后的最小优先队列

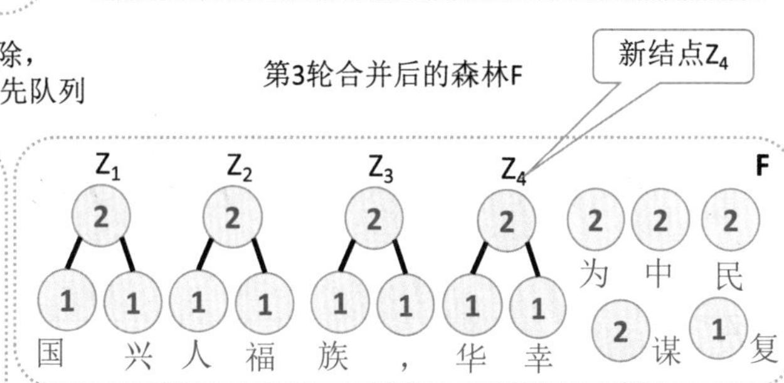

第4轮合并后的森林F

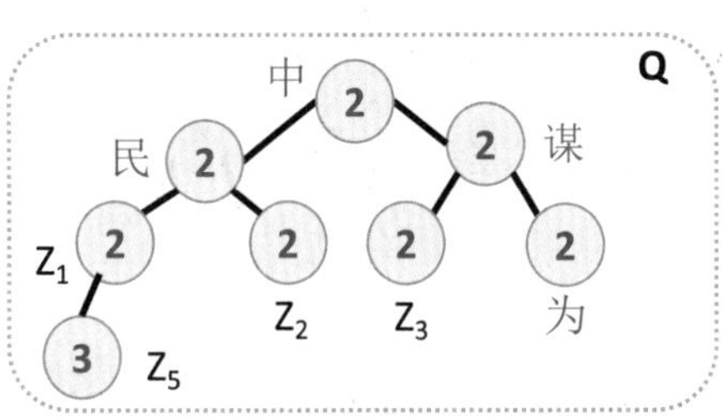

出队两次将元素“复”和“Z_4”从Q中删除，再将这两个结点的双亲结点入队后的最小优先队列

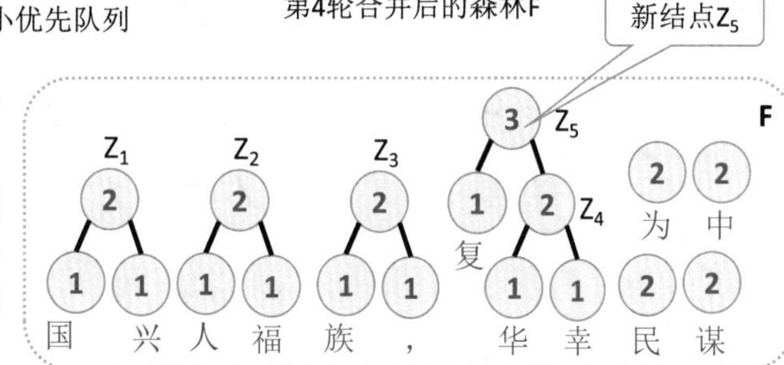

第5轮合并后的森林F

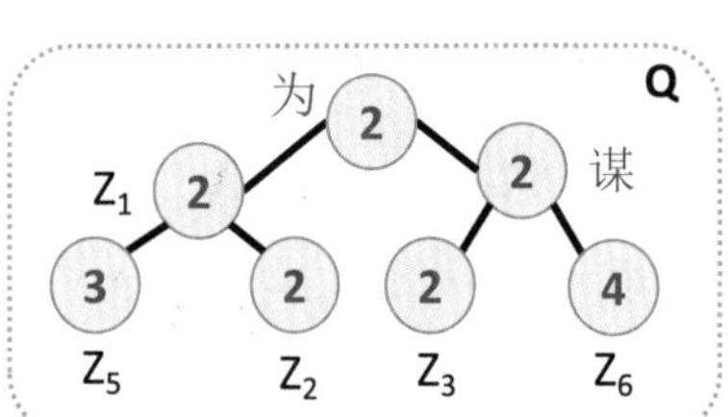

出队两次将元素“中”和“民”从Q中删除，再将这两个结点的双亲结点入队后的最小优先队列

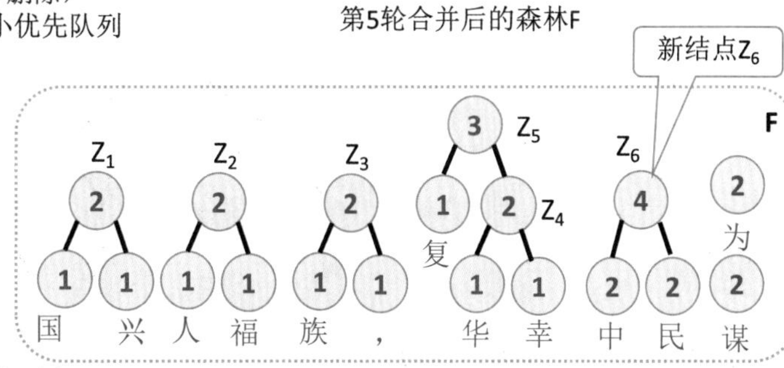

第6轮合并后的森林F

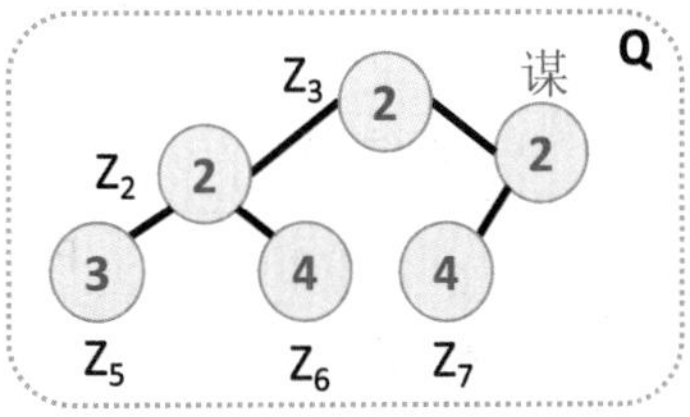

出队两次将元素“为”和“Z_1”从Q中删除，再将这两个结点的双亲结点入队后的最小优先队列

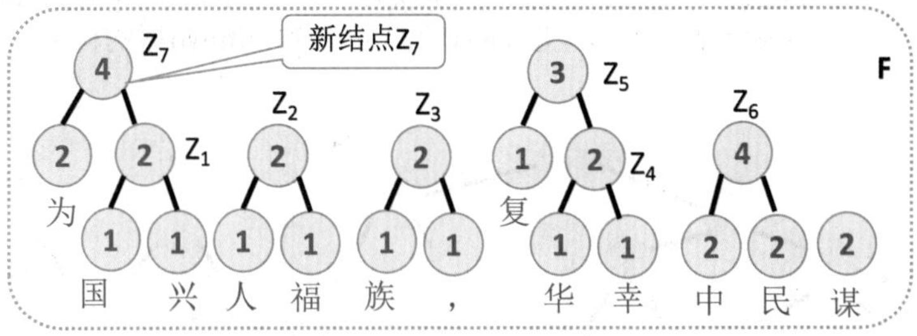

第7轮合并后的森林F

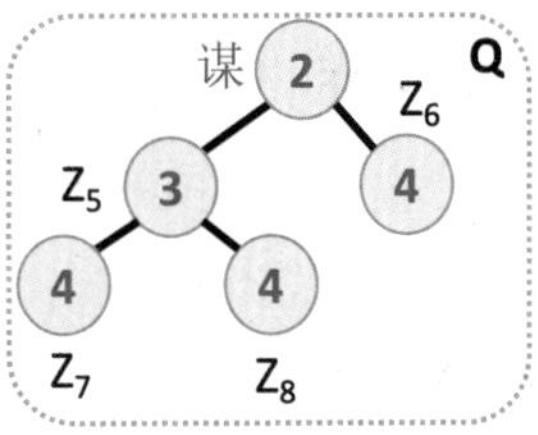

出队两次将元素“Z_3”和“Z_2”从Q中删除，再将这两个结点的双亲结点入队后的最小优先队列

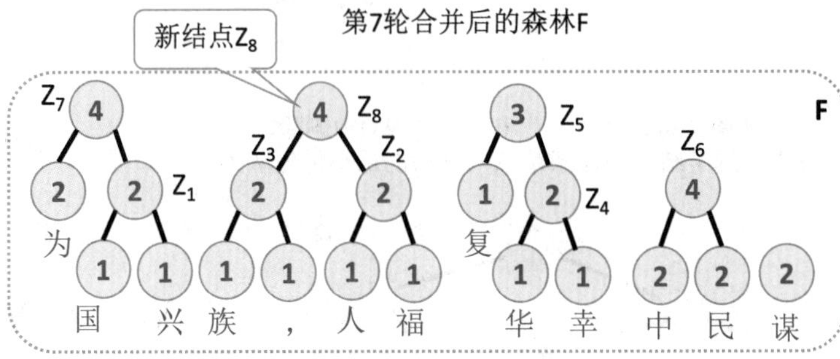

第8轮合并后的森林F

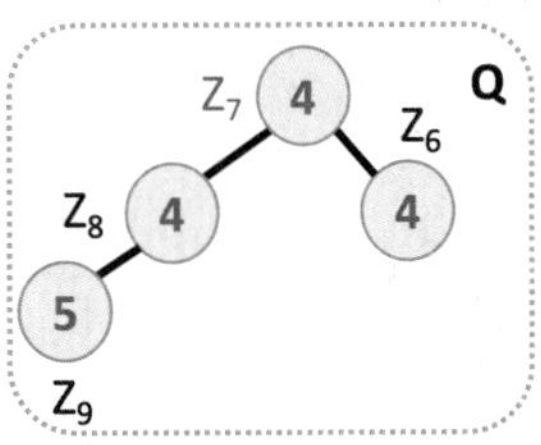

出队两次将元素“谋”和“Z_5”从Q中删除，再将这两个结点的双亲结点入队后的最小优先队列

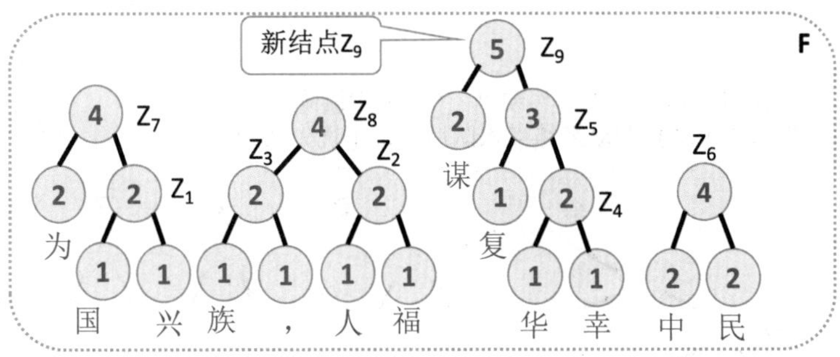

第9轮合并后的森林F

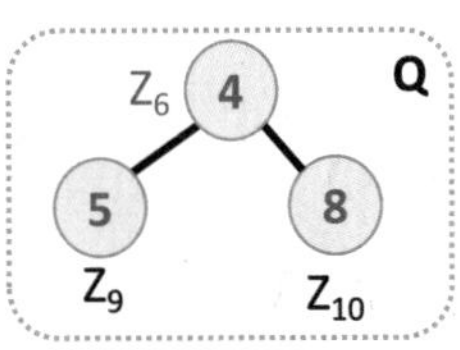

出队两次将元素“Z_7”和“Z_8”从Q中删除，再将这两个结点的双亲结点入队后的最小优先队列

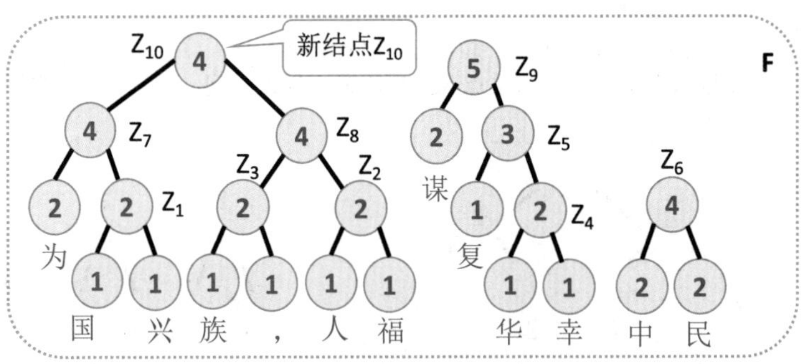

第10轮合并后的森林F

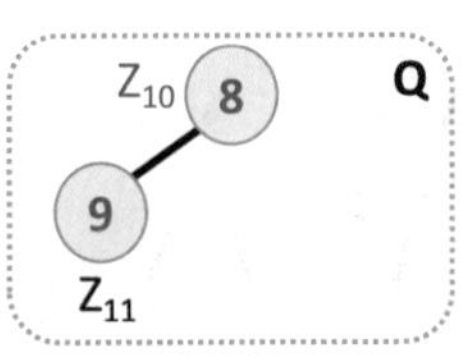

出队两次将元素“Z_6”和“Z_9”从Q中删除，再将这两个结点的双亲结点入队后的最小优先队列

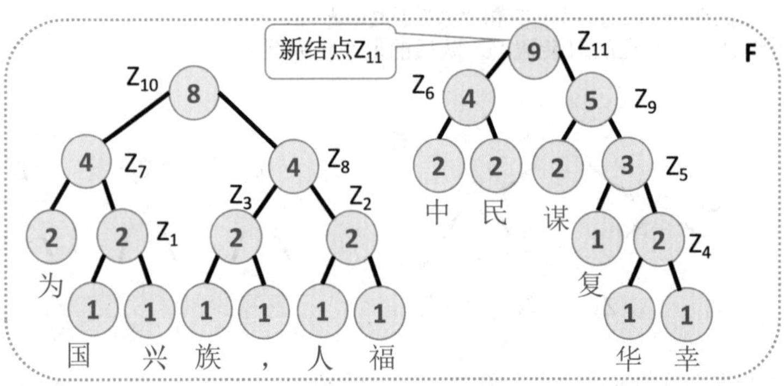

第11轮合并后的森林F

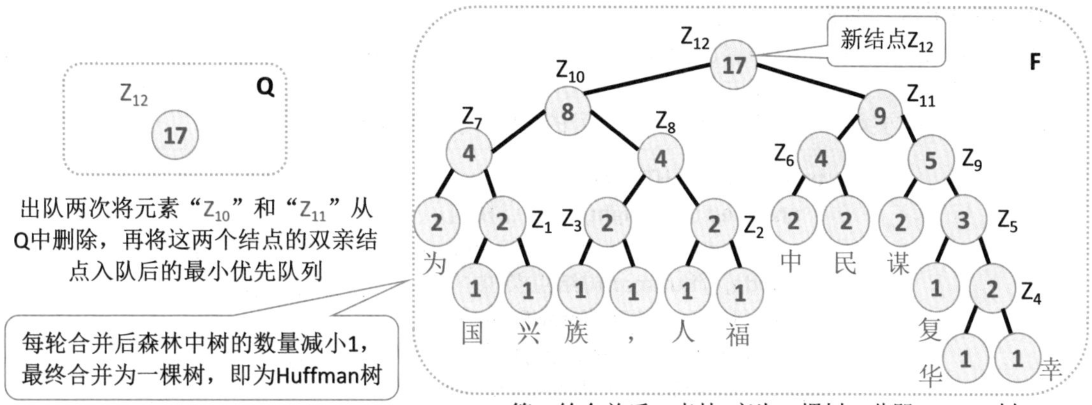

第12轮合并后，森林F变为一棵树，此即Huffman树

➢ **Huffman编码与解码**：为Huffman树的左右分支分别标注0和1，据此可得各个符号的Huffman编码，由于符号结点在Huffman树中均为叶子结点，故Huffman编码必然是一种前缀编码。此外，给定编码串后，从Huffman树的根结点开始，若当前编码为0则沿左分支前进，若当前编码为1则沿右分支前进，每遇到一个叶子结点即得到一个原始符号，再重新从根结点出发重复上述过程，最终可完成解码。

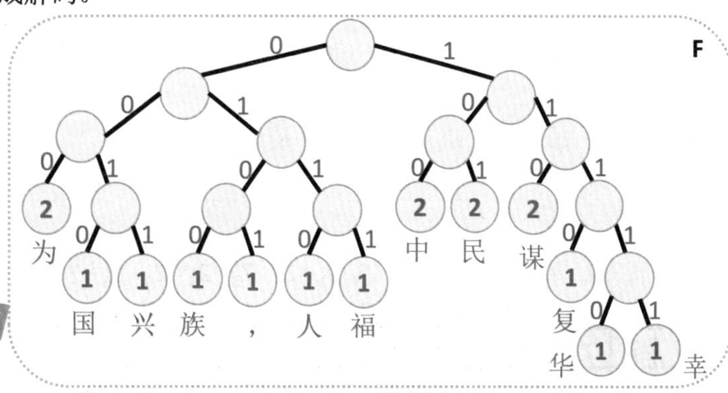

Huffman编码树

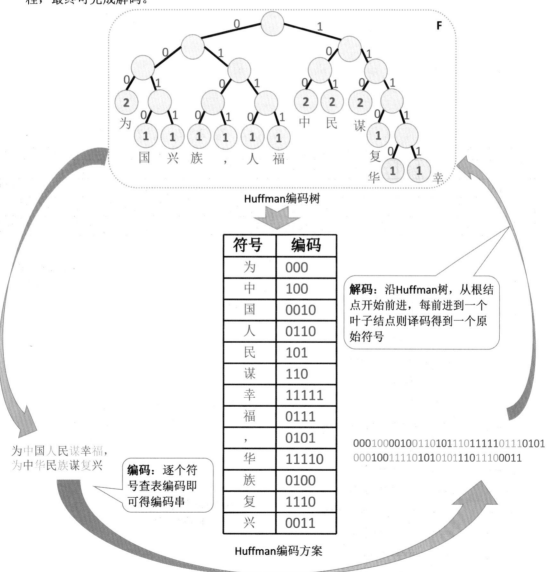

符号	编码
为	000
中	100
国	0010
人	0110
民	101
谋	110
幸	11111
福	0111
，	0101
华	11110
族	0100
复	1110
兴	0011

Huffman编码方案

解码：沿Huffman树，从根结点开始前进，每前进到一个叶子结点则译码得到一个原始符号

为中国人民谋幸福，为中华民族谋复兴

编码：逐个符号查表编码即可得编码串

000100001001101011101111101110101
000100111101010101110111100011

□ Huffman编解码算法的实现

➢ **存储结构设计**：对Huffman树的存储，用一个动态数组存储Huffman树各结点的信息，每个数组元素包含结点的权值、左右孩子及双亲结点的下标信息。此外，用一个动态指针数组存储Huffman编码方案，每个指针指向一个符号的0-1编码串。具体如下：

```
typedef struct HTNode{
  unsigned int  weight; // 结点权值
  unsigned int lChild, rChild, parent; //左右孩子结点与双亲结点下标
}HTNode; //Huffman树结点类型
typedef HTNode * HuffmanTree;          Huffman树类型
typedef char * CodeString; //编码串类型
typedef CodeString * HuffmanCoding;    Huffman编码方案类型
```

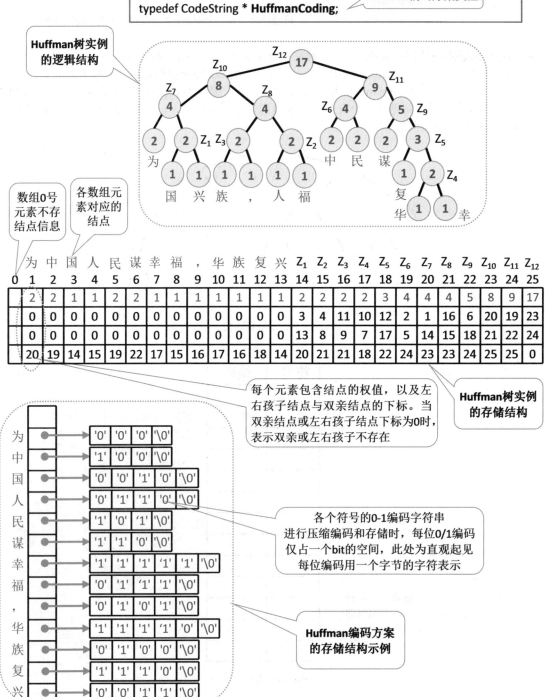

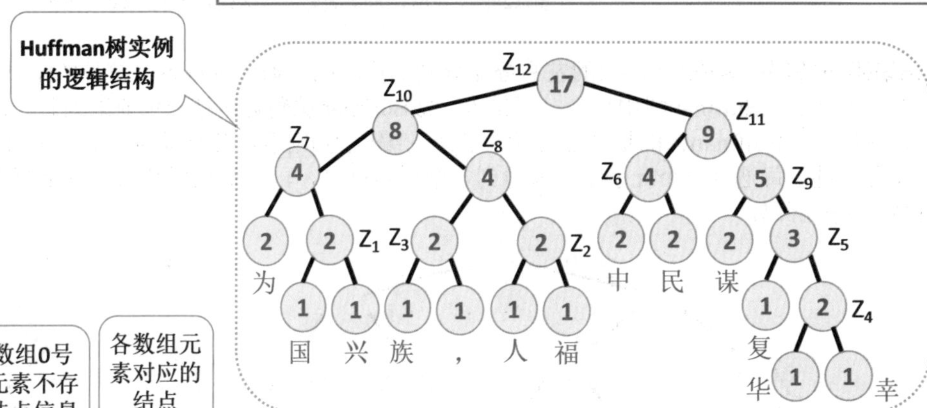

数组0号元素不存结点信息

各数组元素对应的结点

	为	中	国	人	民	谋	幸	福	，	华	族	复	兴	Z_1	Z_2	Z_3	Z_4	Z_5	Z_6	Z_7	Z_8	Z_9	Z_{10}	Z_{11}	Z_{12}
0	1	2	3	4	5	6	7	8	9	10	11	12	13	14	15	16	17	18	19	20	21	22	23	24	25
	2	2	1	1	2	2	1	1	1	1	1	1	1	2	2	2	2	3	4	4	4	5	8	9	17
	0	0	0	0	0	0	0	0	0	0	0	0	0	3	4	11	10	12	2	1	16	6	20	19	23
	0	0	0	0	0	0	0	0	0	0	0	0	0	13	8	9	7	17	5	14	15	18	21	22	24
	20	19	14	15	19	22	17	15	16	17	16	18	14	20	21	21	18	22	24	23	23	24	25	25	0

每个元素包含结点的权值，以及左右孩子结点与双亲结点的下标。当双亲结点或左右孩子结点下标为0时，表示双亲或左右孩子不存在

Huffman树实例的存储结构

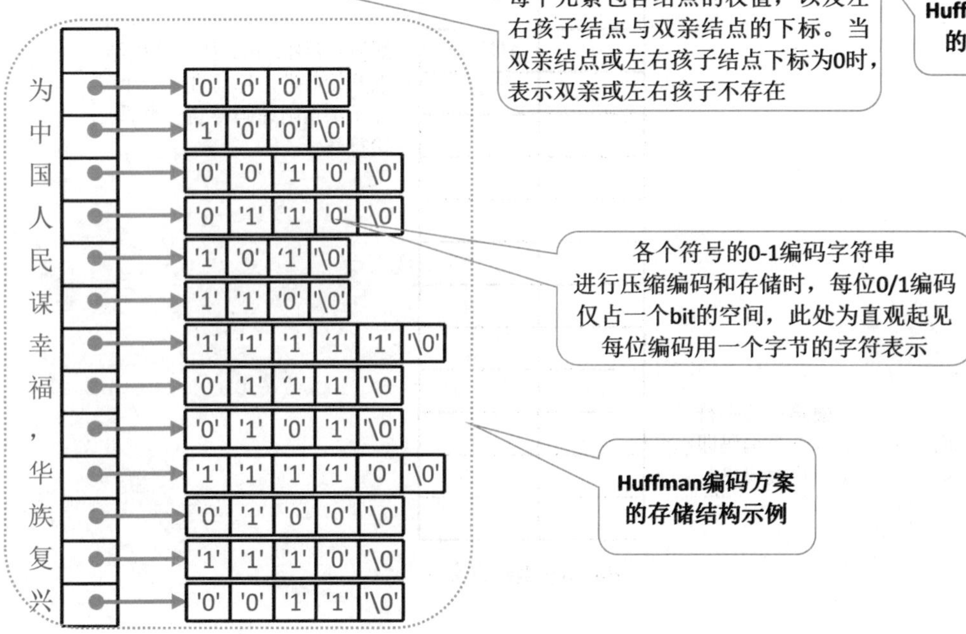

- **Huffman树的生成算法**：首先，根据各个符号及其频度信息初始化Huffman树一维数组中的各个叶子结点；之后，初始化一个空的最小优先队列Q，并将Huffman树各个符号结点根据其权值大小插入Q中；接下来，按如下步骤逐个生成Huffman树一维数组中其余各新结点的值：
  ① 根据最小优先队列出队算法，从Q中出队两权值最小的结点，记作X和Y；
  ② 将Huffman树当前新结点Z的权值设置为X和Y两结点权值之和，Z的左孩子设置为X，右孩子设置为Y，更新X和Y的双亲结点为Z；
  ③ 将结点Z插入到最小优先队列Q中。

```
Status HTGenerate (HuffmanTree &HT, unsigned int *freq, int n){
  //freq存放各个符号的频度，n为符号种类，引用型参数HT带回构造的Huffman树
  if(n<=1) return ERROR; //符号数量为1时直接指定其编码为0或1即可，无须Huffman编码
  int m=2*n-1; //m为Huffman树的结点数量
  HT=(HTNode *) malloc((m+1)*sizeof(HTNode));
  if(!HT) exit(OVERFLOW);
  //初始化各符号对应的叶结点
  for(int i=1; i<=n; ++i){
    HT[i].weight=freq[i-1];
    HT[i].parent=0; HT[i].lChild=0; HT[i].rChild=0;
  }
  //初始化最小优先队列Q
  QElemType e, x, y,z;
  MinPriorityQueue Q;
  InitMinPriorityQueue(Q);
  //将各符号结点根据其权值插入Q
  for(int i=1; i<=n; ++i){
    e.data = i; e.priority = HT[i].weight;
    MinPriorityQueuePush(Q, e);
  }
  //逐个生成HT[n+1..m]中的非叶结点
  for(int k=n+1; k<=m; ++k){
    //权值最小的两个根结点出队
    MinPriorityQueuePop(Q, x);
    MinPriorityQueuePop(Q, y);
    //合并x与y生成新结点，并设置新结点为x与y的双亲
    HT[k].weight=x.priority+y.priority;
    HT[k].parent=0; HT[k].lChild=x.data; HT[k].rChild=y.data;
    HT[x.data].parent = k; HT[y.data].parent = k;
    //根据新结点构造元素z并插入最小优先队列
    z.data = k; z.priority = HT[k].weight;
    MinPriorityQueuePush(Q, z);
  }
  return OK;
}
```

0号元素不存结点，故多开辟一个结点空间

由Huffman树的构造过程可见，每个非叶子结点都通过合并两个子结点得到，故Huffman树中不存在度为1的结点。设Huffman树中的叶子结点（即字符结点）的个数为n，则由二叉树的性质可知度为2的结点有n-1个，综上所述，对于含有n个字符结点的Huffman树而言，其结点总数为2n-1

最小优先队列中各元素的data成员记录Huffman树结点的下标，priority成员记录Huffman树结点的权值。具体存储结构定义如下：

```
typedef int ElemType;
typedef struct QElemType {
  ElemType data; //存储Huffman树中结点的下标
  int priority; //Huffman树中结点的权值作优先级
}QElemType;
typedef struct{
  QElemType *base;
  int front, rear;
  int queueSize;
}MinPriorityQueue;
```

- **算法复杂度分析**
  - **时间复杂度**：根据Stirling公式，将符号结点根据其权值加入最小优先队列的时间复杂度为$O(\log_2 1+\log_2 2+\log_2 3+\ldots+\log_2(n-1))=O(\log_2(n-1)!)\approx O(n*\log_2 n)$,生成各非叶结点时从优先队列中两次出队以及新结点入队的时间复杂度为$O((\log_2 n+\log_2 n-1+\log_2 n-2)+\ldots+(\log_2 3+\log_2 2+\log_2 1))\approx O(3*\log_2 n!)\approx O(n*\log_2 n)$，总的时间复杂度为$O(n*\log_2 n)$。
  - **空间复杂度**：需要一个最小优先队列存储Huffman树中结点的信息，最多时该优先队列中含有的元素数与符号数量一致，故空间复杂度为O(n)。

➢ **Huffman编码方案的生成**：对Huffman树进行先序遍历，借助一个全局数组记录从根到当前扫描之结点的路径所对应的0-1字符串，length记录路径的长度；每遇到一个叶子结点便将字符串存储到Huffman编码方案HC中即可。

```
char *tempCodeStr; //存储各符号编码串的动态临时数组
int length = 0; //存储Huffman树根结点到当前遍历之结点的路径的长度
/*HTPreOrderTraverse对Huffman树进行先序递归遍历，在遍历过程中生成各符号的编码串*/
Status HTPreOrderTraverse(HuffmanTree HT, int root, HuffmanCoding &HC){
  //HT存储Huffman树的各个结点，root为当前遍历之子树的根结点下标，HC带回编码方案
  if( root == 0) //空树直接返回
    return OK;
  else if( HT[root].lChild == 0 && HT[root].rChild == 0 ) { //遇叶结点则将编码串存储到HC中
    tempCodeStr[length] = '\0'; //编码字符串添加结束符
    HC[root] =(char *)malloc( (length+1)*sizeof(char) ); //开辟编码串的存储空间
    if( !HC[root] ) exit( OVERFLOW );
    strcpy( HC[root], tempCodeStr ); //复制编码串到HC[root]中
    length--; //返回上一层之前，路径长度减小1
    return OK;
  }
  else{ //遇内部结点则沿左右分支分别前进，并将0/1码追加至编码串，返回后路径长度减1
    tempCodeStr[ length++ ] = '0'; //向左前进前编码串追加'0'
    HTPreOrderTraverse( HT, HT[root].lChild, HC );
    tempCodeStr[ length++ ] = '1'; //向右前进前编码串追加'1'
    HTPreOrderTraverse( HT, HT[root].rChild, HC );
    length--; //返回上一层之前，路径长度减小1
    return OK;
  }
}
/*HCGenerate为全局数组tempCodeStr开辟空间，并调用HTPreOrderTraverse生成编码方案*/
Status HCGenerate(HuffmanTree HT, int n, HuffmanCoding &HC){
  //HT存储Huffman树的各个结点，n为符号结点个数，HC带回编码方案
  HC = (CodeString *) malloc( (n+1)*sizeof(CodeString) );
  tempCodeStr = (char *) malloc( n*sizeof(char) );
  HTPreOrderTraverse(HT, 2*n-1, HC);
  return OK;
}
```

因Huffman树中有n-1个内部结点，故根结点到各符号叶结点的路径最长为n-1，故开辟长为n的字符数组即可存储各符号的编码字符串

Huffman树根结点在结点数组中的下标为2n-1

◆ **算法复杂度分析**：递归遍历Huffman树的时间复杂度为O(2n-1)=O(n),所有符号的编码复制到编码方案中的时间复杂度为$O(n^2)$，故由Huffman树生成Huffman编码方案的时间复杂度为(n^2)；空间复杂度上，存储各符号编码串的辅助数组大小为n，递归工作栈的最大深度为n-1，故总的空间复杂度为O(n)。

☐ **Huffman编码的最优性**：假设x与y是符号表C中出现频度最低的两个符号，则该**符号表必存在一个最优编码树使得x与y是深度最大的叶结点且互为兄弟**(因为，对任意一个C的最优编码树，必可调整其结构使得它的深度最深的两个叶结点互为兄弟，在此基础上，将x、y与这两个兄弟叶结点互换，所得树仍然为前缀编码树，且树的带权路径长度不会变大，由此得到的编码树仍然最优，且x与y是其中深度最大且互为兄弟的叶结点)。进而，向C中添加一个频度为x与y频度之和的新符号z，并将x与y从C中删除，记如此得到的符号表为C′，则**对C′的一个最优编码树T′而言，将T′中的叶结点z替换为以x与y为左右孩子的内部结点后，新得到的树T必然是C的一个最优编码树**（因为T′与T的带权路径长度相等，T若非最优则与T′的最优性矛盾)。综合上述两点，加之Huffman算法每一轮均是将权值最小的两个根结点合并为一个权为两者权值之和的新结点，故Huffman编码树为最优二叉树。

□ 人物故事与价值观

David Albert Huffman在信息论与编码、异步逻辑电路过程设计以及计算折纸等多个领域做出了重要贡献，同时是美国加州大学Santa Cruz分校计算机科学系的创始人，其成就为他赢得了包括麦克道尔奖(W. Wallace McDowell Award，有IT诺贝尔奖之称）、计算机先驱奖(Computer Pioneer Award)、理查德·汉明奖章（Richard Hamming Medal）等众多奖项和荣誉。

不过，Huffman从未尝试从他的研究成果中申请专利以谋取物质财富，相反，他致力于教育事业，用他自己的话来说：“我的产品就是我的学生！”这犹如古希腊三贤之首的苏格拉底，苏格拉底终生从事教育工作，但他不像其所处年代的其他智者那样以此谋利，而是以培养治国之才为教育目标。因此，苏格拉底一生清贫，传说他无论严寒酷暑通常只穿一件普通单衣，常常不穿鞋，吃饭也不讲究，但在其传记中，苏格拉底却被誉为“探索幸福的人”，因为，在苏格拉底看来，幸福的多少不是由物质生活决定的，幸福是一种精神体验，物质生产的最终目的是使精神得到满足，所以，虽然苏格拉底是个不折不扣的穷人，但他对自己理想目标的真诚追求使他成为一个充满幸福的人！

在我国，被称为复圣、位居孔门七十二贤之首的颜回，为实现其“愿无伐善，无施劳”的志向，追随孔子奔走列国，穷居陋巷，虽箪食瓢饮，丝毫不愿改其志。颜回这种注重志向、追求真理并以之为乐的精神，与孔子本人“饭疏食，饮水，曲肱而枕之，乐亦在其中矣”实同一旨趣，他们都提倡安贫乐道，表明的是自己对于人生快乐的理解，认为“饭疏食，饮水，曲肱而枕之”的生活对于有理想的人来讲也可以乐在其中。亲爱的读者，您过得是否幸福快乐？您有什么样的理想和追求呢？

元朝《四书辨疑》注其意为“内修己德，外施爱民之政”

My products are my students.

—David A. Huffman

6.5.3 表达式树与前缀/中缀/后缀表达式

➢ **表达式树**：对任意一个算术或逻辑表达式，假设当中只含一元/二元运算符和括号，通过如下的递归方式可将表达式用一个二叉树表示，称该二叉树为一个表达式树：

- 若表达式为一个数值或者简单变量，则用一个只含根结点的二叉树表示，根结点的数据域存放该数值或变量。
- 其他情况下，假设表达式中最后进行计算的运算符为op，则整个表达式可以写成“（左操作数表达式）op（右操作数表达式）”的形式，对此，可构建一个根结点数据域为op、根的左子树表示“左操作数表达式”、根的右子树表示“右操作数表达式”的二叉树表示该表达式。左/右操作数表达式对应的子树递归构造，直至递归边界。若op为一元运算符，则左操作数表达式和根结点的左子树均为空。

➢ **表达式树实例**：当三角形三边长分别为a、b、c，三角形周长的一半为p时，根据海伦-秦九韶公式，三角形面积的平方可通过公式p*(p-a)*(p-b)*(p-c)得到，该公式对应的表达式树如下：

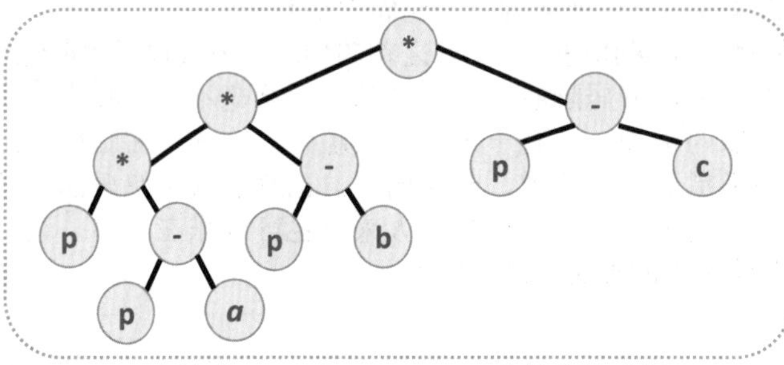

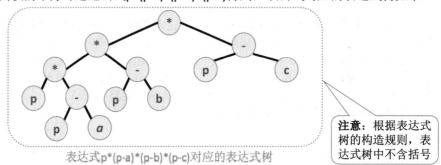

表达式p*(p-a)*(p-b)*(p-c)对应的表达式树

注意：根据表达式树的构造规则，表达式树中不含括号

➢ **前缀/中缀/后缀表达式**：对表达式树进行先序/中序/后序遍历，得到的遍历序列分别称为原表达式的前缀/中缀/后缀表达式。以上图中的表达式树为例，其对应的各种类型表达式分别如下。不难发现，后缀表达式中先出现的运算符先运算，恰好为前文提到的表达式的逆波兰式；而前缀表达式与之相反，最先出现的运算符最后运算，恰好为前文提到的表达式的波兰式，使用者两种表达式计算表达式值时无须考虑运算符之间的优先级或者括号，可以简化表达式求值的算法，提高运算效率。

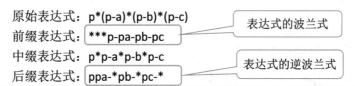

原始表达式：p*(p-a)*(p-b)*(p-c)
前缀表达式：***p-pa-pb-pc　（表达式的波兰式）
中缀表达式：p*p-a*p-b*p-c
后缀表达式：ppa-*pb-*pc-*　（表达式的逆波兰式）

□ **关联思维与创新**：无论前文介绍的优先队列、表达式树，抑或是后文将要介绍的并查集、搜索树以及堆排序，它们都创造性地将一个序列与一棵二叉树建立了关联，序列与二叉树看似毫不相干，但它们的关联却带来了一些更优秀的算法或收获了一些意想不到的结果。唯物辩证法指出，世界万物是普遍联系的，中医五行学说、大数据的相关性分析都是关联思维应用的重要体现，这提示我们，应注重洞察事物本质、探究不同事物间的关联，这往往是创新的重要途径。

《黄帝内经》从人体内部各要素间、人体与外界环境间的联系出发，推理出自然万物之间是一个彼此作用的整体，用五行的相生相克等理论分析人体的生理与病理活动，由此提出的中医五行学说是华夏文明的代表之一！

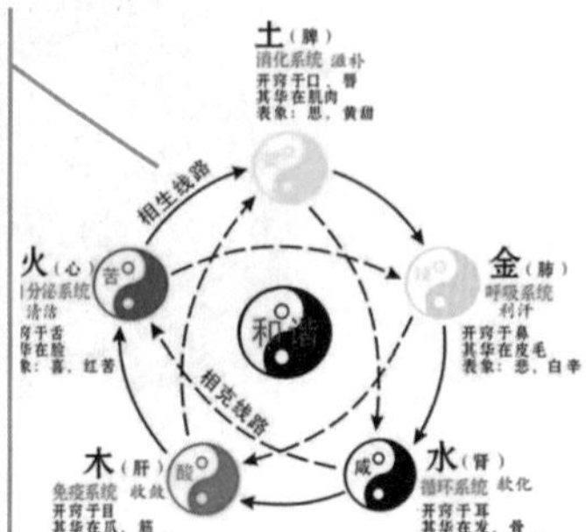

沃尔玛分析购物数据时发现，男性顾客在购买婴儿尿布时通常会搭配啤酒，于是将啤酒和尿布摆在一起销售，结果大幅增加了尿布和啤酒的销量。

6.6 树和森林的定义与实现

6.6.1 森林与树的递归定义与分治原理

□ 森林与树的递归定义

- **递归定义**：森林是互不相交的树的集合，树可以看作只包含一棵树的特殊的森林。为便于森林或树相关问题的递归处理，下面给出森林的递归定义：
  - 空是森林，它不含任何树，规模最小。（递归边界）
  - 非空森林可分解为两部分：第一棵树，以及由其余各树构成的集合。（递归分解）
    - 第一棵树之外的树构成的子集合符合森林的递归定义；
    - 第一棵树进一步分解为根结点和根结点的子树集合，其中，根结点的子树构成的集合也符合森林的递归定义。
- **递归分解实例**：以如下森林F1为例，它分解为第1棵树T21，以及第2和第3棵树构成森林F22两部分；T21分解为根结点“国家”及其子树构成的森林F211；进而，F211分解为第1棵树T2111，以及第2至第4棵树构成的森林F2112；再进一步，T2111分解为根结点“富强”和该结点的子树构成的森林，而该结点的子树构成的森林为空，到达递归边界。森林F1其余各部分的分解过程与此类似，最终均可分解至递归边界（空森林）而结束。

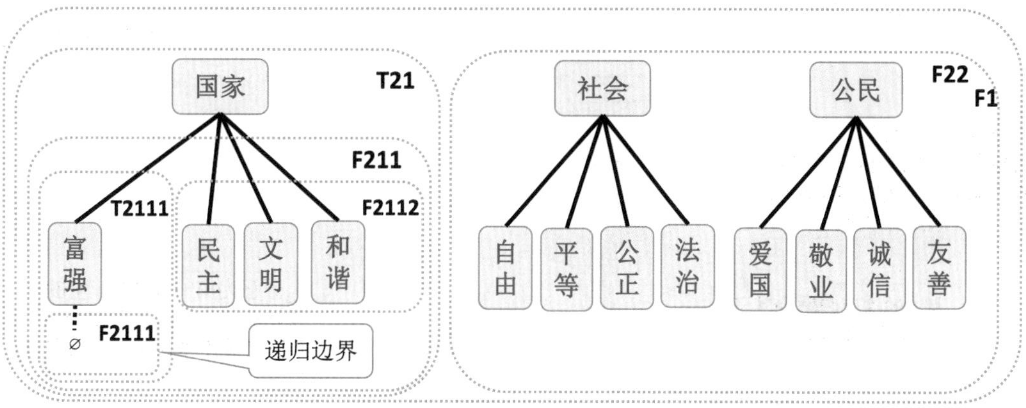

森林的递归分解示意图

□ 基于递归与分治的森林和树的运算求解

- **求解原理**：基于森林的递归定义(树也可以作为森林处理)，可以把非空森林的运算归结为第一棵树、其余各树构成的子森林的运算。对于非空森林第一棵树之外的树构成的子森林，其规模严格小于原森林，（因为少了第一棵树，而第一棵树非空）不断递归最终可归结为空森林的运算，而空森林可直接求解，故**对第一棵树之外的树所构成的子森林的运算可递归完成**。对第一棵树而言，它的运算可分解为对该树根结点、根结点的子树构成的子森林的运算，**根结点的运算可直接进行**，（根结点不可递归处理，因原森林只有一个结点时，根结点与原森林规模相同，对根结点递归处理会导致无限递归）而根结点的子树构成的森林规模严格小于原森林，（相比原森林至少少了第一棵树的根结点，而第一棵树的根结点非空）不断递归最终可归结为空森林的运算而直接求解，故**第一棵树根结点的子树森林的运算也可递归完成**。最后，综合第一棵树根结点的运算结果、第一棵树根结点子树森 林的递归运算结果、第一棵树之外的树构成的子森林的递归运算结果，可得原森林的计算结果。具体求解框架如下：

> - 当森林为空森林时，直接求解；
> - 非空时，将森林分解为第一棵树的根结点、第一棵树的根结点的子树森林F_{child}、第一棵树之外各树构成的子森林F_{sub}三部分；
> - 第一棵树的根结点**直接求解**，F_{child}与F_{sub}**递归求解**；
> - 最后组合三者的求解结果得到原森林的解。

➢ **实例分析**：以树的深度计算为例，将树看作一个森林，其求解原理与分而治之的计算过程示意图如下：

- 空森林的深度为0；（递归边界）
- 当森林非空时执行如下操作：（递归与分而治之）
  - •第一棵树的根结点占第一棵树深度中的1层；
  - •对第一棵树根结点的子树构成的森林F_{child}，递归计算其深度，设为x；
  - •对第一棵树之外的各树构成的子森林F_{sub}，递归计算其深度，设为y；
  - •整个森林的的深度归结为第一棵树的深度(x+1)与F_{sub}的深度y的最大值。

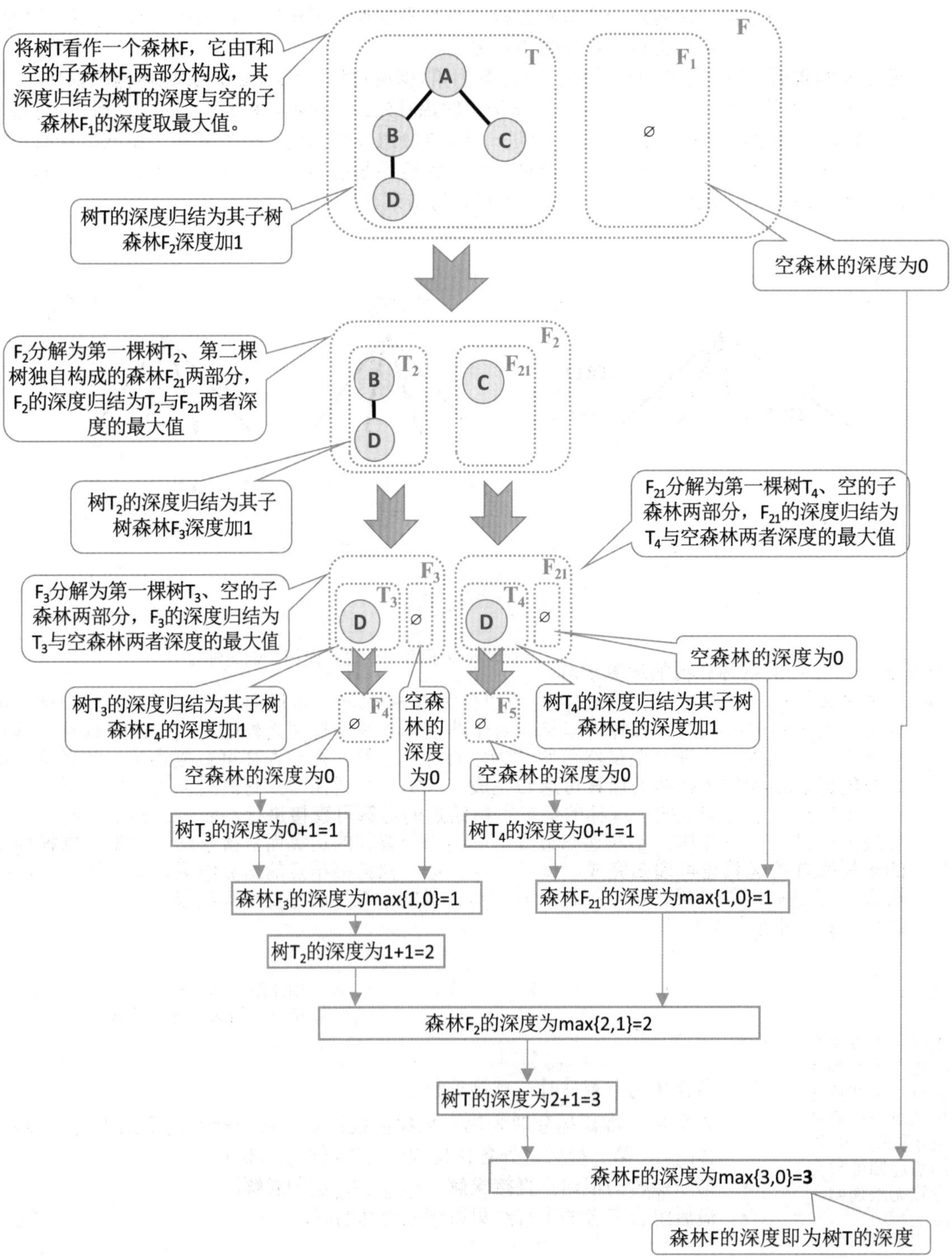

递归计算森林深度的过程示意图

6.6.2 树与森林的孩子兄弟表示法及其操作实现

□ 树与森林的孩子兄弟表示法及其存储结构

➢ **树的孩子兄弟表示法**：将树中每个结点用一个结构体类型的数据表示，该结构体类型数据包含以下三个成员，将树的根结点的地址作为树的标识，由此得到树的一种二叉链表存储结构，称其为树的孩子兄弟表示法：

- data成员存储结点的数据域信息；
- firstChild存储当前结点的第一个孩子结点的地址；
- nextSibling存储当前结点的右兄弟结点的地址。

下面给出的是一个树的孩子兄弟表示法实例：

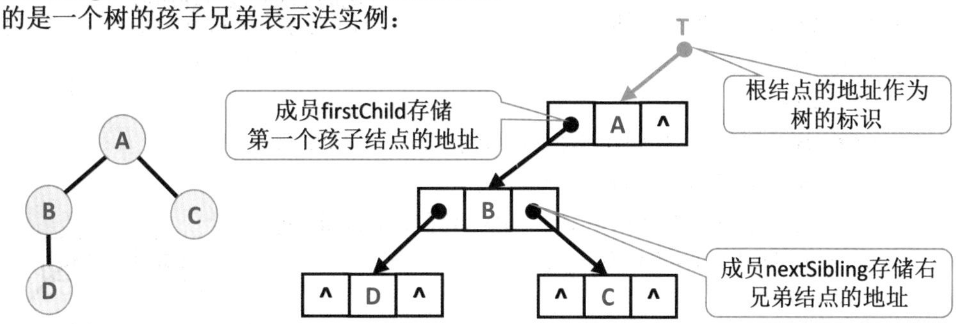

树实例 T　　树实例T的孩子兄弟存储结构

➢ **森林的孩子兄弟表示法**：森林中的各棵树均采用孩子兄弟表示法存储，同时将森林中相邻两棵树的根结点看作是兄弟，由此可以得到森林的一种二叉链表存储结构，称其为森林的孩子-兄弟表示法。

下面给出的是一个森林的孩子兄弟表示法实例：

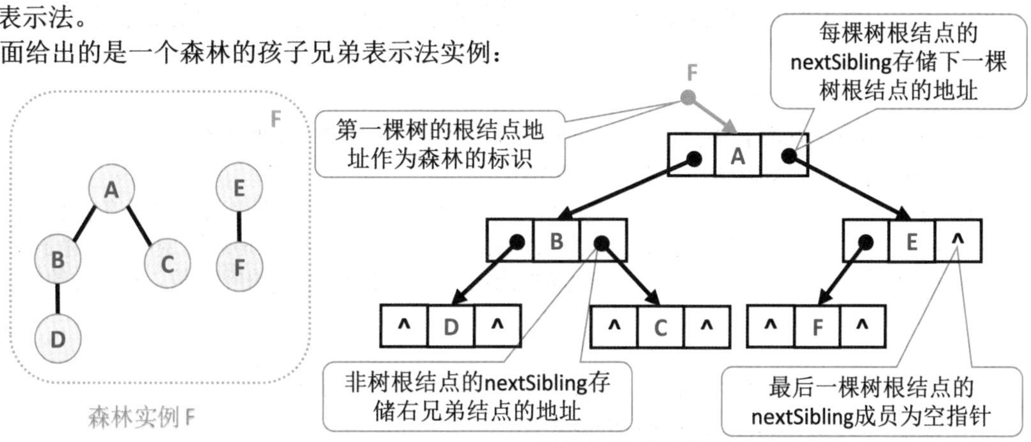

森林实例 F　　森林实例F的孩子兄弟存储结构

➢ **树与森林的孩子兄弟表示法存储结构定义**：无论是树还是森林，采用孩子兄弟表示法存储它们时得到的是同一种结构的二叉链表（两者区别仅在于树的根结点的nextSibling成员为空，而森林中树的根结点的nextSibling成员存储其后一棵树根结点的地址），由此，两者可以采用相同的存储结构定义，具体如下：

```
//树或森林的孩子兄弟表示法(二叉链表)存储结构定义
typedef int TElemType;  //假设树或森林中每个结点的数据域为整型
typedef struct TOrFNode{
   TElemType data;  //结点数据域
   struct TOrFNode * firstChild;  //存储第一个孩子结点的地址
   struct TOrFNode * nextSibling;  //存储右兄弟结点的地址
                                   //将森林中相邻两棵树的根结点视作兄弟
}TOrFNode , * CSTreeOrForest ;
```

TOrFNode为二叉链表存储结构中树或森林的结点所属的结构体数据类型，CSTreeOrForest是以TOrFNode为基类型的指针数据类型，是树或森林所属的类型

□ 孩子兄弟表示法下树与森林的操作实现

➢ 基于递归与分治计算森林(包括树，树可看作一个特殊的森林)的深度

- **递归边界**：若森林为空，则深度为0；
- **递归关系**：若森林非空，则分别计算第一棵树T的深度、第一棵之外各树构成的子森林F_{sub}的深度，原森林的深度为两者最大值。F_{sub}的深度可递归计算；T的深度归结为T根结点的子树森林F_{child}的深度再加根结点所占据的1层，而F_{child}的深度可递归计算。

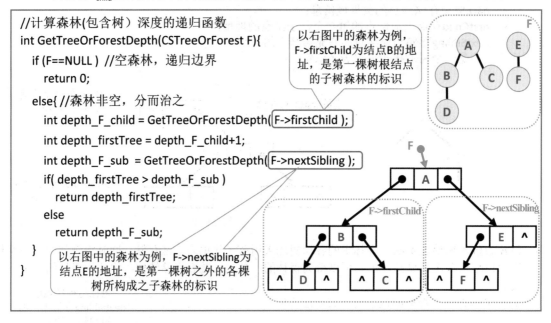

```
//计算森林(包含树）深度的递归函数
int GetTreeOrForestDepth(CSTreeOrForest F){
  if (F==NULL ) //空森林，递归边界
    return 0;
  else{ //森林非空，分而治之
    int depth_F_child = GetTreeOrForestDepth( F->firstChild );
    int depth_firstTree = depth_F_child+1;
    int depth_F_sub  = GetTreeOrForestDepth( F->nextSibling );
    if( depth_firstTree > depth_F_sub )
      return depth_firstTree;
    else
      return depth_F_sub;
  }
}
```

以右图中的森林为例，F->firstChild为结点B的地址，是第一棵树根结点的子树森林的标识

以右图中的森林为例，F->nextSibling为结点E的地址，是第一棵树之外的各棵树所构成之子森林的标识

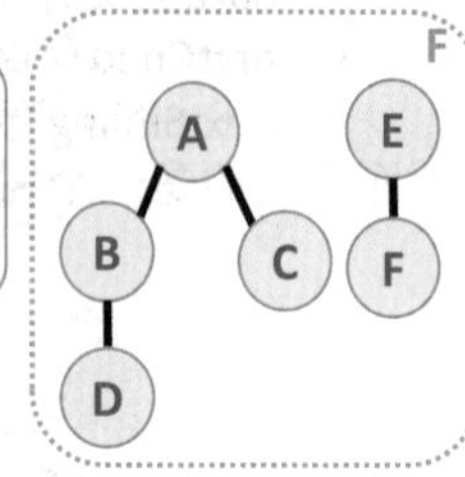

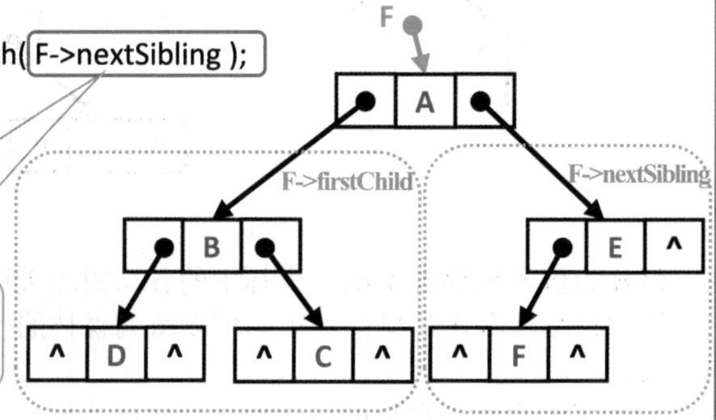

➢ 基于递归与分治计算森林(包括树，树可看作一个特殊的森林)的叶子数

- **递归边界**：若森林为空，则叶子数为0；
- **递归关系**：若森林非空，则分别计算第一棵树T的叶子数、第二棵树之外各树构成的子森林F_{sub}的叶子数，原森林的叶子数为两者之和。F_{sub}的叶子数可递归计算；T的叶子数在T只有一个结点时为1，其他情况下归结为T根结点的子树森林F_{child}的叶子数，而F_{child}的叶子数可递归计算。

```
//计算森林(包含树）叶子数的递归函数
int TreeOrForestLeafCount(CSTreeOrForest F){
  if (F==NULL ) //空森林，递归边界
    return 0;
  else{ //森林非空，分而治之
    int n_firstTree, n_F_sub;
    //计算第一棵树的叶子数
    if( F->firstChild == NULL )
      n_firstTree = 1;
    else
      n_firstTree = TreeOrForestLeafCount( F->firstChild ) ;
    //计算第一棵之外各棵树构成的子森林的叶子数
    n_F_sub = TreeOrForestLeafCount(F->nextSibling) ;
    //森林的叶子数为“第一棵树的叶子数”加上“其余树构成之子森林”的叶子数
    return n_firstTree + n_F_sub;
}
```

森林非空而F->firstChild为空意味着第一棵树只有一个结点

第一棵树的根结点有子树时，第一棵树的叶子数归结为其子树森林的叶子数，而子树森林的叶子数可递归计算

递归计算第一棵树之外的各棵树所构成之子森林的叶子数

➢ **基于递归与分治进行森林(包括树，树可看作一个特殊的森林)的遍历**：树或森林的孩子兄弟表示法对应的二叉链表存储结构与二叉树的二叉链表存储结构除指针的含义不同外，形式上是相同的，故可参考二叉树的遍历算法设计树或森林的遍历规则。

- **森林的先序遍历**：先访问森林第一棵树的根结点；再递归遍历第一棵树根结点的子树构成的森林；最后，递归遍历第一棵树之外其余树所构成的子森林。以下图中的森林F为例，其先序遍历序列为ABDCEF。
- **树的先根序遍历**：当森林退化为一棵树时，森林的先序遍历过程实际上就是**先访问树的根结点；之后，逐个对根的各个子树进行递归遍历**。称其为树的先根序遍历。以下图中森林F的第一棵树为例，其先根序遍历序列为ABDC。
- **森林的中序遍历**：先递归遍历第一棵树根结点的子树构成的森林；然后访问第一棵树的根结点；最后，递归遍历第一棵树之外其余树所构成的子森林。下图中森林F的中序遍历序列为DBCAFE。
- **树的后根序遍历**：当森林退化为一棵树时，森林的中序遍历过程实际上就是**先逐个对根的各个子树进行递归遍历；最后访问树的根结点**。称其为树的后根序遍历。以下图中森林F的第一棵树为例，其后根序遍历序列为DBCA。

下面给出上述遍历规则对应的算法，不难发现，在孩子兄弟表示法中，PreOrderTraverse与二叉树的先序遍历类似，InOrderTraverse与二叉树的中序遍历类似。亦可设计与二叉树后序遍历类似的树或森林的遍历规则，但这种规则对树和森林的遍历不易理解，故不予定义。此外，由树或森林的上述两种遍历序列可唯一确定树/森林，请读者自行思考具体方法。

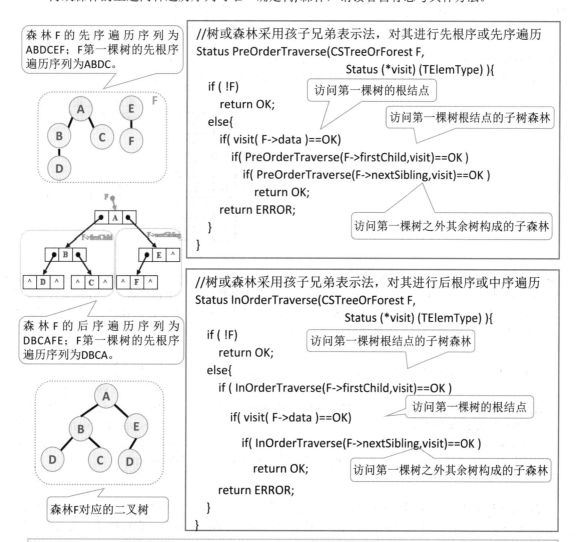

森林F的先序遍历序列为ABDCEF；F第一棵树的先根序遍历序列为ABDC。

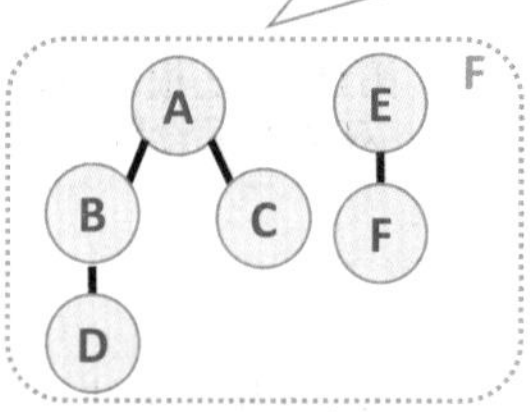

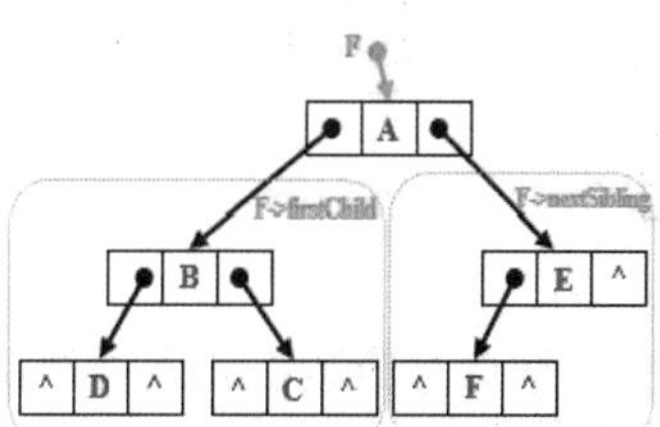

森林F的后序遍历序列为DBCAFE；F第一棵树的先根序遍历序列为DBCA。

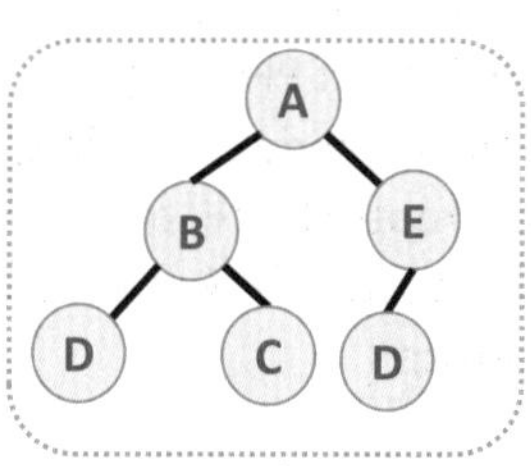

森林F对应的二叉树

```
//树或森林采用孩子兄弟表示法，对其进行先根序或先序遍历
Status PreOrderTraverse(CSTreeOrForest F,
                        Status (*visit) (TElemType) ){
  if ( !F)
    return OK;
  else{
    if( visit( F->data )==OK)
      if( PreOrderTraverse(F->firstChild,visit)==OK )
        if( PreOrderTraverse(F->nextSibling,visit)==OK )
          return OK;
    return ERROR;
  }
}
```

访问第一棵树的根结点

访问第一棵树根结点的子树森林

访问第一棵树之外其余树构成的子森林

```
//树或森林采用孩子兄弟表示法，对其进行后根序或中序遍历
Status InOrderTraverse(CSTreeOrForest F,
                       Status (*visit) (TElemType) ){
  if ( !F)
    return OK;
  else{
    if ( InOrderTraverse(F->firstChild,visit)==OK )
      if( visit( F->data )==OK)
        if( InOrderTraverse(F->nextSibling,visit)==OK )
          return OK;
    return ERROR;
  }
}
```

访问第一棵树根结点的子树森林

访问第一棵树的根结点

访问第一棵树之外其余树构成的子森林

□ **拓展与思考**：以二叉链表存储结构为中介，在树/森林与二叉树间可建立一种一一对应关系，例如，上图给出了森林F对应的二叉树，思考树/森林与二叉树间的相互转换方法。

6.6.3 树与森林的双亲表示法及其操作实现

上一节所给树或森林的孩子兄弟表示法在计算结点的双亲时较为耗时，针对这一问题的一种修改方案是在孩子兄弟表示法的基础上为每个结点增设一个成员存储双亲结点的地址；另一种修改方案，若问题的求解只需要计算双亲而无须求取孩子结点，则可以每个结点仅记录其数据域和双亲结点信息，由此可得树或森林的双亲表示法，下面给出具体存储结构。

□ 树与森林的双亲表示法及其存储结构

- **树的双亲表示法**：树的所有结点存储到一个数组中，每个结点对应的数组元素是一个结构体类型的数据，它包含data和parent两个成员，前者是结点的数据域，后者存储双亲结点的下标；根结点不存在双亲，将其parent成员设置为-1。如下例所示。

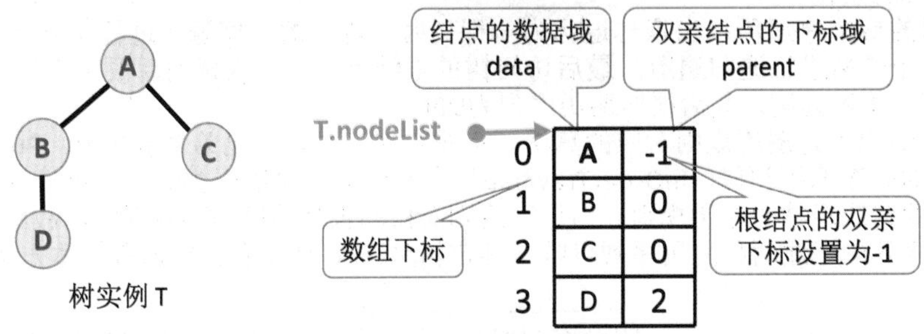

- **森林的双亲表示法**：森林中所有树的结点存储到同一个数组中，每一棵树均采用双亲表示法存储，同时将森林中第k棵树的根结点的双亲下标设置为-k。如下例所示。

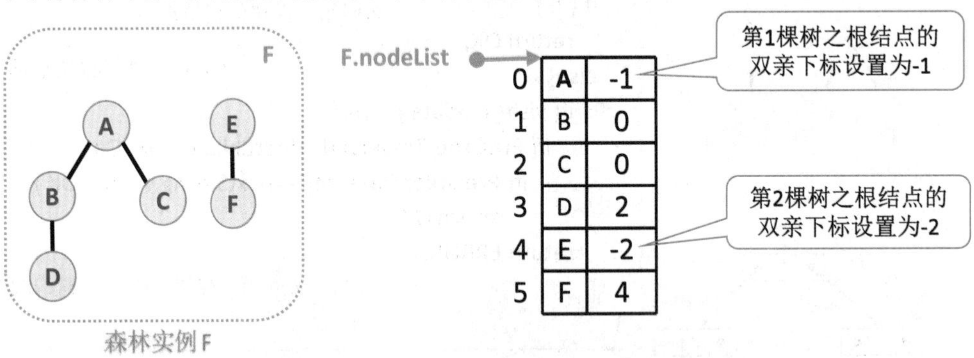

- **树与森林的双亲表示法存储结构定义**：树与森林的双亲表示法中，结点对应数组元素类型是相同的，都用一个动态数组来存储结点信息；另，考虑到树仅有一个根结点，而森林可以有多个，因此，树的定义中分别用一个整型变量记录根结点下标和结点数量，而森林的存储结构定义中分别用一个动态数组记录各棵树根结点的下标和结点数量，具体如下：

```
//树或森林中结点的类型定义
typedef struct PTNode{
  TElemType data;//数据域
  int parent; //双亲下标
} PTNode;
```

```
//树的双亲表示法存储结构
typedef struct PTree{
  PTNode *nodeList;//结点数组
  int root; //根结点的下标
  int n;  //树中结点的数量
} PTree;
```

```
//森林的双亲表示法存储结构
typedef struct PForest{
  PTNode *nodeList; //结点数组
  int * rootList; //根结点下标数组
  int * nList; //各树结点数量数组
} PForest;
```

□ 拓展与思考：树和森林的存储方案除了前述的孩子兄弟表示法和双亲表示法之外，还可采用孩子链表表示法(所有结点存储到一个数组中，数组元素除了包含结点数据域，还包含一个链表的头指针，链表中各结点依次存储当前结点各孩子结点的下标)，或者孩子双亲链表表示法（在孩子链表表示法的基础上，为每个结点元素添加一个成员记录其双亲结点的下标），试分析对比不同存储方案的优缺点。

6.7 并查集及其应用

6.7.1 应用背景

□ **动态连通性问题**

- **变量名等价识别**：在FORTRAN等编程语言中，可以为同一个数据对象声明多个不同的变量名，经过一系列这种操作后，系统需要确定两个给定的变量名是否是等价的（即引用同一个数据对象，满足自反、对称和传递特性，满足数学中关于等价关系的定义），为解决这一问题，需要有效维护多个变量名之间的等价关系，包括如何高效地实现两个变量间等价关系的添加、如何快速判断两个变量是否等价等。
- **计算机网络修复**：假设存在一个受损的计算机网络，受硬件和布线条件等约束，某些计算机之间可以直接添加通信链路，而某些计算机之间只能通过网络中其他计算机作中介方能进行间接通信，随着通信链路的添加，如何能快速判定网络中任意两台计算机都能完成通信呢？两台计算机之间的连通性（相互通信即可视作连通）也是一种等价关系，本问题的解决同样需要实现多个对象间等价关系的高效维护，包括两台计算机连通关系的添加、判断各个计算机是否同属一个等价类等。
- **社交网络文章可见性**：在微信等社交媒体上，用户可以查看和转发好友的朋友圈文章，这些转发的文章可以通过转发者的好友进一步被查看和转发，随着好友关系的不断增加或变动，如何能快速确定某个人的朋友圈文章是否存在被另一个人员查看的可能？朋友圈文章在好友之间的潜在可见性也满足自反、对称和传递的特性，也是一种等价关系，本问题的解决也要实现多个社交网络用户间这种等价关系的高效维护，包括随着好友关系的变化动态维护这种关系，以及判断两个好友之间是否同属于一个等价类。
- **动态连通性问题**：前述各应用问题有相同的特性，都是给定一个元素集合与一类等价关系，关系可以动态增加或删除，在此前提下，要求高效地判定两个元素是否是等价的，将等价关系看作一条无向边，则判断两个元素是否等价等同于判断这两个元素是否连通，或判断它们是否同属一个连通分量，称此类问题为动态连通性问题。
- **动态递增连通性问题**：若动态连通性问题中，关系的动态变化只涉及到关系的增加而不会有关系的删除，则称此类动态连通性问题为动态递增连通性问题。

□ **等价类划分问题**

- **等价类划分**：给定一个元素集合S与一个等价关系R，要求将S中的元素划分为多个不同的子集，使得每个子集中的元素相互之间满足关系R，且任意两个不同子集中的元素均不满足关系R。
- **等价类划分原理**：一个可行的等价类划分算法如下：
  - 初始情况下，S中的每个元素各自属于一个子集。
  - **FOREACH**(R中的关系对(x,y))：
    - 确定x与y各自所属的S的子集，分别记为S_i和S_j;
    - 若$S_i \neq S_j$，则将S_i与S_j合并为一个集合。
  - 最终得到的各个子集是原集合关于关系R的一个划分，每个子集都是一个等价类。

□ **并查集**

无论前述动态递增连通性问题的解决，还是进行等价类划分，两者都需对一个集合中的元素高效实现初始化、子集求并、查找元素所属子集等三个操作，称实现这三个操作的抽象数据类型或集合类为并查集：

- **Status InitUFSet(&S, n)**：根据给定的元素数n，初始化一个并查集S，其中各个元素各自属于一个子集，每个子集仅包含一个元素；
- **int UFSetFind(S, x)**：在并查集S中确定元素x所属的子集，返回该子集的ID；
- **Status UFSetUnion(&S, S_i, S_j)**：将并查集S中的子集S_i与S_j合并为一个子集。

6.7.2 并查集的存储结构与算法实现

□ 并查集的存储方案设计与按秩合并

为高效实现并查集的操作，一个朴素的想法是为集合中每个元素所属的子集设定一个ID，当两个不同的子集需要合并时，将这两个子集中所有元素所属的子集ID设置为同一个。该方案查找一个元素所属子集的操作UFSetFind具有常数阶时间复杂度，但子集合合并操作UFSetUnion的最坏时间复杂度为O(n)，其中n为集合中的元素个数。

为优化子集合并的时间复杂度，一种可行方案是将同一个子集中的元素组织成一颗树，并用树的根结点标识该子集对应的等价类。如此一来，集合求并运算仅需将这两棵树合并为一棵树即可。同时，确定一个元素所属子集只需找到结点所属树的根。采用双亲表示法存储各棵树可有效实现操作。此时，UFSetFind与UFSetUnion操作的时间复杂度均依赖于树的深度。在进行子集合并操作时，通过设计一定的合并规则可保证每棵树深度的量级为$O(\log_2 n)$。比如，令深度小的树根作另一深度大的树根的孩子，称之为**按秩合并**，此时，UFSetFind操作与UFSetUnion操作的时间复杂度均为$O(\log_2 n)$ 。

最后，为简化算法的实现，令并查集中每个树根结点的双亲指针指向自身，下面给出并查集初始化与按秩合并过程的示意图，并给出具体的存储方案。

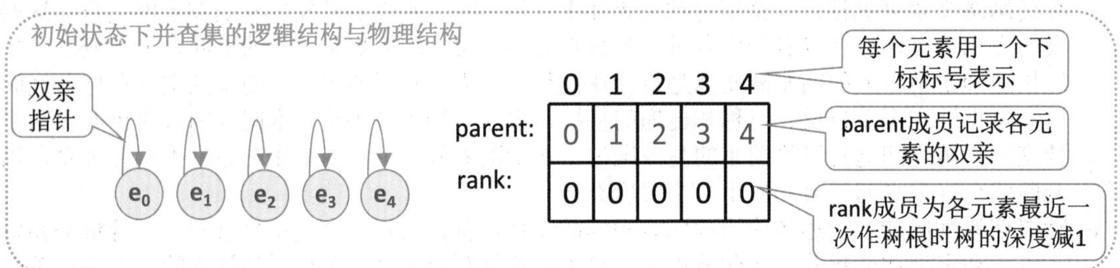

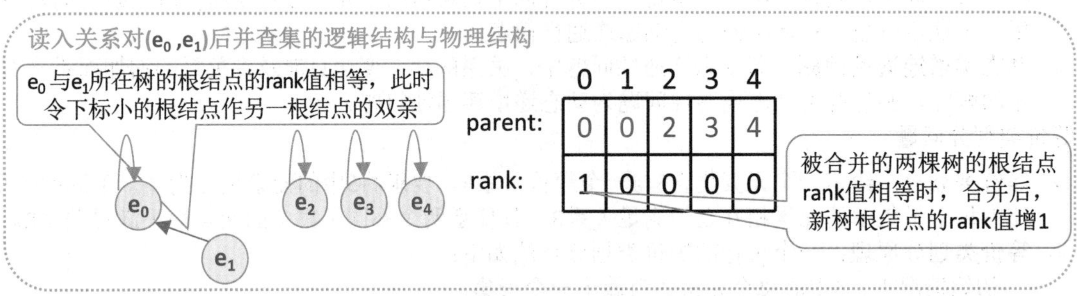

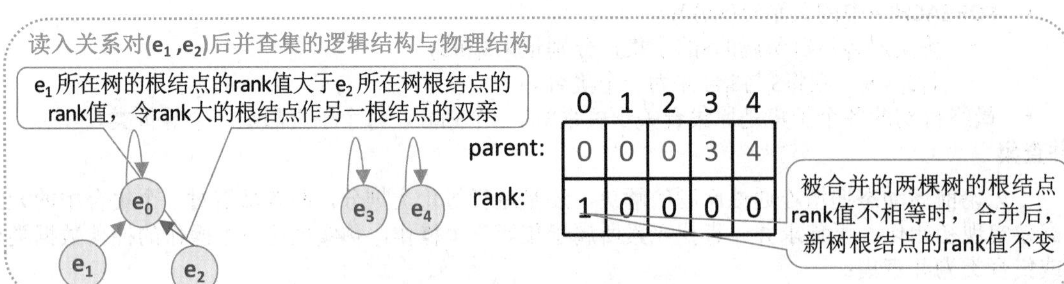

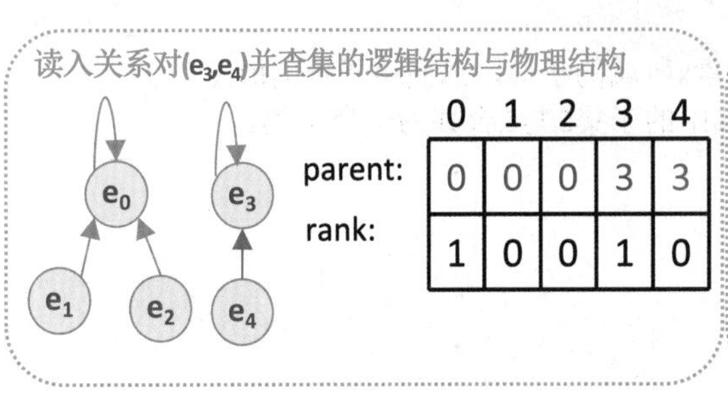

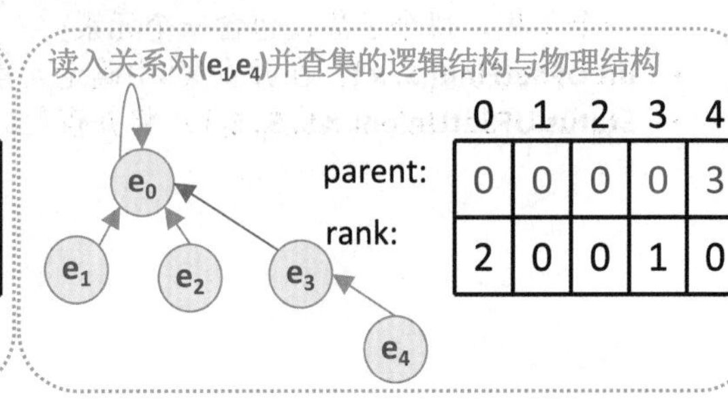

□ 并查集的存储结构定义与操作实现

➢ **并查集的存储结构定义**：用一个动态的结构体数组存储并查集中各元素的双亲下标与秩的大小，用数组中元素的下标表示并查集各个元素，具体存储结构定义如下。

```
//并查集树形存储方案中结点类型的定义
typedef struct UFSNode{
  int parent; //各结点双亲的下标
  int rank; //各结点的秩
}UFSNode;
```

```
//并查集的存储结构定义
typedef struct UFSet{
  UFSNode * nodeList; //结点数组
  int length; //并查集元素个数
}UFSet;
```

➢ **并查集的初始化操作的实现**：根据给定的集合元素数，开辟结点数组，初始化各结点的parent成员为结点自身的下标，初始化rank成员为0，具体实现及示例如下。

```
Status InitUFSet(UFSet S, int n ){
  if ( n<=0 ) return ERROR;
  else{
    S.nodeList = (UFSNode *) malloc (sizeof(UFSNode));
    if( !S.nodeList ) exit(OVERFLOW);
    S.length = n;
    for(int i=0; i<n; ++i){ //初始化各结点的值
      S.nodeList[i].parent = i;
      S.nodeList[i]. rank = 0;
    }
    return OK;
  }
}// 时间复杂度为O(n)
```

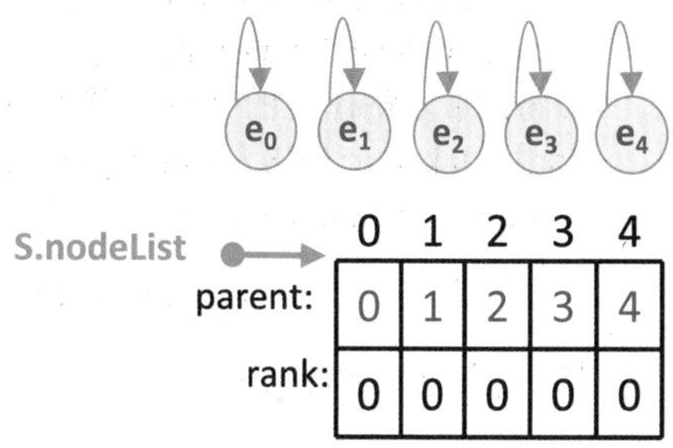

含5个元素的并查集初始化后的逻辑结构与物理结构

➢ **并查集查找定位元素所属子集操作的实现**：从给定的结点出发，只要当前结点的parent尚未指向自身，则沿parent指针前进到双亲结点。最后，parent指向树根。

```
int UFSetFind(UFSet S, int k ){
  if ( k<0 || k>=S.length ) return ERROR;
  else{
    while( S.nodeList[k].parent != k )
      k = S.nodeList[k].parent;
    return k;
  }
}//时间复杂度为O(log2n)
```

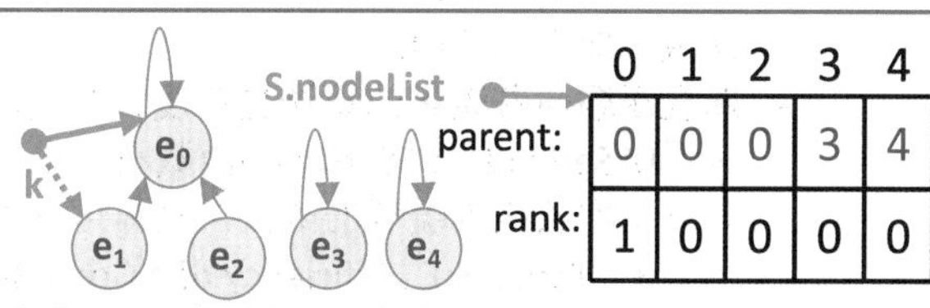

以查找1号元素所在的子集为例，k的初值为1，沿parent指针向上走直至k取值为0，因0号元素的parent成员是其自身

➢ **并查集子集求并操作的实现**：先定位两给定元素所属的子集，若分属不同的子集，则根据两个根结点秩的大小，根据按秩合并规则，修改相应结点的秩与parent成员。

```
int UFSetUnion(UFSet S, int i, int j ){
  if ( i<0 || i>=S.length ||  j<0 || j>=S.length) return ERROR;
  int root_i = UFSetFind(S,i), root_j = UFSetFind(S, j);
  if( root_i != root_j && S.nodeList[root_i].rank < S.nodeList[root_j].rank )
    S.nodeList[root_i].parent = root_j;
  else if ( root_i != root_j && S.nodeList[root_i].rank > S.nodeList[root_j].rank )
    S.nodeList[root_j].parent = root_i;
  else if( root_i != root_j && S.nodeList[root_i].rank == S.nodeList[root_j].rank ){
    if( root_i < root_j ) { S.nodeList[root_j].parent = root_i; S.nodeList[root_i].rank++; }
    else { S.nodeList[root_i].parent = root_j; S.nodeList[root_j].rank++; }
  }
}//时间复杂度为O(log2n)
```

□ 路径压缩与并查集算法的优化

- **路径压缩**：为降低并查集中各棵树的深度以提高问题求解的效率，每次执行Find操作查找某结点的根结点时，对所有位于根到该结点路径上的结点，将其双亲设置为根结点，称此为路径压缩。
- **并查集查找定位算法的优化**：在原有的结点查找定位操作的基础上，对每一个位于根到该结点路径上的结点，将其parent成员设置为根结点的ID，如此可有效降低并查集中树的深度。

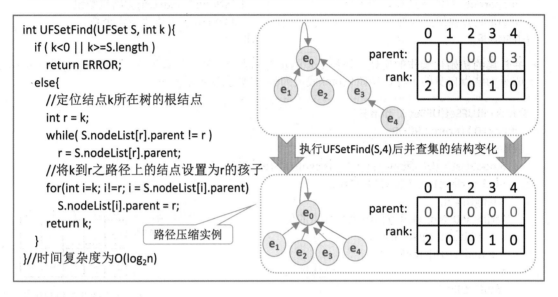

```
int UFSetFind(UFSet S, int k ){
  if ( k<0 || k>=S.length )
    return ERROR;
  else{
    //定位结点k所在树的根结点
    int r = k;
    while( S.nodeList[r].parent != r )
      r = S.nodeList[r].parent;
    //将k到r之路径上的结点设置为r的孩子
    for(int i=k; i!=r; i = S.nodeList[i].parent)
      S.nodeList[i].parent = r;
    return k;
  }
}//时间复杂度为O(log2n)
```

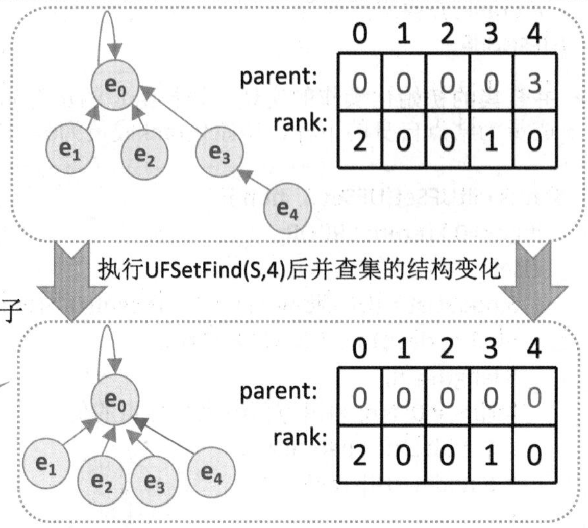

□ 拓展与思考：

- **按秩合并与按规模合并**：除按秩合并外，也可按照树规模（即包含结点的数量）的大小进行子集合并，将规模小的子树的根结点设置为规模大的子树根结点的孩子。无论按秩合并，还是按规模合并，两者均可保证并查集中树的深度不超过$\log_2 n+1$，试用数学归纳法或其他方法证明之。
- **路径压缩与并查集的算法复杂度**：当同时采用按秩合并与路径压缩策略时，可以证明，利用UFSetFind与UFSetUnion函数将大小为n的集合划分为等价类的算法时间复杂度函数是一个增长极为缓慢的函数，具体可参考如下文献：
  - Tarjan R E . Efficiency of a Good But Not Linear Set Union Algorithm[J]. Journal of the Acm, 1975, 22(2):215-225.

□ **人物故事**：美国计算机科学家Robert Tarjan（罗伯特·塔扬）以其在最近公共祖先、强联通分量、平面嵌入、并查集等算法和数据结构分析领域的重要贡献而闻名，并因此与John Hopcroft（约翰·霍普克罗夫特）分享了1986年的图灵奖。他因一款名为“Game of Life”的趣味数学游戏而对数学产生了浓厚兴趣，成年后将计算机科学视为一种实践数学理论的理想方式，从而投身计算机算法研究领域，在兴趣的引领和自身的不懈坚持下取得了突出的成就。亲爱的读者，您的兴趣和爱好是什么？您是否一直在坚持并为之付出不懈努力？

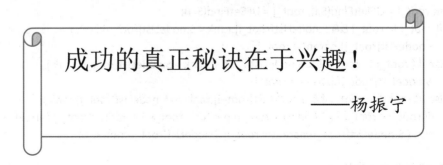

成功的真正秘诀在于兴趣！

——杨振宁

第七章 图

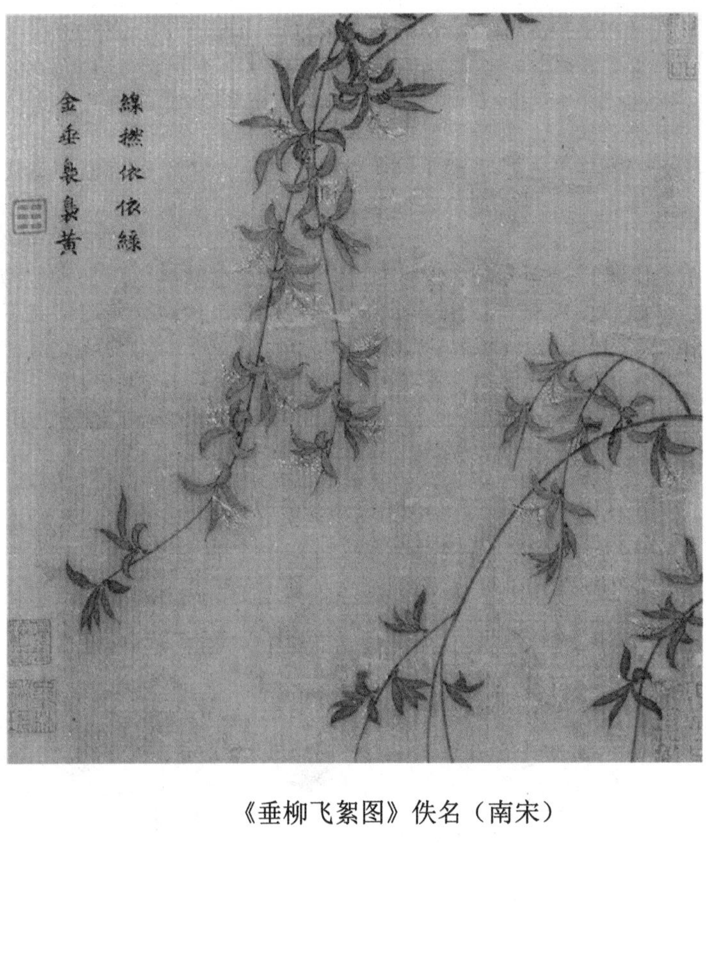

《垂柳飞絮图》佚名（南宋）

7.1 图的概念与术语

□ 基本概念

- 图(Grpah)可以定义为一个二元组G=(V,R)，其中V是顶点的集合，R是顶点间关系的集合。当描述一个有结构的数据对象时，每个顶点建模对象中的一个元素，每个关系形如<u,v>，对应一条有向弧，表示u到v满足关系R。
- 若对图G=(V,R)中任意关系<u,v>∈R，均有<v,u>∈R成立，则此时的图称为无向图（Undirected Graph），无向图中的关系可用一条无向边（Edge）表示；否则，图G是一个有向图（Directed Graph），有向图中的关系可用一条有向弧（Arc）表示。有时将无向边和有向弧统称为边。
- 边上附有权值的图称为网(NetWork)。根据边是否有方向和权值，可以将图分为无向图、有向图、无向网和有向网。
- **自环**：若图中一条边的两个端点是同一个顶点，则称此边为自环。
- **并行边**：若图中的两条边$e_1=(u_1,v_1)$和$e_2=(u_2,v_2)$满足$u_1=u_2$与$v_1=v_2$，则称两者为并行边。
- **简单图**：既不含自环也不含并行边的图称为简单图（本书中的图默认为简单图）。
- **无向完全图**：任意两个顶点之间都有无向边相连的无向图称为无向完全图。
- **有向完全图**：任意两个顶点之间都有有向边相连的有向图称为有向完全图。
- **稠密图**：当一个图的边数接近$|V|^2$时，其中|V|表示顶点数，通常称此图为稠密图。
- **稀疏图**：当一个图的边数小于|V|*log|V|时，通常称此图为稀疏图。
- **图的实例：**
  - 有人将高铁列为“中国新四大发明”之首，高铁网络图是一个典型的图结构，每个顶点对应一个高铁站点，边表示两站点之间的直达关系，将两直达站点间的通行时长设为边的权值，则得到一个无向网，可用以计算两点之间的最快通行路线。
  - 每个网页抽象为一个顶点，网页之间由超链接形成的链接关系用一个有向边表示，由此可将网页之间相互链接形成的结构抽象为一个有向图，Google创始人拉里·佩奇(Larry Page)和谢尔盖·布林（Sergey Brin）基于这个图结构提出了著名的网页排名算法PageRank，有效提升了搜索引擎的搜索质量。
  - 人工神经网络模型是一种典型的有向网，输入层每个顶点代表一个输入信号，隐藏层每个顶点代表一个神经元(它先将输入信号做线性加权处理，之后借助一个非线性激活函数得到一个输出值)，输出层每个顶点代表一类输出值。传统的人工神经网络模型仅含1个或者有限的几个隐藏层，因为层数的增加会导致计算量的快速增加和欠拟合；直到2006年Geoffrey Hinton（杰弗里·辛顿）提出一种自下而上无监督预训练和自顶向下有监督训练微调的模型训练方法，加之近年来云计算、大数据等新一代信息技术的发展使得计算机运算能力、可用的训练数据大大增加，方使得深度神经网络（深度指输入层和输出层之间添加了更多的隐藏层，如2015年获ImageNet图像分类比赛冠军的ResNet有152层之深）和深度学习技术在人工智能应用的各个领域取得巨大成功。

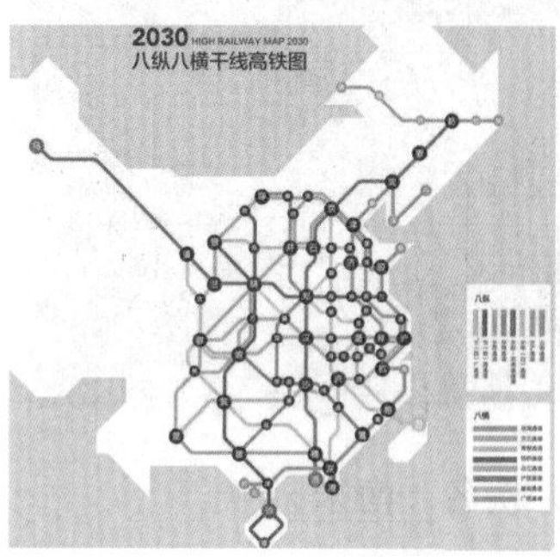

“八纵八横”中国高铁规划

网页链接图

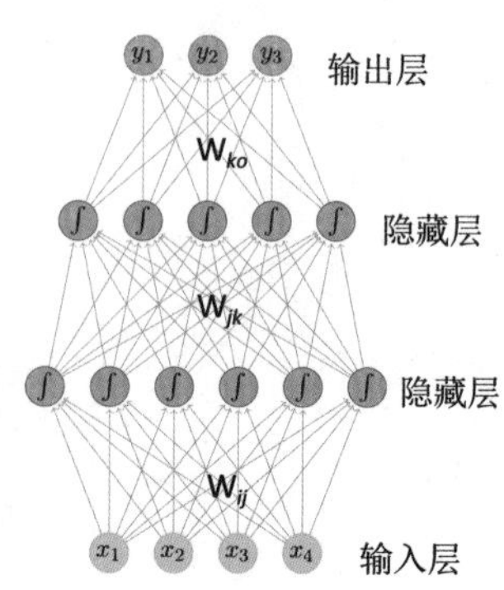

人工神经网络

□ 图的术语

- **连通图**：对一个无向图而言，若图中任意两个顶点都存在路径相连，则此图称为连通图。若无向图中存在一条覆盖所有顶点的路径，则此图必然为连通图。
- **强连通图**：对一个有向图而言，若图中任意两个顶点都存在有向路径相连，则此图称为强连通图。若有向图中存在一条覆盖所有顶点的有向回路（回路指起始顶点与终点相同的路径，又称为环），则此图必然为强连通图。
- **连通分量**：对一个无向图而言，它每个极大的连通子图称为原图的一个连通分量。连通图只有一个连通分量，即其自身。
- **强连通分量**：对一个有向图而言，它每个极大的强连通子图称为原图的一个强连通分量。强连通分量在社交网络分析中可用以发现具有相同爱好的用户组。
- **生成树**：对一个无向连通图而言，它覆盖所有顶点的极小连通子图必然不含回路、边数为顶点数减1，可将其看做一颗树，称为原图的生成树。
- **生成森林**：对一个无向非连通图而言，它每个连通分量都有一颗生成树，这些生成树构成的森林称为原图的生成森林。
- **顶点的度**：无向图中一个顶点关联的边的个数称为该顶点的度；有向图中，以顶点v为源点的有向弧个数称为v的出度，以v为终点的有向弧个数称为v的入度，两者之和称为有向图中顶点v的度。
- **实例分析**：如下各图中，G1是连通图，其连通分量有且只有一个，是其自身；G2不是连通图，它含两个连通分量；G3是强连通图，其强连通分量有且只有一个，是其自身；G4不是强连通图，它含有两个强联通分量；G1有三颗不同的生成树，G2有三个不同的生成森林。

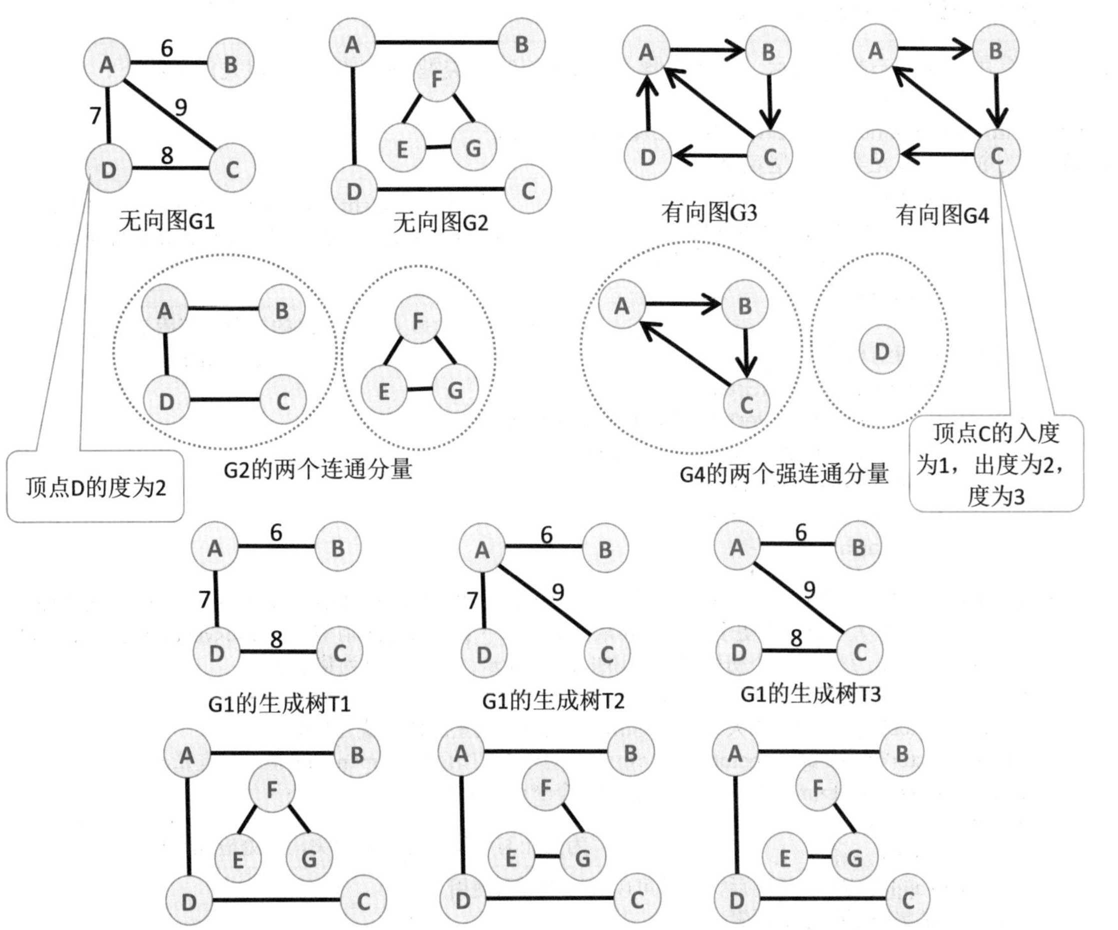

7.2 图的存储结构与基本操作

7.2.1 图的邻接矩阵存储及其操作实现

□ 图的邻接矩阵表示法

➢ 将图中顶点对应的数据元素信息用一个一维数组(记作vertices，称为**顶点数组**)存储，边的信息用一个二维矩阵（记作arcs，称为**邻接矩阵**）存储，矩阵的每行、每列均对应一个顶点，矩阵i号行j号列的元素值根据i号顶点与j号顶点的关系确定，随图类型的不同而不同，具体如下（当中v_i、v_j分别表示i号顶点和j号顶点，w_{ij}表示有向弧$<v_i, v_j>$的权值，∞表示无穷大）：

$$arcs[i][j]=\begin{cases}1 & 如果<v_i,v_j>\in R\\ 0 & 如果<v_i,v_j>\notin R\end{cases}$$

图（无权图）的邻接矩阵元素值

$$arcs[i][j]=\begin{cases}w_{ij} & 如果<v_i,v_j>\in R\\ \infty & 如果<v_i,v_j>\notin R\end{cases}$$

网（加权图）的邻接矩阵元素值

➢ **实例分析**：图G1和G3对应的顶点数组和邻接矩阵分别如下

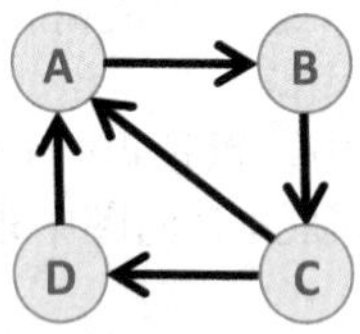

有向图G3

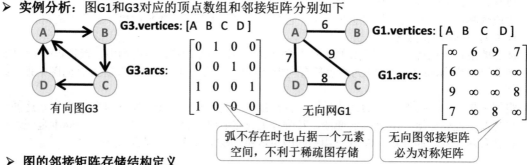

G3.vertices: [A B C D]

G3.arcs:
$$\begin{bmatrix}0&1&0&0\\0&0&1&0\\1&0&0&1\\1&0&0&0\end{bmatrix}$$

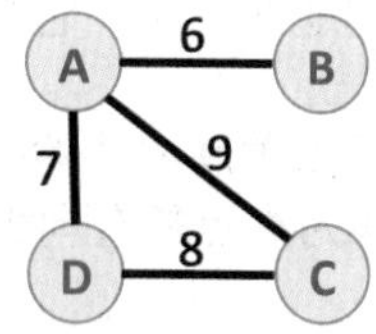

无向网G1

G1.vertices: [A B C D]

G1.arcs:
$$\begin{bmatrix}\infty&6&9&7\\6&\infty&\infty&\infty\\9&\infty&\infty&8\\7&\infty&8&\infty\end{bmatrix}$$

弧不存在时也占据一个元素空间，不利于稀疏图存储

无向图邻接矩阵必为对称矩阵

➢ **图的邻接矩阵存储结构定义**

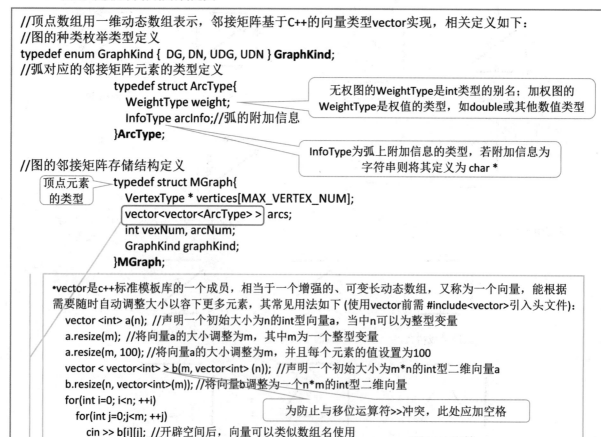

```
//顶点数组用一维动态数组表示，邻接矩阵基于C++的向量类型vector实现，相关定义如下：
//图的种类枚举类型定义
typedef enum GraphKind {  DG, DN, UDG, UDN } GraphKind;
//弧对应的邻接矩阵元素的类型定义
                typedef struct ArcType{
                    WeightType weight;
                    InfoType arcInfo;//弧的附加信息
                }ArcType;

//图的邻接矩阵存储结构定义
                typedef struct MGraph{
                    VertexType * vertices[MAX_VERTEX_NUM];
                    vector<vector<ArcType> > arcs;
                    int vexNum, arcNum;
                    GraphKind graphKind;
                }MGraph;
```

无权图的WeightType是int类型的别名；加权图的WeightType是权值的类型，如double或其他数值类型

InfoType为弧上附加信息的类型，若附加信息为字符串则将其定义为 char *

顶点元素的类型

•vector是c++标准模板库的一个成员，相当于一个增强的、可变长动态数组，又称为一个向量，能根据需要随时自动调整大小以容下更多元素，其常见用法如下 (使用vector前需 #include<vector>引入头文件)：

```
vector <int> a(n); //声明一个初始大小为n的int型向量a，当中n可以为整型变量
a.resize(m); //将向量a的大小调整为m，其中m为一个整型变量
a.resize(m, 100); //将向量a的大小调整为m，并且每个元素的值设置为100
vector < vector<int> > b(m, vector<int> (n)); //声明一个初始大小为m*n的int型二维向量a
b.resize(n, vector<int>(m)); //将向量b调整为一个n*m的int型二维向量
for(int i=0; i<n; ++i)
   for(int j=0;j<m; ++j)
      cin >> b[i][j]; //开辟空间后，向量可以类似数组名使用
b.clear(); //清空向量b中的元素
```

为防止与移位运算符>>冲突，此处应加空格

□ 邻接矩阵存储结构下图的基本操作

➢ 邻接矩阵存储结构下求图中一个顶点的下标

```
//计算图G中顶点v的下标，其中v为顶点的数据域取值。G中不存在顶点v时返回-1
int LocateVertex(MGraph G, VertexType v){
  //思路:逐个遍历各顶点,一旦发现与v相等的顶点就返回其下标，不存在返回-1
  for(int i=0;i<G.vexNum;++i)
    if( G.vertices[i] == v )
      return i;
  return -1;
}
```

➢ 邻接矩阵存储的无向网的创建

```
Status CreateUDN( MGraph &G){
  //思路:输入各顶点,初始化弧权为无穷大，之后根据输入弧的信息更新邻接矩阵
  G.graphKind = UDG;
  cin >>G.vexNum>>G.arcNum;
  G.vertices = (VertexType*) malloc(G.vexNum*sizeof(VertexType));
  G.arcs.resize(G.vexNum, vector<ArcType>(G.vexNum));
  for( int i=0; i<G.vexNum; ++i)
    InputVertex(G.vertices[i]);
  for( int i=0; i<G.vexNum; ++i)
    for ( int j=0; j<G.vexNum; ++j)
      G.arcs[i][j]={INFINITY, EMPTYINFO};
  for(int i=0;i<G.arcNum;++i){
    InputArc(sourceVertex, targetVertex, weight, arcInfo);
    int u=LocateVertex(G, sourceVertex), v=LocateVertex(G, targetVertex);
    G.arcs[u][v]={weight, arcInfo};
    G.arcs[v][u]=G.arcs[u][v];
  }
  return OK;
}
```

InputVertex为自定义顶点输入函数

初始化各条弧的权值为无穷大，弧的附加信息为空

InputArc为自定义的弧信息输入函数

无向图创建时，对用户输入的一条边需要修改邻接矩阵中对称的两个元素

➢ 邻接矩阵存储下求顶点的邻接点

图G=(V,R)中，若<u,v>∈R则称顶点v是u的邻接点

```
//计算图G中顶点u的第一个邻接点，若存在则返回其下标，否则返回-1
int FirstAdjVex(MGraph G, int u){
  //思路: 遍历邻接矩阵u对应的行,一旦遇到权值非零、非无穷大的元素即返回其下标
  for(int v=0; v<G.vexNum;++v)
    if(G.arcs[u][v].weight!=0 && G.arcs[u][v] .weight!=INFINITY)
      return v;
  return -1;
}
//v是G中顶点u的邻接点，计算v之后，u的下一邻接点存在返回其下标，否则返回-1
int NextAdjVex(MGraph G, int u, int v){
  //思路:从邻接矩阵u对应行的v+1号元素开始遍历,遇到权非零、非无穷大的元素即返回
  for(int w=v+1; w<G.vexNum;++w)
    if(G.arcs[u][w].weight!=0 && G.arcs[u][w].weight!=INFINITY)
      return w;
  return -1;
}
```

加权图两点之间无边时,邻接矩阵元素是INFINITY；无权图两点间无边时邻接矩阵元素是0；两者都不成立则说明两者间有弧

7.2.2 图的邻接表存储及其操作实现

□ 图的邻接表表示法

➢ 用一个称为**邻接表**的一维数组存储图的顶点和弧信息，每个数组元素包含两个成员：

- data成员存储顶点的数据域取值。
- firstOut存储一个链表首结点的地址，该链表每个结点记录一条弧的信息，它包含四个成员：indexOfAdjVex记录当前数组元素所对应顶点的邻接点的下标；weight记录当前弧的权值(无权图的权值可忽略或设为1)；arcInfo存储弧的其他附加信息；nextOut存储链表中当前顶点下一邻接点所对应链表结点的地址。

➢ **实例分析**：图G1和G3对应的顶点数组和邻接矩阵分别如下：

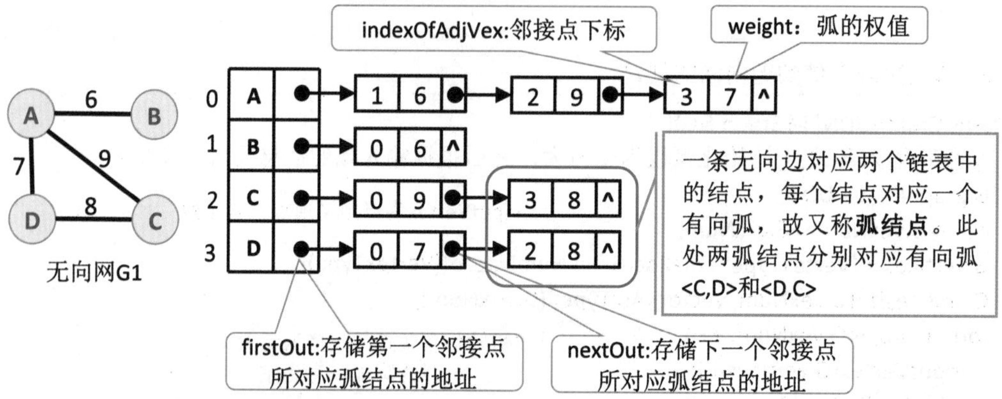

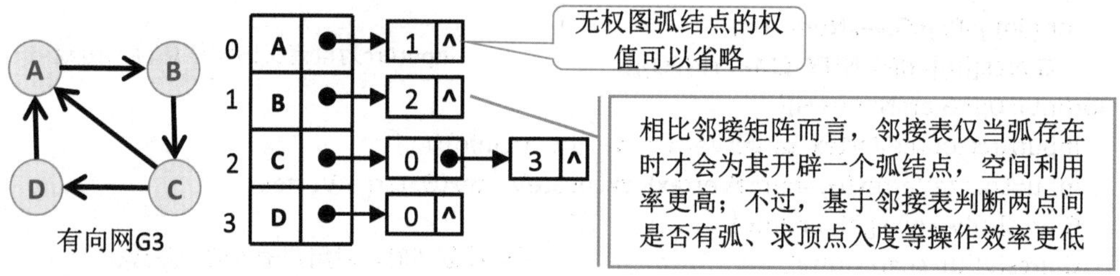

➢ **图的邻接表存储结构定义**

```
//图的种类枚举类型定义
typedef enum GraphKind { DG, DN, UDG, UDN  } GraphKind;
//弧结点的类型定义
typedef struct ArcNode{
   int indexOfAdjVex; //邻接点的下标
   WeightType weight; //弧的权值
   InfoType arcInfo; //弧的附加信息
   struct ArcNode * nextOut; //下一弧结点的地址
}ArcNode;
//邻接表数组元素的类型定义
typedef struct VNode{
   VertexType data; //顶点的数据域
   ArcNode * firstOut; //指向该顶点的第一个邻接点所对应的弧结点
}VNode;
 //图的邻接表存储结构定义
typedef struct ALGraph{
   VNode * vertices;
   int vexNum, arcNum;
   GraphKind kind;
}ALGraph;
```

□ 邻接表存储结构下图的基本操作

➢ 邻接表存储结构下求图中一个顶点的下标

```
//计算图G中顶点v的下标，其中v为顶点的数据域取值。G中不存在顶点v时返回-1
int LocateVertex(ALGraph G, VertexType v){
  //思路:逐个遍历各顶点,一旦发现与v相等的顶点就返回其下标，不存在返回-1
  for(int i=0;i<G.vexNum;++i)
    if(EQ(G.vertices[i].data, v))
      return i;
  return -1;
}
```

➢ 邻接表存储的有向网的创建

```
Status CreateDN( ALGraph &G){
  //思路:输入各顶点数据域并初始化其弧结点为空，之后据输入的弧更新邻接表
  G.graphKind = DN;
  cin >>G.vexNum>>G.arcNum;
  G.vertices = (VNode *) malloc(G.vexNum*sizeof(VNode));
  for( int i=0; i<G.vexNum; ++i){
    InputVertex(G.vertices[i].data);  G.vertices[i].firstOut=NULL;
  }
  for(int i=0;i<G.arcNum;++i){
    InputArc(sourceVertex, targetVertex, weight, arcInfo);
    int u=LocateVertex(G, sourceVertex), v=LocateVertex(G, targetVertex);
    ArcNode * p=(ArcNode *)malloc(sizeof(ArcNode));
    p->indexOfAdjVex = v; p->weight=weight; p->arcInfo=arcInfo;
    p->nextOut=G.vertices[u].firstOut;
    G.vertices[u].firstOut = p;
  }
  return OK;
}
```

每次将新的弧结点插入到链表表头，如此各顶点的邻接点顺序与实际输入顺序相反

➢ 邻接表存储下求顶点的邻接点

```
//计算图G中顶点u的第一个邻接点，若存在则返回其下标，否则返回-1
int FirstAdjVex(ALGraph G, int u){
  //思路:访问邻接表中顶点u对应的弧结点链表,根据首个弧结点返回邻接点下标
  for( int v=0; v<G.vexNum;++v )
    if( G.vertices[v].firstOut != NULL )
      return G.vertices[v].firstOut->indexOfAdjVex;
  return -1;
}
//v是G中顶点u的邻接点，计算v之后，u的下一邻接点存在返回其下标,否则返回-1
int NextAdjVex(ALGraph G, int u, int v){
  //思路:遍历u对应的弧结点链表,找到邻接点为v的弧结点,返回其后继的邻接点下标
  ArcNode *p;
  for( p=G.vertices[u].firstOut; p!=NULL && p->indexOfAdjVex!=v; p=p->nextOut ) ;
  if( p!=NULL && p->nextOut != NULL )
    return p->nextOut->indexOfAdjVex;
  return -1;
}
```

➢ 邻接表存储的有向图计算顶点的入度

```
//计算有向图G中顶点v的入度并返回
int GetInDegree ( ALGraph G, int v){
//思路：设置指针p遍历所有顶点的所有邻结点，如果当前邻接点为v则计数器加1
  int count= 0;
  for( int i=0; i<G.vexNum; ++i ){
    ArcNode *p;
    for( p=G.vertices[i].firstOut; p!=NULL; p=p->nextOut ){
       if( p->indexOfAdjVex ==v)
          ++count;
    }
  }
  return count;
}
```

需要逐个结点遍历其关联的所有弧结点，时间复杂度为O(G.vexNum+G.arcNum)

□ 图的逆邻接表表示法

➢ 处理有向图时，邻接表中每个顶点关联的链表存放的是其邻接点，易于求出度和找邻接点，不易于求入度和找逆邻接点，为解决这一问题，可修改邻接表的存储结构，用各顶点关联的链表存储其逆邻接点，由此得到的存储结构称为**逆邻接表**。

图G=(V,R)中，若<u,v>∈R则称顶点u是v的逆邻接点

➢ **实例分析**：有向网G3对应的逆邻接表如下：

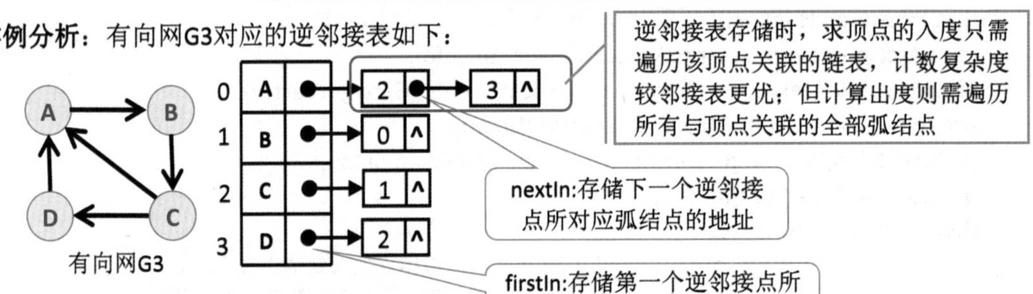
逆邻接表存储时，求顶点的入度只需遍历该顶点关联的链表，计数复杂度较邻接表更优；但计算出度则需遍历所有与顶点关联的全部弧结点
A
B
C
D
有向网G3
0
1
2
3
2
3
^
0
1
2
nextIn:存储下一个逆邻接点所对应弧结点的地址
firstIn:存储第一个逆邻接点所对应弧结点的地址

➢ **图的逆邻接表存储结构定义**

```
//图的种类枚举类型定义
typedef enum GraphKind { DG, DN, UDG, UDN  } GraphKind;
//逆向弧结点的类型定义
typedef struct RvsArcNode{
  int indexOfRvsAdjVex; //邻接点的下标
  WeightType weight; //弧的权值
  InfoType arcInfo; //弧的附加信息
  struct RvsArcNode * nextOut; //下一弧结点的地址
}RvsArcNode;
//逆邻接表数组元素的类型定义
typedef struct RvsVNode{
  VertexType data; //顶点的数据域
  RvsArcNode * firstIn; //指向第一个逆邻接点所对应的弧结点
}RvsVNode;
 //图的逆邻接表存储结构定义
typedef struct RvsALGraph{
  RvsVNode * vertices;
  int vexNum, arcNum;
  GraphKind kind;
}RvsALGraph;
```

7.2.3 有向图的十字链表存储及其操作实现

□ 有向图的十字链表表示法

➢ 用邻接表存储有向图时，计算顶点的出度容易，但是计算顶点入度需遍历所有顶点的所有邻接点；用逆邻接表存储时，计算顶点的入度容易，但是计算顶点出度需遍历所有顶点的所有逆邻接点；为同时方便入度和出度的计算，可将两者融合得到有向图的**十字链表**存储结构，十字链表中顶点数组的每个元素包含三个成员：
- data成员存储顶点的数据域取值。
- firstOut存储当前顶点的第一个邻接点所对应弧结点的地址。
- firstIn存储当前顶点的第一个逆邻接点所对应弧结点的地址。
- 每个弧结点包含6个成员：srcVex记录有向弧源点的下标；tgtVex记录有向弧的终点下标；weight记录有向弧的权值(无权图的权值可忽略或设为1)；arcInfo存储弧的其他附加信息；nextIn存储当前顶点下一逆邻接点所对应弧结点的地址；nextOut存储当前顶点下一邻接点所对应弧结点的地址。

➢ **实例分析**：有向网G5对应的十字链表存储结构如下：

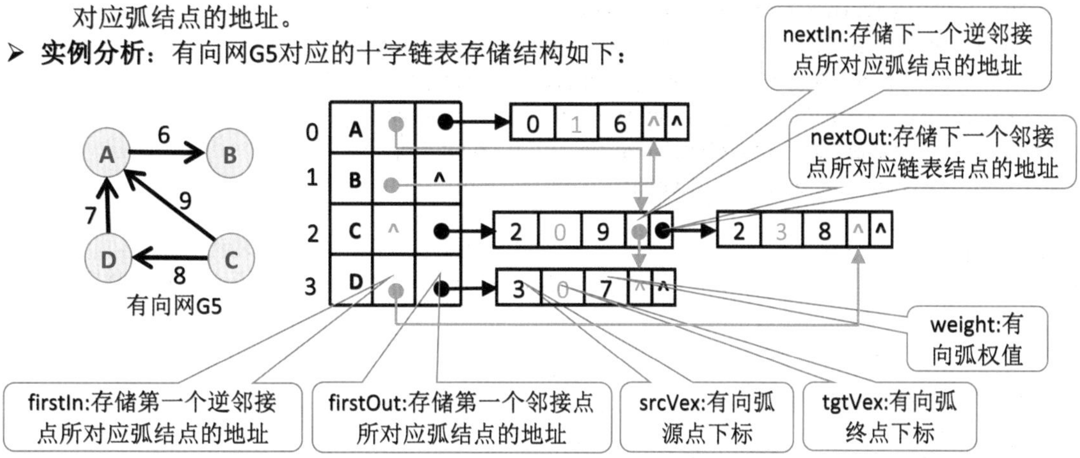

➢ **图的十字链表存储结构定义**

```
//图的种类枚举类型定义
typedef enum GraphKind { DG, DN, UDG, UDN  } GraphKind;
//弧结点的类型定义
typedef struct CrsArcNode{
   int srcVex,tgtVex;
   WeightType weight; //弧的权值
   InfoType arcInfo; //弧的附加信息
   struct CrsArcNode * nextIn; //下一逆邻接点所对应弧结点的地址
   struct CrsArcNode * nextOut; //下一邻接点所对应弧结点的地址
}CrsArcNode;
//邻接表数组元素的类型定义
typedef struct CrsVNode{
   VertexType data; //顶点的数据域
   CrsArcNode * firstIn; //指向第一个逆邻接点所对应弧结点
   CrsArcNode * firstOut; //指向第一个邻接点所对应弧结点
}CrsVNode;
 //图的邻接表存储结构定义
typedef struct CrsALGraph{
   CrsVNode * vertices;
   int vexNum, arcNum;
   GraphKind kind;
}CrsALGraph;
```

□ 十字链表存储结构下图的基本操作

➢ 十字链表存储的有向图的创建

```
Status CreateDN( CrsALGraph &G){
  //思路:输入各顶点数据域并初始化其关联弧为空，之后据输入的弧更新十字链表
  G.graphKind = DN;
  cin >>G.vexNum>>G.arcNum;
  G.vertices = (CrsVNode *) malloc(G.vexNum*sizeof(CrsVNode));
  for( int i=0; i<G.vexNum; ++i){
    InputVertex(G.vertices[i].data);
    G.vertices[i].firstIn=NULL; G.vertices[i].firstOut=NULL;
  }
  for(int i=0;i<G.arcNum;++i){
    InputArc(sourceVertex, targetVertex, weight, arcInfo);
    int u=LocateVertex(G, sourceVertex), v=LocateVertex(G, targetVertex);
    CrsArcNode * p=(CrsArcNode *)malloc(sizeof(CrsArcNode));
    p->srcVex = u;  p->tgtVex = v;  p->weight=weight;  p->arcInfo=arcInfo;
    p->nextOut = G.vertices[u].firstOut;  G.vertices[u].firstOut = p;
    p->nextIn = G.vertices[v].firstIn;  G.vertices[v].firstIn = p;
  }
  return OK;
}
```

每次将新的弧结点插入到两个链表的表头，各顶点的邻接点与逆邻接点的顺序与实际输入顺序相反

➢ 十字链表存储的有向图中，计算顶点的入度

```
//计算有向图G中顶点v的入度并返回
int GetInDegree ( CrsALGraph G, int v){
//思路：设置指针p遍历v的所有逆邻结点,每遇到一个逆邻结点则计数器加1即可
  int count= 0;
  CrsArcNode *p;
  for( p=G.vertices[v].firstIn; p!=NULL; p=p->nextIn ){
    ++count;
  }
  return count;
}
```

➢ 十字链表存储的有向图中，计算顶点的出度

```
//计算有向图G中顶点v的出度并返回
int GetOutDegree ( CrsALGraph G, int v){
//思路：设置指针p遍历v的所有邻结点,每遇到一个邻结点则计数器加1即可
  int count= 0;
  CrsArcNode *p;
  for( p=G.vertices[v].firstOut; p!=NULL; p=p->nextOut ){
    ++count;
  }
  return count;
}
```

7.2.4 无向图的邻接多重表存储及其操作实现

□ 无向图的邻接多重表表示法

- 用邻接表、逆邻接表或十字链表存储无向图时，每条无向边对应两个弧结点，进行弧信息更新或弧的增删等操作时需同步更新两个结点，这增加了算法实现的复杂度。为解决这一问题，可以为每条无向边仅设置一个边结点（比如，无向边的两个顶点的下标分别为u和v时，若u<v则仅设置有向弧<u,v>对应的边结点，否则设置有向弧<v,u>对应的边结点），同时，为方便查找各个顶点的邻接点和逆邻接点，边结点在十字链表中弧结点的基础上进一步扩充，顶点数组仅存储顶点数据域以及第一条与其关联的边结点的地址，如此一来，一个边结点同时隶属于多个顶点对应的边结点链表，故这种存储结构称为**邻接多重表**。
- **邻接多重链表**存储结构中，顶点数组的每个元素包含两个成员：data成员存储顶点的数据域取值；firstEdge存储与当前顶点有关联的第一个边结点的地址。每个边结点包含如下成员：
  - uVex记录边的某一个端点的下标；
  - uNext存储下一个与uVex有关联的边结点地址；
  - vVex记录边的另一个端点的下标；
  - uNext存储下一个与vVex有关联的边结点地址；
  - weight记录无向边的权值(无权图的权值可忽略或设为1)；
  - arcInfo存储边的其他附加信息；
  - isVisited记录当前边结点是否被访问过（因一个边结点同时位于多个链表，为防止重复操作而引入该标记变量）。
- **实例分析**：无向图G6对应的邻接多链表存储结构如下：

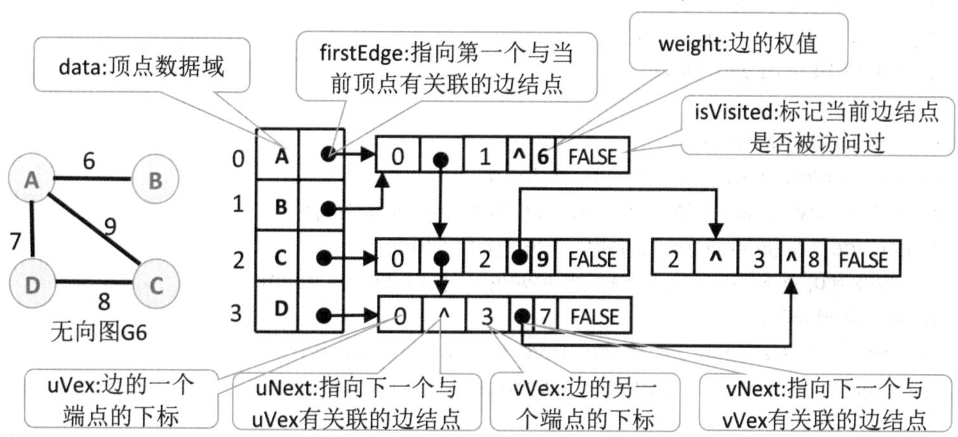

- **图的邻接多重表存储结构定义**

```
//图的种类枚举类型定义
typedef enum GraphKind { DG, DN, UDG, UDN  } GraphKind;
//边结点的类型定义
typedef struct EdgeNode{
   int uVex,vVex;
   WeightType weight; //边的权值
   InfoType arcInfo; //边的附加信息
   struct EdgeNode * uNext; //下一个与uVex有关联的边结点的地址
   struct EdgeNode * vNext; //下一个与vVex有关联的边结点的地址
   Bool isVisited; //标记当前边结点是否被访问过
}EdgeNode;
```

```
//邻接多重表数组元素的类型定义
typedef struct VNode{
  VertexType data; //顶点的数据域
  EdgeNode * firstEdge; //第一个与当前顶点有关联的边结点的地址
}MVNode;
 //图的邻接表存储结构定义
typedef struct MALGraph{
  MVNode * vertices;
  int vexNum, arcNum;
  GraphKind kind;
}MALGraph;
```

□ 邻接多重表存储结构下图的基本操作

➢ 邻接多重表存储的无向图的创建

```
Status CreateUDN( MALGraph &G){
//思路:输入各顶点数据域并初始化其关联边为空，之后据输入的边更新邻接多重表
  G.graphKind = UDN;
  cin >>G.vexNum>>G.arcNum;
  G.vertices = (MVNode *) malloc(G.vexNum*sizeof(MVNode));
  for( int i=0; i<G.vexNum; ++i ){
    InputVertex(G.vertices[i].data);
    G.vertices[i].firstEdge=NULL;
  }
  for( int i=0;i<G.arcNum;++i ){
    InputArc(uVertex, vVertex, weight, arcInfo);
    int u=LocateVertex(G, uVertex), v=LocateVertex(G, vVertex);
    EdgeNode * p=(EdgeNode *)malloc(sizeof(EdgeNode));
    p->uVex = u;  p->vVex = v;  p->weight=weight;  p->arcInfo=arcInfo;
    p->isVisited=FALSE;
    p->uNext = G.vertices[u].firstEdge;  G.vertices[u].firstEdge = p;
    p->vNext = G.vertices[v].firstEdge;  G.vertices[v].firstEdge = p;
  }
   return OK;
}
```

每次都将新的边结点插入到其两个顶点各自所关联的边结点链表的表头

➢ 邻接多重表存储的无向图中，计算顶点的度

```
//计算无向图G中顶点v的度并返回
int GetDegree ( MALGraph G, int v){
//思路：设置指针p指向顶点v的所有关联的边,每遇到一个关联的边则计数器加1即可
  int count= 0;
  EdgeNode *p=G.vertices[v].firstEdge;
  while( p!=NULL ){
    ++count;
    if( p->uVex==v ) p=p->uNext;
    else p=p->vNext;
  }
   return count;
}
```

7.3 图的遍历

从某个结点出发，沿图中的边按特定规则对图中各顶点依次进行搜索和访问，且保证每个顶点只访问一次，称该过程为图的遍历。根据图的不同性质分析的需求可设计不同的搜索规则，常见的有图的广度优先搜索和深度优先搜索两种搜索规则。

7.3.1 图的广度优先遍历

□ 图的广度优先搜索(Breadth-First Search,BFS)

- **搜索规则**：从某个顶点u出发，先访问u；之后，逐个访问u的未访问的邻接点；再逐个从这些邻接点出发重复上述过程，直至所有的顶点都访问完毕。
- **搜索性质**：假设从顶点u开始广度优先搜索，并将从顶点u出发到顶点v结束、边最少之路径的边数称为v相对u的层级，则广度优先搜索就是按照层级由小到大的原则逐层访问顶点的过程。根据这一性质，对无权图或者权值均相等的加权图来说，广度优先搜索可以得到出发点到其余各点之间的最短路径。
- **实例分析**：迷宫M及其图模型如下，各顶点相对A的层级已标出。下面给出广度优先遍历该图的过程，假设邻接点顺序符合字典序，可得遍历序列ABDCGEHFIJKL。

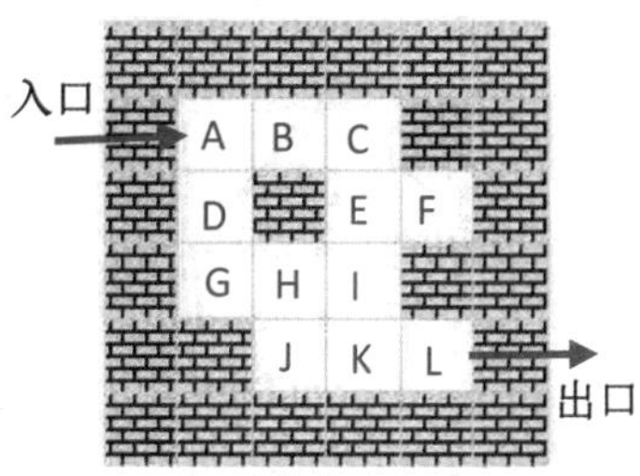

迷宫 M

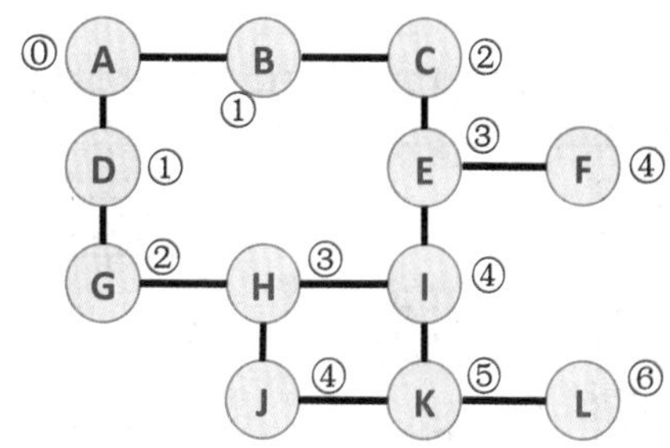

迷宫M的图模型G

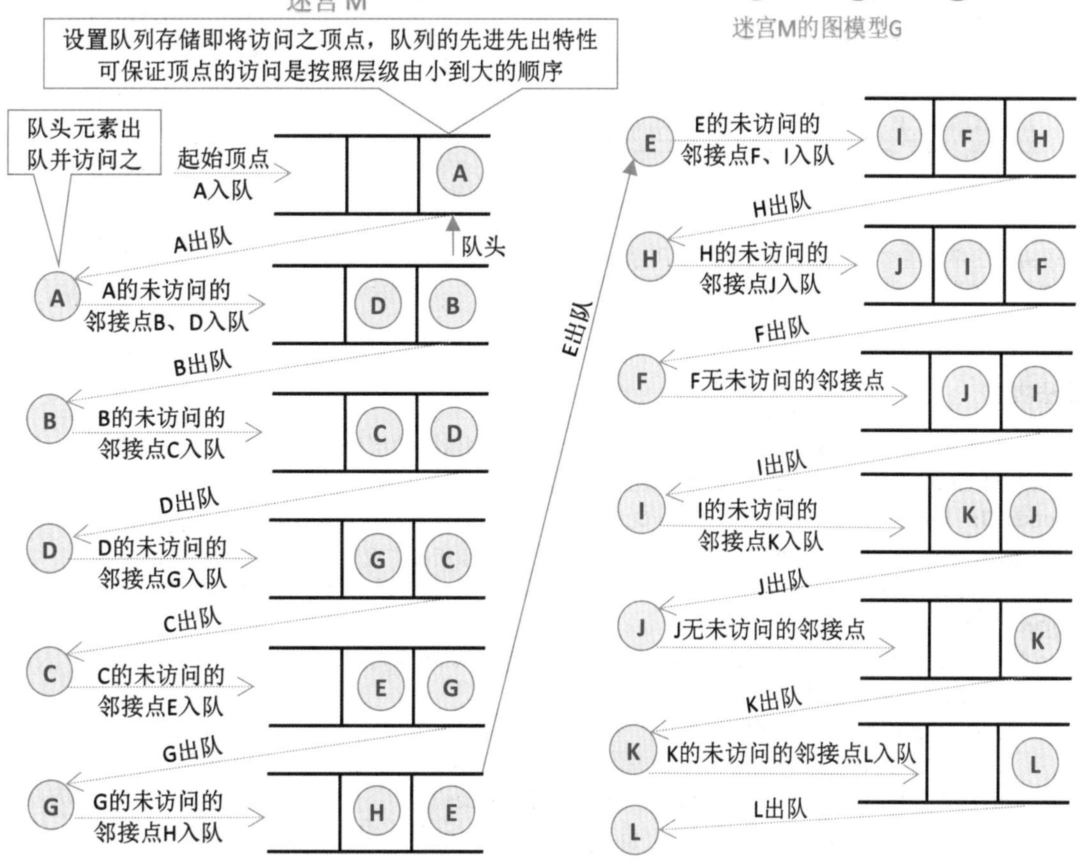

□ 算法设计： 从顶点*u*出发广度优先遍历图G，计算各顶点相对*u*的层级并输出遍历走过的弧

- 初始化一个空队列Q
- 将顶点u压入队列Q
- 初始化顶点u的层级level[u]为0
- **WHILE(** 队列Q不空**):**
-   队列Q中的队头元素x出队
-   访问x
-   **FOREACH(** x的邻接点v)
-     **IF(** v尚未被访问)
-       将v插入队列Q
-         令level[v]:=level[x]+1
-       输出弧<x,i>

level为一维数组，存储各个顶点相对出发点u的层级

顶点v的层级为其前驱顶点x的层级加1

广度优先遍历时从x找到其未访问的邻接点v，则意味着两者间存在一条弧，这些弧实际构成一棵以u为根的树，称为图的广度优先生成树

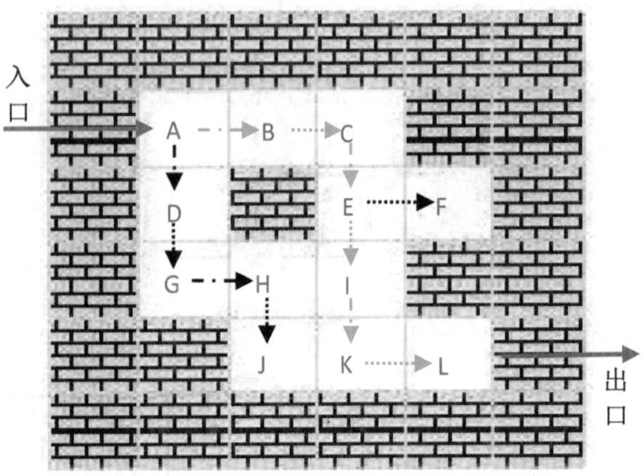

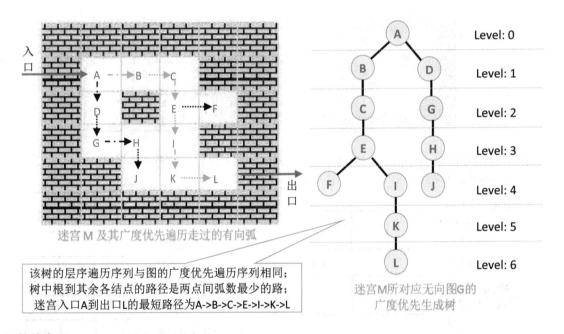

迷宫 M 及其广度优先遍历走过的有向弧

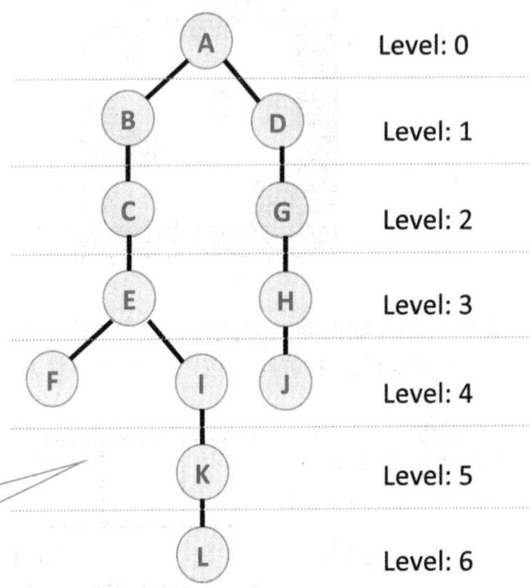

迷宫M所对应无向图G的广度优先生成树

该树的层序遍历序列与图的广度优先遍历序列相同；树中根到其余各结点的路径是两点间弧数最少的路；迷宫入口A到出口L的最短路径为A->B->C->E->I->K->L

□ 算法实现

```
//从顶点u出发对邻接表图G进行广度优先遍历，求各顶点相对u的层级并输出遍历走过的弧
void BFS( ALGraph G, int u, void (*visit)(VertexType)){
  SqQueue Q;  InitQueue(Q);  QueuePush (Q, u);
  level[u].root = u;  level[u].distance = 0;
  while ( !QueueEmpty(Q) ){
    QueuePop(Q, x);   visit(x);
    for(ArcNode *p=G.vertices[x].firstOut; p!=NULL; p=p->nextOut)
      if( visited[p->indexOfAdjVex]==FALSE){
        QueuePush(Q, p->indexOfAdjVex);
        level[p->indexOfAdjVex].root = u; //此处记录根结点是为了处理非(强)连通图
        level[p->indexOfAdjVex].distance = level[x].distance+1;
        cout<<G.vertices[x].data<<" → "<<G.vertices[p->indexOfAdjVex].data<<endl;
      }//if
  }//while
}
```

level是个全局一维数组，用于存储各个顶点所在广度优先生成树的根结点，以及该顶点相对根结点的层级

visited是个全局一维数组，用于记录各个顶点是否被访问过

□ 算法分析

- **时间复杂度**：广度优先遍历邻接表图时，各顶点均执行1次入队、1次出队、1次访问和一个求邻接点并更新邻接点层级的循环，时间复杂度为O(G.vexNum+G.arcNum)。
- **空间复杂度**：广度优先遍历需要开辟一个队列依次存放各个待访问的顶点，其空间复杂度为O(G.vexNum)
- **注意事项**：从顶点u出发调用一次BFS函数仅能遍历从u可达的顶点，若原图非(强)连通，要遍历图中所有顶点，则需多次调用BFS函数，由此可得如下遍历非(强)连通图的广度优先遍历函数。

```
BOOL * visited;
struct  LevelType{
   int root; //记录顶点所属广度优先生成树的根结点的下标
   int distance; //记录顶点相对广度优先生成树根结点的层级
} *level;
//对邻接表图G进行广度优先遍历，求各顶点相对u的层级并输出遍历走过的弧
void BFSTraverse( ALGraph G, void (*visit)(VertexType)){
   visited = (BOOL *) malloc ( G.vexNum* sizeof(BOOL) );
   for( int i=0; i<G.vexNum; ++i )
      visited [i] = FALSE;
   level = (struct LevelType *) malloc ( G.vexNum* sizeof(struct LevelType) );
   int numberOfSpanTrees=0;
   for ( int u=0; u<G.vexNum; ++u ){
      if( visited[u] == FALSE ){
         BFS(G,u,visit);
         numberOfSpanTrees++;
      }//if
   }//for
}//时间复杂度为O(G.vexNum+G.arcNum),空间复杂度为O(G.vexNum)
```

用于记录广度优先生成树的个数

每调用一次BFS函数都会得到一个广度优先生成树。处理无向图时，BFS的调用次数与连通分量的个数相等

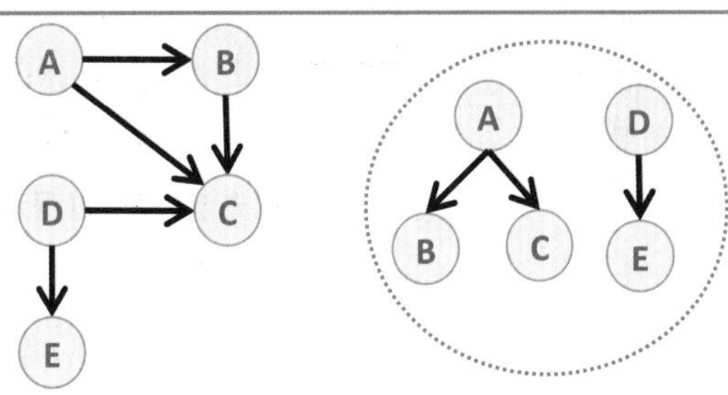

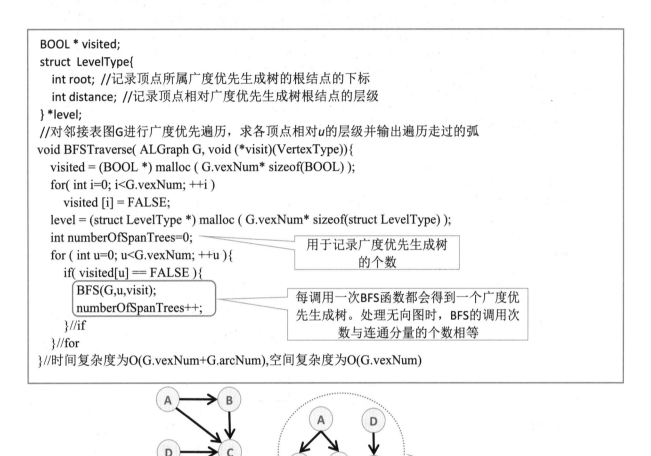

非强连通有向图G　　G的广度优先生成森林

假设顶点及其邻接点按照字典序排列时得到的广度优先生成森林

□ 拓展与思考

- **历史的偶然与必然**：广度优先搜索算法最初在1959年由美国学者Edward F. Moore在分析迷宫最短路径时提出。1961年，美国贝尔电话实验室的C.Y.Lee在研究电路板布线问题时又独立提出了这一算法。学习字符串模式匹配的KMP算法，此处的广度优先搜索算法，以及后文将要介绍的最小生成树算法，你会发现，很多重要问题的求解算法会在相近的时间段被不同人独立提出，这是一种偶然，还是有一定的必然，试思考之。
- **广度优先搜索的应用**：查阅下列文献学习广度优先搜索在电路板布线等问题中的应用。
  - E. F. Moore (1959), The shortest path through a maze. *In Proceedings of the International Symposium on the Theory of Switching*, Harvard University Press, pp. 285–292.
  - C. Y. Lee (1961), An algorithm for path connection and its applications. *IRE Transactions on Electronic Computers*, EC-10(3), pp. 346–365.

7.3.2 图的深度优先遍历

- **图的深度优先搜索(Depth-First Search,DFS)**
  - **搜索规则**：从某个顶点u出发，先访问u；之后，沿着从该顶点出发的路径**不断前进**去探索未访问的新顶点，每遇到一个新顶点都访问之；待遇到一个无法继续前进的顶点（该顶点没有邻接点或者其所有邻接点均已被访问）时，**回溯**到上一步沿其他路径继续探索新顶点。这一过程不断重复，直至图中所有顶点都访问完毕。
  - **搜索性质**：通俗地说，深度优先搜索的思想是从一个顶点开始，沿着一条路一直走到底，如果发现不能继续前进，那就返回到上一个顶点再从另一条路开始走到底。不同于广度优先搜索按层级顺序、逐层访问各个顶点，深度优先搜索是一种尽量往深处走的搜索策略。若深度优先搜索过程中，从某个顶点出发探索到一个位于该顶点到达路径上的、已访问过的顶点，则说明存在回路，在此基础上可完成图的平面性测试（即图中所有边互不交叉，在电路板布线设计中具有重要作用）、程序流图的循环识别与优化等诸多问题的求解。
  - **实例分析**：下图左侧给出了某程序的C语言源码及其编译后的中间代码，右侧给出其对应的程序流图及深度优先遍历该图时前进和回溯的过程。假设邻接点的顺序符合字典序，则深度优先遍历序列为ABCDEXFG，遍历过程走过的弧构成深度优先生成树。

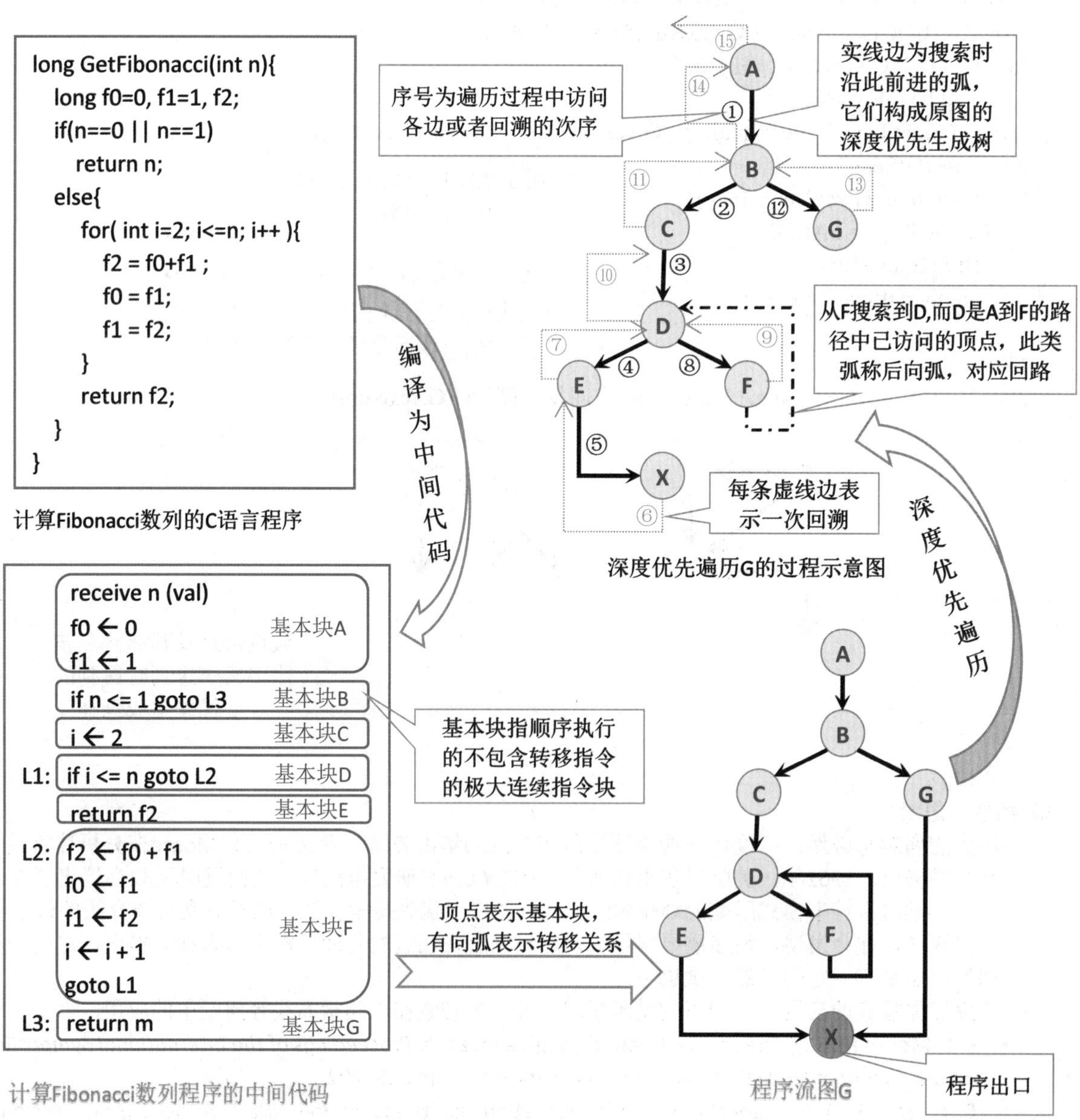

long GetFibonacci(int n){
long f0=0, f1=1, f2;
if(n==0 || n==1)
return n;
else{
for(int i=2; i<=n; i++){
f2 = f0+f1 ;
f0 = f1;
f1 = f2;
}
return f2;
}
}
计算Fibonacci数列的C语言程序
编译为中间代码
receive n (val)
f0 ← 0
f1 ← 1
基本块A
if n <= 1 goto L3
基本块B
i ← 2
基本块C
L1: if i <= n goto L2
基本块D
return f2
基本块E
L2: f2 ← f0 + f1
f0 ← f1
f1 ← f2
i ← i + 1
goto L1
基本块F
L3: return m
基本块G
基本块指顺序执行的不包含转移指令的极大连续指令块
计算Fibonacci数列程序的中间代码
顶点表示基本块，有向弧表示转移关系
序号为遍历过程中访问各边或者回溯的次序
实线边为搜索时沿此前进的弧，它们构成原图的深度优先生成树
A
B
C
G
D
E
F
X
①
②
③
④
⑤
⑥
⑦
⑧
⑨
⑩
⑪
⑫
⑬
⑭
⑮
从F搜索到D,而D是A到F的路径中已访问的顶点，此类弧称后向弧，对应回路
每条虚线边表示一次回溯
深度优先遍历G的过程示意图
深度优先遍历
程序出口
程序流图G

□ 算法设计：从顶点u出发深度优先遍历图G，输出遍历走过的弧与后向弧

◆ **算法思路：**深度优先遍历实际就是从出发点开始，对每个新结点均执行如下操作：

(1) 访问当前顶点，标记其被访问过了；

(2) 逐个探索当前顶点的邻接点，若当前邻接点未被访问则从其出发重复上述过程；

(3) 从当前顶点回溯到上一个顶点。

“过程的重复”可借助递归实现，对应着递归调用和前进

回溯对应着递归过程的返回阶段

◆ **递归函数设计：**

DFS(Grap G,int u)

递归边界：

访问u并探索完毕其各邻接点后，直接递归返回。

递归关系：

探索u的各邻接点时，对每个未被访问的邻接点v，递归调用DFS(G,v)以从v出发开始递归前进。

◆ **回路检测应用：**为有向图各顶点设置两时间戳detctTime与backTime，分别记录顶点首次被访问和从该顶点回溯的时间（可设一全局整型计时器，每探测一个新顶点或发生回溯时均将计时器增1）。若detctTime[u]<detctTime[v]<backTime[v]<backTime[u]，则说明有向图中存在一条有向回路(从顶点u出发到达顶点v后再回到u，v到u的有向弧称为一条后向弧），试证明之。此外，分析无向图的回路检测是否可以简化？

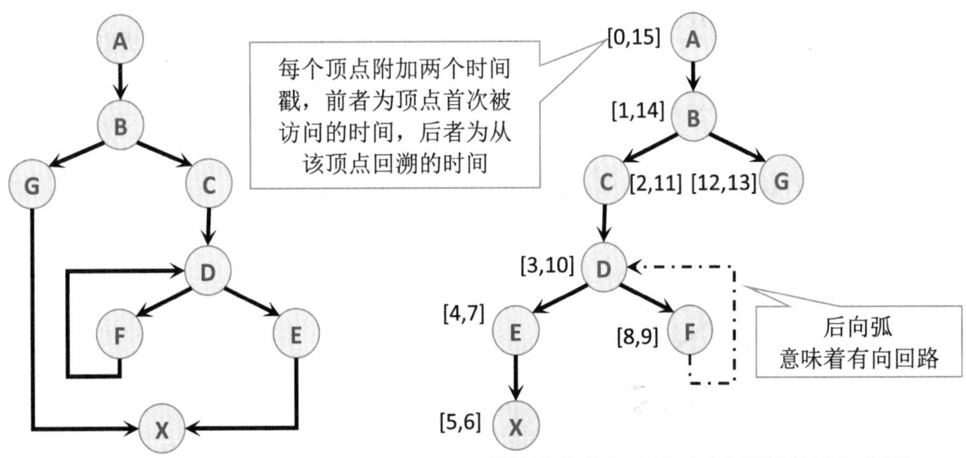

程序流图G　　　　G的深度优先生成树（后向弧不属于生成树）

□ 算法实现

```
//从顶点u出发深度优先遍历图G，输出生成树中的边并计算各顶点的发现时间和回溯时间
int timer=0; //全局计时器变量，用以计算各个顶点被发现的时间和从其开始回溯的时间
int *detectTime, *backTime; // 两个动态数组，分别记录各个顶点的发现时间和回溯时间
void DFS( ALGraph G, int u, void (*visit) (VertexType) ){
  detectTime[u]=timer++;
  visit(u);  visited[u] = TURE;
  for(ArcNode *p=G.vertices[u].firstOut; p!=NULL; p=p->nextOut){
    if( visited[p->indexOfAdjVex]==FALSE){
        cout<<G.vertices[u].data<<" → "<<G.vertices[p->indexOfAdjVex].data<<endl;
        DFS(G, p->indexOfAdjVex,visit);
    }//if
  }//for
  backTimer[u]=timer++;
  return ;
}
```

记录顶点发现时间并更新计时器

递归调用与前进

记录回溯时间，并进行递归返回和回溯

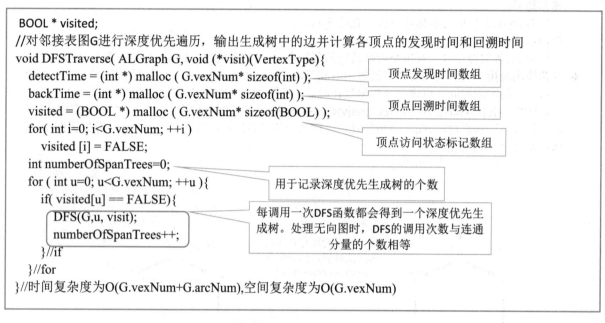

□ 算法分析

- **时间复杂度**：深度优先遍历邻接表图时，每个顶点均被执行1次访问、1次回溯、2次计时和一个求其邻接点的循环，故总的时间复杂度为O(G.vexNum+G.arcNum)。
- **空间复杂度**：本节给出的深度优先遍历算法需要维护一个递归工作栈，最坏情况下该工作栈的容量需要与图中定点数相等，故该算法的空间复杂度为O(G.vexNum)。
- **注意事项**：从顶点*u*出发调用一次DFS函数仅能遍历从*u*可达的顶点，若原图非(强)连通，要遍历图中所有顶点，则需多次调用DFS函数，由此可得如下遍历非(强)连通图的深度优先遍历函数。

```
BOOL * visited;
//对邻接表图G进行深度优先遍历，输出生成树中的边并计算各顶点的发现时间和回溯时间
void DFSTraverse( ALGraph G, void (*visit)(VertexType){
  detectTime = (int *) malloc ( G.vexNum* sizeof(int) );
  backTime = (int *) malloc ( G.vexNum* sizeof(int) );
  visited = (BOOL *) malloc ( G.vexNum* sizeof(BOOL) );
  for( int i=0; i<G.vexNum; ++i )
    visited [i] = FALSE;
  int numberOfSpanTrees=0;
  for ( int u=0; u<G.vexNum; ++u ){
    if( visited[u] == FALSE){
      DFS(G,u, visit);
      numberOfSpanTrees++;
    }//if
  }//for
}//时间复杂度为O(G.vexNum+G.arcNum),空间复杂度为O(G.vexNum)
```

顶点发现时间数组

顶点回溯时间数组

顶点访问状态标记数组

用于记录深度优先生成树的个数

每调用一次DFS函数都会得到一个深度优先生成树。处理无向图时，DFS的调用次数与连通分量的个数相等

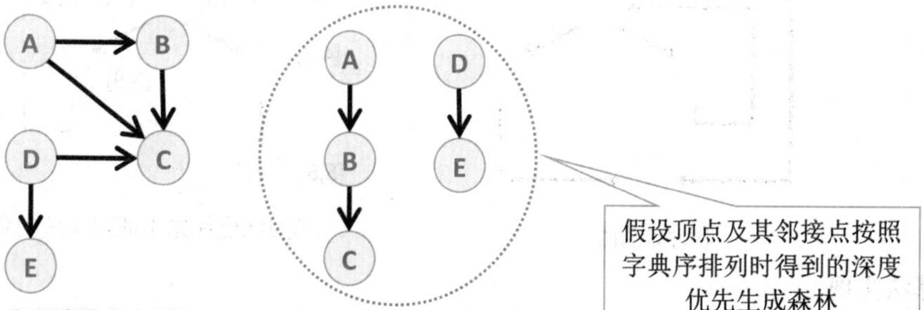
A
B
C
D
E
假设顶点及其邻接点按照字典序排列时得到的深度优先生成森林

非强连通有向图G　　G的深度优先生成森林

□ 拓展与思考

- **深度优先搜索算法**由John Edward Hopcroft与Robert Endre Targan在研究图的连通性和平面性等问题时提出，这些问题对电路板的布线设计等问题至关重要，他们因此获得了1986年的图灵奖，下面是他们所发表的深度优先搜索的几篇文献，请查阅学习。
  - Tarjan R E 1972. Depth-First Search and Linear Graph Algorithms. SIAM J. Comput., 1：146-160.
  - Hopcroft, J. E, Tarjan R E 1973. Dividing a graph into triconnected components. SIAM Journal on Computing, 2(3): 135-158.
  - Hopcroft J, Tarjan R E 1973.Algorithm 447:Efficient algorithms for graph manipulation. Communications of the ACM, 16(6): 372-378.
- **搜索算法的应用**：很多问题的求解可以看作对解空间的搜索，由此可以使用深度优先搜索、广度优先搜索、蒙特卡洛树搜索等诸多不同的搜索策略进行求解。试查阅各种常见搜索算法的资料，并分析其各自的特点与应用的场景。

□ 科学家故事与精神的传承

➢ **斯坦福大学的创业精神：** DFS算法的两位提出者都是斯坦福大学的学生，该校的校友、教授及研究人员中目前有29人获图灵奖(位居世界第一)，84人获诺贝尔奖(位居世界第七)，并培养了谷歌、NVIDA等诸多高科技公司的创办人，这与斯坦福大学务实创业的办学理念密不可分，正如斯坦福先生在首次开学典礼上所言："生活归根结底是务实的，你们到此学习要为自己谋求一个有用的职业，这需要创新、进取的精神，良好的规划和最终使之实现的努力。"这种理念包含的求真务实、勇担风险、勇于创新的精神为一代代斯坦福人的不断开拓和进取提供了源源不断的动力！

➢ **陆游的爱国家风：** 学校优秀办学理念和精神的传承可以造就人才，良好的家风对家族的传承乃至民族的发展也至关重要。以爱国诗人陆游为例，他生逢北宋灭亡之际，一生忧国忧民，其子孙后代也没有辜负陆游的教诲，他们在国家崩溃和灭亡时表现出可敬的爱国精神，堪称满门忠烈，令人敬仰！陆游的爱国家风不仅影响着他的子孙后代，也影响着我们民族每个人，爱国主义精神是中华民族生生不息的精神动力！

David Huffman(1925-1999)
信息论先驱
斯坦福大学短暂任教
Robert W. Floyd(1936-2001)
图灵奖(1978)获得者
斯坦福大学教授
Donald E. Knuth(1938-)
图灵奖(1974)获得者
斯坦福大学教授
与后者有师生关系
为后者讲授开关电路与计算理论
后者读研时，与其合作研究图算法
John Edward Hopcroft(1939-)
图灵奖(1986)获得者
斯坦福大学博士
Robert Endre Targan(1948-)
图灵奖(1986)获得者
斯坦福大学博士
示　儿
【宋】陆游
死去元知万事空，
但悲不见九州同。
王师北定中原日，
家祭无忘告乃翁。
陆游
(1125-1210)
南宋爱国诗人

7.4 最小生成树

7.4.1 最小生成树的概念及其应用

□ 基本概念

- ➢ **生成树的代价**：对于无向图G的一个生成树T而言，T中所有边的权值之和称为该生成树的代价。
- ➢ **最小生成树**：给定一个连通的无向图，其代价最小的生成树称为该图的最小生成树（Minimum Spanning Tree）。
  - 以下面的无向网G为例，T1、T2和T3均为其生成树，三者的代价分别为11、11和21，可以证明，网G所有生成树的代价中最小值为11，故T1和T2是G的最小生成树。此外，当无向图中各边权值均不相同时，可以证明最小生成树是唯一的。

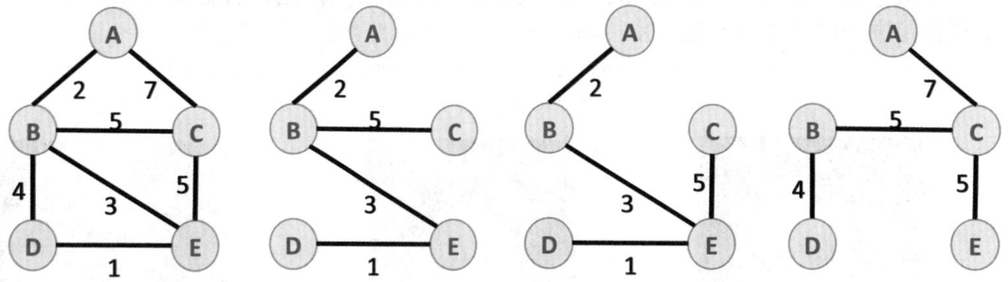

无向网G　　G的最小生成树T1　　G的最小生成树T2　　G的生成树T3

□ 应用实例

- ➢ **网络规划**：以在若干地点之间构建通信网络为例，每个地点作为图的一个顶点，两点间直接建立的通信链路及其代价作为边及其权值，由此得到一个无向图，该无向图的最小生成树对应的通信网络能使任意两点之间均可进行通信，且建设成本最小。下图中，假设通信链路建设成本与距离成正比，则基于最小生成树得到的通信网络构建成本较左侧集中式的构建方案成本更低。

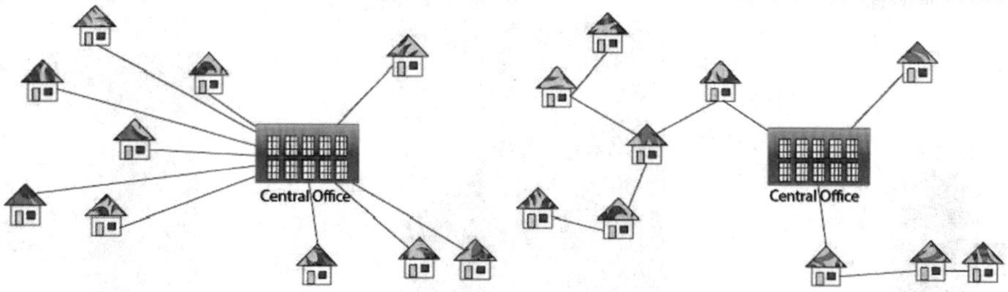

集中式通信网络构建方案　　基于最小生成树的通信网络构建方案

- ➢ **图像分割**：以二维图像为例，为每个图像像素构建一个顶点，每个顶点与其周边八邻域的像素之间添加一条无向边，两相邻像素灰度值或者彩色矢量值之间的差异度作为边的权值，对由此得到的无向图计算最小生成树，再按照一定的边权阈值将最小生成树中大于阈值的边去掉，可将最小生成树划分为多个子树，每个子树可以认为对应原图一个连通的同质区域，如下图所示。

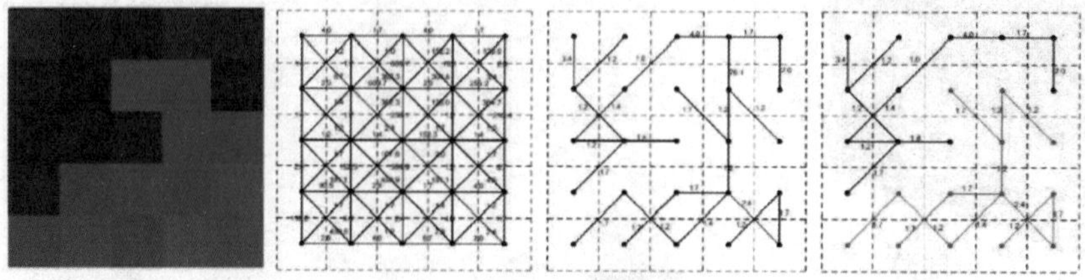

（a）模拟彩色图像　（b）无向带权图　（c）图像MST　（d）同质区域划分

基于最小生成树的图像分割过程示意

7.4.2 计算最小生成树的Kruskal算法

可根据边的两个顶点之前是否同属于一个连通分量确定该边的加入是否导致回路

- **Kruskal算法思想**：将图中各顶点看作一个独立的连通分量，将构造最小生成树的过程看作**选择代价之和最小的多条边将这些连通分量合并到一个极小连通子图**（对应原图一个生成树）的过程。最小生成树有G.vexNum-1条边，为保证它们的代价之和最小，采用贪心策略，每轮均**从尚未加入最小生成树，且加入后不会导致回路的边中选择权值最小的边进行连通分量的合并**，重复G.vexNum-1轮便可得到一颗最小生成树。
  - **计算过程**：以上节有向图G为例，按照Krusckal算法计算其最小生成树的过程如下。

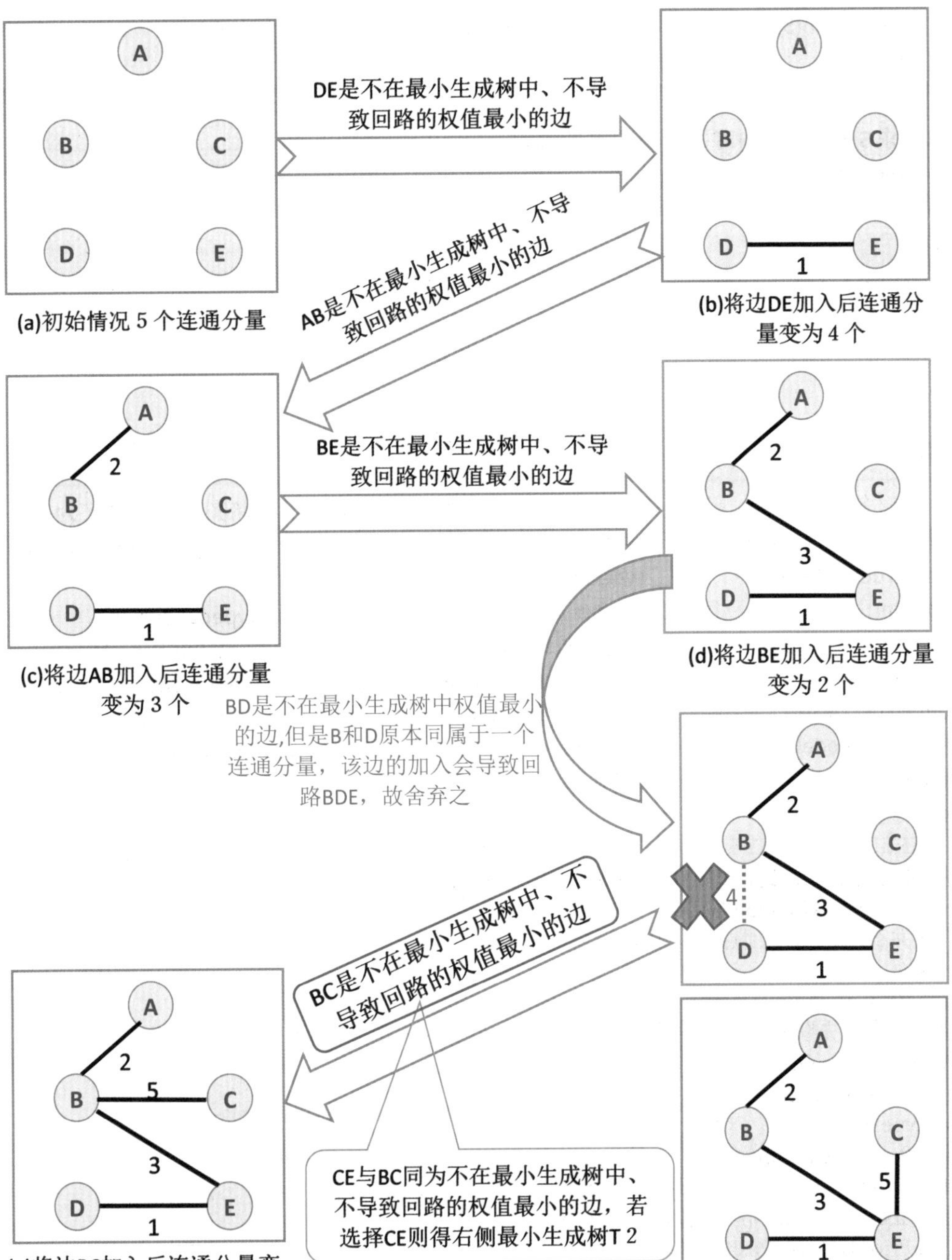

A
B
C
D
E
DE是不在最小生成树中、不导致回路的权值最小的边
1
AB是不在最小生成树中、不导致回路的权值最小的边
2
BE是不在最小生成树中、不导致回路的权值最小的边
3
BD是不在最小生成树中权值最小的边,但是B和D原本同属于一个连通分量，该边的加入会导致回路BDE，故舍弃之
4
BC是不在最小生成树中、不导致回路的权值最小的边
5
CE与BC同为不在最小生成树中、不导致回路的权值最小的边，若选择CE则得右侧最小生成树T 2

(a)初始情况 5 个连通分量

(b)将边DE加入后连通分量变为 4 个

(c)将边AB加入后连通分量变为 3 个

(d)将边BE加入后连通分量变为 2 个

(e)将边BC加入后连通分量变为 1 个，对应最小生成树T1

G的最小生成树T2

□ 算法设计：Kruskal算法求无向图G的一个最小生成树

- 使用并查集S存储各连通分量，初始情况下将每个顶点的双亲结点设置为其自身
- 将各条边根据其权值大小加入到最小优先队列Q中
- count = 0
- **WHILE(count<=G.vexNum-1):**
-   从最小优先队列Q中删除位于队头的边，设其两个顶点为u和v
-   **IF**(UFSetFind(S,u)==UFSetFind(S,v))
-     continue;
-   **ELSE**
-     将边(u,v)加入最小生成树T
-     UFSetUnion(S,u,v);
-     ++count;

若边的两个顶点同属于一个连通分量（其所在并查集的根结点是一个），则改变会导致回路

将两个连通分量合并为一个连通分量

- **Kruskal算法求G最小生成树时并查集的更新过程**

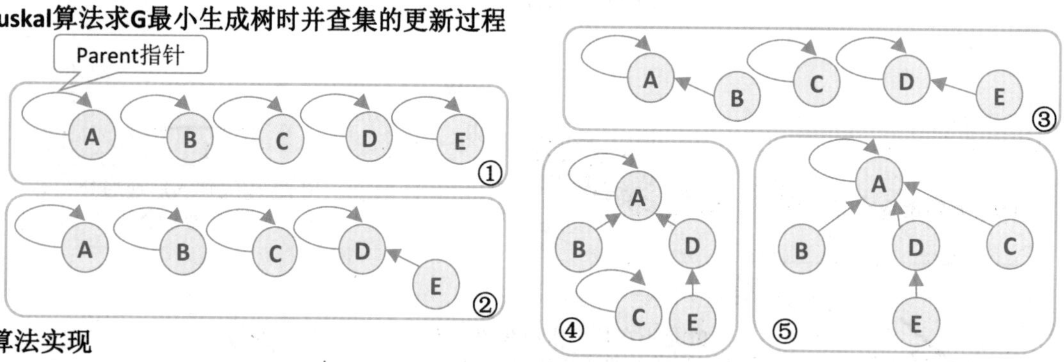

□ 算法实现

```
//用并查集存储各连通分量，用最小优先队列存储各边信息，用邻接表存储图，部分定义为：
    //并查集相关的存储结构定义
    typedef struct UFSNode{
      int parent;
      int rank;
    }UFSNode;
    typedef struct UFSet{
      UFSNode * nodeList;
      int length;
    }UFSet;

    //优先队列元素类型定义
    typedef struct Edge{
      int u, v;
    }Edge, ElemType;
    typedef struct QElemType {
      ElemType data; //存储边的信息
      int priority; //边的权值作优先级
    }QElemType;

    //最小优先队列类型定义
    typedef struct{
      QElemType *base;
      int front, rear;
      int queueSize;
    } MinPriorityQueue;
```

```
//Kruskal算法求最小生成树，输出最小生成树中的各条边
  void MST_Kruskal(ALGraph G){
    //初始化并查集，每个顶点的父结点设置为自身
    UFSet S;
    InitUFSet(S,G.vexNum);
    //初始化最小优先队列，并将各条边按照权值大小加入该优先队列
    MinPriorityQueue Q;
    InitMinPriorityQueue(Q);
    QElemType e;
    for(int i=0; i<G.vexNum; ++i){
      for(ArcNode * p= G.vertices[i].firstArc; p!=NULL; p=p->next){
        e.data.u=i; e.data.v=p->adjVex; e.priority=p->weight;
        MinPriorityQueuePush(Q,e);
      }//for
    }//for
```

```
    //重复多轮，每一轮均选择权值最小的边，若该边两个端点位于不同的连通分量，则将这两个连通
分量合并为一个，直至找到G.Vex.Num-1条边将所有顶点并入一个连通分量
    int count=0;
    while( count < G.vexNum-1 ){
      MinPriorityQueuePop(Q,e);
      if(UFSetFind(S,e.data.u) == UFSetFind(S, e.data.v) )
        continue;
      else{
        UFSetUnion(S, e.data.u, e.data.v);
        cout<<G.vertices[e.data.u].data<<"---"<<G.vertices[e.data.v].data<<" \n";
        count++;
      }
    }
    return;
 }
```

◆ **算法复杂度分析**

- **时间复杂度**：将各边加入最小优先队列的复杂度为O(G.arcNum)；从最小优先队列中删除权值最小的边的复杂度为O(log(G.arcNum))；判断一条边的两个顶点是否位于同一个连通分量的复杂度为O(log(G.vexNum))；最坏情况下所有边都需从队列中删除并判断是否导致回路，其复杂度为O(G.arcNum*(log(G.vexNum)+log(G.arcNum))。对于连通图来说，G.arcNum>=G.vexNum-1，故总复杂度为O(G.arcNum*log(G.arcNum))。
- **空间复杂度**：并查集的空间复杂度为O(G.vexNum)，最小优先队列的空间复杂度为O(G.arcNum)，因G.arcNum>=G.vexNum-1，故总的空间复杂度为O(G.arcNum)。

□ **科学家故事与科学精神**

约瑟夫·伯纳德·克鲁斯卡尔（Joseph Bernard Kruskal Jr.)是美国数学家、统计学家、计算机科学家和心理学家，在组合学、语言统计学、多维缩放心理学等领域均有突出贡献，在计算机科学领域以加权图最小生成树的求解算法闻名。他为人谦虚，待人友好，心怀感恩，在发表的论文中会对给予其帮助或者启发的人一一给予感谢，哪怕这些帮助或启发并非决定性的。

Joseph Bernard Kruskal, Jr.
1928~2010

Joe was both a pure and an applied mathematician par excellence. He was a self-effacing person who seemed unaware of his own truly monumental accomplishments. As both a kindly friend and top-internationally recognized major mathematician, his absence is a very sorrowful one.

—MacTutor History of Mathematics Archive

7.4.3 计算最小生成树的Prim算法

- **Prim算法思想**：初始情况下任选一个顶点加入最小生成树，将构造最小生成树的过程看作**不断选择其他顶点加入该生成树**的过程。为保证生成树的代价最小，采用贪心策略，每轮均**选择未在树中、与树中已有顶点有边相连且相连的边权值最小的顶点加入最小生成树**，重复G.vexNum-1轮便可将所有顶点加入生成树，最终得到一颗最小生成树。
  - **计算过程**：仍以下图所示的有向图G为例，按Prim算法计算其最小生成树的过程如下。

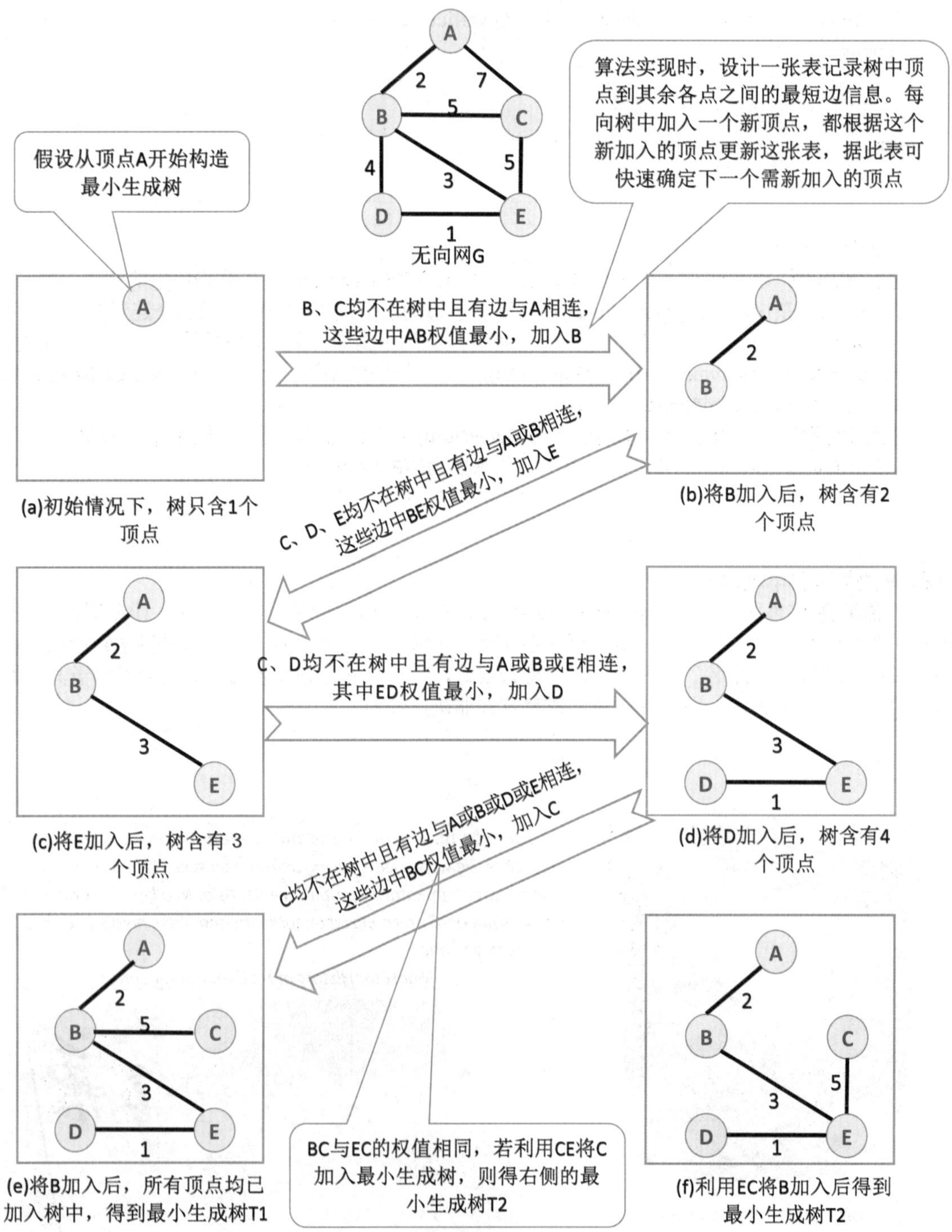

□ 算法设计：Prim算法求无向图G的一个最小生成树

> ➢ 记图G的最小生成树为MST，初始任选G中一个顶点u加入MST
> ➢ 开辟数组cheapestEdges[G.vexNum]，v号元素含三个属性：vexInMST记录当前MST中距v最近之顶点；cost记录边(vexInMST, v)的权,isInMST标记v是否在MST中
> ➢ **FOR** (G中任意顶点v):
> ➢ 　**IF(v!=u)**　cheapestEdges[v] := { u, Weight(u,v), FALSE };
> ➢ 　**ELSE**　cheapestEdges[v].isInMST := TRUE;
> ➢ **FOR(i=1; i<=G.vexNum-1; ++i):**
> ➢ 　在数组cheapestEdges中找isInMST为FALSE且cost最小的元素，设该元素下标为x;
> ➢ 　将顶点x加入MST，输出边(cheapestEdges[x].vexInMST, v) ;
> ➢ 　cheapestEdges[x].isInMST := TRUE;
> ➢ 　**FOR** (G中任意顶点v):
> ➢ 　　IF(cheapestEdges[v].isInMST==FALSE && Weight(x,v)<cheapestEdges[v].cost) ;
> ➢ 　　　cheapestEdges[v] := { x, Weight(x,v), FALSE};

• **Prim算法求G最小生成树时最短边信息表的更新过程(假设初始将0号顶点A并入MST)**

属性＼顶点	A	B	C	D	E
vexInMST		A	A	A	A
cost		2	7	∞	∞
isInMST	TRUE	FALSE	FALSE	FALSE	FALSE

B加入MST 据B更新表

属性＼顶点	A	B	C	D	E
vexInMST		A	B	B	B
cost		2	5	4	3
isInMST	TRUE	TRUE	FALSE	FALSE	FALSE

E加入MST 据E更新表

属性＼顶点	A	B	C	D	E
vexInMST		A	B	E	B
cost		2	5	1	3
isInMST	TRUE	TRUE	FALSE	FALSE	TRUE

D加入MST 据D更新表

属性＼顶点	A	B	C	D	E
vexInMST		A	B	E	B
cost		2	5	1	3
isInMST	TRUE	TRUE	FALSE	TRUE	TRUE

C加入MST 据B更新表

属性＼顶点	A	B	C	D	E
vexInMST		A	B	E	B
cost		2	5	1	3
isInMST	TRUE	TRUE	TRUE	TRUE	TRUE

□ 算法实现：

//图采用邻接矩阵存储，生成树中已有顶点与其余顶点间最短边信息对应的类型定义如下：

```
typedef struct CheapestEdge {
    int vexInMST;
    double cost;
    Bool isInMST;
}CheapestEdge;
```

（vexInMST：与前文表格中此成员存储顶点的数据域取值略有不同，此处存储顶点的下标）

```
//Prim算法求最小生成树，输出最小生成树中的各条边
void MST_Prim(MGraph G){
    //选择0号顶点加入最小生成树，并具体更新最短边信息表
    CheapestEdge cheapestEdges[G.vexNum];
    int u=0;
    for( int v=0; v<G.vexNum; ++v ){
        if(v!=u){
            cheapestEdges[v].vexInMST = u;
            cheapestEdges[v].cost = G.arcs[u][v];
            cheapestEdges[v].isInMST = FALSE;
        }
        else
            cheapestEdges[v].isInMST = TRUE;
    }
    //重复G.vexNum-1轮，每轮均找出isInMST为FALSE且cost最小的顶点加入MST
    for( int i=1; i<=G.vexNum-1; ++i ){
        int indexOfTheMinCost;
        double minCost=INFINITY;
        for(int k=1;k<G.vexNum;++k){
            if( cheapestEdges[k].isInMST==FALSE && cheapestEdges[k].cost < minCost ){
                minCost = cheapestEdges[k].cost;
                indexOfTheMinCost = k;
            }
        }
        int x=indexOfTheMinCost;
        cheapestEdges[x].isInMST = TRUE;
        cout<<G.vertices[cheapestEdges[x].vexInMST]. data<<"---"<<G.vertices[x].data<<endl;
        //根据新加入最小生成树的顶点x更新最短边信息表的信息
        for(int v=0; v<G.vexNum;++v) {
            if(cheapestEdges[v].isInMST==FALSE && G.arcs[x][v]<cheapestEdges[v].cost ){
                cheapestEdges[v].vexInMST = x;
                cheapestEdges[v].cost = G.arcs[x][v];
                cheapestEdges[v].isInMST = TRUE;
            }//if
        }//for
    }//for
}
```

（标注：x为isInMST为FALSE且cost最小的顶点，将其加入MST）

◆ 算法分析

上述Prim算法的时间复杂度为O(G.vexNum²),空间复杂度为O(G.vexNum)。该算法处理稠密图的性能优于Kruskal算法，若处理稀疏图则可采用索引优先队列存储最短边信息，此时时间复杂度可降为O(G.arcNum*log(G.vexNum))，更多信息自行查阅相关文献。

□ 拓展与思考

- **最小生成树算法的正确性：**Kruskal与Prim两个人均基于贪心策略设计出了最小生成树的求解算法。众所周知，贪心算法在求解诸如0-1背包等问题时不一定能得到最优解。不过，Kruskal算法与Prim算法得到的生成树一定是最小生成树，试证明之。
- **随机化的最小生成树算法：**本节给出的最小生成树算法均是确定性算法，然而，在某些最优化问题的求解中，使用概率和统计方法、将随机性作为算法逻辑一部分的随机化算法有时能取得平均情况下最好的算法性能，最小生成树问题就存在这样的随机化求解算法，可查阅Seth Pettie与Vijaya Ramachandran发表的论文Minimizing randomness in minimum spanning tree, parallel connectivity, and set maxima algorithms.

□ 科学家故事与科学发展的唯物史观

Prim算法由美国数学和计算机科学家Robert Clay Prim于1957年提出，实际上，捷克数学家Vojtěch Jarník于1930年已提出过相同的算法，而且该算法又在1959年被荷兰计算机科学家Edsger Wybe Dijkstra独立提出，因此，Prim算法又称DJP算法或Jarník算法。

与此类似，科学史上有很多重大的发现或者理论创新在接近相同的时间段被不同的人独立提出，比如，达尔文(Charles Robert Darwin)和华莱士(Alfred Russel Wallace)都在19世纪中叶各自独立提出了以自然选择为核心的物种进化理论，这是什么原因呢？

实际上，上述现象恰恰印证了马克思主义哲学中“时势造英雄”的观点，即**历史唯物主义**认为的“英雄的出现是由他当时所处的社会客观环境造成的”。**历史人物的出现体现了历史发展的必然性，是一定社会历史条件的产物。历史任务成熟了，就需要有人提出并组织完成它，历史人物就应运而生，这就是时势造英雄。**同时，历史人物的出现又带有偶然性。某一历史人物恰巧在某时某地产生而不是在彼时彼地产生；是这个人成了历史人物，而不是另一个人成了历史人物，这又是偶然的，但这一偶然却是历史发展必然的体现。

Vojtěch Jarník
1897-1970

Robert Clay Prim
1921-

Edsger Wybe Dijkstra
1930-2002

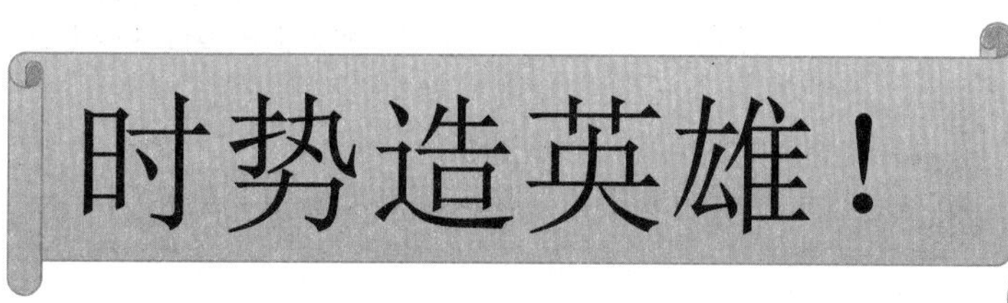

7.5 拓扑排序

□ 基本概念

- **有向无环图**：不存在有向回路的有向图称为有向无环图，简称DAG（Directed Acyclic Graph）图。
- **AOV网**(Activity On Vertex Network)：若有向图中的每个顶点表示一项活动/任务，有向弧表示活动之间的因果依赖关系，则此图称为AOV网，又称活动图。AOV网常用以建模工程的施工计划，它正常情况下应该是一个有向无环图，因为环路将导致活动的循环依赖，从而使得工程无法顺利开展。
- **拓扑排序**：给定一个AOV网G=(V,E)，得到一个尽量长的顶点序列，使得对E中的任意一条有向弧<u,v>，u在该序列中总是先于v出现。若该序列能包含V中所有的顶点，则G必然是一个有向无环图，否则，G中必存在有向回路。

□ 应用实例

- **软件编译**：复杂的软件项目通常包含多个源文件，这些文件在编译时存在一定的依赖关系。每个文件的编译可视为一个活动，由此得到一个AOV网，对其进行拓扑排序可帮助编译器确定一个全局的编译顺序。
- **任务规划**：一门课程通常包含多个知识点，知识点的学习之间存在一定的依赖关系。将每个知识点的学习看作一个活动，对由此得到的AOV网进行拓扑排序，可得到一个可行的授课计划表。
- **死锁检测**：用图的顶点表示资源或者进程，对于进程P和资源R，有向弧<R,P>表示资源R已经被进程P持有，有向弧<P,R>表示P等待获取R，由此得到的AOV网若存在有向回路，则系统可能陷入死锁状态，拓扑排序可通过有向回路的判定进行死锁检测。
- **计划验证**：若AOV网表示一个井巷工程施工或者产品生产的计划流程，则网中的有向回路意味着活动间存在循环依赖，工程将无法顺利开展。

□ 问题建模

- 给定一个AOV网，计算其拓扑序列，同时判定图中是否存在有向回路。
- 对下方左图进行拓扑排序可得拓扑有序序列ABCDFE、ABDCFE、ACBDFE、BACDFE和BADCFE，右图拓扑有序序列为空。

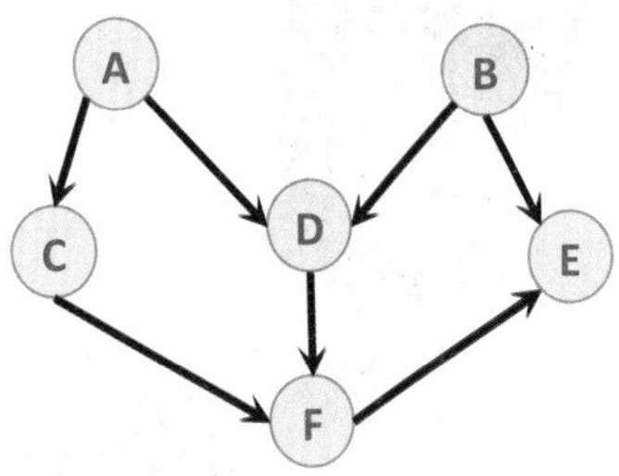

AOV网实例G

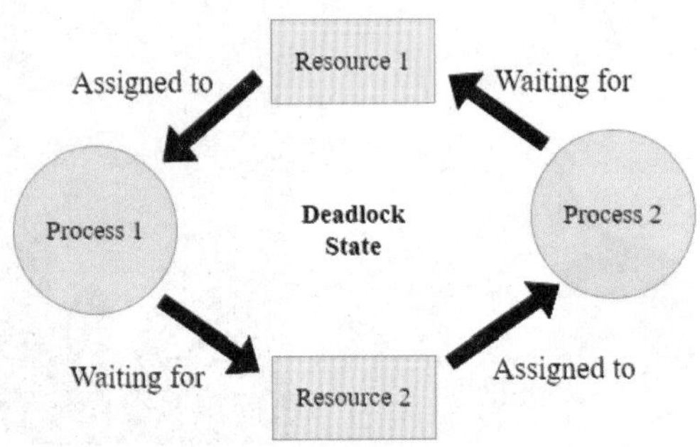

存在死锁的AOV网

□ 方案设计

可根据顶点入度是否为0判断一个顶点是否有前驱

S可采用栈、队列或线性表实现

- **基本思想**

（1）寻找图中无前驱的顶点，将这些顶点存入一个集合S；

（2）从S中选择一个顶点插入拓扑有序序列的末尾，并将该顶点从图中“删除”，由此所产生的新的无前驱顶点也放入S；

（3）重复第（2）步，直至集合S为空集；

（4）判断所得拓扑有序序列的顶点个数，若小于图的顶点总数则认定图中存在有向回路，否则说明原图无有向回路。

算法实现时不必真进行顶点的删除，可通过减小其后继顶点的入度模拟删除的效果

➢ **求解过程**：以上图AOV网G为例，用栈存放无前驱的顶点,每次均选栈顶元素进行删除，则拓扑排序的过程如下：

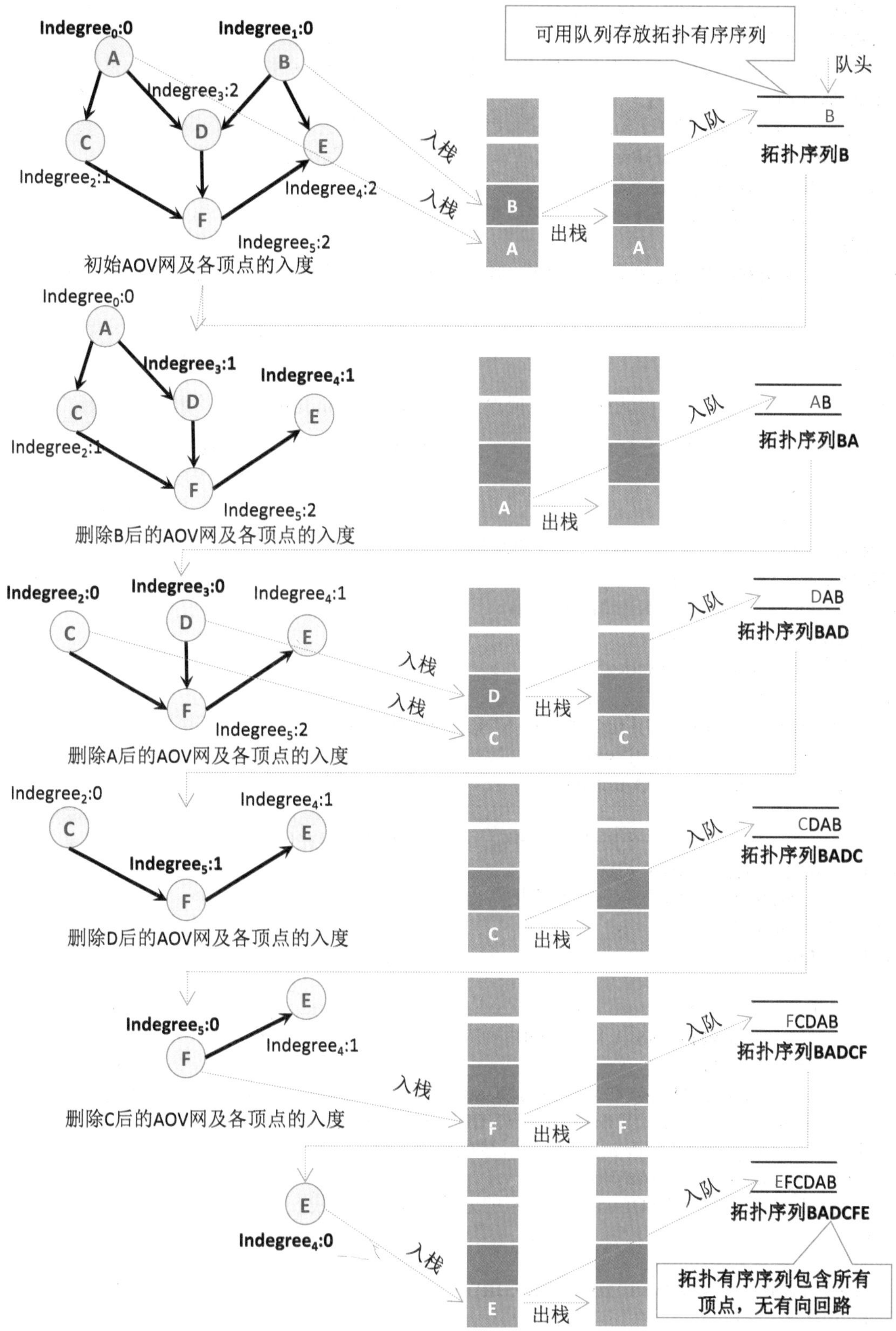

□ 算法设计：求AOV网的一个拓扑有序序列放入队列Q，并判定图中是否存在有向回路

- 计算图中各个顶点的入度
- 将入度为0的顶点压入栈S
- 初始化空队列Q
- **WHILE**(栈S不空):
-   从栈S中弹出栈顶顶点，并插入队列Q，记之为x
- **FOREACH**(x的后继顶点v)
-     顶点v的入度减小1
-     **IF**(v的入度==0) StackPush（S,v）
- **IF**(Q中顶点数 == 图中顶点总数)
-   **RETURN OK** //若AOV网无有向回路，则计划可正常开展，返回OK
- **ELSE**
-   **RETURN ERROR** //若AOV网存在有向回路，则计划存在循环依赖，返回ERROR

□ 算法实现

```
//图用邻接表存储，拓扑序列用队列存储，顶点入度用全局数组indegree存储，相关定义为:
            SqQueue Q;        //用元素类型为VertexType的循环队列存储拓扑有序序列
            int *indegree;
```

```
//GetIndegree子函数：计算图G中各个顶点的初始入度
void GetIndegree (ALGraph G){
  indegree=(int *)malloc(G.vexNum*sizeof(int));
  if(!indegree) exit(OVERFLOW);
  for(int i=0;i<G.vexNum;++i) indegree[i]=0;
  for(int i=0;i<G.vexNum;++i)
    for(ArcNode *p=G.vertices[i].firstOut; p!=NULL; p=p->nextOut)
      ++indegree[p->indexOfAdjVex];
}//时间复杂度为O(G.vexNum+G.arcNum)
```

```
//拓扑排序函数：输出图G的一个拓扑有序序列，判定图中是否存在回路，存在返回ERROR
Status TopologicalSort (ALGraph G){
  GetIndegree(G); //计算初始情况下各个顶点的入度
  SqStack S;  InitStack(S);
  InitQueue(Q);
  int i;
  for( i=0;i<G.vexNum;++i )
    if( !indegree[i] ) StackPush(S,i); //入度为0的顶点入栈
  while( !StackEmpty(S) ){
    StackPop(S,i);  QueuePush(Q, G.vertices[i].data); //栈顶元素出栈，并插入拓扑有序序列
    for( ArcNode * p=G.vertices[i].firstOut; p!=NULL; p=p->nextOut ){
      --indegree[p->indexOfAdjVex];  //更新后继顶点的入度
      if( !indegree[p->indexOfAdjVex] )
        StackPush(S,p-> indexOfAdjVex); //新的无前驱的顶点入栈
    }//for
  }//while
  if(QueueLength(Q) < G.vexNum) return ERROR;
  else return OK;
} //时间复杂度为O(G.vexNum+G.arcNum)
```

□ 算法分析

- **时间复杂度**：拓扑排序的时间主要耗费在逐个顶点遍历其邻接点上，当图采用邻接表存储结构时该算法的时间复杂度为O(G.vexNum+G.arcNum)，当图采用邻接矩阵存储时该算法的时间复杂度为O(G.vexNum^2)。
- **空间复杂度**：拓扑排序需要一个临时数组存储各顶点入度，需要一个栈或者其他容器存储各个阶段的无前驱顶点，总的空间复杂度为O(G.vexNum)。
- **注意事项**：拓扑排序过程中各阶段所得之无前驱的顶点也可用队列存储,每次选择队头元素进行删除，此时得到的拓扑有序序列可能有所不同，试实现之。

□ 拓展与思考

- **回溯法**：回溯是一种类似枚举不断对可行解进行搜索和尝试的问题求解策略，它以**多阶段逐步构建**和**深度优先搜索**的方式计算问题的解。从一个初始状态出发，每一步，该算法都尝试当前状态下各个不同的候选解，若某个解可行则从其出发向纵深方向扩展；当前状态下所有候选解尝试完毕后，返回上一阶段（**回溯**）尝试下一个候选解。通过对整个候选解空间的搜索，回溯法既可求单一解，也可求全部解。
- **回溯法的递归实现**：因回溯法每一步搜索和尝试可行解，以及回溯的过程都相同，因此可借助递归实现回溯的过程。当回溯法得到一个全局可行解时递归到达边界。
- **回溯法求拓扑序列**：以有向图的拓扑排序为例，计算拓扑有序序列的过程可以分为多个阶段，每个阶段寻找一个可能的顶点。从初始状态出发，找到一个可能的无前驱顶点后，将其加入拓扑序列，再从其出发递归地向后扩展。待当前阶段所有的顶点尝试完毕后，回溯到上一步尝试另一个候选解。若某一阶段找不到新的无前驱顶点，则一趟拓扑排序的过程结束，到达递归边界。求全部拓扑序列的回溯算法框架如下，尝试在此基础上修改算法计算单一拓扑有序序列。

```
//indegree存储各顶点入度，booked数组标记各顶点是否已位于当前拓扑序列中,外部初始化
void TopologicalSort_All (ALGraph G,int *degree, int *booked){
  int zeroDegreeVertexExist=FALSE;
  for(int i=0; i<G.vexNum;++i)
    if(indegree[i]==0 && booked[i]==FALSE){
      zeroDegreeVertexExist=TRUE; break;
    }
  if( zeroDegreeVertexExist==FALSE){
     StackTraverse(S,OutputElem);
     return;
  }
  else{
    for(int i=0; i<G.vexNum;++i){
      if(indegree[i]==0 && booked[i]==FALSE){
         StackPush(S, G.vertices[i].data);
         for( ArcNode * p=G.vertices[i].firstOut; p!=NULL; p=p->nextOut )
           --indegree[p->indexOfAdjVex]; //更新后继顶点的入度
         booked[i]=TRUE;
         TopologicalSort_All(G,booked);
         //刚刚尝试插入拓扑序列的是i号顶点，抹除其影响，以便尝试下一个可能的解
         booked[i]=FALSE;
         SElemType e;     StackPop(S,e);
         for( ArcNode * p=G.vertices[i].firstOut; p!=NULL; p=p->nextOut )
           ++indegree[p->indexOfAdjVex]; //还原后继顶点的入度
      }//if
    }//for
    return;
  }
}
```

注释：
- （if(indegree[i]==0 && booked[i]==FALSE)处）到达递归边界后输出一个拓扑有序序列，之后返回以尝试更多可能。拓扑序列用栈存储
- （for(int i=0; i<G.vexNum;++i)处）尝试各种可能：即尝试每一个当前状态下能加入拓扑有序序列的顶点
- （StackPush处）用栈存储拓扑序列，方便后续恢复现场尝试新的候选解
- （TopologicalSort_All(G,booked)处）递归前进，从当前状态向纵深扩展
- （booked[i]=FALSE至还原入度处）抹除将顶点i放入拓扑序列的影响
- （return处）回溯：尝试完当前状态所有的可能后，返回到上一步，以便尝试更多可能

□ 从回溯法看方法论的重要性

回溯法可以看作一种优化的枚举求解方法，其求解问题的算法框架都是一样的（具体如下），包括N皇后问题、迷宫问题、子集和问题、图着色等诸多问题都可以基于回溯法的框架求解，因此，回溯法被有时被称为万能求解方法。由此可见，一个有效的方法论对于问题求解的重要性。

```
//回溯法求问题全部解的算法框架
void GetAllSolutions (n, other params) :
  IF (found a solution) :
    DisplaySolution();
    RETURN;
  FOR (val = first to last) :
    IF (isValid(val, n)) :
      ApplyValue(val, n);
      GetAllSolutions (n+1, other params);
      RemoveValue(val, n);
  RETURN;
```

```
//回溯法求单一解的算法框架
Status GetOneSolution (n, other params) :
  IF (found a solution) :
    DisplaySolution();
    RETURN TRUE;
  FOR (val = first to last) :
    IF (isValid(val, n)) :
      ApplyValue(val, n);
      IF (GetOneSolution(n+1, other params))
        RETURN TRUE;
      RemoveValue(val, n);
  RETURN FALSE
```

□ 从毛粒子看世界观的重要性

除了方法论对实践具有重要指导意义，一个科学的世界观也具有同样重要的作用。20世纪六七十年代，美国物理学家谢尔登·格拉肖曾多次访问中国并受到毛泽东接见，双方曾就基本粒子的可再分问题展开讨论。格拉肖当时倾向于不可再分，而毛泽东则依据唯物主义世界观事物永恒发展的观点和对立统一的规律，认为物质是无限可分的，质子、中子、电子和更小的物质也应该是可分的，直到无限。后来更小物质确实被发现,科学的进步印证了毛泽东的论断。毛泽东逝世后不久，在1977年的第七届夏威夷粒子物理学年会上，格拉肖提议将构成物质的所有这些假设的组成部分命名为“毛粒子”（Maons），以此悼念毛泽东并致敬其哲学思想。

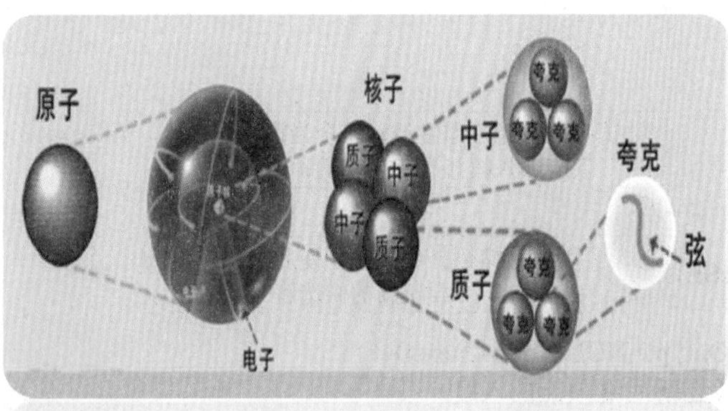

物质可分性与毛粒子

7.6 关键路径

□ 基本概念

- **AOE网**(Activity On Edge Network)：若用有向图中的部分边表示活动/任务，边的权值表示活动的持续时间，顶点表示活动的开始或者结束事件，活动之间的因果依赖关系也用边表示（这些边权值为0，因其不对应活动,持续时间为0），如此得到的图称为AOE网，又称事件图。AOE网与AOV网都可建模工程的施工计划，将AOV网中每个活动对应的结点用开始事件、结束事件及两者之间的一条有向边表示，则可得施工计划的AOE网模型。
  - 下面两个图分别给出了井筒施工工程的AOV网模型和AOE网模型。AOE网中绿色的边表示某项具体的工序活动，黑色的边建模工序活动之间的因果依赖关系。

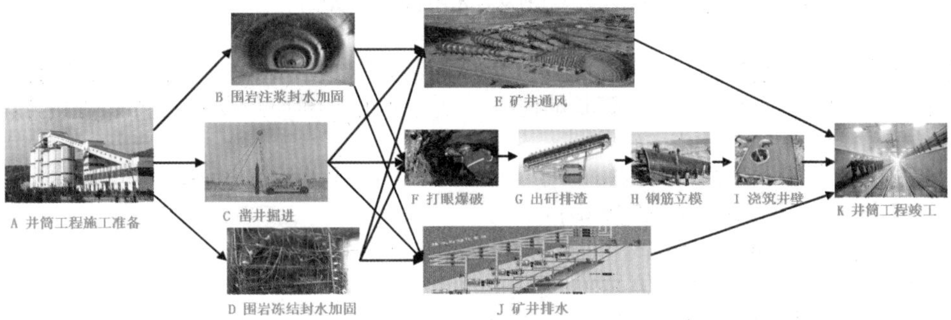

井筒工程施工计划的AOV网模型

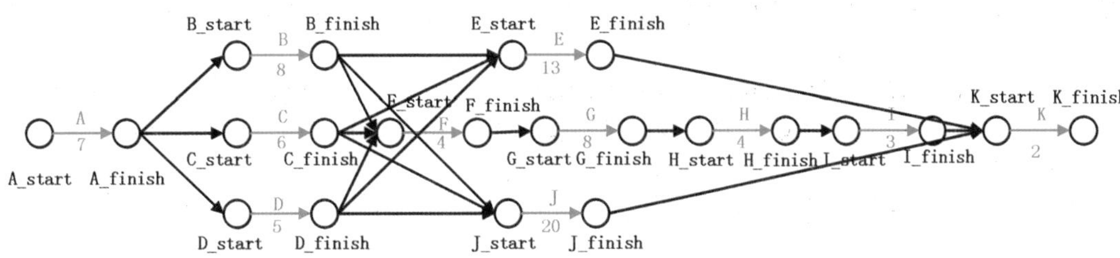

井筒工程施工计划的AOE网模型 G

- **源点与汇点**：通常约定AOV网有且仅有一个顶点无前驱，称之为源点，对应工程的初始状态，如图G中的A_start；有且只有一个顶点无后继，称之为汇点，对应工程的完工状态,如图G中的K_finish。此外，AOE网也应是一个有向无环图。
- **顶点的最早激活时间与工期**：AOE网的每个顶点事件都有一个最早激活时间，源点的最早激活时间为0，汇点的最早激活时间就是工程的最小工期。
  - 事件e的最早激活时间记为$E_v(e)$，边(u,v)的持续时间记为D(u,v)，则G中

（指事件的执行）

$E_v(B\_start) = E_v(A\_finish)+D(A\_finish,B\_start)$

$= E_v(A\_start)+D(A\_start,A\_finish)+0$

$=0+7+0= 7$

（B_start仅当其所有前驱事件执行完毕方能激活）

$E_v(E\_start) = \max\{E_v(B\_finish)+D(B\_finish,E\_start), E_v(C\_finish)+D(C\_finish,E\_start), E_v(D\_finish)+D(D\_finish,E\_start)\}$

$= \max\{E_v(B\_start)+D(B\_strat,B\_finish)+0, E_v(C\_start)+D(C\_strat,C\_finish)+0, E_v(D\_start)+D(D\_strat,B\_finish)+0\}$

$= \max\{E_v(A\_finish)+D(A\_finish,B\_start)+8, E_v(A\_finish)+D(A\_finish,C\_start)+6, E_v(A\_finish)+D(A\_finish,D\_start)+5\}$

$= \max\{E_v(A\_start)+D(A\_strat,A\_finish)+0+8, E_v(A\_start)+D(A\_strat,A\_finish)+0+6, E_v(A\_start)+D(A\_strat,A\_finish)+0+5\}$

$= \max\{0+7+0+8, 0+7+0+6, 0+7+0+5\}$

$= 15$

（仅当一个事件的所有前驱事件均执行完毕后，该事件才可能执行，故此处取最大值）

（工 期）

$E_v(K\_finish) = E_v(K\_start)+2=\max\{E_v(E\_finish), E_v(I\_finish), E_v(J\_finish)\}+2$

$= \max\{E_v(E\_start)+13, E_v(I\_start)+3, E_v(J\_start)+20\}+2$

$= 37$

- **顶点的最迟激活时间**：为保证工程在最小工期内完成，各顶点事件有一个最迟激活时间，汇点的最迟激活时间为工期。
  - 事件e的最早激活时间记为$L_v(e)$，则图G中

为保证K_finish在工期37激活，则K_start的最早激活时间为37- D(K_start,K_finish)

为保证工期不延长，一个事件需尽量早地完成以保证其所有后继事件在最迟激活时间前激活，故此处取最小值

$$L_v(\text{K\_finish}) = E_v(\text{K\_finish}) = 37$$
$$L_v(\text{K\_start}) = L_v(\text{K\_finish}) - D(\text{K\_start},\text{K\_finish}) = 37 - 2=35$$
$$L_v(\text{E\_finish}) = L_v(\text{K\_start}) - D(\text{E\_finish},\text{K\_start}) = 37 -2 - 0 = 35$$
$$L_v(\text{B\_finish}) = \min\{ L_v(\text{E\_start})-D(\text{B\_finish},\text{E\_start}), L_v(\text{F\_start})-D(\text{B\_finish},\text{F\_start}), L_v(\text{J\_start})-D(\text{B\_finish},\text{J\_start}) \}$$
$$= \min\{ 25-0, 37-2-0-3-0-4-0-8-0-4-0, 37-2-0-20-0 \} = 15$$

- **活动的最早/最迟开始时间**：对AOE网中任意一条表示活动的边(u,v)，其最早开始时间就是事件u的最早激活时间；在保证工期不延长的前提下，其最迟开始时间为v的最迟激活时间减去活动的持续时长。
  - 活动(u,v)的最早开始时间记为$E_e(u,v)$，最迟开始时间记为$L_e(u,v)$，则图G中

$$E_e(\text{B\_start}, \text{B\_finish}) = E_v(\text{B\_start}) = 7$$
$$L_e(\text{B\_start}, \text{B\_finish}) = L_v(\text{B\_finish}) - D(\text{B\_start},\text{B\_finish}) = 15-8 = 7$$
$$E_e(\text{E\_start},\text{E\_finish}) = E_v(\text{E\_start}) = 15$$
$$L_e(\text{E\_start}, \text{E\_finish}) = L_v(\text{E\_finish}) - D(\text{E\_start},\text{E\_finish}) = 35-13 = 22$$

- **关键活动**：若一个活动的最迟开始时间与最早开始时间相等，则此活动必须在具备执行条件的第一时间开始执行并且按时完成方能保证工期不延后，该类活动的延期将导致整个工期的延后，称此类活动为关键活动。
  - 图G中，$E_e(\text{B\_start, B\_finish})=E_v(\text{B\_start, B\_finish})$，故边(B_start, B_finish)对应的活动B为关键活动；与此不同，$E_e(\text{E\_start,E\_finish})=7 <15=L_e(\text{E\_start, E\_finish})$，故其对应的活动E不是关键活动，E最多可延后时长为8而保证工期不延长。
- **关键路径**：所有关键活动构成的子图构成关键路径，其路径长度为工期。图G的关键路径如下：

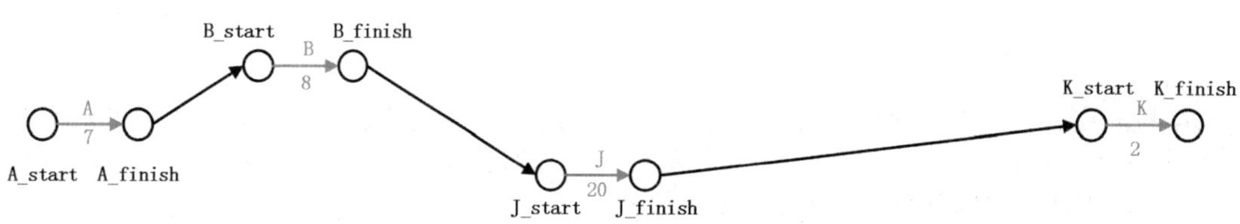

井筒工程施工计划的关键路径

按拓扑序可保证顶点v的最早激活时间能基于其所有前驱顶点的最早激活时间更新

□ 关键活动与关键路径的计算

- **原理**

（1）任意顶点事件e的最早激活时间可由如下公式得到：

$$E_v(e) = \max\{ E_v(pre\_e) + D(pre\_e, e) \mid 当中(pre\_e, e)为图中的边 \};$$

（2）初始化所有顶点的最早激活时间为0；

（3）对图进行拓扑排序，每得到拓扑有序序列的一个元素u，对其每一个后继顶点v，若$E_v(u)+ D(u, v) > E_v(u)$，则更新$E_v(v)$为$E_v(u)+ D(u, v)$；

（4）顶点事件e的最迟激活时间可由如下公式得到：

$$L_v(e) = \min\{ L_v(post\_e) - D(e, post\_e) \mid，其中(e, post\_e)为图中的边 \};$$

（5）为保证计算e的最迟激活时间时其后继事件的最迟激活时间均已得到，可以按照图的拓扑有序序列的逆序依次计算各个顶点的最迟激活时间；

（6）任意活动的最早开始时间和最迟开始时间可分别由如下公式得到：

$$E_e(u, v) = E_v(u) \quad L_e(u, v) = L_v(v) - D(u,v)$$

（7）对任意一条边对应的活动，若其最早开始时间和最迟开始时间相等，则输出其为关键活动，它们构成的路径就是关键路径。

□ 算法设计：若AOE网不存在环路则计算其关键活动，并返回OK；否则返回ERROR

- 初始化所有顶点的最早激活时间为0
- 对图进行拓扑排序，每得到一个拓扑有序序列的顶点u，对其每一个后继顶点v，若$E_v(u)+D(u,v) > E_v(u)$ 则更新$E_v(v)$为$E_v(u)+D(u,v)$，同时将u压入栈S_RevTopOrder
- 若S_RevTopOrder中存储的顶点数小于图的顶点总数，说明图有环，返回ERROR；
- 初始化所有顶点的最迟激活时间为S_RevTopOrder之栈顶顶点的最早激活时间；
- **WHILE**(栈S_RevTopOrder不空):
-   从栈S_RevTopOrder中弹出栈顶顶点，记之为v
-   **FOREACH**(v的后继顶点 w)
-     **IF**($L_v(w) - D(v,w) < L_v(v)$)
-       $L_v(v) = L_v(w) - D(v,w)$
- **FOREACH**(图中的边(u,v))
-   $E_e(u,v) = E_v(u)$
-   $L_e(u,v) = L_v(v) - D(u,v)$
-   **IF**($E_e(u,v) == L_e(u,v)$)
-     输出(u,v)是一个关键活动
- **RETURN OK**

S_RevTopOrder中元素出栈的顺序就是原图拓扑有序序列的逆序

□ 算法实现

```
//图用邻接表存储，顶点最早和最迟激活时间分别用全局数组Ev与Lv表示，相关定义为：
                int Ev[G.vexNum]; //存储各个顶点事件的最早激活时间
                int Lv[G.vexNum]; //存储各个顶点事件的最迟激活时间
```

```
//计算顶点最早激活时间与拓扑逆序子函数，同时判定图中是否存在回路，存在返回ERROR
Status GetEvAndRevTopOrder (ALGraph G, SqStack &S_RevTopOrder){
  for( i=0;i<G.vexNum;++i )
    Ev[i]=0;                          初始化各个顶点的最早激活时间为0
  GetIndegree(G); //计算初始情况下各个顶点的入度
  SqStack S;  InitStack(S); //拓扑排序时，依次得到的入度为0的顶点压入栈S
  InitStack(S_RevTopOrder);           初始化存放拓扑逆序的栈
                                      该函数中绿色显示的代码是与拓扑排序函数中不同的部分
  int i;
  for( i=0;i<G.vexNum;++i )
    if( !indegree[i] ) StackPush(S,i); //将入度为0的顶点的下标压入栈S
  while( !StackEmpty(S) ){            每得拓扑序列的一个元素均压入S_RevTopOrder，
    StackPop(S,i);                    以得到拓扑序列的逆序列
    StackPush(S_RevTopOrder, i);
    for( ArcNode * p=G.vertices[i].firstOut; p!=NULL; p=p->nextOut ){
      --indegree[p->indexOfAdjVex]; //更新后继顶点的入度
      if( !indegree[p->indexOfAdjVex] )
        StackPush(S,p-> indexOfAdjVex); //新的无前驱的顶点入栈
        if( Ev[i]+p->weight) > Ev[p->indexOfAdjVex] )
          Ev[p->indexOfAdjVex] = Ev[j]+ p->weight;
    }//for                            更新后继顶点的最早激活时间
  }//while
  if(GetLength(S_RevTopOrder) < G.vexNum) return ERROR;
  else return OK;
} //时间复杂度为O(G.vexNum+G.arcNum)
```

```
//计算并输出图的关键活动与关键路径，若图中存在回路则返回ERROR，否则返回OK
Status GetCriticalPath (ALGraph G){
  SqStack S_RevTopOrder;
  if( GetEvAndRevTopOrder (G, S_RevTopOrder)==ERROR )
    return ERROR;
  StackPop(S_RevTopOrder, k); //栈顶元素为汇点
  for( i=0;i<G.vexNum;++i )
    Lv[i]=Ev[k];
  while( !StackEmpty(S_RevTopOrder) ){
    StackPop(S_RevTopOrder,i);
    for( ArcNode * p=G.vertices[i].firstOut; p!=NULL; p=p->nextOut ){
      j=p->indexOfAdjVex;
      if(Lv[j]-p->weight) < Lv[i] )
        Lv[i] = Lv[j]-p->weight;
    }//for
  }//while
  for( i=0;i<G.vexNum;++i ){
    for( ArcNode * p=G.vertices[i].firstOut; p!=NULL; p=p->nextOut ){
      j=p->indexOfAdjVex;
      Ee=Ev[i];
      Le=Lv[j]-p->weight;
      if( Ee==Le )
        printf("边%d → %d对应的活动为关键活动，其开始时间应为%d\n",i,j,Ee);
    }//for
  }//for
  return OK;
} //时间复杂度为O(G.vexNum+G.arcNum)
```

调用子函数计算顶点最早激活时间与拓扑逆序，并判断是否存在回路

所有顶点的最迟激活时间初始化为工期，即汇点的最早激活时间

按拓扑逆序，逐个顶点计算其最迟激活时间

逐条边计算其对应活动的最早和最迟激活时间

□ 算法分析

- **时间复杂度**：计算关键活动与关键路径的核心在于逐个顶点计算其最早/最迟激活时间，以及逐条边计算其最早/最迟开始时间，它们都需遍历一遍所有的顶点和所有的边。当图采用邻接表存储结构时，算法的时间复杂度为O(G.vexNum+G.arcNum)，当图采用邻接矩阵存储结构时该算法的时间复杂度为$O(G.vexNum^2)$。
- **空间复杂度**：计算关键路径需要开辟两个临时数组存储各顶点最早/最迟激活时间，需要两个栈分别按照拓扑序和拓扑逆序存储各个顶点，空间复杂度为O(G.vexNum)。
- **注意事项**：拓扑排序过程中各阶段所得之无前驱的顶点也可用队列存储,每次选择队头元素进行删除，此时得到的拓扑有序序列可能有所不同，试实现之。

□ 拓展与思考

- **资源约束下的关键路径**：本节计算关键路径时仅考虑了活动之间的因果关系，部分实际应用场景下，活动之间还可能存在资源竞争和约束，此时，原本并发的活动将无法同时开展。试思考在资源约束的前提下如何有效地进行资源分配并使得工期最短。
- **非确定性活动时长下的关键路径**：活动的执行时长很多情况下是一个随机值，在此场景下，工期也是一个随机值，关键路径与关键活动计算更趋复杂。试思考这类问题的解决方案。
- **甘特图（Gantt Chart）**：对工程施工计划的描述和分析，除了AOV网和AOE网外，由科学管理运动的先驱Henry Laurence Gantt提出的甘特图也是一种常见的描述工具，查阅相关资料，对比不同工程计划建模工具之间的区别与各自的优缺点。

7.7 最短路径

7.7.1 单源最短路与Dijkstra算法

□ 应用实例

- ➢ 最短逃生路径：给定矿山巷道图与井下人员位置，计算其到矿井各出口的最短路径。
- ➢ 一拖多空调系统布线：一台室外机，多台室内机，求外机到室内机的最佳布线方案。
- ➢ 电子地图导航：根据电子地图，计算用户当前位置到指定目的地之间距离最近，或者时间最短，或者成本最低的路径。

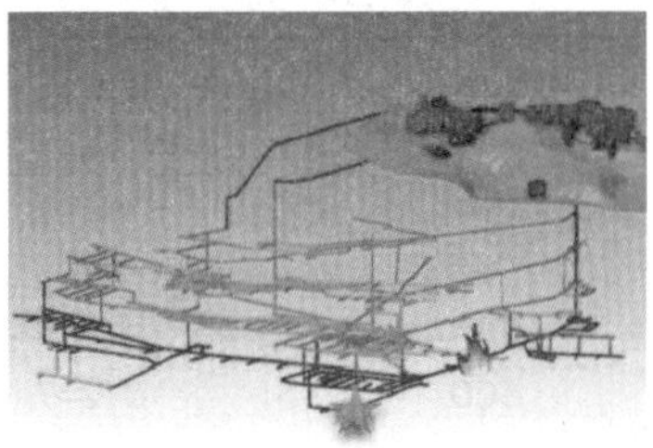

某矿山地下巷道的三维模型

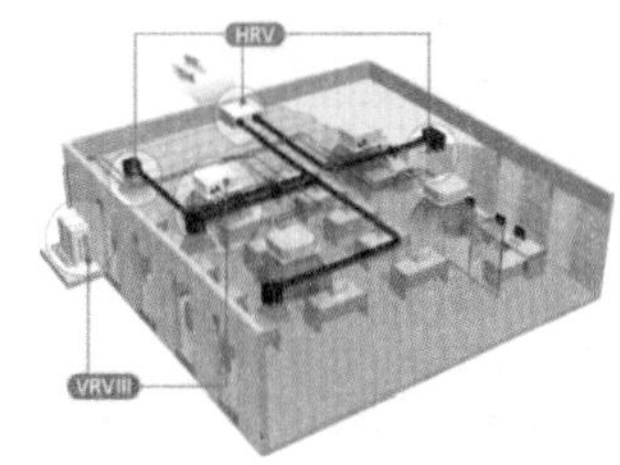

一拖多空调空调系统示意图

地图导航

□ 问题建模

- ➢ 给定一个图，计算某源点到其余各点或者其余某些点之间的最短路径。
- ➢ 图中各边权值通常为两点间相隔的空间距离、时长或者成本，默认权值非负。

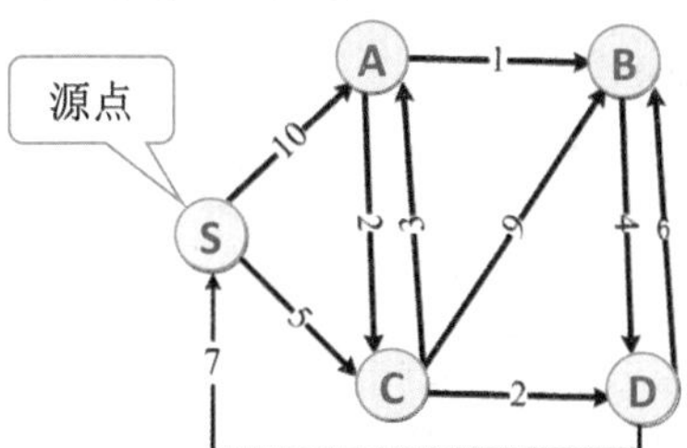

有向图实例G

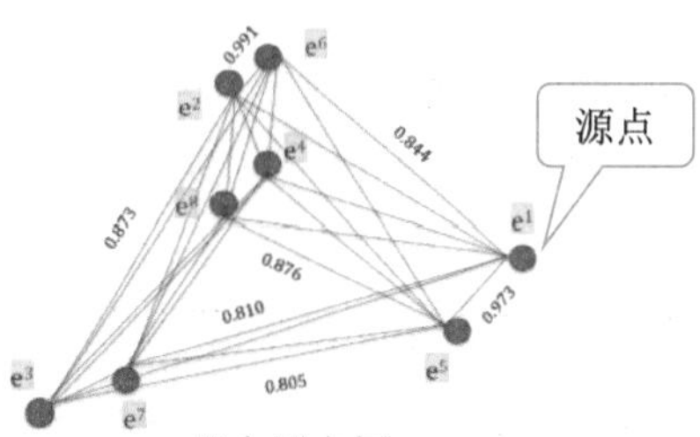

无向图实例

□ 方案设计：采用贪心策略，先求图中距离源点最近的点X，然后以X为中心进行扩展来求距离源点第2近的点Y，再以Y为中心继续扩展来求距离源点第3近的点，以此类推，直到求得源点到所有顶点的最短路。

以X/Y为中心扩展：先从源点按最短路前进到X/Y，之后再前进一步到其余各点，据此更新最短路信息

- ➢ **求解过程**：以上图有向图G中从S到其余各顶点的最短路为例，给出其求解过程。
  - • **找距S最近的点**：计算从源点出发不经任何跳点而直接到达目标顶点时的各条最短路（它们实际对应着图中各条边）。
  - ✓ **距S最近的点对应权值最小的边，该边即S到其最近点的全局最短路。**

① 顶点到自身的最短路径无须计算

② 若当前得到的源点到点X的最短路是全局的最短路，则X对应的行以绿色填充。初始阶段，源点到自身的最短路即是最终最短路，长为0。

③ 从S出发直接前进到A（跳点为空）时，路径只有一条，即SA，它即为当前的最短路，长度为边的权值

④ 从S出发不经跳点无法直接前进到B，此时无路径可达，最短路长度为∞

⑤ 第三列非绿色填充单元格中**5最小，C为距S最近的点，S到C的全局最短路为SC**

终点	当前阶段到各点的最短路径	当前阶段到各点之最短路的长度
S		0
A	SA	10
B		∞
C	SC	5
D		∞

G中从S出发直接到各点的最短路信息表（第一阶段）

- **找距S第2近的点**：针对尚未找到全局最短路的各顶点Y，先从源点按最短路前进到C（上一阶段找到全局最短路的顶点），之后再从C直接到Y，计算该路径长度，并对比上一阶段所得S到Y的最短路长度，根据两者的小者更新S到Y的最短路。

填充为绿色，表示S到C的全局最短路已得到

终点	上一阶段到各点的最短路径	上一阶段到各点之最短路的长度
S		0
A	SA	10
B		∞
C	SC	5
D		∞

从S出发直接到各点的最短路

终点	以C为中心扩展所得最短路径	以C为中心扩展所得最短路的长度
S		0
A	SCA	5+3=8
B	SCB	5+9=14
C	SC	5
D	SCD	5+2=7

从S出发以C为中心扩展后到各点的最短路

✓ 每行保留长度更小的路径，由此得到从S出发经可选跳点集{C}到各点的最短路

✓ 距S第2近的点对应更新后所得当前阶段最短路中长度最小的路

说明:距S第2近的顶点或者是从S出发先到C再到达的点，或者是与S直接相连的点。否则，从S到距离其第2近顶点的最短路上会存在C之外的一个点，设其为X，则X必然是距离S最近的点，这与C是最近的点且X≠C矛盾

终点	当前阶段到各点的最短路径	当前阶段到各点之最短路的长度
S		0
A	SCA	8
B	SCB	14
C	SC	5
D	SCD	7

从S出发经可选跳点集{C}到各点的最短路（第二阶段）

可选跳点集为{C}意味着可以选择{C}中任意数量的顶点作为中间跳点，也可以不选其中的顶点而由源点直接到达目标顶点

第三列非绿色填充单元格中7最小，D为距S第2近的点，S到D的全局最短路为SCD

终点	当前阶段到各点的最短路径	当前阶段到各点之最短路的长度
S		0
A	SCA	8
B	SCB	14
C	SC	5
D	SCD	7

填充为绿色，表示S到D的全局最短路已得到

G中从S出发经可选跳点集{C}到各点的最短路（第二阶段）

- **找距S第3近的点**：针对尚未找到全局最短路的各顶点Y，先从源点按最短路前进到D（上一阶段找到全局最短路的顶点），之后再从D直接到Y，计算该路径长度，并对比上一阶段所得S到Y的最短路长度，根据两者的小者更新S到Y的最短路。

终点	上一阶段到各点的最短路径	上一阶段到各点之最短路的长度
S		0
A	SCA	8
B	SCB	14
C	SC	5
D	SCD	7

从S出发经**可选跳点集{C}**到各点的最短路

终点	以D为中心扩展所得最短路径	以D为中心扩展所得最短路的长度
S		0
A	SCDA	8+∞=+∞
B	SCDB	14+6=20
C	SC	5
D	SCD	7

从S出发以D为中心扩展后到各点的最短路

✓ **每行保留长度更小的路径，由此得到从S出发经可选跳点集{C,D}到各点的最短路**

✓ **距S第3近的点对应更新后所得当前阶段最短路中权值最小的路**

说明:距S第3近的顶点或者是从S出发经D再直接到达的点,或者是经可选跳点集{C}到达的点。否则，从S到距离其第3近顶点的最短路上会存在C、D之外的一个点，设其为X，则X必然是距离S最近的两个点之一，这与X≠C且X≠D矛盾

终点	当前阶段到各点的最短路径	当前阶段到各点之最短路的长度
S		0
A	SCA	8
B	SCB	14
C	SC	5
D	SCD	7

从S出发经**可选跳点集{C,D}**到各点的最短路（第三阶段）

第三列非绿色填充单元格中**8最小，A为距S第3近的点，S到A的全局最短路为SCA**

可选跳点集为{C，D}意味着可以选择{C，D}中任意数量的顶点作为中间跳点，也可以不选其中的顶点而由源点直接到达目标顶点

终点	当前阶段到各点的最短路径	当前阶段到各点之最短路的长度
S		0
A	SCA	8
B	SCB	14
C	SC	5
D	SCD	7

填充为绿色，表示S到A的全局最短路已得到

G中从S出发经**可选跳点集{C,D}**到各点的最短路（第三阶段）

• **找距S第4近的点**：针对尚未找到全局最短路的各顶点Y，先从源点按最短路前进到A（上一阶段找到全局最短路的顶点），之后再从A直接到Y，计算该路径长度，并对比上一阶段所得S到Y的最短路长度，根据两者的小者更新S到Y的最短路。

终点	上一阶段到各点的最短路径	上一阶段到各点之最短路的长度
S		0
A	SCA	8
B	SCB	**14**
C	SC	5
D	SCD	7

从S出发经**可选跳点集{C,D}**到各点的最短路

终点	以A为中心扩展所得最短路径	以D为中心扩展所得最短路的长度
S		0
A	SCA	8
B	SCAB	8+1=9
C	SC	5
D	SCD	7

从S出发以A为中心扩展后到各点的最短路

✓ **每行保留长度更小的路径，由此得到从S出发经可选跳点集{C,D,A}到各点的最短路**

✓ **距S第4近的点对应更新后所得当前阶段最短路中权值最小的路**

终点	当前阶段到各点的最短路径	当前阶段到各点之最短路的长度
S		0
A	SCA	8
B	SCAB	**9**
C	SC	5
D	SCD	7

从S出发经**可选跳点集{C,D,A}**到各点的最短路（第四阶段）

说明:距S第4近的顶点或者是从S出发经A再直接到达的点,或者是经可选跳点集{C,D}到达的点。否则，从S到距离其第4近顶点的最短路上会存在C、D、A之外的一个点，设其为X，则X必然是距离S最近的三个点之一，这与X≠C且X≠D且X≠A矛盾

第三列非绿色填充单元格中**9最小，B为距S第4近的点，S到A的全局最短路为SCAB**

终点	当前阶段到各点的最短路径	当前阶段到各点之最短路的长度
S		0
A	SCA	8
B	SCAB	9
C	SC	5
D	SCD	7

S到所有顶点的最短路均已得到！

填充为绿色，表示S到B的全局最短路已得到

G中从S出发经**可选跳点集{C,D,A}**到各点的最短路（第四阶段）

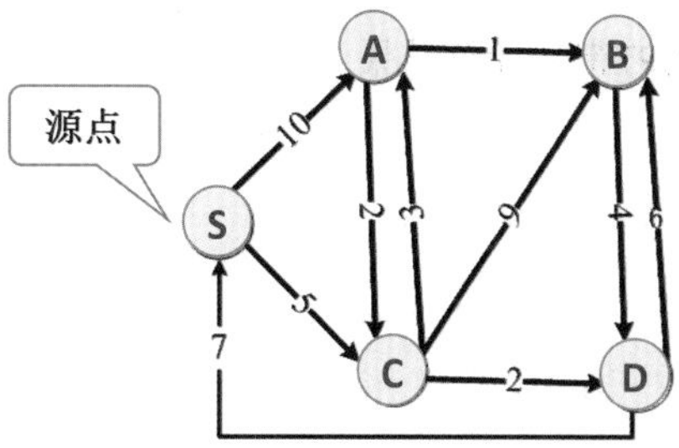

有向图实例G

终点	到各点的最短路径	到各点最短路的长度
S		0
A	SCA	8
B	SCAB	9
C	SC	5
D	SCD	7

G中从S出发到各点的最短路信息表

✓ **注意**：上例计算源点S到其余4个所有顶点之间的最短路，每个阶段更新一次最短路径信息表得到一条最短路，共4个阶段。若只求S到某个或者某些顶点之间的最短路，则中间阶段可能就得到了所需的全部最短路信息，此时算法提前终止即可。另一方面，上例中即使仅计算S到D的最短路，因D是距离S最远的顶点，此时，上述4个阶段均无法省略。

✓ **思考**：若图中各条边的权值均相等，此时计算源点到其余各点的最短路有什么更好的方法？

□ **算法设计**:计算源点S到其余所有点的最短路

- 根据图中从S出发各弧的信息初始化第一阶段最短路信息表PT中的最短路径及其长度
- **FOR(i = 1;i<=N-1;++i):** //假设顶点数量为N，循环N-1次，每次求出源点到一个顶点的最短路
- 　针对未确定全局最短路的顶点，在最短路信息表中找长度最短的顶点，记之为x
- 　标记x的全局最短路为已知
- 　FOREACH(v ∈V) //假设V为图中顶点的集合
- 　　IF(v的全局最短路未知 &&
　　　　PT中到x的最短路长度 + x到v的弧长<PT中到v的最短路长度)
- 　　　PT[v] := PathCat(PT[x], x,v) //以x为中心扩展到v的最短路

PT[x]与PT[v]分别代表当前路径信息表中S到x、v的最短路信息
PathCat将PT[x]与“x到v的有向弧”拼接为一条路

□ **算法实现**

```
//图采用邻接矩阵存储，最短路和最短路信息表分别采用如下存储结构
            typedef struct {
                string  locSeq; //路径中顶点名称序列构成的字符串
                double distance;  //路径长度
                int isUltimate;  //标注当前路径是否全局最短路
            }Path;
            typedef  Path * PathTable; //路径信息表用一个路径的动态数组表示
```

```
//PathCat子函数：以x为中心扩展源点到v的最短路，其中，x与v为顶点的下标
Path PathCat (PathTable PT, int x, int v){
   Path updatedPath;
   updatedPath.locSeq = PT[x].locSeq + “---” +G.vertices[v].data;  //假设顶点的data域是字符串
   updatedPath.distance =  PT[x].distance + G.arcs[x][v].weight;
   updatedPath.isUltimate =  FALSE;
   return updatedPath;
}
```

```
//单源最短路计算子函数：计算G中从s到其余各点的最短路，用PT带回计算结果
void GetShortestPath_Dijkstra (MGraph G, int s, PathTable & PT){
   //初始化最短路信息表
   PT = (Path *) malloc(G.vexNum*sizeof(Path));
   for(int v=0; v<G.vexNum; ++v){
     if( v ==s ) { PT[v].distance = 0; PT[v].isUltimate = TRUE; }
     else if( G.arcs[s][v].weight<INFINITY ) {
        PT[v].locSeq = G.vertices[s].data + "---" + G.vertices[v].data ;
        PT[v].distance= G.arcs [s][v].weight;
        PT[v].isUltimate = FALSE;
     }else{
        PT[v].distance = INFINITY;
        PT[v].isUltimate = FALSE;
     }
   }// for
  //迭代求各个阶段的最短路径表
  for(int i=1; i<=G.vexNum-1; ++i){
     //针对未确定全局最短路的顶点，在最短路信息表中找长度最短的顶点
  double min = INFINITY;
     int x=-1;
  for(int k=0; k<=G.vexNum-1; ++k){
        if(PT[k].isUltimate == FALSE && PT[k].distance<min){
             x=k; min=PT[k].distance;
        }
     }
     if(x==-1)return; //此时源点到剩余各点间不存在路径相连
  //标记x的全局最短路为已知
     PT[x].isUltimate = TRUE;
  //以x为中心扩展最短路信息
     for(int v=0; v<=G.vexNum-1; ++v){
        if( PT[v].isUltimate==FALSE && PT[x].distance+G.arcs[x][v].weight<PT[v].distance )
           PT[v] = PathCat(PT,x,v);
     }
  }
}
```

假设顶点的data域为字符串类型，存储顶点的名称

- **算法分析**
  - 时间复杂度：$O(G.vexNum^2)$。
  - 空间复杂度: O(G.vexNum)。
  - 注意：当计算稀疏图的最短路时，可用“堆”优化从路径信息表中找最短顶点的性能，同时采用图的邻接表存储结构来提高以x为中心扩展最短路的效率，如此则算法的时间复杂度可降低为$O((G.vexNum+G.arcNum)*\log^{G.vexNum})$。“堆”将在后文讲到，请查阅相关资料并尝试实现该算法。

- **拓展与思考**
  - **多源最短路径问题**：以Dijkstra算法为基础，设计算法计算任意两点之间的最短路。同时考虑是否有别的求解多源最短路问题的解决方案。
  - **负权值弧的处理**：若允许图中的弧长为负值，Dijkstra算法还适用吗？若不适用，请思考解决方法。

□ 科学家故事与科学精神

Edsger Wybe Dijkstra是荷兰著名的计算机科学家，他对程序设计学科的发展和计算机教育事业做出了杰出贡献。Wijngaarden是Dijkstra的恩师，他曾为迷茫于选择物理还是程序设计作为研究事业的Dijkstra指明了方向。Dijkstra终生感恩Wijngaarden，怀揣着这种感恩之情将教书育人的接力棒传递了下去，并认为其最具价值的贡献是对学生的教导！感恩是一盏使人们对生活充满理想与希望的导航灯，它为我们指明前进的方向！

Dijkstra对其恩师心存感恩却不盲从。当Wijngaarden极力推崇ALGOL 68这一作品时，Dijkstra和其他几名科学家联名发表《少数派报告》强烈反对这一语言。事实证明，他的反对是正确的，ALGOL 68很快被淘汰了。为坚持科学真理，不惜反对恩师！Dijkstra坚持原则、敢于担当的科学精神值得学习！

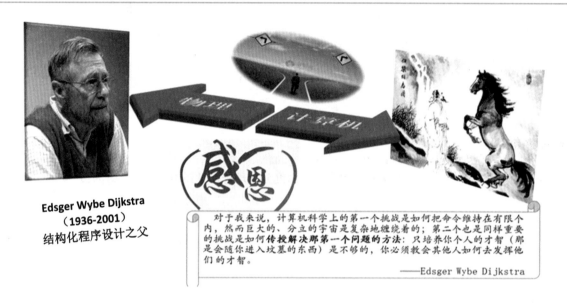

Edsger Wybe Dijkstra
（1936-2001）
结构化程序设计之父

对于我来说，计算机科学上的第一个挑战是如何把命令维持在有限个内，然而巨大的、分立的宇宙是复杂地缠绕着的；第二个也是同样重要的挑战是如何**传授解决那第一个问题的方法**：只培养你个人的才智（那是会随你进入坟墓的东西）是不够的，你必须教会其他人如何去发挥他们的才智。

——Edsger Wybe Dijkstra

恩师Wijingaarden推崇Algol68语言
Dijkstra联合Wirth、Hoare发表“少数派报告”反对之

van Wijngaarden
（1916-1987）
Dijkstra的恩师

Edsger Wybe Dijkstra

敢于担当，就是要坚持原则、认真负责，面对大是大非敢于亮剑，面对矛盾敢于迎难而上，面对危机敢于挺身而出，面对失误敢于承担责任，面对歪风邪气敢于坚决斗争。**坚持原则、敢于担当**是党的干部必须具备的基本素质。

——《习近平总书系列重要讲话读本（2016年版）》

7.7.2 多源最短路与Floyd算法

□ 应用实例

- ➢ 给定煤矿巷道网络图或高铁路线规划图，计算任意两个地点之间的最短路。
- ➢ 验证六度分离理论：通过熟悉的人传递，任何两人之间的间隔都不超过6步吗？

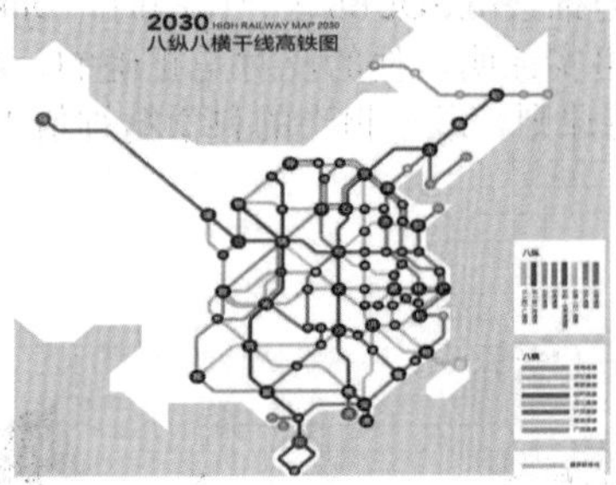

八纵八横干线高铁网规划图

六度分离理论示意图

□ 问题建模

- ➢ 给定一个图，计算任意两点之间的最短路径。
- ➢ 路线规划图中，边的权值为两点间距离；六度分离理论示意图中，边的权值为1。

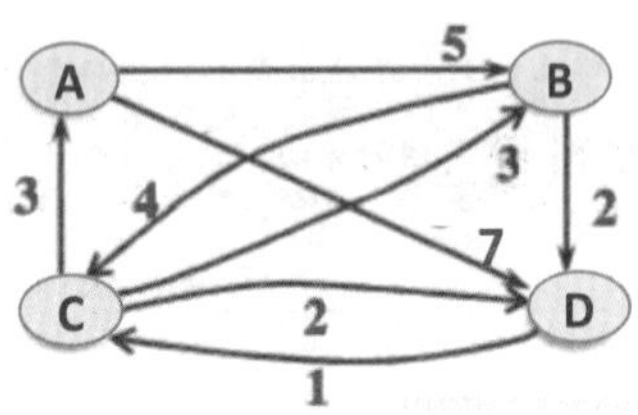

有向图实例 G

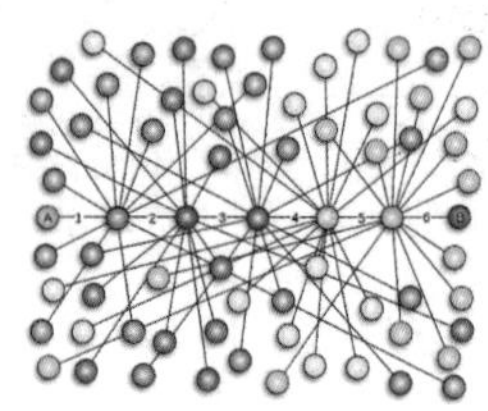
无向图实例

可选跳点

□ 方案设计

- ➢ 对图中任意两顶点X和Y，从X出发，到Y结束，如果对中间可以路经的顶点不加任何限制，则此时的**候选路径**会非常多，从中求最短路较为困难。
- ➢ 复杂问题简单化，将上述求解过程分为多个阶段：
  - • **初始阶段**：限制可选跳点顶点集合为空，此时求任意两点间的最短路。

当前最短路 (X \ Y)	A	B	C	D
A		AB 5	∞	AD 7
B	∞		BC 4	BD 2
C	CA 3	CB 3		CD 2
D	∞	∞	DC 1	

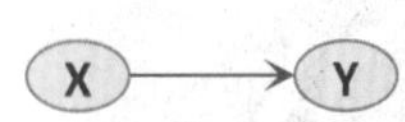

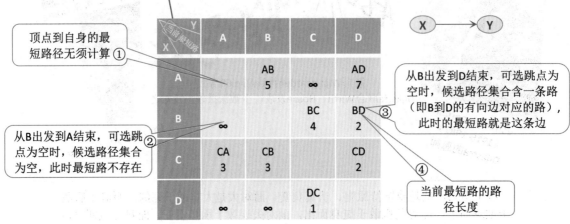

顶点到自身的最短路径无须计算 ①

从B出发到A结束，可选跳点为空时，候选路径集合为空，此时最短路不存在 ②

从B出发到D结束，可选跳点为空时，候选路径集合含一条路（即B到D的有向边对应的路），此时的最短路就是这条边 ③

④ 当前最短路的路径长度

有向图G的全局最短路计算表P（初始阶段）

• **第1阶段**：限制 可选跳点顶点集合 为{A}，此时求任意两点间的最短路

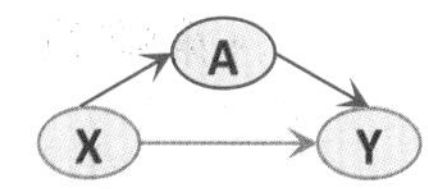

① 新加入顶点A，可选跳点的标号均不超过1时
注:顶点标号从1开始

当前最短路 X \ Y	A	B	C	D
A		AB 5	∞	AD 7
B	∞		BC 4	BD 2
C	CA 3	CB 3		CD 2
D	∞	∞	DC 1	

有向图G的全局最短路计算表P（第1阶段）

② 顶点A所对应行与列中的最短路径无须更新。因为，可选跳点集加入A时，无论从A出发到其他顶点的最短路，还是从其他顶点出发到A结束的最短路,都不可能将A作为中间跳点

③ 从B出发到D结束，可选跳点集新加入A时，新增候选路径“B先按上一步所得最短路到A,再按上一步所得最短路到D”,这两段路径之和为∞,该路径未使B到D的路径变短,无须更新

④ 从C出发到B结束，可选跳点集新加入A时，新增候选路径“C先按上一步所得最短路到A，A再按上一步所得最短路到B”，该路径长为P[C][A]+P[A][B]=8，大于上一阶段所得最短路的长度，故此时的最短路保持不变，仍是上一阶段所得最短路CB

• **第2阶段**：限制 可选跳点顶点集合 为{A,B}，此时求任意两点间的最短路

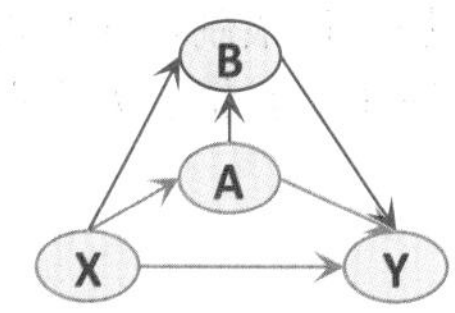

① 新加入顶点B，可选跳点的标号均不超过2时

当前最短路 X \ Y	A	B	C	D
A		AB 5	ABC 9	AD 7
B	∞		BC 4	BD 2
C	CA 3	CB 3		CD 2
D	∞	∞	DC 1	

有向图G的全局最短路计算表（第2阶段）

② 从A出发到C结束，可选跳点集新加入B时，新增候选路径“A先按上一步所得最短路到B，B再按上一步所得最短路到到C”，该路径长为P[A][B]+P[B][C]=9，小于上一阶段所得最短路的长度∞，故此时的最短路更新为上述新路径，即AB+BC=ABC

③ 从A出发到D结束，可选跳点集新加入B时，新增候选路径“A先按上一步所得最短路到B，B再按上一步所得最短路到D”,该路径长为P[A][D]+P[B][C]=7，与上一阶段所得最短路的长度同，故此时的最短路保持不变，仍是上一阶段所得最短路AD

• **第3阶段**：限制 可选跳点顶点集合 为{A,B,C}，此时求任意两点间的最短路

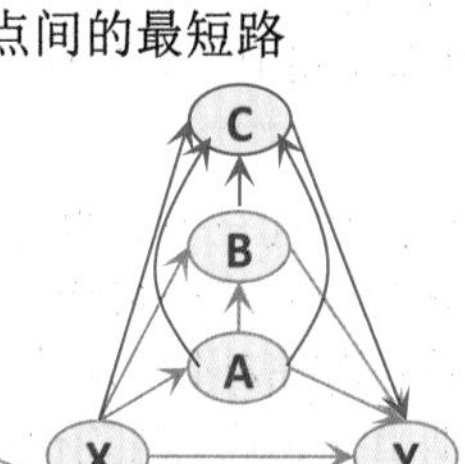

① 新加入顶点C，可选跳点的标号均不超过3时

当前最短路 X \ Y	A	B	C	D
A		AB 5	ABC 9	AD 7
B	BCA 7		BC 4	BD 2
C	CA 3	CB 3		CD 2
D	DCA 4	DCB 4	DC 1	

有向图G的全局最短路计算表（第3阶段）

② 从B出发到A结束，可选跳点集新加入C时，新增候选路径“B先按上一步所得最短路到C，C再按上一步所得最短路到A”，该路径长为P[B][C]+P[C][A]=7，小于上一阶段所得最短路的长度∞，故此时的最短路更新为上述新路径，即BC+CA=BCA

③ 从A出发到D结束，可选跳点集新加入C时，新增候选路径“A先按上一步所得最短路到C，C再按上一步所得最短路到D”，该路径长为P[A][C]+P[C][D]=11，大于上一阶段所得最短路的长度，故此时的最短路保持不变，仍是上一阶段所得最短路AD

• **第4阶段**：限制可选跳点顶点集合 为{A,B,C,D}，此时求任意两点间的最短路

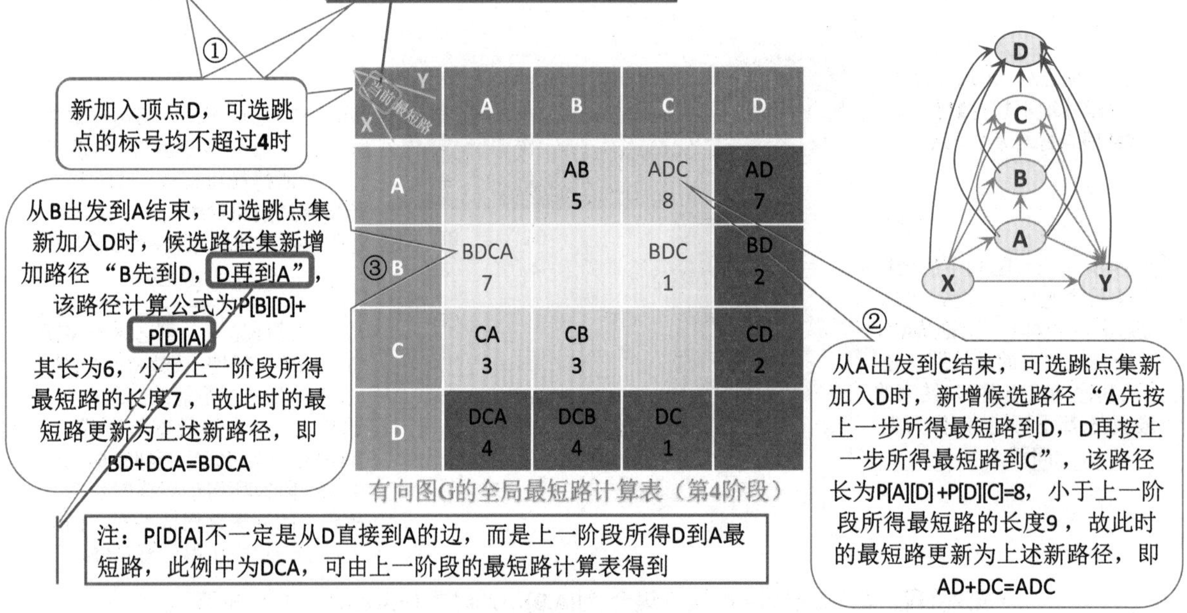

①
新加入顶点D，可选跳点的标号均不超过4时
当前最短路
X
Y
A
B
C
D
AB 5
ADC 8
AD 7
BDCA 7
BDC 1
BD 2
CA 3
CB 3
CD 2
DCA 4
DCB 4
DC 1
③
从B出发到A结束，可选跳点集新加入D时，候选路径集新增加路径“B先到D，D再到A”，该路径计算公式为P[B][D]+P[D][A]
其长为6，小于上一阶段所得最短路的长度7，故此时的最短路更新为上述新路径，即BD+DCA=BDCA
②
从A出发到C结束，可选跳点集新加入D时，新增候选路径“A先按上一步所得最短路到D，D再按上一步所得最短路到C”，该路径长为P[A][D]+P[D][C]=8，小于上一阶段所得最短路的长度9，故此时的最短路更新为上述新路径，即AD+DC=ADC
注：P[D[A]不一定是从D直接到A的边，而是上一阶段所得D到A最短路，此例中为DCA，可由上一阶段的最短路计算表得到

有向图G的全局最短路计算表（第4阶段）

✓ **注意**：原图只有**4**个顶点，第4阶段限制从X出发到Y结束的可选跳点集为{A,B,C,D}，相当于对中间跳点不加任何限制，此时得到的X到Y的最短路便是全局最短路。各个阶段，计算X到Y的最短路时之候选路径集更新情况如下图所示，从最初最多只有一条路径，到最后含有全部路径。

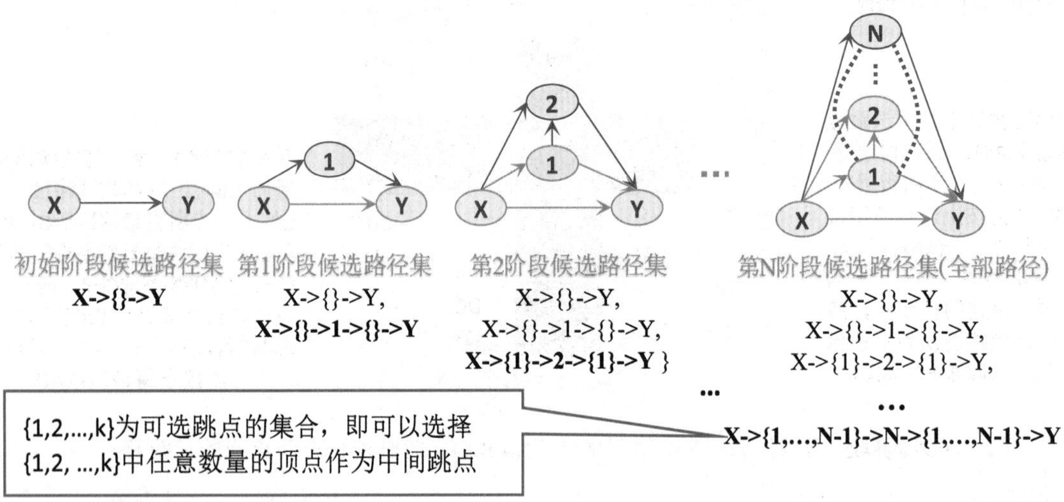

✓ **思考**：加入一个新的跳点Z时，从X出发到Y结束新加的候选路径实际可能有很多条，上述分析中只考察新增的路径 P[X][Z]+P[Z][X]是否比上一阶段P[X][Y]短，其余路径无须考虑，这是什么原因呢？

✓ **提示**：P[X][Z]不一定就是X到Z直接相连的有向边，每次计算P[X][Z]都要查上一阶段的最短路径表P，而非直接把将P[X][Z]视作有向边XZ。

□ **算法设计**

➢ 根据图中各条弧的信息初始化初始阶段最短路径计算表P中的各元素值
➢ For(i = 1;i<=N;++i): //假设顶点数量为N，循环N次
➢ 　对于每一个出发点X:
➢ 　　对于每一个出发点Y:
➢ 　　　如果 X!=Y且X!=i且Y!=i且P[X][i]+P[i][Y]<P[X][Y]
➢ 　　　　P[X][Y] = P[X][i]+P[i][Y]

□ 算法实现

```
//图采用邻接矩阵存储，最短路径与最短路计算表采用如下定义的Path与PathTable类型
                typedef struct {
                    string locSeq;
                    double distance;
                }Path;
                typedef Path PathTable [MAX_VERTEX_NUM][MAX_VERTEX_NUM];
```

```
void GetShortestPath_FLOYD (MGraph G, PathTable PT){
 //初始化最短路径表
  for(int x=1; x<=G.vexnum; ++x){
    for(int y=1; y<=G.vexnum; ++y){
      PT[x][y].distance = G.arcs[x][y].weight;
      if(G.arcs[x][y].weight != INFINITY){
        PT [x][y].locSeq = G.vertices[x].data + "---" + G.vertices[y].data ;
      }
    }
  }
  //迭代求各个阶段的最短路径表
  for(int i=1; i<=G.vexnum; ++i){
    for(int x=1; x<=G.vexnum; ++x)
      for(int y=1; y<=G.vexnum; ++y)
        if(   x != y &&
              x != i &&  y!=i &&
              PT[x][i].distance+PT [i][y] < PT [x][y]
          ){
            PT[x][y].distance = PT[x][i].distance + PT[i][y].distance;
            PT[x][y].locSeq = MyPathCat(PT[x][i].locSeq, PT[i][y].locSeq);
        }
  }
}
```

假设顶点的data域为字符串类型，存储顶点的名称

自定义路径拼接函数，负责将两条路径拼接为一条路径

□ 算法分析

- 时间复杂度：O(G.vexNum³)。
- 空间复杂度: O(G.vexNum²)。
- 算法特点：时间复杂度与多次调用Dijkstra算法求全局最短路的复杂度相同，但Floyd算法更加规整、简洁、优雅！

□ 拓展与思考

- **动态规划**：将复杂问题的求解过程分为多个阶段，每个阶段都做出决策，而且前一阶段的决策结果可以为后一阶段的决策奠定基础，这种求解策略在算法设计领域通常对应动态规划算法。请查阅动态规划法相关资料，并用动态规划法求解矩阵连乘问题、0-1背包问题。
- **中国邮路问题**：邮递员从邮局出发送信，要求走遍辖区各街道再返回邮局，如何安排路线才能使路程最短呢？这是一个更为复杂的最短路问题,由中国学者管梅谷首先提出并解决，在国际上被称为“中国邮路问题”,请查阅相关资料。

□ 科学家故事与科学精神

- 你能想象一个文学专业出身、因经济不景气而去机房值夜班打工，做枯燥的卡片穿孔工作的人，能获得计算机界最负盛名的图灵奖吗？Floyd就是这样一个人！他虽处困境却萌发了对程序的好奇，兴趣、勤奋和坚持使他成为一名自学成才的、独特的计算机科学家。不只本节介绍的全局最短路求解算法，后文还会学习到的“堆排序”排序也是Floyd的一个杰作。
- 天才是百分之一的灵感加上百分之九十九的汗水。 ——爱迪生

Robert W. Floyd
（1936-2001）
1978年图灵奖得主

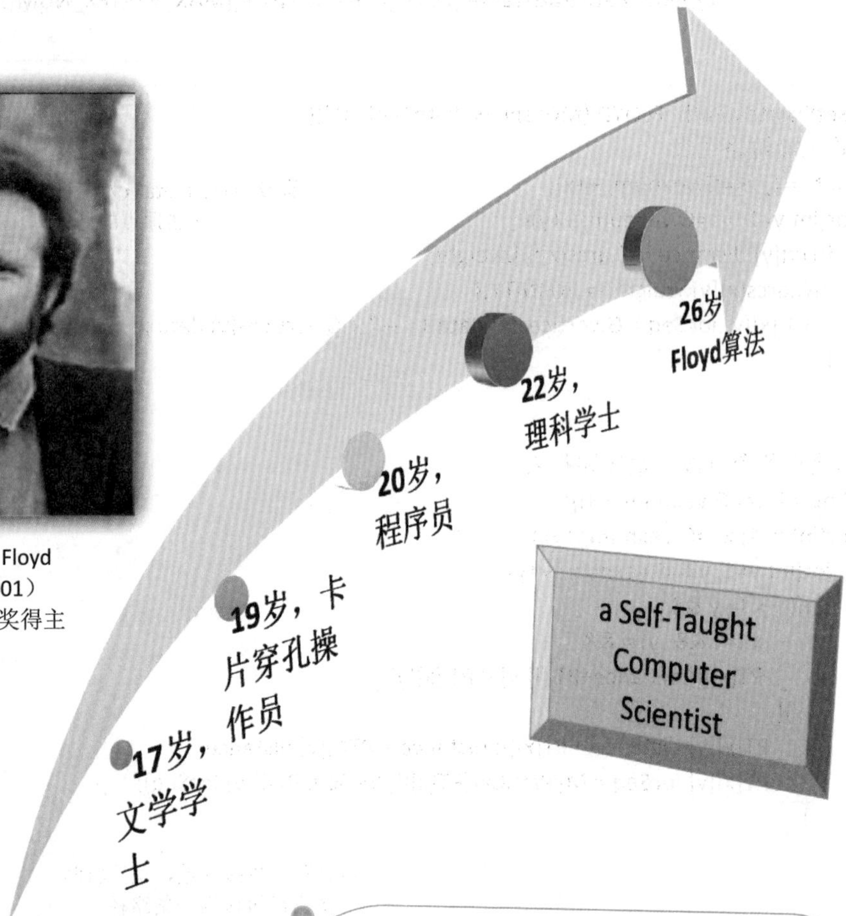

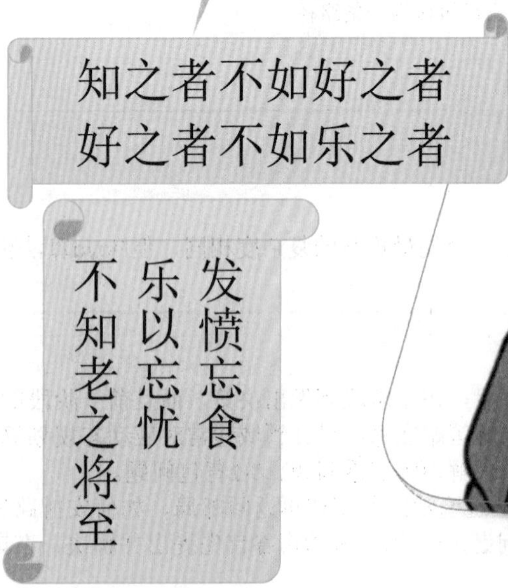

知之者不如好之者
好之者不如乐之者
发愤忘食
乐以忘忧
不知老之将至

孔子

□ 国人骄傲

- **管梅谷与中国邮路问题**：在计算机算法领域，以中国或者中国人命名的问题或算法出现的不多。不过，在20世纪60年代出现了一个以中国命名的问题，这就是“中国邮路问题（Chinese Postman Problem,CPP）”，由中国学者管梅谷先生首先提出并解决。该问题应用广泛、影响深远，在国际上被列为运筹学史上重要的里程碑事件之一。
- **CPP求解算法的由来**：20世纪60年代，每个邮递员负责30~40个邮筒信件的收送问题，如何能让他们访问完所有的邮筒且行走的路程最短？为解决这一实际问题，管梅谷先生曾经跟邮递员一起骑自行车送信，几乎跑遍了邮局辖区的所有块段，动笔画下不少邮递员走的路线，在对邮递员的路线选择经验和做法进行充分调研的基础上，最终提出了求解中国邮路问题的“奇偶点图上作业法”。

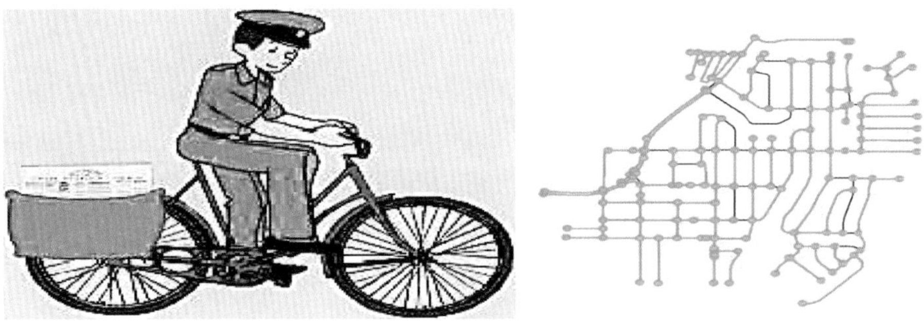

中国邮路问题

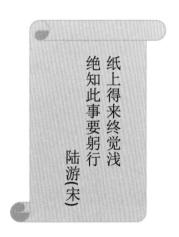

纸上得来终觉浅
绝知此事要躬行
陆游(宋)

科学研究既要追求知识和真理，也要服务于经济社会发展和广大人民群众。广大科技工作者要把论文写在祖国的大地上，把科技成果应用在实现现代化的伟大事业中。

——习近平《为建设世界科技强国而奋斗》
2016年5月30日

第八章 集合与查找

《百雁图》边寿民（清）

8.1 集合与查找的定义

- **集合的概念**：若数据对象包含若干元素，而这些元素之间除了“同属一个集合”的关系外，别无其他关系，此时称该数据对象具有**集合结构**（Set）。普通集合不允许元素的重复出现，若允许同一个元素在集合中重复出现，则称其为**多重集**(multi-set)。此外，若集合对象在创建完毕后很少进行元素增删则称其为**静态集合**，否则称为**动态集合**。
- **集合的查找**：集合对象的操作除了元素的增删外，主要是元素的查找定位，通常是给定元素某个数据项的值（又称关键字）查找一条元素记录的所有属性，或者给定一个关键字范围查找多条记录，根据数据对象特点和查找要求需对集合的存储结构进行专门设计。
- **集合的抽象数据类型定义：**

ADT Set{

数据对象D：D ={ $e_1,e_2,\ldots,e_n$ } (n>=0) 是具有相同属性和结构的数据元素的有限集合，
每个数据元素包含多个属性，查找所用关键字对应的属性记作K。

数据关系R：R = Ø

基本操作：

InitSet(&S)
操作结果：构造一个空的集合S

DestroySet(&S)
初始条件：集合S存在
操作结果：销毁集合S

> 多重集的抽象数据类型定义中，无须检查是否重复，直接将e插入S即可

SetInsert (&S, e)
初始条件：集合S存在，e是一个元素
操作结果：若S中不存在与e的关键字重复的元素则将e插入，否则返回ERROR

SetErase (&S, key, &e)
初始条件：集合S存在，key是一个关键字
操作结果：删除S中属性K取值为key的元素并用e带回，不存在则返回ERROR

SetClear (&S)
初始条件：集合S存在
操作结果：清空S中的所有元素

SetEmpty (S)
初始条件：集合S存在
操作结果：若S为空则返回TRUE，否则返回FALSE

SetSize (S)
初始条件：集合S存在
操作结果：返回S中元素的个数

> 不同类型的集合查找操作，多重集可定义操作查找等于给定关键字的多条记录

SetSearch (S, key, &e)
初始条件：集合S存在，key是一个关键字
操作结果：查找S中属性K取值为key的元素并用e带回，返回OK
若S中不存在属性K取值为key的元素则返回ERROR

SetLowerBound (S, key)
初始条件：集合S存在，key是一个关键字
操作结果：查找S中属性K的值大于或等于key的所有元素，返回它们的地址列表

SetUpperBound (S, key)
初始条件：集合S存在，key是一个关键字
操作结果：查找S中属性K的值大于key的所有元素，返回它们的地址列表

SetTraverse (S, visit( ))
初始条件：集合S存在，visit是对单个元素执行某种操作的函数的地址
操作结果：遍历S中所有元素记录并执行visit操作

}//ADT Set

8.2 静态集合及其查找

8.2.1 静态集合的顺序存储与顺序查找

- **静态集合的顺序存储**：将集合中的元素对象直接存储到一个顺序表中，称其为静态集合的顺序存储。与普通顺序表不同的地方在于，静态集合中元素之间的相对存储位置没有元素间逻辑关系的约束，而且每个元素都是包含查找所用关键字属性和取值属性的结构体类型数据（又称为一个键值对），相关的类型及存储结构定义如下：

```
//静态集合的顺序存储结构定义
#define Set_INIT_SIZE 100
typedef int KeyType; //关键字类型定义
typedef char ValueType [20] ; //元素值的类型定义
typedef struct Pair{ //每个元素相当于一个键值对
    KeyType K; //关键字属性
    ValueType V; // 值属性
}Pair;
typedef struct StaticSet {
    Pair * base; //存储空间首地址
    int capacity; //存储空间容量
    int size; //集合中有效元素的个数
}StaticSet ;
```

假设记录的值类型是字符数组类型

键值对的类型定义

静态集合的类型定义

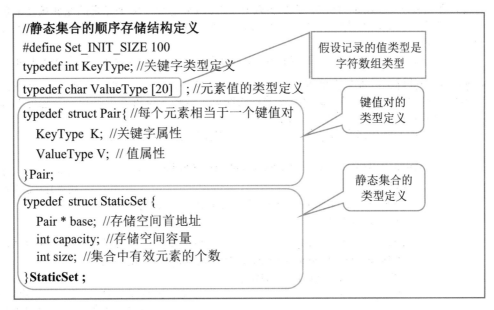

- **顺序存储结构下静态集合操作的实现**
  - **静态集合的顺序查找**：第2章曾给出顺序表的查找定位函数，其算法思想是从首元素开始至最后一个元素结束，逐个检查当前元素是否是所要查找的元素。该算法每一次循环都需要执行三个操作：一是检查元素是否越界（到达最后），二是检查元素是否为待查找元素，三是进行下标的递增。考虑到集合中查找操作的频繁性，下面设法减少循环体中的操作次数以提高查找效率。一个可行的方案是将元素数组的0号记录设置为监视哨（即数组的0号元素不存储有效记录，仅仅在查找时将0号记录的关键字属性设置为待查找的关键字值），如此一来，可从后向前逐个检查数组中当前记录的关键字是否与待查找关键字相等，一旦相等则终止循环。此时，最坏情况下遍历到监视哨则循环必然会终止，这样便省略了元素越界检查的操作，将循环体中的3个操作降低为2个，该算法称为顺序查找算法，其具体实现如下。
  - 注意：设置0号元素为监视哨后，有效记录为数组的1号元素至S.size号元素。

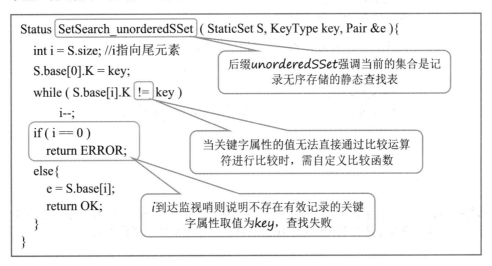

```
Status SetSearch_unorderedSSet ( StaticSet S, KeyType key, Pair &e ){
    int i = S.size; //i指向尾元素
    S.base[0].K = key;
    while ( S.base[i].K != key )
          i--;
    if ( i == 0 )
        return ERROR;
    else{
        e = S.base[i];
        return OK;
    }
}
```

后缀*unorderedSSet*强调当前的集合是记录无序存储的静态查找表

当关键字属性的值无法直接通过比较运算符进行比较时，需自定义比较函数

*i*到达监视哨则说明不存在有效记录的关键字属性取值为*key*，查找失败

- **顺序查找性能分析**：当查找失败时，上述算法需要与集合中所有元素及监视哨逐一比较，参与比较的记录数为S.size+1；当查找S.base[1]时，比较的记录数为S.size；以此类推，当查找S.base[S.size]时，比较的记录数为1。因此，顺序存储结构下静态集合查找算法的时间复杂度为O(S.size)。时间复杂度仅是查找性能的一个粗粒度指标，为准确分析查找效率，将查找过程中需要和给定关键字比较的记录数称为查找长度。以上述查找算法为例，不同场景下其平均查找长度的计算公式如下：

（1）假设查找一定成功且各元素被查找的概率均等，此时的平均查找长度为：

ASL = (S.size + S.size-1 + … + 1)/S.size = (S.size+1)/2

（2）查找成功有S.size种情况，查找失败有S.size+1种情况（每个元素的左邻域及最后一个元素的右邻域），假设查找成功与失败的概率各为1/2，且各种成功情况和各种失败情况的概率分别相等，则平均查找长度为：

ASL = (S.size+1) / 2 + (S.size+S.size-1+…+1) / (2*S.size) = 3*(S.size+1)/4

- **静态集合的插入**：在集合中查找是否存在关键字相等的记录，若存在则返回ERROR；否则，因元素的相对存储位置没有元素间逻辑关系的约束，故插入位置不受限制，为避免引起元素移动，可将待插入记录插入到存储空间的末尾。
- 注意：若插入前存储空间已全部使用完毕，则需要进行扩容处理。

```
Status SetInsert_unorderedSSet ( StaticSet &S, Pair e ){
  Pair tmp;
  if( SetSearch_unorderedSSet ( S, e.K, tmp ) == OK )
     return ERROR;
  if( S.size == S.capacity-1 ){ //若存储空间已使用完毕则扩容为原容量的2倍
     S.base = (Pair *)realloc(S.base, 2*S.capacity*sizeof(Pair) );
     if(!S.base) exit(OVERFLOW);
     S.capacity *= 2;
  }
  S.base[ S.size +1 ] = e; //将e插入尾部
  S.size ++;
  return OK;
}
```

多重集的插入无须做重复检测和处理

因0号记录作监视哨，故可用记录空间为S.capacity-1，因此，扩容判断条件与顺序表的扩容条件略有不同

- **静态集合的删除**：顺序表在删除元素后需要保持元素在存储位置上的相对关系符合逻辑结构的要求，为此，需将被删除位置之后的元素前移，而集合的删除则没有该限制，因此，可直接使用元素数组的尾元素覆盖被删除元素。

```
Status SetErase_unorderedSSet ( StaticSet &S, KeyType key, Pair &e ){
   int i = S.size;
   S.base [0].K = key;
   while ( S.base[i].K != key )
        i--;
   if ( i == 0 ) //不存在关键字属性取值为key的记录
     return ERROR;
   else{
     e = S.base[i];
     S.base[i] = S.base[S.size]; //使用尾元素覆盖被删元素
     S.size--;
     return OK;
   }
}
```

□ **思考**：静态集合的顺序查找算法按存储次序的逆序进行顺序查找，可参考输入法高频字优先的处理技术优化顺序查找算法的查找性能，试查阅资料并考虑具体的优化方案。

8.2.2 静态集合的有序顺序存储与二分查找

- **静态集合的有序顺序存储**：将集合中的元素对象按照关键字递增（或者递减）的顺序存储到一个顺序表中，称其为静态集合的有序顺序存储。其存储结构与静态集合的顺序存储相同，只是要求数组中的记录按关键字大小有序（默认递增）存储，相关定义如下：

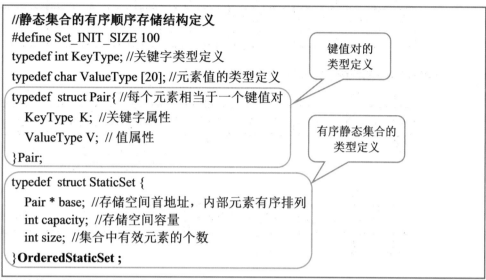

```
//静态集合的有序顺序存储结构定义
#define Set_INIT_SIZE 100
typedef int KeyType; //关键字类型定义
typedef char ValueType [20]; //元素值的类型定义
typedef struct Pair{ //每个元素相当于一个键值对
   KeyType K; //关键字属性
   ValueType V; // 值属性
}Pair;
typedef struct StaticSet {
   Pair * base; //存储空间首地址，内部元素有序排列
   int capacity; //存储空间容量
   int size; //集合中有效元素的个数
}OrderedStaticSet ;
```

键值对的类型定义

有序静态集合的类型定义

- **有序顺序存储结构下静态集合操作的实现**
  - **有序静态集合的二分查找**：前文顺序查找算法的一次比较通常将候选记录的区间缩小一条记录，对于递增的有序集合而言，假设候选记录的左边界对应的下标为low，右边界对应的下标为high，即在下标区间[low,high]的范围内查找关键字属性值为key的记录，则可拿中间记录（其下标为mid=(low+high)/2)与key进行比较，分如下三种情况分别处理：

（1）若key大于中间记录的关键字，则只需到中间记录的右侧区间查找（排除中间记录及其左侧的记录），候选记录范围缩小为[mid+1,high]，重置low为mid+1；

（2）若key小于中间记录的关键字，则只需到中间记录的左侧区间查找（排除中间记录及其右侧的记录），候选记录范围缩小为[low,mid-1]，重置high为mid-1；

（3）若key等于中间记录的关键字，则查找成功，返回中间记录的下标即可。

上述过程不断重复，直至查找成功或者区间失效（若low>high则意味着候选记录的区间失效，查找失败）。

- 思考：如下二分查找算法中，若通过“low = mid”和“high = mid”缩小相应的候选记录范围会导致什么错误？

```
int BinarySearch_orderedSSet ( OrderedStaticSet S, KeyType key ){
   int low = 0, high=S.size-1, mid; //low指向首元素，high指向尾元素
   while ( low <= high ){
      mid = low + ( high-low >> 1 ) ;
      if ( key > S.base[mid].K )
         low = mid + 1; //到右侧查找
      else if( key < S.base[mid].K )
         high = mid - 1; //到左侧查找
      else
         return mid; //查找成功，返回被查找记录的下标
   }
   return low==0 ? -1 : -(low-1); //查找失败，若所有记录的关键字均大于key时返回-1,
                          //否则，low-1指向小于key的最后一条记录，返回其下标的相反数
}
```

有序集合的查找操作在查找成功时返回元素的下标，查找失败时返回一个负数

该语句数学上与mid = (high+low)/2等效，在程序实现上却具有两个优点：第一，当low与high取值较大时，两者相加可能会导致计算机内数据的溢出，该错误曾在Java的类库中隐藏了长达10年之久；第二，使用移位运算符取代整除运算，运算效率更高

若调整该分支的顺序，分析会如何影响性能？

- **二分查找实例**：下表给出了联合国教科文组织认定的世界十大文化名人出生年份及姓名的集合，假设按照出生年份进行二分查找，查找成功与失败时的两个查找过程实例分别如下图所示。

S. base

	0	1	2	3	4	5	6	7	8	9
K:	-551	-427	-384	1226	1473	1561	1642	1694	1724	1809
V:	孔子	柏拉图	亚里士多德	托马斯·阿奎那	哥白尼	弗兰西斯·培根	牛顿	伏尔泰	康德	达尔文

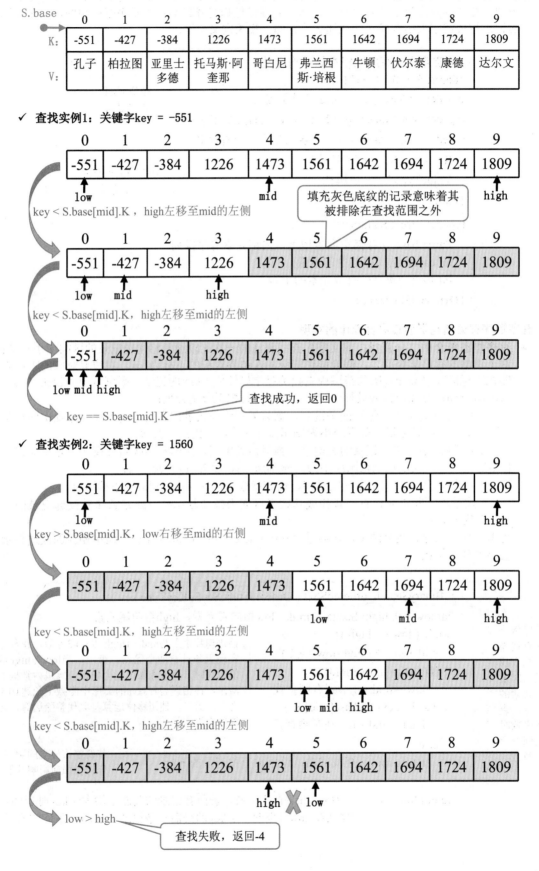

✓ **查找实例1：关键字key = -551**

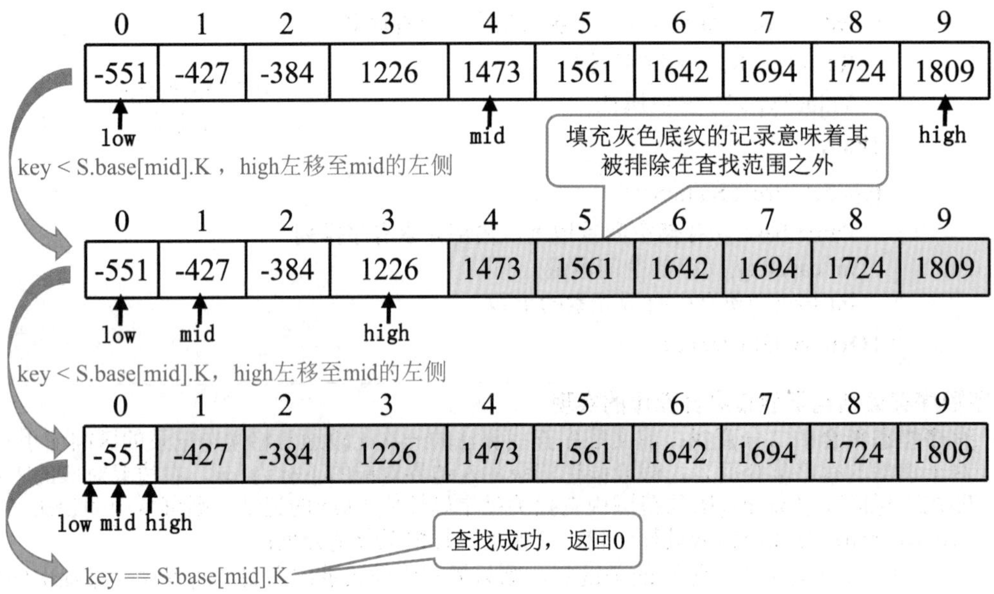

✓ **查找实例2：关键字key = 1560**

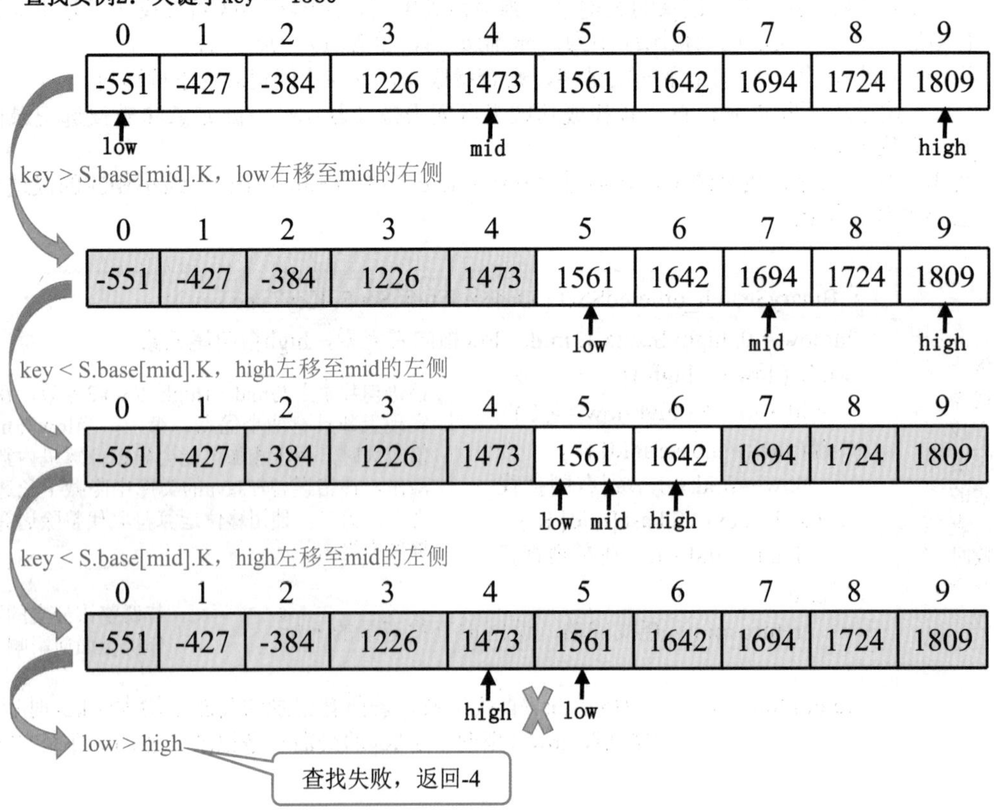

- **二分查找性能分析**：二分查找中，每一次与中间记录比较，或者定位成功，或者将查找范围缩小为原来的一半，最坏情况下查找区间的大小变为-1（即high-low=-1），故二分查找的时间复杂度为O($\log_2$(S.size))。具体而言，二分查找的过程可借助一棵二叉树来描述：查找范围内的中间记录作二叉树的根结点，到左半部分查找时比较的记录作根的左孩子，到右半部分查找时比较的记录作根的右孩子，以此类推，称该二叉树为**二分查找的判定树**，试证明其如下性质：
  - ✓ 二分查找的判定树中，叶结点的深度最多相差1，整棵树的深度为$\lfloor \log_2(\text{S.size}) \rfloor + 1$；
  - ✓ 查找成功时，从根结点到被查找记录的路径描述了二分查找的具体过程，即先后与哪些记录进行了比较，被查找结点的深度就是查找长度；故查找成功时的最坏查找长度与判定树的深度相同，均为$\lfloor \log_2(\text{S.size}) \rfloor + 1$；
  - ✓ 若考虑查找失败的情况，可将失败情况对应的结点也加入到二叉树中(为区分普通的记录结点，失败结点用方形结点表示)。查找失败时，根结点到失败结点的路径也给出了具体查找过程，只不过最后的失败结点不进行比较，查找长度为路径中的结点数减1，最坏查找长度也为$\lfloor \log_2(\text{S.size}) \rfloor + 1$；
  - ✓ 当候选记录数可表示为2的整数次幂-1的形式时，二分查找的判定树为一棵满二叉树，在保证查找成功且各记录被查找概率均等的前提下，二分查找的平均查找长度为$\frac{\text{S.size}+1}{\text{S.size}}\log_2(\text{S.size}+1) - 1$，当S.size较大时可近似为$\log_2(\text{S.size}+1) - 1$。

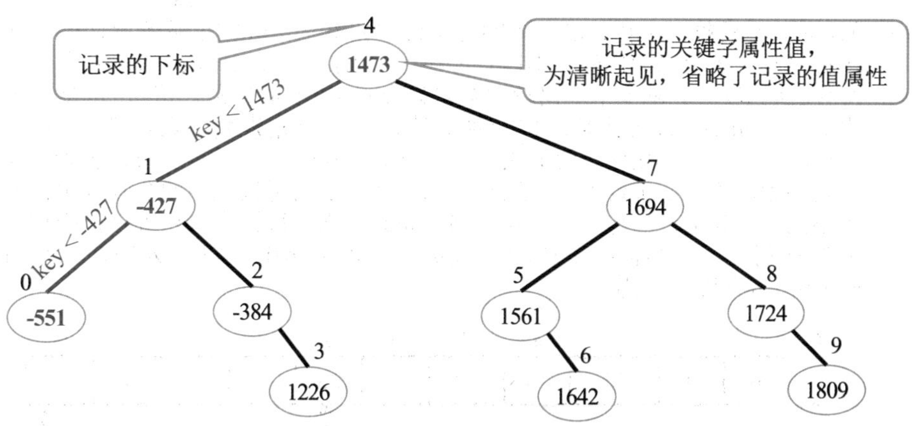

二分查找的判定树及关键字 key = -551 的查找过程

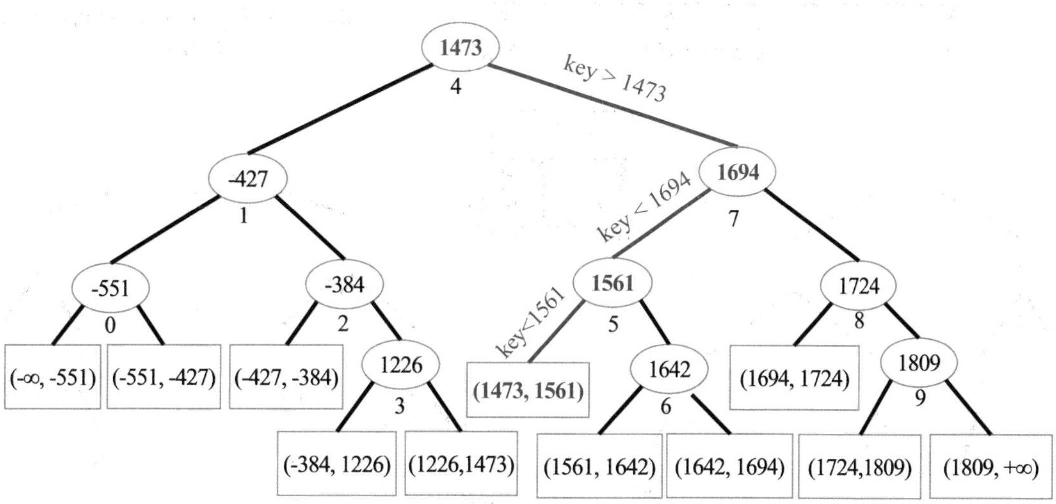

含失败结点的二分查找判定树及关键字 key = 1560 的查找过程

- **拓展**：下面两种查找算法与二分查找类似，但mid取值规则不同，试实现之并分析其性能。
  - ✓ **插值查找**：二分查找在缩小候选记录范围时不考虑关键字的取值，实际上，当集合中的元素取值分布较为均匀时，待查找关键字的值通常有助于快速确定元素位置。比如下例中，每个元素相比其左侧元素的增长值基本相等，取值分布较为均匀，此时，按公式$\mathbf{mid = low + \frac{key - S.base[low].K}{S.baes[high].K - S.base[low].K}(high - low)}$确定每一轮比较元素的下标，之后根据比较结果采用与二分查找类似的方法缩小查找范围，则通常可更快地完成定位。以下例中查找26为例，插值查找算法比较2次可完成定位，而二分查找需比较3次。

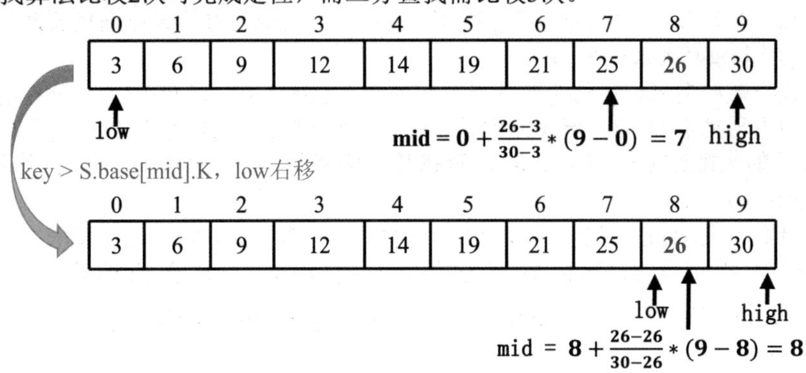

  - ✓ **Fibonacci查找**：查找长度刻画的是与给定关键字比较的记录数量，但二分查找虽然每次循环都只与一条记录做比较，但key小于中间记录时做1次比较，而key大于或等于中间记录时却作2次比较。为减少平均比较次数可修改mid的取值规则，使mid左侧记录较多而右侧记录少。Fibonacci查找就是这样一种算法，当集合元素数可表示为F(n)-1（其中F(n)表示Fibonacci数列的第n项）的形式时，令mid = low + F(n-1) - 1；否则，在集合末尾追加尾元素的副本直至记录数可写作F(n)-1的形式，之后再按上面的公式确定mid。除mid的取值规则不同外，其余过程与二分查找相同。如此一来，每轮均可将查找范围按接近黄金分割的比例进行划分，平均情况下比较次数更优。以下例中查找21为例，二分查找比较7次，而Fibonacci查找比较5次。

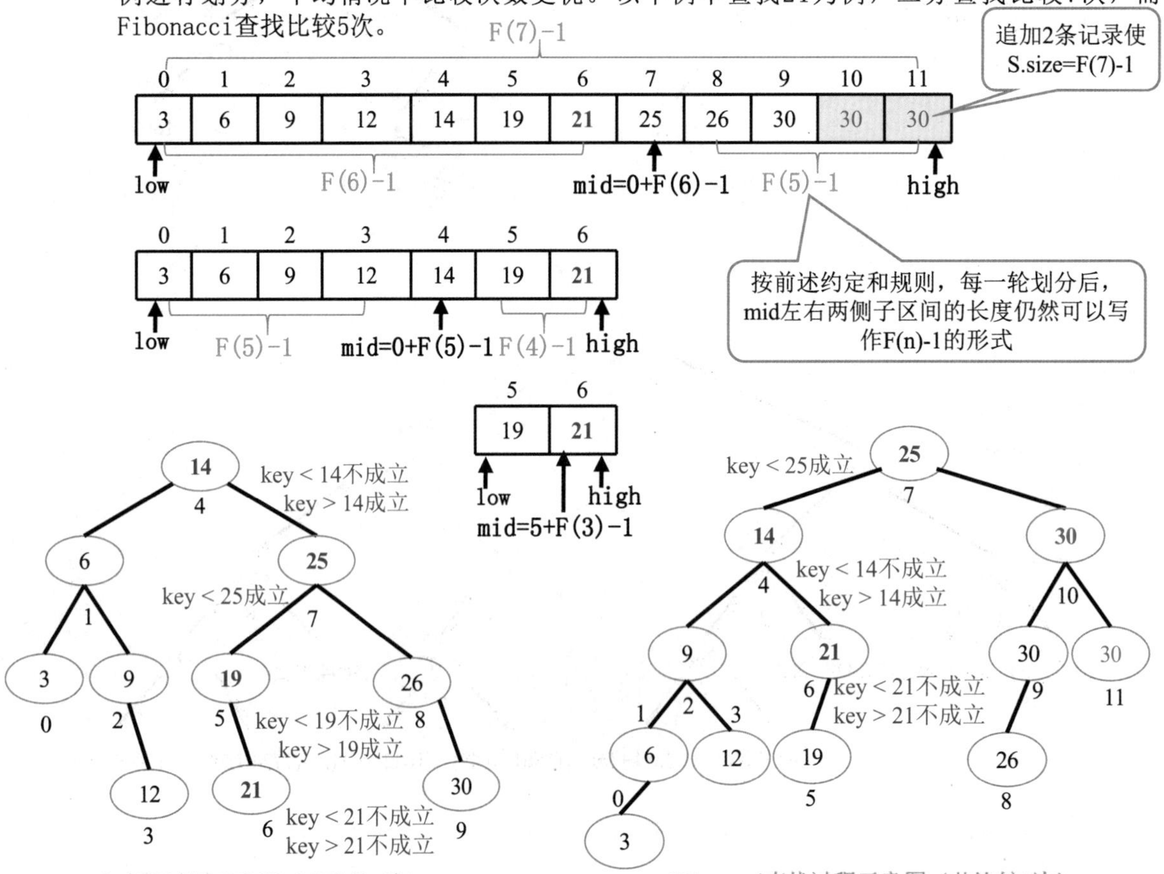

二分查找过程示意图（共比较7次）　　　　Fibonacci查找过程示意图（共比较5次）

- **有序静态集合的区间查找：**假设查找有序集合中取值大于或等于给定关键字的所有记录，返回这些记录下标的上下边界。先使用二分查找算法在集合中查找给定关键字，若查找成功则下边界为二分查找的返回值；否则，二分查找返回值的相反数为最后一条小于给定关键字的记录下标，下边界为其相反数加1。上边界始终设为S.size-1。
- 注意：若最终求得的下边界大于上边界则说明所有元素都小于给定关键字，此时返回ERROR。

```
Status  SetLowerBound_orderedSSet ( OrderedStaticSet S, KeyType key, int &low, int &high ){
   int m;
   if( ( m = BinarySearch_orderedSSet ( S, key ) ) > 0 )
      low = m;
   else
      low = - m + 1;
   high = S.size-1;
   return high >= low ? OK : ERROR;
}
```

- **有序静态集合的插入：**首先在集合中使用二分查找算法查找关键字，若查找成功则返回ERROR；否则，二分查找算法返回值的相反数为最后一条小于给定关键字的记录，将位于其右侧的所有记录从后向前逐个后移，最后将新记录插入，集合的长度再增加1即可。
- 注意：二分查找具有对数阶时间复杂度，但最坏情况下需要将所有元素都后移，故有序静态集合的插入操作在最坏情况下具有线性时间复杂度。

```
Status  SetInsert_orderedSSet ( OrderedStaticSet &S, Pair e ){
   int m;
   if( ( m = BinarySearch_orderedSSet ( S, e.K ) ) > 0 )
      return ERROR;
   if( S.size == S.capacity ){ //若存储空间已使用完毕则扩容为原容量的2倍
      S.base = (Pair *)realloc(S.base, 2*S.capacity*sizeof(Pair) );
      if(!S.base) exit(OVERFLOW);
      S.capacity *= 2;
   }
   for ( int i = S.size - 1; i > m; i --)
      S.base[ i+1 ] = S.base[ i ];
   S.base[ m +1 ] = e; //将e插入
   S.size ++;
   return OK;
}
```

有序多重集的插入无须做重复检测和处理

- **有序静态集合的删除：**首先在集合中使用二分查找算法查找关键字，若查找失败则返回ERROR；否则，二分查找算法的返回值为待删除记录的下标，将位于其右侧的所有记录从前向后逐个前移，集合的长度再减小1即可。
- 注意：二分查找具有对数阶时间复杂度，但最坏情况下需将被删记录之外的所有元素前移，故有序静态集合的删除操作在最坏情况下具有线性时间复杂度。

```
Status  SetErase_orderedSSet ( OrderedStaticSet &S, KeyType key, Pair &e ){
   int m;
   if( ( m = BinarySearch_orderedSSet ( S, key ) ) < 0 )
      return ERROR;
   e = S.base[ m ];
   for ( int i = m+1; i < S.size; i ++ )
      S.base[ i-1 ] = S.base[ i ];
   S.size --;
   return OK;
}
```

8.2.3 静态集合的索引顺序存储与分块查找

- **静态集合的索引顺序存储**：无序集合进行记录增删操作的效率高，但顺序查找性能差；有序集合与之相反，二分查找性能好，但记录的增删操作效率低。为综合两者的优点，可将所有的记录按照存储顺序分为多个记录块，允许每一块内部的记录无序，但块间记录有序（比如前一块中所有记录均小于后一块的记录）；此外，将每一块记录的最大关键字、块的起始地址以及各块有效记录的数量等信息抽取出来组成一个索引表，则该索引表中存储的关键字是有序的；如此一来，可利用索引表的有序性通过关键字的二分查找定位其所在的块，在块内再进行顺序查找，记录增删引起的移动通常仅限于块内，这种存储方案能兼顾查找和增删操作的性能，称其为静态集合的索引顺序存储。
- **索引顺序存储下集合的分块查找**：在查找给定关键字时，先在索引表中用二分查找法确定其可能存在的块（最大关键字大于或等于给定关键字的第一个块），再到块内进行顺序查找和定位。假设将所有记录均匀地分为b块，则二分法确定关键字所在块的平均查找长度近似为$\log_2(b+1)-1$，块内进行顺序查找的平均查找长度为$\frac{S.size/b+1}{2}$，整个过程的平均查找长度近似为$\log_2(b+1)+\frac{S.size}{2b}-\frac{1}{2}$。
- **索引顺序存储下集合元素的增删**：删除记录时，先基于分块查找法定位被删记录，若查找成功则用所在块的块尾记录覆盖被删记录；增加记录时，先用二分查找法确定其应该插入的块，之后，遍历块内所有记录，在不存在重复记录时将其插入块尾即可（若插入前当前块已满，则将该块的最大记录插入后续块，后续块类似处理）。
- **索引顺序存储下集合的初始化**：先将集合中的记录进行排序，之后按照一定的策略进行分块（比如按给定块数进行均匀划分），利用每一块的最大关键字和起始位置下标等信息初始化索引表即可。
- **索引顺序存储下集合的操作实例**：假设将所有记录均匀地分为3块，下面给出了初始化集合的索引顺序存储结构，以及在该结构下先后进行元素删除和增加操作的一个实例，具体实现留作练习。

• **注意**：为定位首个大于或等于给定关键字的块，可将二分查找算法中间记录等于给定关键字的情况合并到大于的情况中，试分析之。

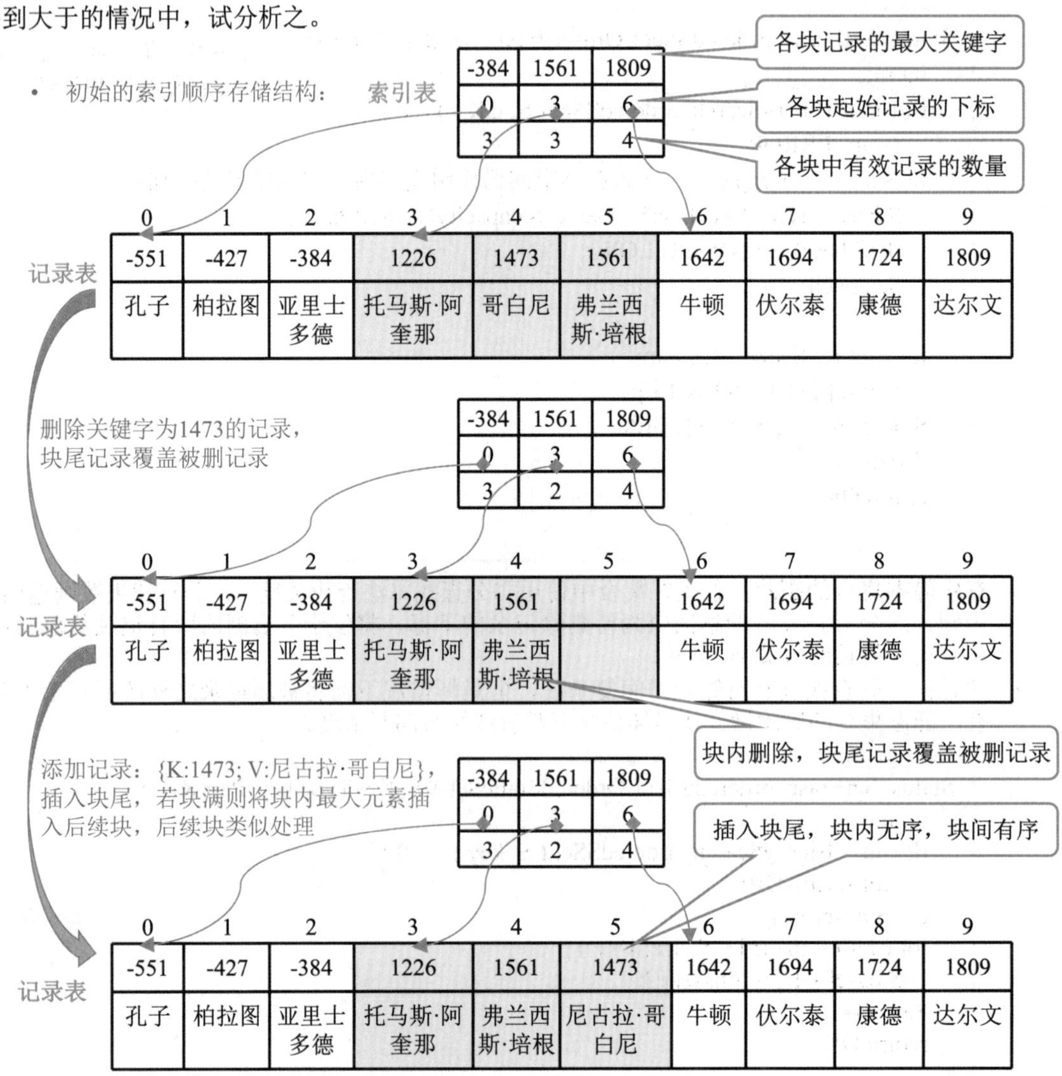

8.3 动态集合的树形查找

8.3.1 动态集合的二叉搜索树存储与查找

- **动态集合的二叉搜索树存储**：在保证查找效率的同时，为规避增删操作导致的元素移动问题，一个方案是将集合中的所有元素存储到一个特殊的二叉树中，每个树结点存储一条记录，而且各结点所存储之记录满足如下约束：对任意一个结点，当其左子树非空时，该结点的关键字均大于其左子树中各结点关键字；当其右子树非空时，该结点的关键字均小于其右子树中各结点关键字，称满足上述条件的二叉树为**二叉搜索树**（Binary Search Tree），约定空树亦是二叉搜索树。二叉搜索树的存储结构与二叉树的二叉链表存储结构相同，只是增加了结点间关键字大小关系的约束，使得**二叉搜索树的中序遍历序列呈递增趋势**，这可看作动态集合的一种有序存储，存储结构定义及实例如下：

```
//动态集合的二叉搜索树存储结构定义
typedef int KeyType; //关键字类型定义
typedef char ValueType [20]   ; //元素值的类型定义
typedef  struct Pair{ //每个元素相当于一个键值对
   KeyType  K; //关键字属性
   ValueType V; // 值属性
}Pair;
typedef  struct BSTNode {
   Pair data; //存储记录的数据域
   struct BSTNode * lChild; //左孩子指针
                     //左子树各结点关键字小于data.K
   struct BSTNode * rChild; //右孩子指针
                     //右子树各结点关键字大于data.K
}BSTNode, *BSTree;
```

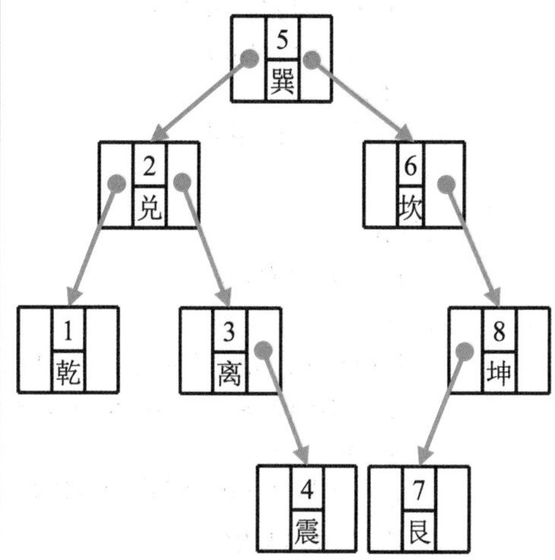

二叉搜索树存储结构实例

- **二叉搜索树存储结构下动态集合操作的实现**
  - **二叉搜索树的查找**：根据二叉搜索树结点关键字相对大小满足的约束，可从根结点开始与给定关键字key比较，只要当前结点存在且关键字不等于key，则分如下两种情况重复处理：（1）若当前结点的关键字小于key，则置其左孩子结点为当前结点；（2）若当前结点的关键字大于key，则置其右孩子结点为当前结点。上述过程不断重复，若最终当前结点变为空结点则查找失败，返回NULL；否则，当前结点的关键字等于key，查找成功，返回当前结点的地址。下面给出查找算法的具体实现以及一个查找过程的实例。
  - 注意：二叉搜索树的查找可以基于分而治之的策略用递归函数求解，试实现之。

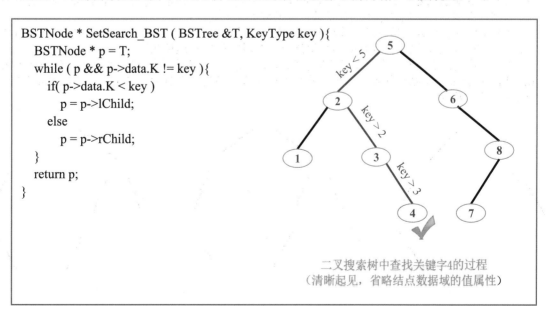

```
BSTNode * SetSearch_BST ( BSTree &T, KeyType key ){
   BSTNode * p = T;
   while ( p && p->data.K != key ){
      if( p->data.K < key )
         p = p->lChild;
      else
         p = p->rChild;
   }
   return p;
}
```

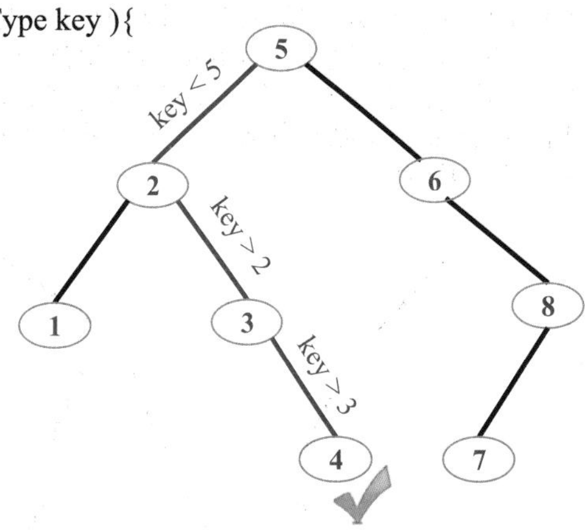

二叉搜索树中查找关键字4的过程
（清晰起见，省略结点数据域的值属性）

➢ **二叉搜索树的插入**：首先在二叉搜索树中查找给定关键字，若查找成功则返回ERROR；否则，新开辟一个结点存放待插入记录，若原二叉搜索树为空则新结点作二叉搜索树的根结点；否则，将新结点设置为查找过程中最后访问之二叉树结点的孩子。

• 注意：二叉搜索树的插入也可以基于分而治之的策略用递归函数求解，试实现之。

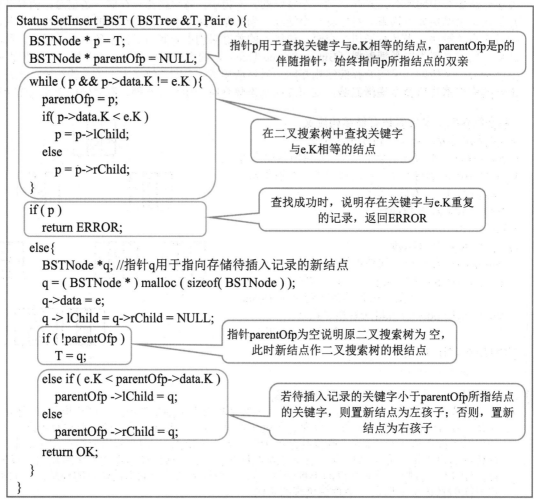

```
Status SetInsert_BST ( BSTree &T, Pair e ){
  BSTNode * p = T;
  BSTNode * parentOfp = NULL;
  while ( p && p->data.K != e.K ){
    parentOfp = p;
    if( p->data.K < e.K )
      p = p->lChild;
    else
      p = p->rChild;
  }
  if ( p )
    return ERROR;
  else{
    BSTNode *q; //指针q用于指向存储待插入记录的新结点
    q = ( BSTNode * ) malloc ( sizeof( BSTNode ) );
    q->data = e;
    q -> lChild = q->rChild = NULL;
    if ( !parentOfp )
      T = q;
    else if ( e.K < parentOfp->data.K )
      parentOfp ->lChild = q;
    else
      parentOfp ->rChild = q;
    return OK;
  }
}
```

指针p用于查找关键字与e.K相等的结点，parentOfp是p的伴随指针，始终指向p所指结点的双亲

在二叉搜索树中查找关键字与e.K相等的结点

查找成功时，说明存在关键字与e.K重复的记录，返回ERROR

指针parentOfp为空说明原二叉搜索树为 空，此时新结点作二叉搜索树的根结点

若待插入记录的关键字小于parentOfp所指结点的关键字，则置新结点为左孩子；否则，置新结点为右孩子

➢ **二叉搜索树的删除**：首先在二叉搜索树中查找关键字等于key的结点，若查找失败则返回ERROR；否则，根据定位成功之结点的孩子数量分不同的情况处理：

（1）定位的结点为叶结点时，除释放该结点外，若其存在双亲则将双亲结点的相应孩子指针置空；若其不存在双亲则说明欲删除的是根结点，此时将根结点地址赋空。

（2）定位的结点只有一个孩子结点时，除释放该结点外，若其存在双亲则令其双亲结点的相应孩子指针指向欲删除结点的唯一孩子；若其不存在双亲则说明欲删除的是根结点，此时将其唯一的孩子结点置为根结点。

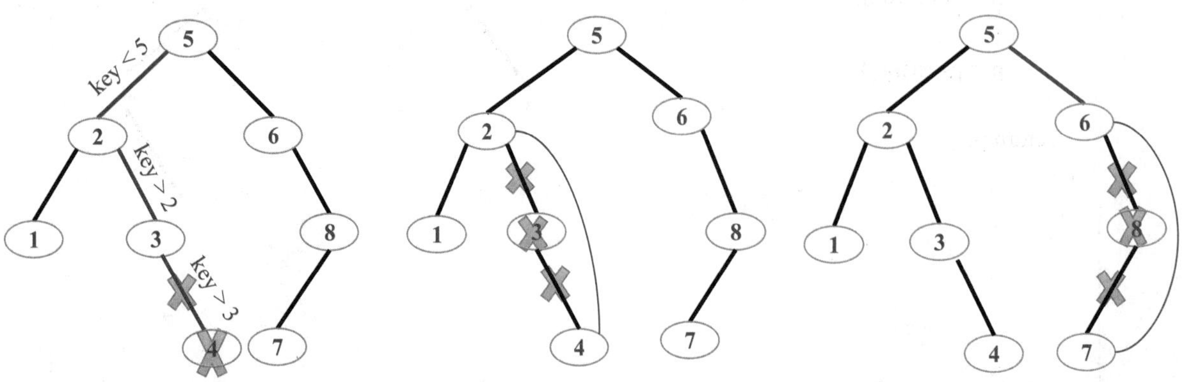

删除叶结点4　　删除只有一个孩子的结点3　　删除只有一个孩子的结点8

（3）定位的结点有两个孩子结点时，可用左子树中关键字最大的结点顶替欲删结点（即用左子树最大结点存储的记录覆盖定位结点存储的记录，之后释放左子树中最大的结点），也可用右子树中关键字最小的结点顶替欲删结点（即用右子树最小结点存储的记录覆盖定位结点存储的记录，之后释放右子树中最小的结点），下面给出的算法实现中选择前一方案。

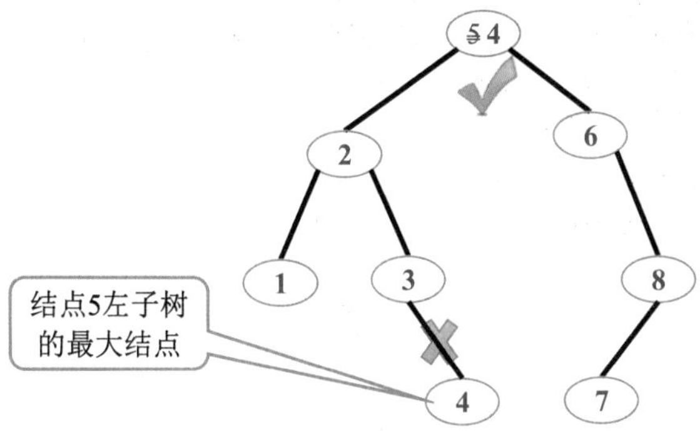

删除有两个孩子的结点5，用左子树最大的结点4顶替欲删结点

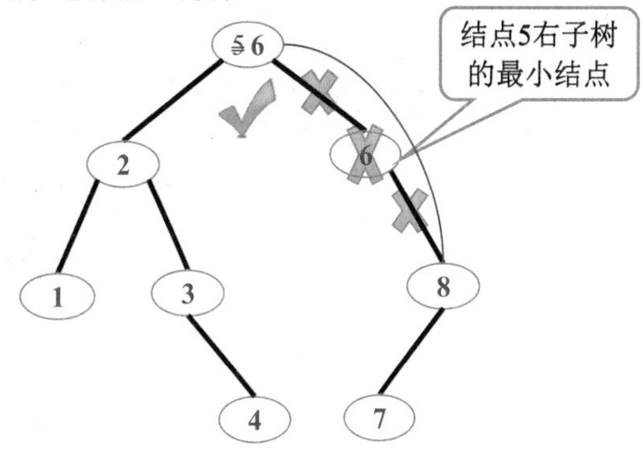

删除有两个孩子的结点5，用右子树最小的结点6顶替欲删结点

```
Status SetErase_BST ( BSTree &T, KeyType key ){
  BSTNode * p = T, * parentOfp = NULL;
  while ( p && p->data.K != key ){
    parentOfp = p;
    if( p->data.K < key ) p = p->lChild;
    else  p = p->rChild;
  }
  if ( !p ) return ERROR; //查找失败，不存在关键字为key的结点，返回ERROR
  else{ //查找成功时，根据定位成功之结点的孩子数量分情况处理
    if( p->lChild && p->rChild ){ //结点p的左右孩子均非空
      BSTNode *q = p->lChild, *parentOfq = p; //q指向p的左孩子
      while( q->rChild ){ //只要q存在右孩子则当前结点非最大
        parentOfq = q; q = q->rChild; //q指向当前结点右孩子
      }
      p->data = q->data; //用p左子树最大结点的值覆盖欲删结点
      if( parentOfq->lChild == q ) parentOfq->lChild = q->lChild;
      else parentOfq->rChild = q->lChild;
      free(q); //释放左子树中的最大结点
    }
    else if( !p->lChild ){//结点p仅含右孩子或者p为叶结点
      if( !parentOfp ) T=p->rChild; //置根结点为p的右孩子或NULL
      else if( parentOfp->lChild == p) parentOfp->lChild = p->rChild;
      else parentOfp->rChild = p->rChild;
      free(p); //释放定位成功的结点p
    }
    else if(!p->rChild ){//结点p仅含左孩子
      if( !parentOfp ) T=p->lChild; //重置根结点为p的左孩子
      else if( parentOfp->lChild == p) parentOfp->lChild = p->lChild;
      else parentOfp->rChild = p->lChild;
      free(p); //释放定位成功的结点p
    }
    return OK;
  }
}
```

在二叉搜索树中查找关键字等于key的结点，若查找成功则p带回所定位结点的地址，parentOfp指向其双亲结点；否则p为空

定位成功之结点含有两个孩子结点时，用左子树中关键字最大的结点顶替欲删结点

从二叉搜索树中移除左子树中最大的结点

结点p仅含右孩子时，若p为根则重置其右孩子结点为根，否则令其双亲结点的孩子指针指向p的右孩子。当p为叶结点时，若p为根则上述处理会使T赋空，否则会使p的相应双亲指针赋空

结点p仅含左孩子时，若p为根则重置其左孩子结点为根，否则令其双亲结点的孩子指针指向p的左孩子

- **二叉搜索树的构造与查找性能分析**：在空树的基础上，逐条记录读入并按照前述二叉搜索树的插入算法可完成二叉搜索树的构造。在上述过程中，记录插入次序的不同会导致二叉搜索树具有不同的形态，不同形态的二叉搜索树具有不同的查找性能。一般而言，二叉搜索树的深度决定了最坏查找长度，形态越均衡则深度越小，此时二叉搜索树的查找性能越好，下面结合实例予以说明。
  - 当记录按递增或者递减的次序插入时，二叉搜索树的深度最大，此时的查找性能最坏，最坏查找长度等于记录数量，平均查找长度为 (n+1)/2（其中n为记录数量）；
  - 当记录按随机次序输入时，二叉搜索树的期望高度为$O(\log_2 n)$。

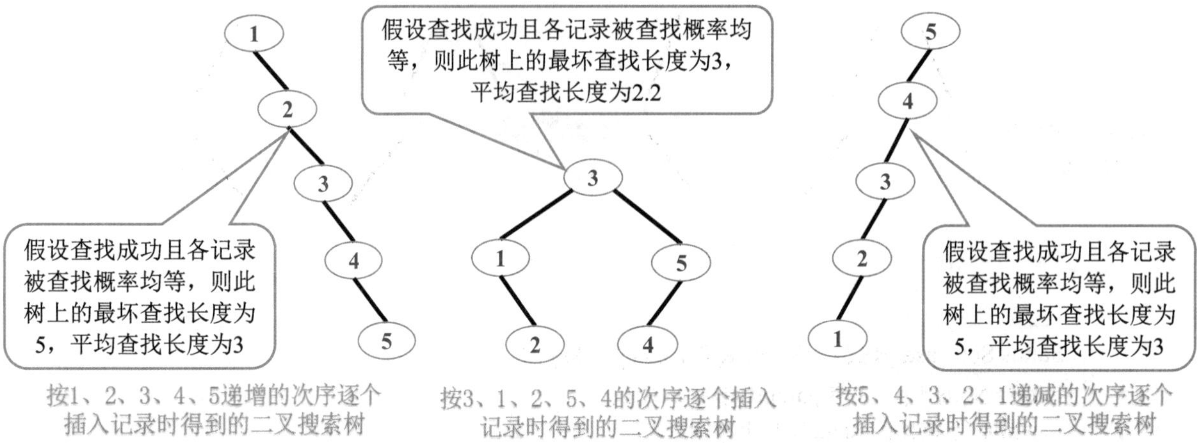

8.3.2 动态集合的平衡二叉搜索树存储与查找

- **平衡二叉搜索树**：称二叉树中一个结点的左右子树深度之差为该结点的平衡因子，当二叉树中任意结点的平衡因子都是0、1或者-1时，称该二叉树为平衡二叉树（Balanced binary tree）；称同时满足二叉搜索树和平衡二叉树概念要求的二叉树为平衡二叉搜索树。平衡二叉搜索树由前苏联科学家G. M. Adelson-Velsky与E. M. Landis在1962年提出，故又称为AVL树。
  - **平衡二叉搜索树的存储结构定义**：平衡二叉搜索树只是在二叉搜索树的基础上对结点的平衡因子大小做了限制，其存储结构只需在二叉搜索树存储结构的基础上加入一个记录各结点所对应子树的高度的成员，具体如下。

```
//动态集合的平衡二叉搜索树存储结构定义
typedef int KeyType; //关键字类型定义
typedef char ValueType [20]    ; //元素值的类型定义
typedef  struct Pair{ //每个元素相当于一个键值对
   KeyType  K; //关键字属性
   ValueType V; // 值属性
}Pair;
typedef  struct AVLNode {
   Pair data; //存储记录的数据域
   struct AVLNode * lChild; //左孩子指针，左子树各结点关键字小于data.K
   struct AVLNode * rChild; //右孩子指针，右子树各结点关键字大于data.K
   int height; //以当前结点为根的子树的高度
}AVLNode, *AVLTree;
```

  - **平衡二叉搜索树的查找**：平衡二叉搜索树的查找算法与二叉搜索树的查找算法相同，只不过平衡二叉搜索树因各结点平衡因子的绝对值不超过1，这能保证树中各叶子结点所在层次之差最多为1，此类树的深度与完全二叉树深度相同，故平衡二叉搜索树的查找时间复杂度为$O(\log_2 n)$。
  - **平衡二叉搜索树的插入**：插入操作的关键是保证新结点插入后二叉树的平衡性（该过程又称为自平衡），具体自平衡的方法如下：
    - 首先，按照普通二叉搜索树的插入算法进行插入，新插入结点记作x。
    - 之后，从新插入的结点向根结点**自底向上**前进，寻找新结点到根结点的路径中平衡因子绝对值大于1的首个结点。
    - 若存在则记这第一个不平衡的结点为z，再根据x与z在树中的相对位置关系按照一定的策略“旋转”二叉树使其重新平衡。具体的旋转策略根据z的不平衡类型分为如下四种场景：

（1）**Left-Left型不平衡**（左孩子的左子树太深）：新结点x插入到首个不平衡结点**z之左孩子y的左子树**上，导致z的平衡因子为2，此时进行“**右旋**”，具体旋转方案、实例及右旋算法的实现如下：

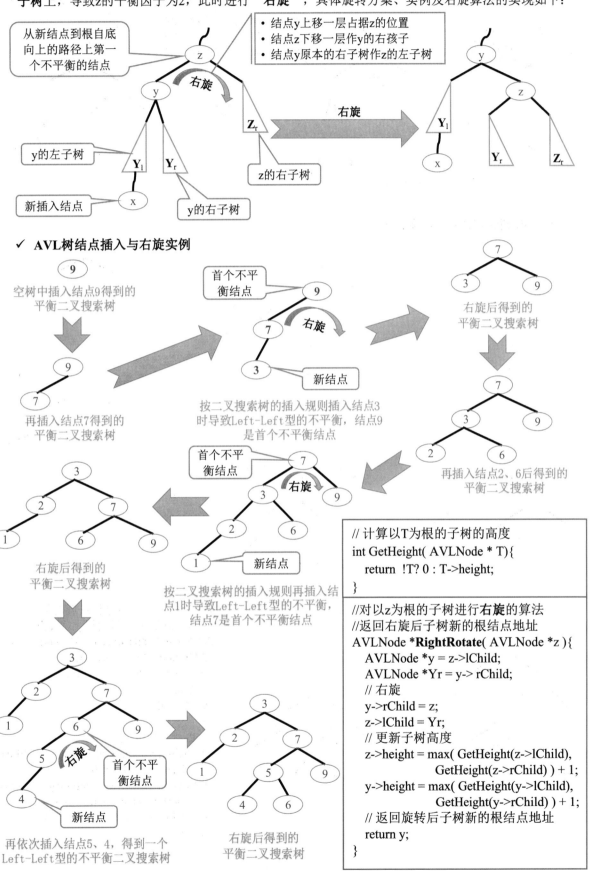

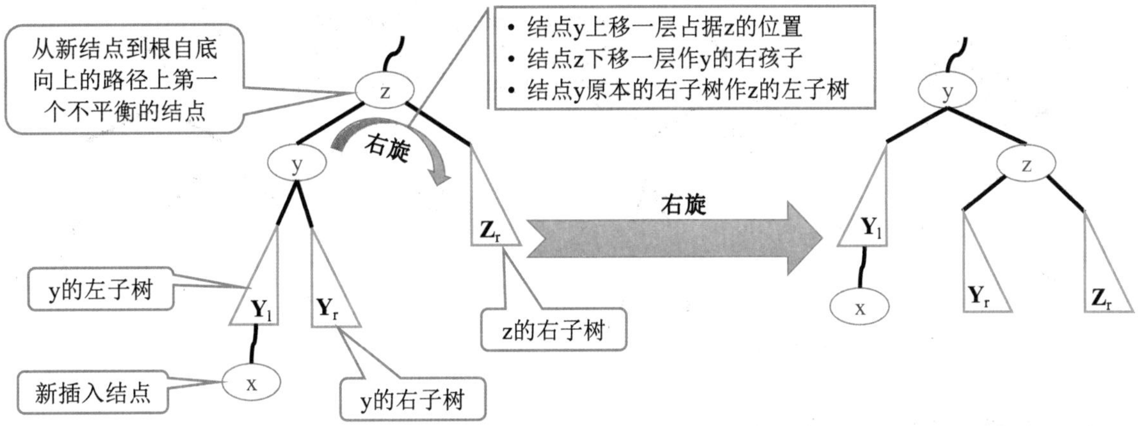

✓ **AVL树结点插入与右旋实例**

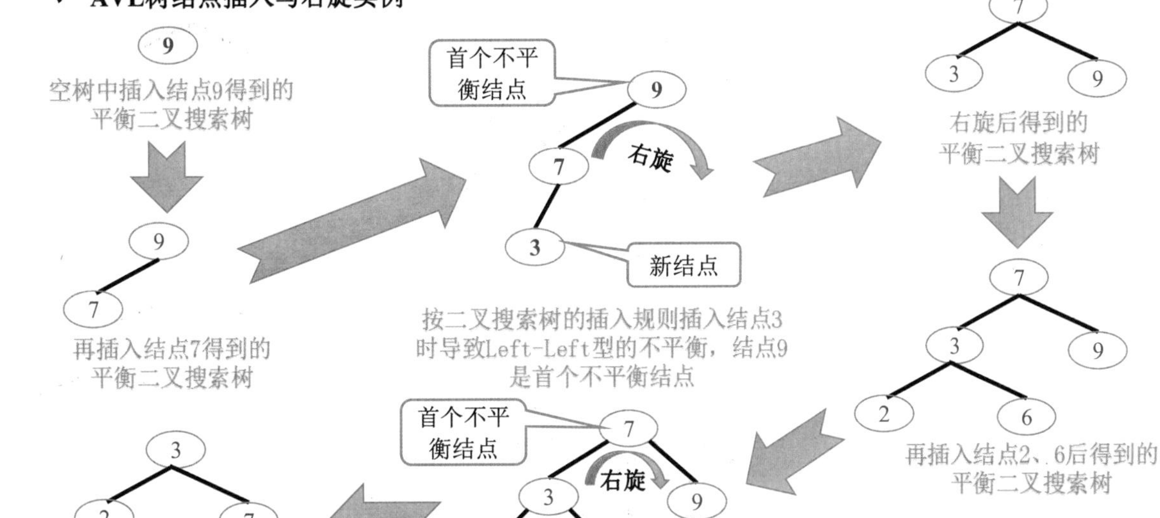

空树中插入结点9得到的平衡二叉搜索树
再插入结点7得到的平衡二叉搜索树
首个不平衡结点
右旋
新结点
按二叉搜索树的插入规则插入结点3时导致Left-Left型的不平衡，结点9是首个不平衡结点
右旋后得到的平衡二叉搜索树
再插入结点2、6后得到的平衡二叉搜索树

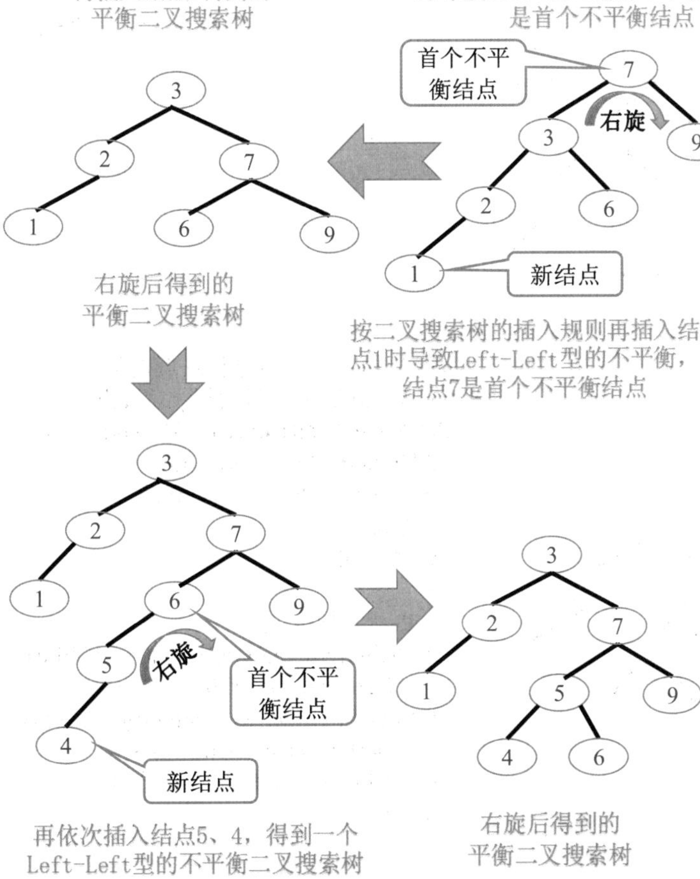


```
// 计算以T为根的子树的高度
int GetHeight( AVLNode * T){
    return  !T? 0 : T->height;
}
```

```
//对以z为根的子树进行右旋的算法
//返回右旋后子树新的根结点地址
AVLNode *RightRotate( AVLNode *z ){
    AVLNode *y = z->lChild;
    AVLNode *Yr = y-> rChild;
    // 右旋
    y->rChild = z;
    z->lChild = Yr;
    // 更新子树高度
    z->height = max( GetHeight(z->lChild),
                     GetHeight(z->rChild) ) + 1;
    y->height = max( GetHeight(y->lChild),
                     GetHeight(y->rChild) ) + 1;
    // 返回旋转后子树新的根结点地址
    return y;
}
```

（2）**Right-Right型不平衡**（右孩子的右子树太深）：新结点x插入到首个不平衡结点**z之右孩子y的右子树**上，导致z的平衡因子为-2，此时进行“**左旋**”，旋转方案、实例及左旋算法的实现如下：

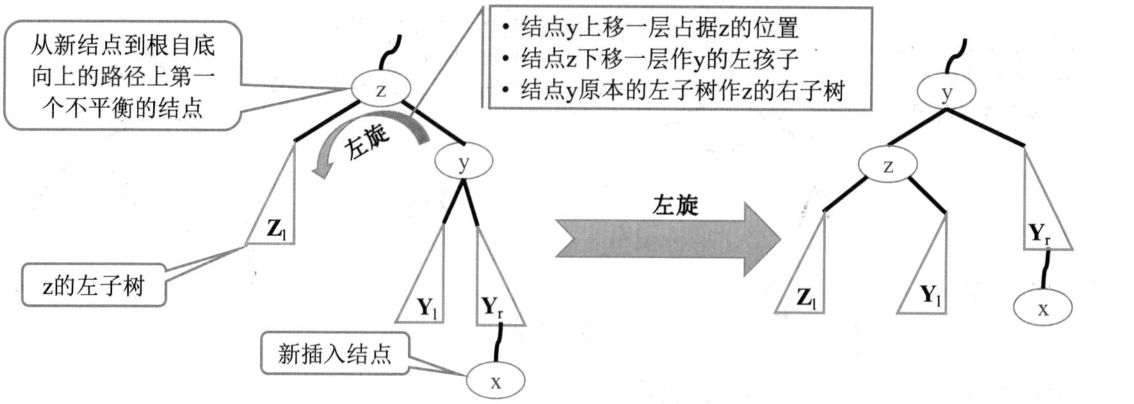

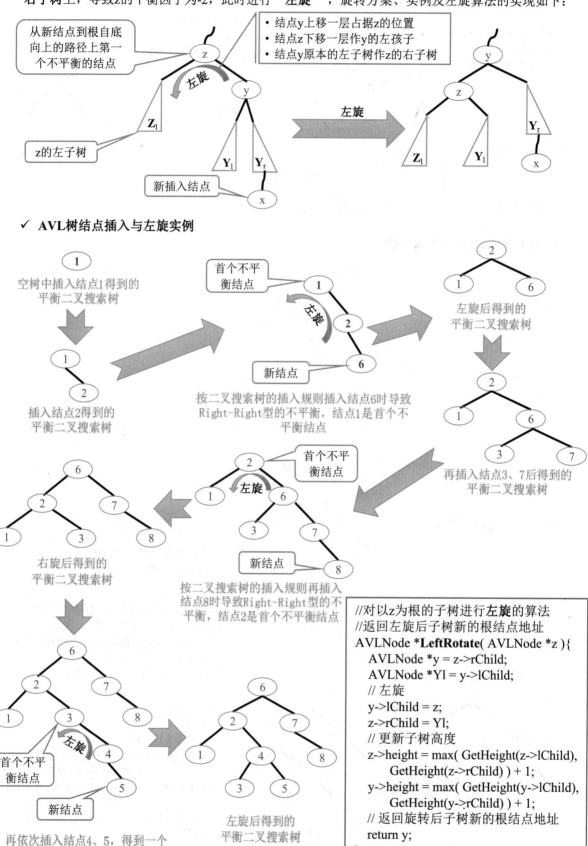

✓ **AVL树结点插入与左旋实例**

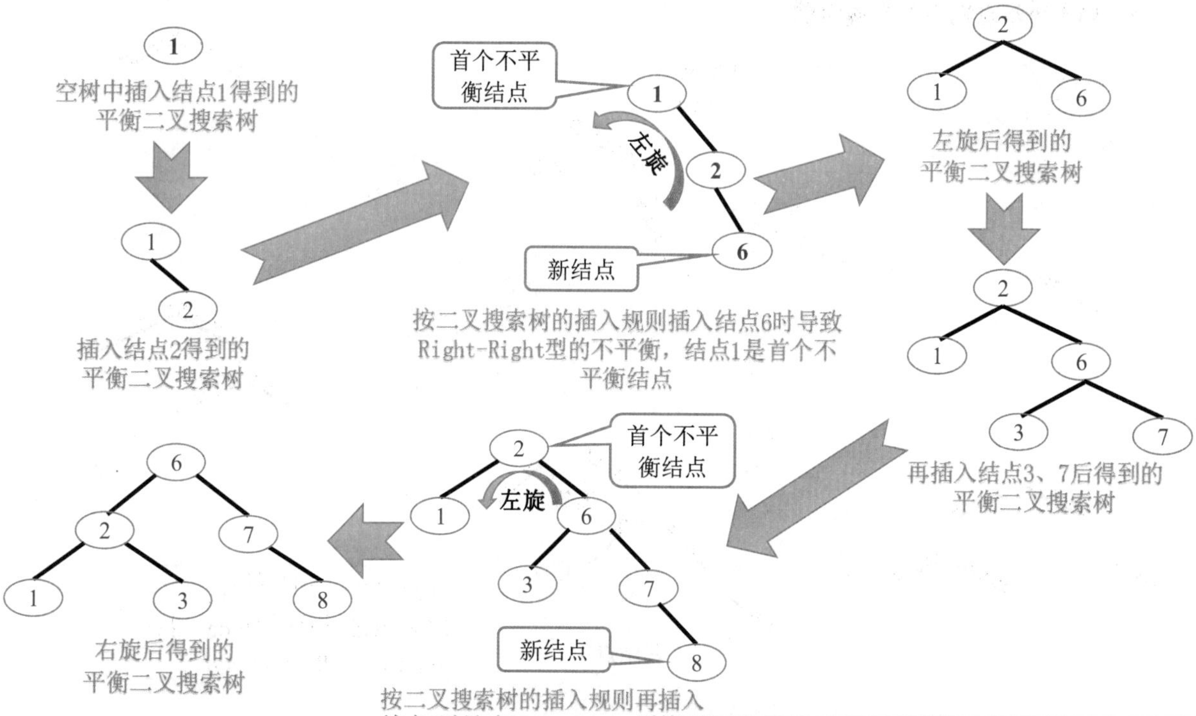

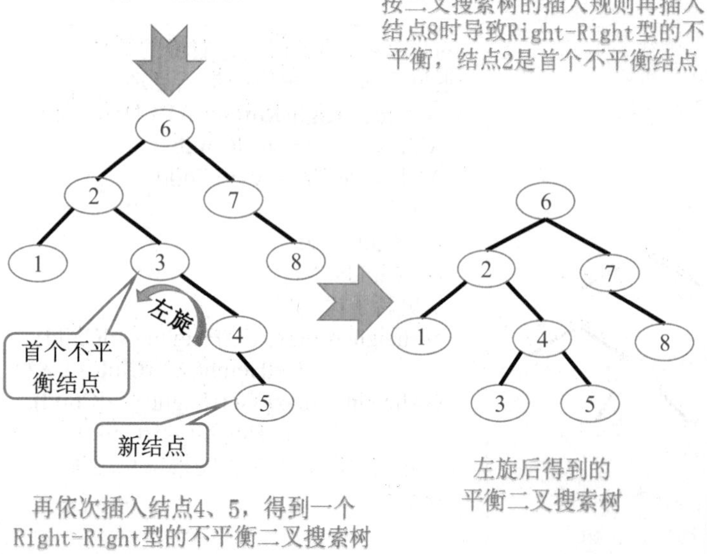


```
//对以z为根的子树进行左旋的算法
//返回左旋后子树新的根结点地址
AVLNode *LeftRotate( AVLNode *z ){
   AVLNode *y = z->rChild;
   AVLNode *Yl = y->lChild;
   // 左旋
   y->lChild = z;
   z->rChild = Yl;
   // 更新子树高度
   z->height = max( GetHeight(z->lChild),
         GetHeight(z->rChild) ) + 1;
   y->height = max( GetHeight(y->lChild),
         GetHeight(y->rChild) ) + 1;
   // 返回旋转后子树新的根结点地址
   return y;
}
```

（3）**Left-Right型不平衡**（左孩子的右子树太深）：新结点x插入到首个不平衡结点**z之左孩子y的右子树**上，导致z的平衡因子为2，此时**“先左旋后右旋”**，具体旋转方案、实例及算法实现如下：

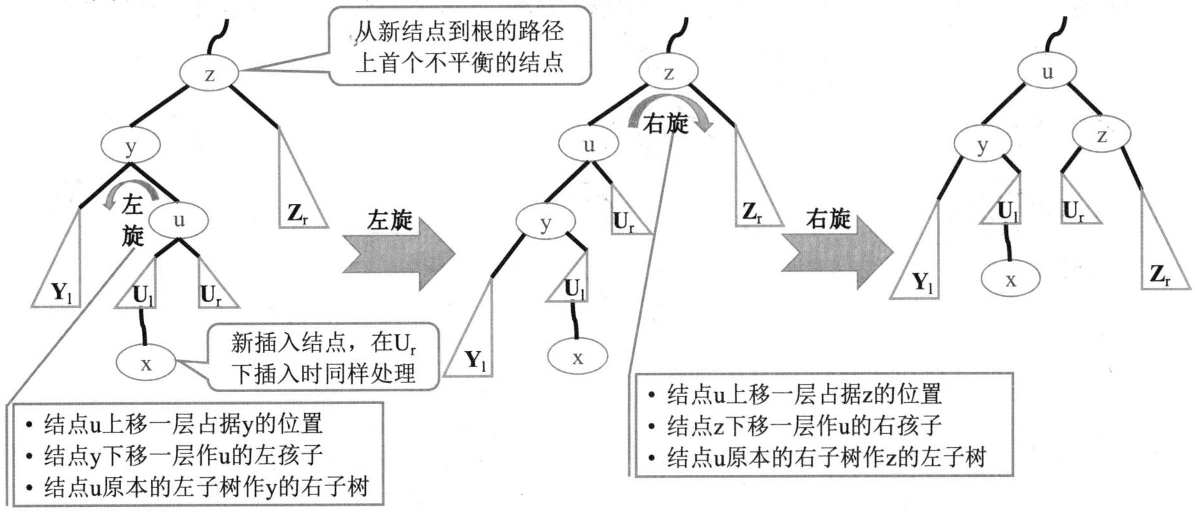

✓ **AVL树结点插入与Left-Right型旋转实例**

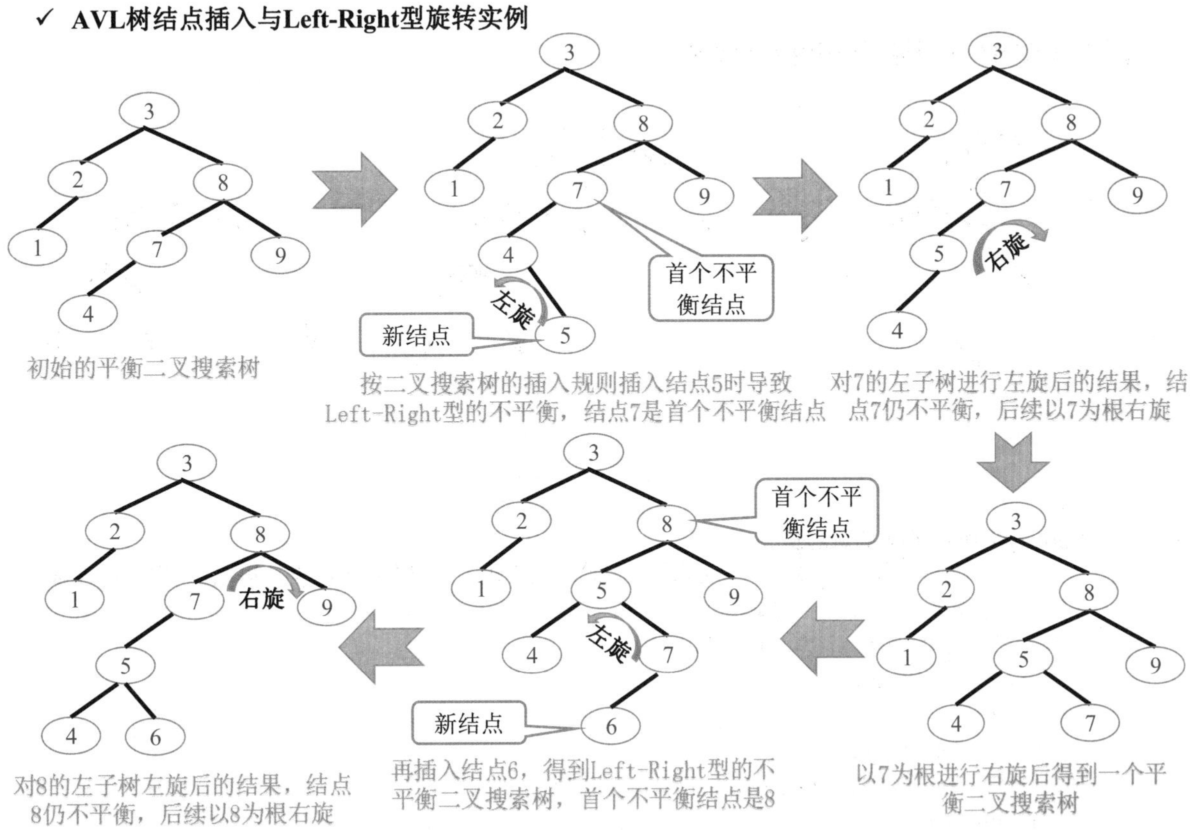

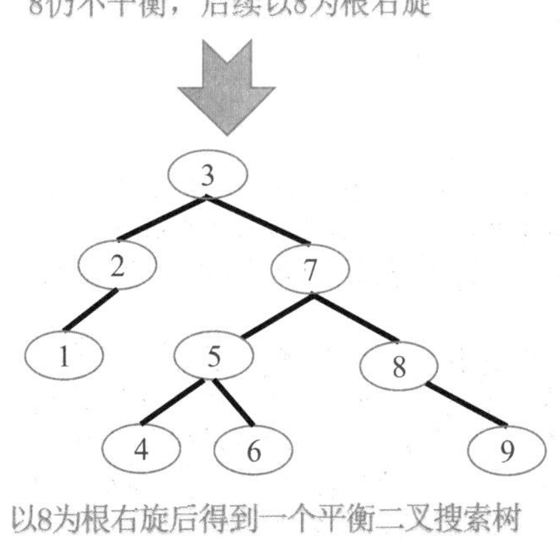


```
//Left-Right型不平衡的旋转算法
// z为首个不平衡结点，且为Left-Right型不平衡
//先对z的左子树进行左旋，再以z为根进行右旋
//返回两次旋转后子树根结点的地址
AVLNode *LeftRightRotate( AVLNode *z ){
   AVLNode *y = z->lChild;
   //z的左子树左旋
   z->lChild = LeftRotate ( y );
   //以z为根的树右旋并返回右旋后子树新的根结点
   return RightRotate( z );
}
```

（4）**Right-Left型不平衡**（右孩子的左子树太深）：新结点x插入到首个不平衡结点**z之右孩子y的左子树**上，导致z的平衡因子为-2，此时**"先右旋后左旋"**，具体旋转方案、实例及算法如下：

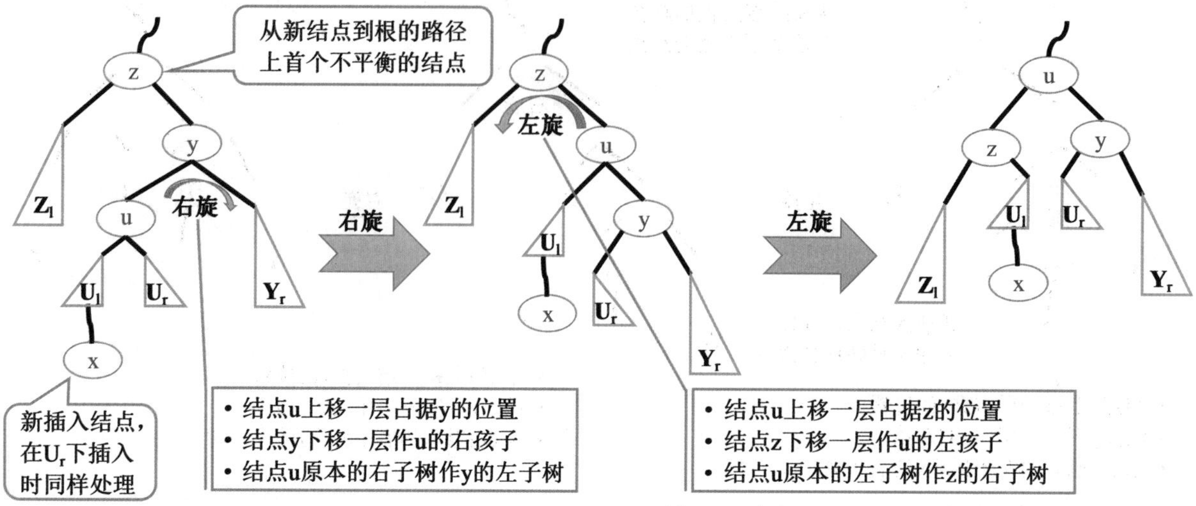

✓ **AVL树结点插入与Right-Left型旋转实例**

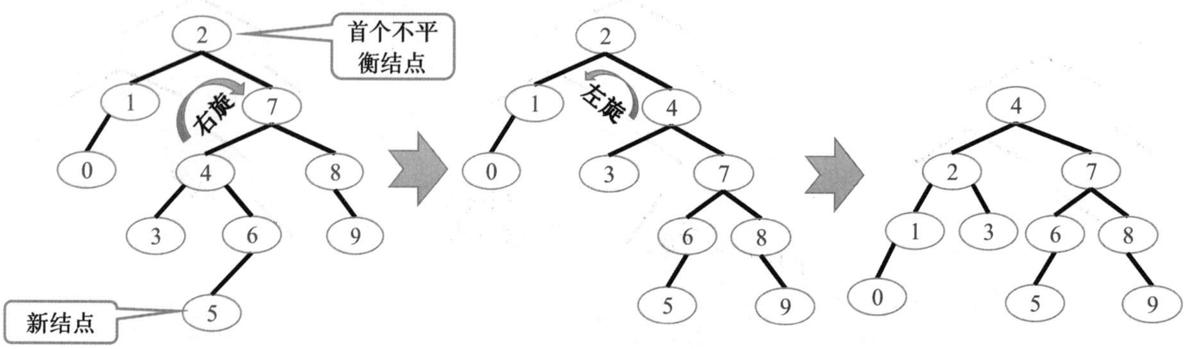

插入结点5时导致Right-Left型的不平衡，结点2是首个不平衡结点

对2的右子树进行右旋后的结果，结点2仍不平衡，后续以2为根左旋

以2为根左旋后得到一个平衡二叉搜索树

```
//Right-Left型不平衡的旋转算法
// z为首个不平衡结点，且为Right-Left型不平衡，先对z的右子树进行右旋，再以z为根进行左旋
//返回两次旋转后子树根结点的地址
AVLNode *RightLeftRotate( AVLNode *z ){
    AVLNode *y = z->rChild;
    //z的右子树右旋
    z->rChild = RightRotate ( y );
    //以z为根的树左旋并返回左旋后子树新的根结点
    return LeftRotate( z );
}
```

• **AVL树结点插入的递归函数**

函数原型：Status SetInsert_AVL(AVLTree &T, Pair e)，其中T为一棵AVL树，e是一条欲插入的记录，若插入成功返回OK，并用T带回插入后新AVL树的根结点地址；插入失败则返回ERROR。

递归边界：当T为空树时，新开辟一个结点作根结点，用T带回该结点地址，返回OK即可；当T非空而且新记录与根结点的关键字重复时，返回ERROR。

递归关系：若新记录的关键字小（大）于根结点，则首先通过递归尝试将新记录插入T的左（右）子树中；子树的规模严格小于原二叉树，根据递归法原理，通过递归函数的调用可在递归返回时得到如下两种结果：其一，在子树中插入失败，这说明存在重复关键字，返回ERROR即可；其二，在子树中插入成功并保证插入后的子树是平衡的，此时只需更新当前根结点的平衡因子，再根据平衡因子的取值情况以及新记录与根结点孩子的大小关系进行相应类型的旋转即可。

```
//AVL树的结点插入的递归函数
Status SetInsert_AVL( AVLTree &T, Pair e){
  if ( !T ){ //T为空树则直接插入
    T = (AVLNode *)malloc( sizeof( AVLNode ) );
    if(!T) exit(OVERFLOW);
    T->data = e;
    T->lChild = T->rChild = NULL;
    T -> height = 1;
    return OK;
  }
  else if ( e.K == T->data.K ) //关键字重复返回ERROR
    return ERROR;
  else{
    if ( e.K < T->data.K ){
      if ( SetInsert_AVL( T->lChild, e ) == ERROR )
        return ERROR;
    }
    else{
      if ( SetInsert_AVL( T->rChild, e )==ERROR )
        return ERROR;
    }
    // 更新当前根结点的高度
    T->height = 1 + max( GetHeight( T->lChild ), GetHeight( T->rChild ) );
    // 计算当前根结点的平衡因子
    int balance = ( !T ? 0: GetHeight( T->lChild ) - GetHeight( T->rChild ) );
    // Left-Left型不平衡的处理
    if ( balance > 1 && e.K < T->lChild->data.K )
      T = RightRotate( T );
    // Right-Right型不平衡的处理
    else if (balance < -1 && e.K > T->rChild->data.K )
      T = LeftRotate( T );
    // Left-Right型不平衡的处理
    else if (balance > 1 && e.K > T->lChild->data.K )
      T=LeftRightRotate( T );
    // Right-Left型不平衡的处理
    else if ( balance<-1 && e.K<T->rChild->data.K )
      T=RightLeftRotate( T );
    return OK;
  }
}
```

递归边界（第一个if至return ERROR部分）

在左子树或者右子树中递归插入新记录，插入失败则返回ERROR

在子树中递归插入成功并保证子树的平衡性后，计算当前根结点的平衡因子，再根据平衡因子的取值情况以及新记录与根结点孩子的大小关系在必要时进行相应的旋转

e.K < T->lChild->data.K：该语句可替换为如下语句，试思考原因 GetHeight(T->lChild->lChild) > GetHeight(T->lChild->rChild)

e.K > T->rChild->data.K：该语句可替换为如下语句，试思考原因 GetHeight(T->rChild->rChild) > GetHeight(T->rChild->lChild)

e.K > T->lChild->data.K：该语句可替换为如下语句，试思考原因 GetHeight(T->lChild->rChild) > GetHeight(T->lChild->lChild)

e.K<T->rChild->data.K：该语句可替换为如下语句，试思考原因 GetHeight(T->rChild->lChild) > GetHeight(T->rChild->rChild)

□ 注意

- 假设向平衡二叉树插入新结点导致不平衡，且z是从新结点开始自底向上第一个不平衡的结点，根据z的不平衡类型，采用前述旋转策略进行调整后不仅可以保证结点z的平衡性，实际还可以保证子树z以外其余结点的平衡性。究其原因，根据z的不平衡类型进行旋转和再平衡后，不难发现，以z为根的子树的高度与新结点插入前保持一致，这使得旋转前后子树z以外其余各结点的平衡因子保持不变，这就保证了**针对首个不平衡结点进行旋转后整棵树是平衡的**。
- 记n为平衡二叉树的结点个数，向其中插入新结点时定位插入位置和寻找首个不平衡结点的时间复杂度为$O(\log_2 n)$，而旋转操作具有常数阶复杂度，故**插入操作的总时间复杂度为$O(\log_2 n)$**。

➢ **平衡二叉搜索树的删除**：删除操作的关键也是保证结点删除后二叉树的平衡性，处理过程如下：

- 首先，在树中查找欲删除结点，当查找成功时，分如下三种情况进行处理：
  （a）欲删除的结点x为叶结点，此时直接删除x，并记x的双亲结点为z。
  （b）欲删除的结点x只有一个子树，记x的双亲结点为z，令z原本指向x的孩子指针指向x的孩子结点，之后，删除x。
  （c）欲删除的结点x有两个子树，若其左子树的深度大于右子树则记y为左子树中最大的结点，否则，记y为右子树中最小的结点；之后，用结点y的数据域覆盖x的数据域，删除y，并记y的双亲结点为z。
- 接下来，从z开始自底向上向根结点前进，对前进过程中每个遇到的结点都计算其平衡因子，若其平衡因子的绝对值大于1，则根据不平衡的类型进行相应的旋转，旋转策略与平衡二叉树结点插入时的策略相同。

✓ **AVL树结点删除与旋转实例**

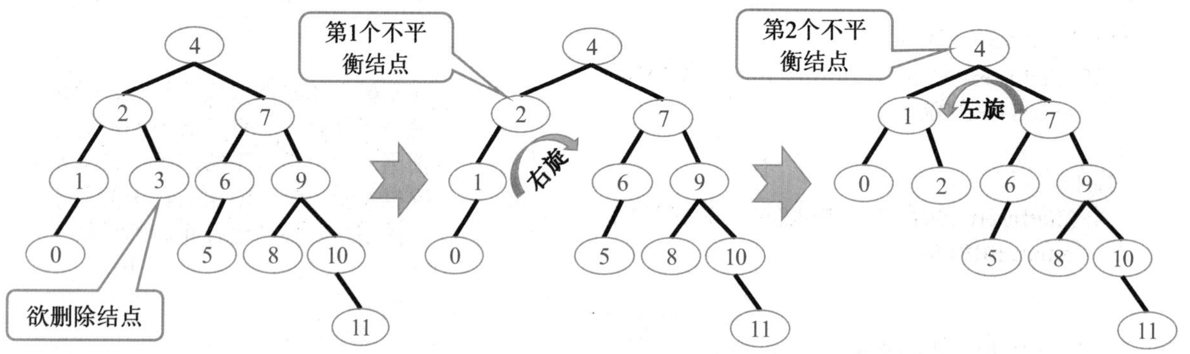

原始平衡二叉树及欲删除的叶结点3

从被删除结点自底向上遇到第一个不平衡结点2，为Left-Left型不平衡，此时需进行右旋

右旋后得到新的二叉树，但是继续向根结点出发后遇到第2个不平衡结点4，为Right-Right型不平衡，需进行左旋

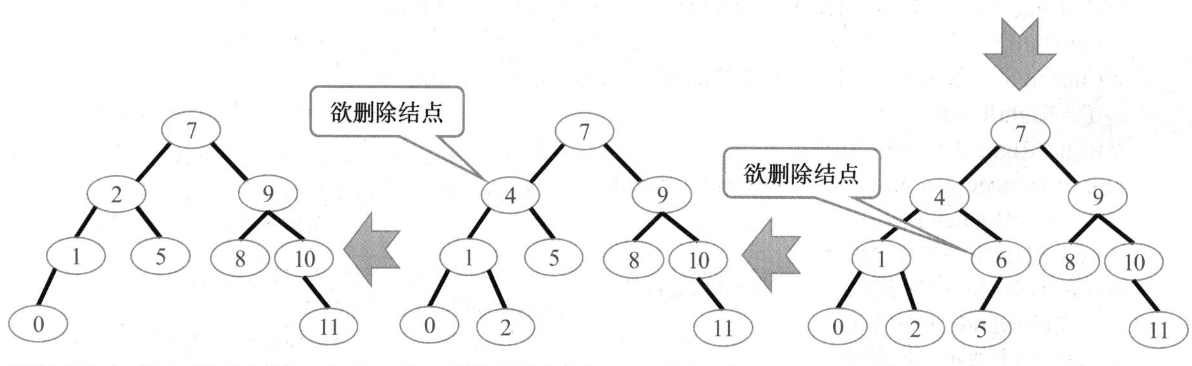

左旋后得到一棵新的二叉搜索树，该树中不再存在不平衡的结点。假设在此基础上欲进一步删除结点6

按二叉搜索树删除规则在删除只有一个孩子的结点6后得到的二叉搜索树，该二叉搜索树平衡。假设在此基础上欲进一步删除结点4

因欲删结点4的左子树深度高于右子树，故用左子树最大结点2覆盖被删结点4，从树中移除原叶结点2，得到的二叉搜索树仍然平衡

□ 思考与练习

- 平衡二叉搜索树在结点插入时仅需对首个不平衡结点进行旋转，但在平衡二叉搜索树的结点删除过程中，需要遍历从实际删除结点到根结点的所有结点，逐个检查其平衡因子，每遇到一个不平衡的结点都要进行相应的旋转。究其原因，针对第一个不平衡结点进行旋转后，以该结点为根的子树高度可能减小，从而无法保证其祖先结点的平衡性。最坏情况下，**从被删结点到根结点每个结点都需要旋转，此时平衡二叉搜索树的删除操作性能最低**，不过，平衡二叉搜索树删除的总时间复杂度仍然是$O(\log_2 n)$，其中n为二叉树的结点个数。
- 平衡二叉搜索树删除过程中用到的旋转策略与插入时的策略类似，请自行实现AVL树的删除算法。

8.3.3 动态集合的红黑树存储与查找

□ **动态集合的红黑树存储**：平衡二叉树在结点插入尤其是删除过程中为保持树严格平衡的特性需要进行旋转等一系列操作。为提高效率，一种方案是降低对二叉搜索树严格平衡特性的要求，以此换取结点插入或删除时再平衡效率的提高。红黑树就是由Rudolf Bayer在1972年基于这一思想提出的一种二叉搜索树，其通过对结点染色方案的设计保证树中任意结点到其后代叶结点的路径长度最多相差1倍，如此可在保证树满足一定“弱平衡性”的同时提高结点插入和删除时自平衡的效率。具体而言，红黑树是满足如下性质要求的一棵二叉搜索树：

设置NIL结点的目的是为了在红黑树相关算法的实现过程中便于边界条件的处理

（1）树中每个结点或者是红色的，或者是黑色的；
（2）树的根结点是黑色的；
（3）叶子结点为黑色，且均是不存储数据的、代表查找失败的结点，称为 NIL结点 ；
（4）每个红色结点的两个子结点都是黑色的；
（5）任一结点到其后代叶结点的各简单路径均含相同数量的黑色结点（不含出发点）。

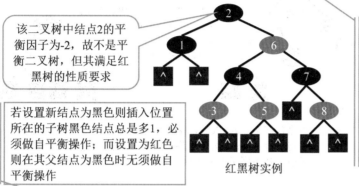

该二叉树中结点2的平衡因子为-2，故不是平衡二叉树，但其满足红黑树的性质要求

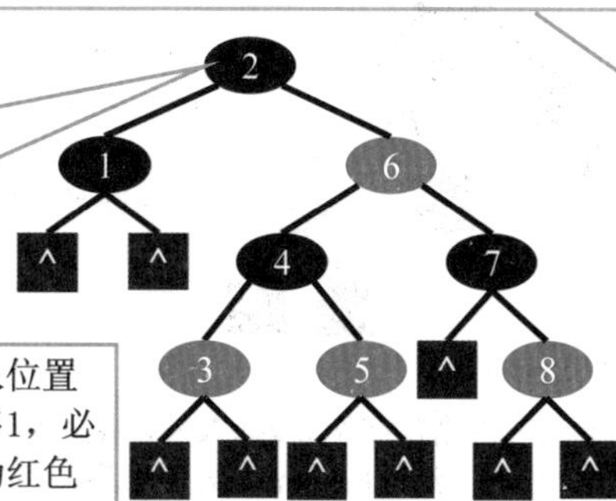

红黑树实例

性质（5）又称“黑高相等”，性质（4）保证不可能存在两个以上相邻的红色结点，上述两点保证了任意结点到其后代叶结点的简单路径中，最短的情况是仅有黑色结点，最长的情况是每个非叶黑结点后都有一个红色子结点，两者长度最多相差1倍，或者说，任意结点到其后代叶结点的简单路径中，最长者的长度至多是最短者的2倍

若设置新结点为黑色则插入位置所在的子树黑色结点总是多1，必须做自平衡操作；而设置为红色则在其父结点为黑色时无须做自平衡操作

□ **红黑树的插入操作**：红黑树结点插入的处理框架与二叉搜索树、平衡二叉树结点插入的框架类似，都是先按照二叉搜索树的查找算法查找待插入记录，若存在关键字重复的结点则不允许插入，插入失败；否则，**新开辟一个 红色结点 x存放待插入记录**，为其添加两个黑色的NIL结点作孩子，再按普通二叉搜索树的插入算法进行插入，并记x的双亲为P，接下来分如下情景处理：

（1）若P为空，则说明插入前的红黑树为空树，此时新插入的结点作树根，根据红黑树的性质(2)，将新结点重置为黑色结点即可。

（2）若P为黑色结点，则x的插入不会违反红黑树定义中的任何一条性质规定，无须进一步处理。

（3）若P为红色结点，则x的插入导致红黑树定义中的性质4不再成立，此时，记P的双亲结点为PP（因红色结点P不可能为根结点故PP必然存在，且由性质4可知PP是黑色的），记P的兄弟结点（即x的叔父结点）为U，进一步分如下情况加以处理：

①U-NIL-LL型：U为NIL结点，P是PP的左孩子，x为P的左孩子，则按下图方案右旋：

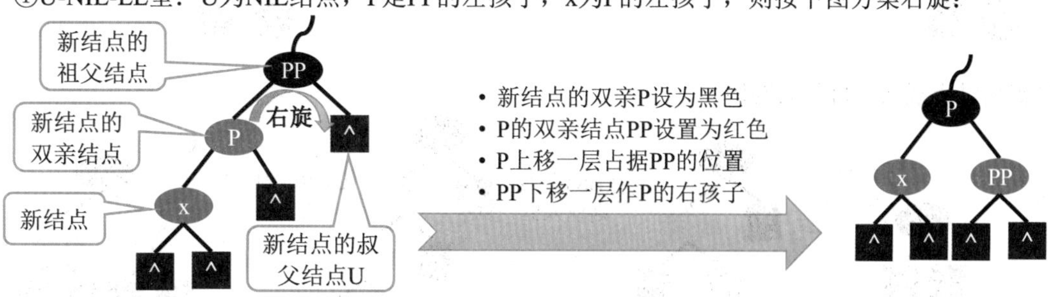

②U-NIL-LR型：U为NIL结点，P是PP的左孩子，x为P的右孩子，按下图先左旋后右旋：

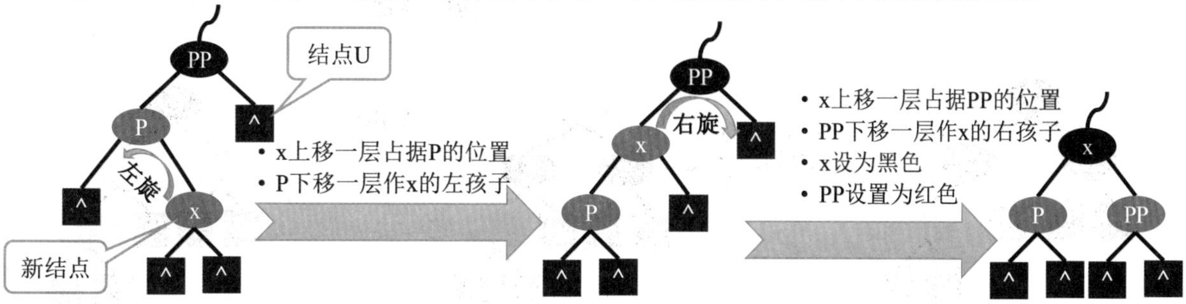

③U-NIL-RR型：U为NIL结点，P是PP的右孩子，x为P的右孩子，则按下图左旋：

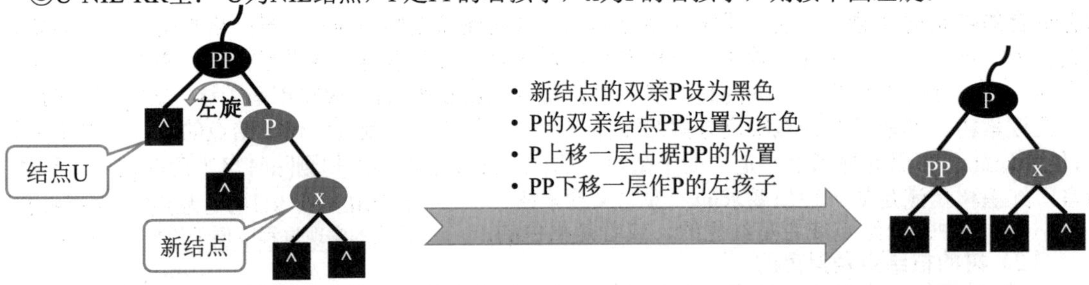

④U-NIL-RL型：U为NIL结点，P是PP的右孩子，x为P的左孩子，则按下图先右旋后左旋：

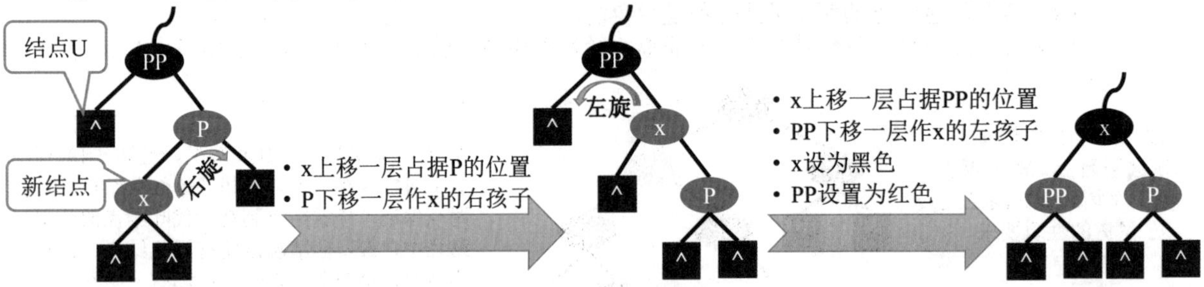

若U为黑色结点则U必为NIL结点，否则，在结点x插入前，从PP到U再到其后代叶子结点的路径至少含有3个黑色结点，而PP到P再到其后代叶子结点的路径中只含有1个黑色结点，两者黑高不同，与红黑树的性质（5）矛盾，从而属于①-④中的情形之一。

⑤U-Red型：当U为红色结点时，将P和U的颜色更新为黑色，将PP的颜色更新为红色，之后，将PP视为新插入的结点，继续向上处理。示意图如下（无论x是P的左孩子或右孩子，P为PP的左孩子或右孩子，只要U为红色则处理方案均相同）：

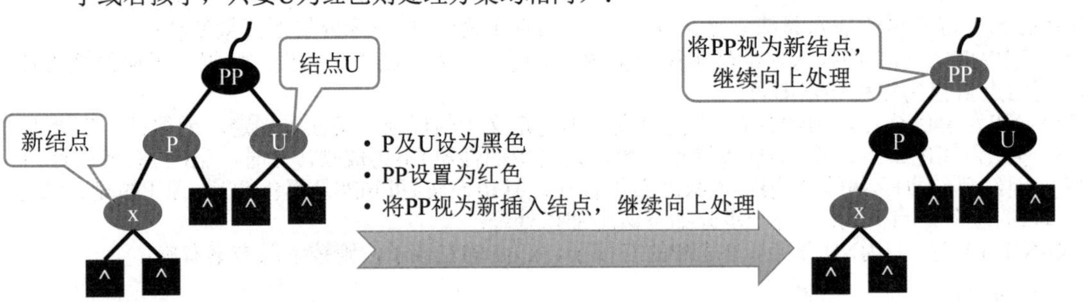

✓ **红黑树结点插入与自平衡实例**

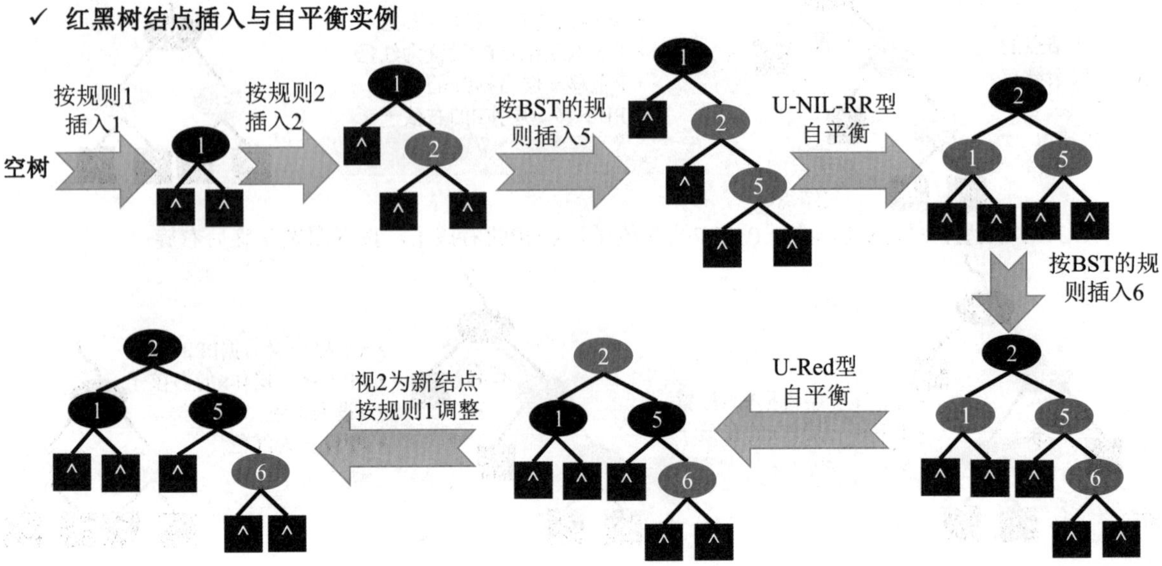

- **红黑树的删除操作**：红黑树结点的删除过程也涉及到结点颜色的调整及左旋、右旋等操作，具体规则较为烦琐，不过，红黑树与后文将要介绍的4阶B树可做等价转换。读者可借助4阶B树的结点删除原理及4阶B树与红黑树的等价转换规则进行红黑树结点的删除。一般来说，平衡二叉树要求任意结点左右子树的深度相差不超过1，结点插入或删除时只要违反这一规定便需进行自平衡；而红黑树要求结点到其任意叶子结点的路径长度相差最多不超过一倍，违反这一规定方进行自平衡操作。显然，平均情况下红黑树进行结点插入或删除时需要调整和自平衡的次数更少，其插入或删除的性能要优于平衡二叉树。不过，红黑树结点插入或删除操作的最坏时间复杂度与平衡二叉树的结点插入或删除操作相同，均为$0(\log_2^n)$，其中n为红黑树的结点数。
- **红黑树的查找**：红黑树的查找算法与二叉搜索树、平衡二叉搜索树的查找算法相同，只不过红黑树的平衡程度介于普通二叉搜索树与平衡二叉搜索树之间，其平均查找性能也介于两者之间。借助对结点高度的数学归纳法能证明，一棵有n个内部结点的红黑树，其高度最多为$2\log_2^{(n+1)}$，所以，最坏情况下红黑树的查找时间复杂度与平衡二叉搜索树的最坏查找复杂度相同，均为$O(\log_2^n)$。

- **拓展与思考**
  - **C++ STL中红黑树的应用**：C++标准模板库中基于红黑树存储结构分别实现了两个集合类容器map和set，map存储的是键值对形式的pair对象，而set存储的对象则只有一个值（实际是将对象的key属性设置成了与value属性相等的值），两者提供的方法基本相同，基本用法如下：
    - map <int,string> M：定义一个键类型为int、值类型为string的空的集合容器；
    - M.insert (pair<int,string>(1,“student_1”))：向M中插入一个键值对(1,“student_1”)；
    - M.erase (key)：从M中删除关键字为key的元素，返回删除成功的元素数量；
    - M.find (key)：在M中查找关键字为key的元素，如果找到则返回指向该元素的一个迭代器，反之则返回指向结束位置的迭代器（迭代器的概念可进一步查阅C++ STL的相关文献）；
    - M.lower_bound(key)：返回指向M中第一个**大于或等于** key 的键值对的迭代器；
    - M.upper_bound(key)：返回指向M中第一个**大于** key 的键值对的迭代器；
    - set <int> s：定义一个元素类型为int的空的集合容器；
    - s.insert (e)、s.erase (e)、s.find (e)、s.lower_bound(e)以及s.upper_bound(e)等方法与map的相应方法作用类似，只不过参数从键值对对象换成了普通的元素e。
  - **有序集合及其相关操作**：二叉搜索树、平衡二叉树或红黑树的中序遍历序列都是有序的，相当于它们都根据关键字的大小对集合中的元素进行了“排序”，这可方便求取集合最大/最小元素、计算特定元素在关键字大小关系上前驱或后继，以及lower_bound/upper_bound等操作。不过，为高效实现上述操作，尚需对二叉搜索树、平衡二叉树或红黑树的存储结构进行优化，比如添加双亲指针或进行中序线索化等，读者可自行完成这些优化并实现相关操作。
  - **动态集合存储结构设计中的“中庸”之道**：“中庸”一词出自《论语·雍也》，孔子把中庸作为一种至高的道德。何谓“中”何为“庸”呢？儒家经典《中庸》里说：“喜怒哀乐之未发，谓之中，发而皆中节，谓之和。”意思是喜怒哀乐之情绪还没发动的时候，这个状态就是“中”；发出来刚好能达到中节的效果，就是“和”。中国第一部词典《尔雅》里说：“庸，常也。”三国时期曹魏大臣、玄学家何晏注释：中庸乃中和可常行之道。中庸之道主张尚和去同，执两用中，无过无不及，过犹不及。在本节动态集合的存储结构设计中，平衡二叉搜索树过于执着于树的平衡特性，从而导致了结点插入或删除效率过低，而红黑树则兼顾树的平衡性与插入删除的效率，做到了“执两用中”，从而整体效率更优并得到了更广泛的认可和应用。

8.4 动态集合的哈希查找

8.4.1 哈希查找的基本概念

- **动态集合的有序与无序存储**：上一节提到的二叉搜索树与红黑树等存储结构均根据关键字的相对大小对数据进行组织和存放，这种方式有利于提高最大/最小记录以及特定区间范围内记录的查找效率，统称它们为动态集合的有序存储。若查找操作仅局限于定位与给定关键字相等的一条记录，则无须考虑不同记录之间关键字的相对大小关系，可直接由关键字的取值按照某种规则映射到某一存储地址，在进行查找时也可根据这种映射规则做记录存储地址的初步确定，这种动态集合的存储方式称为无序存储。本节将要介绍的哈希查找采用的就是无序存储。
- **哈希表**：哈希由英文单词hash音译而来，在数据存储组织与查找方面，哈希的含义是将集合中的记录按照其关键字的取值映射到某个地址，由此可将全部记录划分为多组分散存放，如此得到的存储结构称为哈希表，又称散列表。具体而言，构建一个哈希表需要三方面的要素：
  - **哈希地址表**：通常开辟一个地址空间连续的数组（称为桶数组），将该数组的全部下标作为各记录映射到的哈希地址表，哈希地址表中地址的数量称为哈希表长。
  - **哈希函数**：将记录的关键字映射到地址表中某一具体地址的单射函数，又称散列函数。给定一个关键字，其哈希函数的取值称为哈希地址。哈希函数通常以哈希地址表的长度为重要参数。
  - **哈希冲突及其处理方法**：多条记录哈希地址相同的现象称为哈希冲突。哈希冲突使得无法根据关键字直接定位待查找的记录，这会降低查找效率，好的哈希函数应使哈希冲突尽量少。不过，有时地址表的空间规模小于记录空间，故哈希冲突有时不可避免。此种情况下，需设计哈希冲突的处理方案，比如将相互冲突的记录存入同一个链表等，下图所示的哈希表采用的就是这种冲突处理方式。

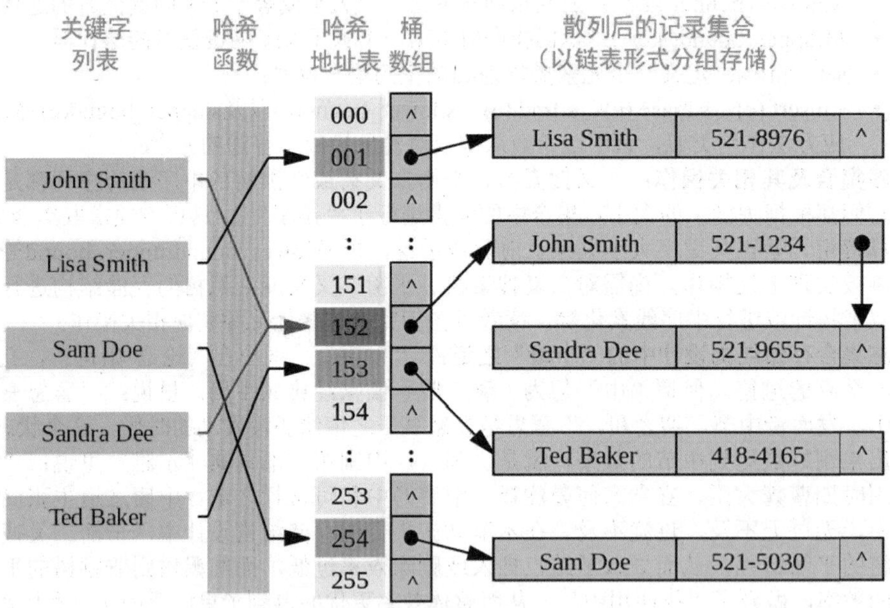

哈希表示例

- **哈希地址表的创建**：开辟桶数组并将其全部下标作为哈希地址表，哈希表长（即可用地址的个数，或者说哈希地址表的容量）依赖于桶数组的大小。哈希地址表的初始容量及其扩容机制如下。
  - **哈希地址表的初始容量**：若用户在初始化哈希表时没有指定容量参数，则通常设置一个默认容量（如java HashMap底层实现中默认的哈希地址表容量为16）；若用户给定了容量的一个参数值，为减少哈希表扩容的频度通常也不是直接用该参数值作为哈希地址表的初始大小。如Java 8是在给定参数值的基础上计算大于该参数的、最小的2的整数次幂，并将这个值作为哈希地址表的初始容量。
  - **哈希地址表的扩容**：随着哈希表中记录的不断添加，一旦记录总量超过哈希地址表容量的一个比例（该比例称为装载因子，Java中的默认值为0.75），则对哈希地址表进行扩容（Java 8每次扩容都将哈希地址表的容量扩为原来的2倍）。哈希地址表的扩容相比顺序表的扩容要更为复杂，因为不仅涉及到数组容量的扩充，还要处理地址表改变而引起的各记录哈希地址变化的问题。

8.4.2 哈希函数的设计

➢ **设计原则**：哈希函数在哈希表中承担寻址和定址的作用，无论是哈希表的查找、插入还是删除操作都要进行哈希函数的计算，因此，哈希函数质量的好坏对哈希表的性能影响巨大。通常，一个好的哈希函数应满足两方面的性质：其一，哈希函数应使得哈希冲突尽量少；其二，哈希函数的计算效率应当尽量高。

> 非整型关键字可通过一定机制编码为整数，以字符串为例，对一个长度为n的字符串S，Java 8用$\sum_{i=0}^{n-1} S_i * 31^{n-i}$生成S的整型编码，其中$S_i$为i号字符的unicode编码值。

- **Java中的哈希函数**：Java 8对应哈希表的容器类为HashMap，在其底层实现中，设哈希地址表的容量为L（Java 8保证L为2的整数幂），记录的关键字编码为一个4字节整数k，则哈希地址的计算公式或者说哈希函数为 index = (L-1) & (k ^ (k >>> 16))。其中，>>>是Java语言中的无符号右移运算符，k >>> 16 的目标是获取k的高16位信息并后移至临时计算结果的低16位，k ^ (k >>> 16)的目标是通过异或运算将k的低16位信息与后移后的高16位信息在计算结果的低位融合，此时之计算结果的低16位便同时保留了原本k的高位和低位信息；L-1在L为2的整数次幂时会保证其二进制表示的高位均为0而低位均为1，如此一来，L-1与k ^ (k>>>16)的按位与运算便可快速求得k^(k>>>16)的低位信息。如前所述，这些低位数据同时保留了原关键字key的高位和低位信息，保留尽量多的关键字信息可在一定程度上减小冲突概率。此外，上述哈希函数主要进行几种位运算，计算效率高。

➢ **哈希函数的常见形式**：记关键字为k，哈希函数为hash(k)，其常见形式如下。

- **除法散列**：哈希函数形如hash(k) = code(k) % m，其中code是对关键字k进行编码的函数，如code(k) = k ^ (k >>> 16)是Java 8将k的高16位信息与低16位信息同时融入低位数据的一个编码函数。而m是一个与哈希地址表容量相关的、适合作除数的整数，通常是一个不超过表长的素数。要求m为素数是因为当关键字整数编码的取值间隔是m的因子时容易出现周期性的哈希地址重复，如下图中前两个哈希函数。在m不是素数尤其是其因子较多时，哈希地址的重复概率以及冲突的可能就会增大。由下图三个哈希函数的实例可见，对相同数量和取值范围大致相同的一组关键字，当m为素数和非素数时，冲突的概率有较大差异。

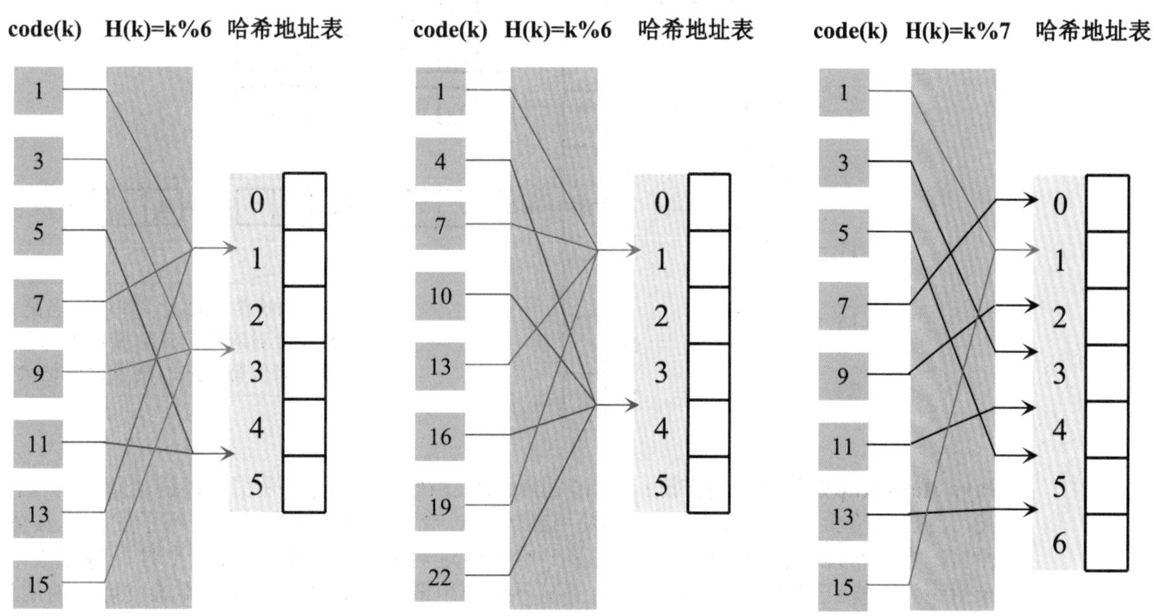

关键字间隔为2
2是哈希函数除数的一个因子
哈希地址序列1-3-5 重复出现
共出现8个冲突

关键字间隔为3
3是哈希函数除数的一个因子
哈希地址序列1-4 重复出现
共出现8个冲突

关键字间隔为2
2并非哈希函数除数的因子
仅出现2个冲突

- **乘法散列函数**：哈希函数形如hash(k) = (code(k)*A mod 1) * m，其中A是一个介于0到1之间的纯小数常数（1974年的图灵奖得主Donald Ervin Knuth在其经典巨著*The Art of Computer Programming*给出A的建议值为 $(\sqrt{5}-1)/2 = 0.618\ 033\ 988\ 7...$），code(k)*A mod 1用于取code(k)与A乘积的小数部分，最后用m乘以这个纯小数再向下取整。乘法散列的一个优点是对m的选值要求相对宽松。

- **平方取中散列函数**：哈希函数形如hash(k) = Mid(code(k)*code(k), [lg m])，该函数先计算关键字编码的平方值，[lg m]通过取表长的对数计算哈希地址值的位数，Mid函数取关键字编码平方值中间的lg m位。大多数情况下，平方值可放大原关键字的差异，且平方值中间的几位数可能包含全关键字的信息，故平方取中法在不了解关键字取值规律时较为常用。例如，假设哈希表的长度为1000，对整数编码为2061和2161的两个关键字，其平方值分别为4247721和4669921，哈希地址的位数　lg 1000　为3，取平方值的中间3位后得到的哈希地址分别为477和699。一般而言，平方取中法可有效捕获关键字在不同位置上的差异。

8.4.3 哈希冲突的处理方法

➢ **链地址法**：将哈希地址相同的记录组织为一个链表。对哈希地址i对应的链表，将该链表的头指针存入桶数组的i号元素中。下图即为使用链地址法解决冲突的一个哈希表实例。在采用链地址法解决冲突的前提下，哈希表各类操作的实现原理如下。

- **新记录的插入**：首先开辟一个新的链表结点存储新记录；之后，根据新记录的关键字调用哈希函数计算其哈希地址，并将新开辟的结点插入到该哈希地址所对应链表的表头。
- **记录的查找**：对于给定的关键字，先调用哈希函数计算哈希地址，若该地址对应的桶数组中的元素为空，则说明欲查找的记录不存在；否则，从头指针开始遍历相应的链表，直至定位到一个链表结点中存储着待查找的记录，或者遍历结束未发现待查找记录。由此可见，采用链地址法解决冲突时最坏情况下要遍历完毕整个链表。
- **记录的删除**：首先使用前述查找算法定位欲删除记录对应的表结点，若定位成功则将该结点从链表中删除。

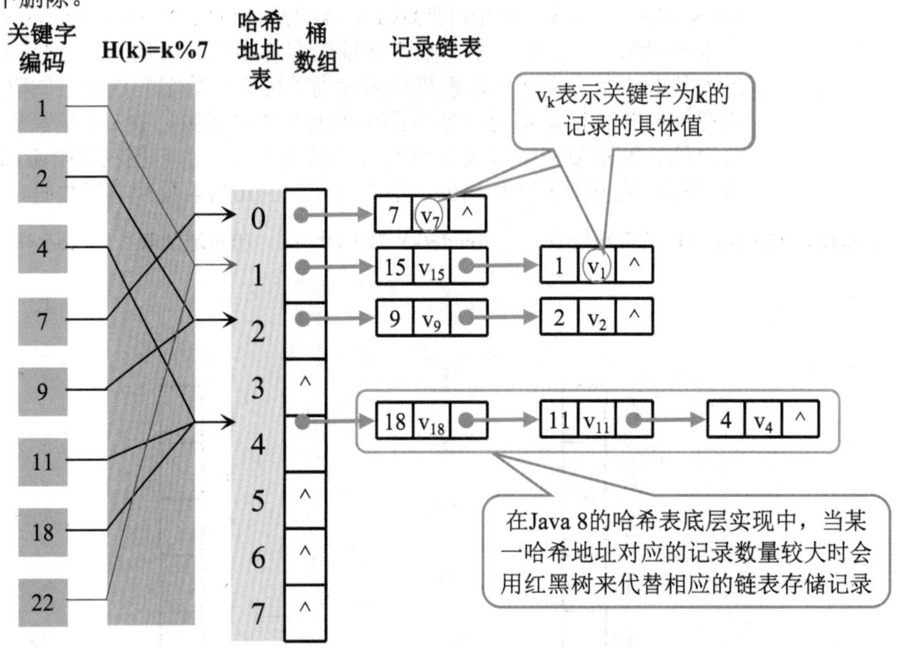

链地址法解决哈希冲突的实例

✓ **Java HashMap处理冲突的方法**：java 7的HashMap在底层实现时采用上述链地址法解决冲突。为提高哈希查找的效率，Java 8使用红黑树对哈希表中的链表结构进行了优化。具体而言，当哈希地址表的容量大于64且某一哈希地址对应的记录数量在8以上时，将这些记录组织为一棵红黑树而非链表，其他情况下仍使用链表存储各条记录。不难发现，使用红黑树代替链表后，哈希查找的平均效率会有所提高，但记录的插入或删除会更加复杂。

➢ **开放定址法**：链地址法解决冲突需占用额外的空间存储链表中的指针。若要降低空间开销，可直接使用桶数组存储各条记录。此时，若出现哈希冲突，则在哈希函数计算所得哈希地址的基础上借助一个增量序列来规避冲突（第i次出现冲突则在哈希函数所得哈希地址的基础上根据增量序列的第i个增量值对哈希地址进行偏移），该类方法统称为开放地址法。换而言之，可认为一个关键字对应着一个地址序列，具体定址时顺序探测序列中的地址直至定址成功，此时的哈希函数可如下描述：

$$H_i(k) = (\text{hash}(\text{code}(k)) + d_i) \,\%\, m, \quad i=1, 2, \ldots, m-1$$

其中，$H_i(k)$为第i次探测时的哈希地址，hash为哈希函数，m为表长，$(d_1,d_2,\ldots,d_{m-1})$是增量序列。根据增量序列的定义规则可将开放定址法进一步分类如下：

（1）线性探测再散列：增量序列为(1,2,3,…,m-1)，意即每次定址发生冲突时都探测当前地址的下一个地址空间。假设关键字类型为整型，此时可令编码函数为code(k)=k。进一步假设哈希表长为7，哈希函数为hash(k)=k%7，则对关键字序列(0,1,2,3,7)按线性探测再散列得到的哈希表如下方左图所示。对最后一个关键字7，哈希函数得到的哈希地址hash(7)=7%7=0，然而该地址空间已经存在一条关键字为0的记录，发生冲突；按照线性探测再散列，先在hash(7)的基础上加1，即探测1号地址，该空间也已被占据，又一次发生冲突；再在hash(7)的基础上顺序加2、3，即依次探测2号和3号地址，这些空间也均被占据；直至第5次试探，在hash(7)的基础上顺序加4才定位到一个未被占据的空间，由此完成定址。

（2）二次探测再散列：增量序列为($1^2,-1^2,2^2,-2^2,3^2,-3^2,\ldots,(m-1)^2,-(m-1)^2$)，每次发生冲突时按冲突序号的平方值依次向两侧探测。仍假设哈希表长为7，哈希函数hash(k)=k%7，对关键字序列(0,1,2,3,7)，按二次探测再散列得到的哈希表如下方右图所示。对关键字7，哈希函数求得的哈希地址hash(7)=0，该地址空间已存在记录，发生冲突；按二次探测再散列先在hash(7)的基础上加1^2，即探测1号地址，该空间也发生冲突；再在hash(7)的基础上减1^2，得到-1，对表长取模后得到的地址值为6，该地址空间无记录，定址成功。

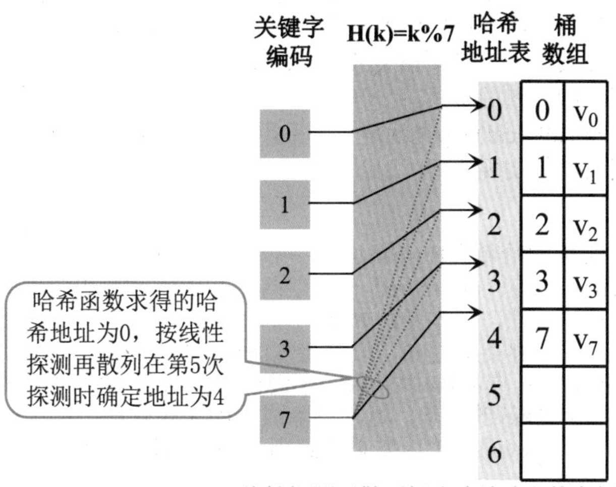

线性探测再散列解决哈希冲突的实例

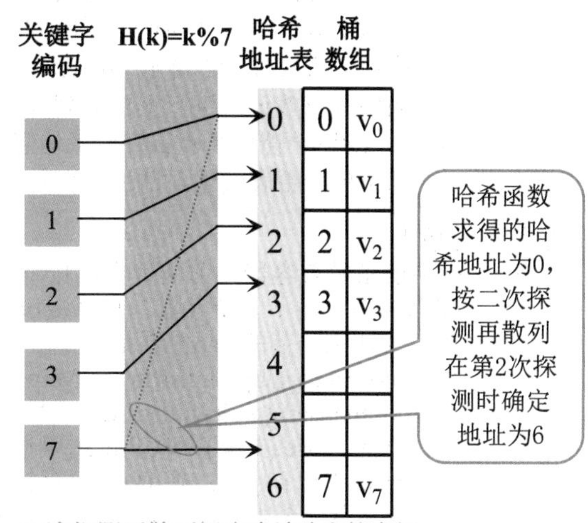

二次探测再散列解决哈希冲突的实例

（3）双哈希探测再散列：线性探测再散列与二次探测再散列中的增量序列是固定的，前者可能导致连续被占用的地址空间越来越长，后者会使哈希函数取值相同的记录探测相同的地址序列，这两种情况都会导致记录聚集而影响查找性能。为规避该问题，另一个方案是额外定义一个与关键字取值相关的散列函数来计算增量，这会使增量序列的取值更加随机，从而降低记录聚集的概率并提升查找性能。仍假设哈希表长为7，哈希函数hash(k)=k%7，另定义散列函数dlta(k)=k%5并设置第i个增量d_i(k)=i*dlta(k)=i*(k%5)，则对关键字序列(0,1,2,3,7)可得下图所示哈希表。对关键字7，哈希函数值hash(7)=0，因该空间已存在记录而发生冲突；此时的增量d_1(7)=1*(7%5)=2，故接下来探测2号地址，该空间也已被占据；下一个增量d_2(7)=2*(7%5)=4，故第3次探测4号地址，该地址空间无记录，定址成功。

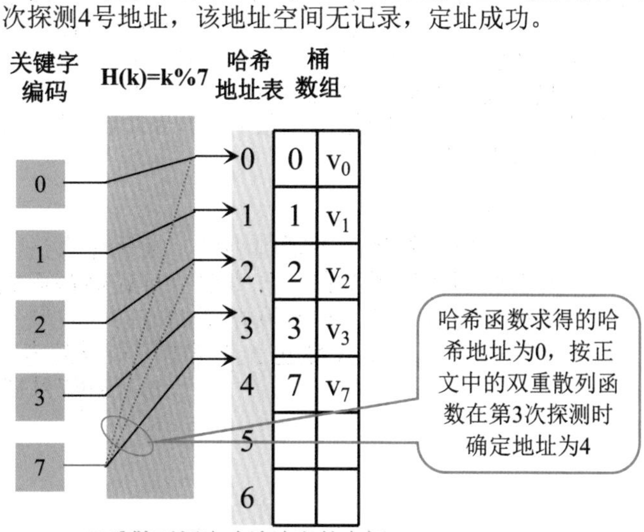

双重散列解决哈希冲突的实例

在采用开放定址法解决冲突时，哈希表各类操作实现的基本原理如下。

- **新记录的插入**：首先根据新记录的关键字计算其哈希函数值，若该函数值对应的地址空间已经被有效记录（标记为“已删除”的记录称为失效记录）占用则按照线性探测再散列或二次探测再散列或双重散列等方法处理冲突，待定址到一个未被占用或者存放失效记录的存储空间时，将新记录填入并标记其为有效记录。
- **记录的查找**：对于给定的关键字k，先通过哈希函数计算其初始的哈希地址。只要当前地址空间存在记录，而且该记录关键字非k或者为失效记录，则按照构建哈希表时采用的冲突处理方法计算下一个哈希地址，并将这个新地址作为当前地址重复前述操作。上述过程终止时有两种可能：其一，当前地址空间不存在记录，说明要查找的记录不存在；其二，当前地址空间存在一条关键字为k的有效记录，查找成功，返回其具体信息即可。
- **记录的删除**：首先使用前述查找算法定位欲删除的记录，若定位成功则将该结点标记为“已删除”，这种删除方式被称为惰性删除。之所以采用惰性删除而非真正清除记录，是因为直接清除记录需根据开放地址的具体方法重新对表中的部分记录做散列。惰性删除可有效降低重新散列的代价，但同时会导致一定存储空间的浪费，而且较多的失效记录同样会引起查找性能的降低。因此，在具体实现时，可根据失效记录的多少在一定的时机下对表中的有效记录进行重新散列并真正清除失效的记录。

✓ Java 8用于管理线程私有变量信息的ThreadLocalMap类就是一个采用线性探测再散列解决冲突的哈希表实现，请读者自行查阅其底层实现原理。

□ 拓展与思考

➢ **C++中的哈希表容器**：前文曾介绍Java语言实现的哈希表HashMap，C++标准模板库基于哈希表存储结构也实现了多个容器，包括unordered_map等。unordered_map存储的是键值对形式的pair对象，相比上一节的map主要是缺少区间查找等方法，基本用法如下。

- unordered_map <int,string> uMap：定义一个键类型为int、值类型为string的空容器；
- uMap.insert (pair<int,string>(1,“student_1”))：向uMap中插入一个键值对(1,“student_1”)；
- uMap.erase (key)：从uMap中删除关键字为key的元素，返回删除成功的元素数量；
- uMap.find (key)：在uMap中查找关键字为key的元素，如果找到则返回指向该元素的一个迭代器，否则返回指向结束位置的迭代器；
- uMap.rehash (n)：将当前容器底层使用的桶的数量（即哈希地址表的容量）设置为n。

➢ **哈希表底层实现的对比**：就哈希查找操作的性能而言，主要影响因素包括哈希函数质量的好坏、冲突处理的方法以及哈希表装载因子（平均每个哈希地址需要装载的记录数量）的大小。Java中的HashMap、TheadLocalMap，以及C++ STL中的unordered_map采用的哈希函数和冲突处理的方法各有不同，试查阅其底层实现的细节对其查找、插入和删除等操作的性能进行对比分析。

➢ **哈希查找蕴含的质疑精神**：在集合中查找记录必须进行关键字的比较吗？貌似如此，不比较何以得知一条记录的关键字是否与给定值相等呢？然而，事实并非如此！假设关键字互不重复且取值区间为[min, max]，则可开辟一个长度为max-min+1的桶数组，并设哈希函数hash(k)=k-min，则任意两条记录的哈希地址都不会相同，从而也不存在冲突。在构造哈希表时可根据哈希函数的取值直接将记录放入桶数组的相应位置。相应地，在查找时也可根据哈希函数的取值直接定位记录。如此一来，无须任何关键字的比较便可完成查找，看似不可能的事情变成了可能！由此可见，看待事物应常持批判和质疑精神。明朝思想家陈献章就说：“前辈谓学贵有疑，小疑则小进，大疑则大进。疑者，觉悟之机也，一番觉悟，一番长进。”习近平在中国科学院考察工作时就引用上述名言，鼓励科研工作者要有批判和质疑精神，培养创新意识，勇于开拓新的方向，攻坚克难，追求卓越！

“学贵知疑，小疑则小进，大疑则大进。”要创新，就要有强烈的创新意识，凡事要有打破砂锅问到底的劲头，敢于质疑现有理论，勇于开拓新的方向，攻坚克难，追求卓越。

——摘自习近平《在中国科学院考察工作时的讲话》

2013年7月17日

8.5 外部查找

8.5.1 外部查找与磁盘数据访问

- **外部查找**：前述几节所讲静态集合和动态集合的查找算法都假设集合元素位于计算机主存，当集合数据量过大以至于数据无法一次性载入内存时，需考虑从磁盘等辅存设备中查找数据并载入内存，我们称之为外部查找。鉴于辅存设备数据的存取速率相比主存的数据存取要慢若干个数量级，外部查找需要设计特殊的存储结构和相应的查找算法。
- **磁盘数据访问**：磁盘是目前较为常见的辅助存储设备，其结构如下图所示。每个磁盘由盘片构成（每个盘片有两个盘面），盘片中央有一个可以旋转的主轴，它带动盘片以固定的速率（通常介于5 400~15 000 r/min）旋转。盘片的每个表面由一组称为磁道的同心圆组成，每个磁道又被划分为一组扇区。每个扇区包含相等数量的数据（通常是512字节），是磁盘数据读写的最小单位。磁盘驱动器通过连接在移动臂上的磁头来读写盘片表面的数据，一般而言，移动臂先向主轴前后移动以便定位数据所在磁道；之后，主轴带动盘片转动，当数据所在扇区经过磁头时完成数据的读写。此外，因磁盘数据的访问涉及到磁头的移动和主轴的旋转等机械操作，数据访问效率偏低，平均的磁盘读写时间在毫秒数量级，而内存数据读写事件是纳秒级的。为提高效率，操作系统会将相邻的多个扇区（如8、16、32或64个等）组合在一起，构成一个磁盘块，从磁盘读写数据时一般以磁盘块为基本单位。

磁盘外观

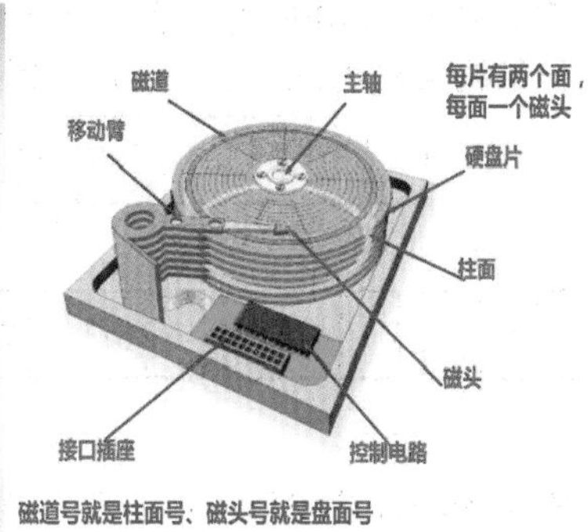

磁盘结构示意图

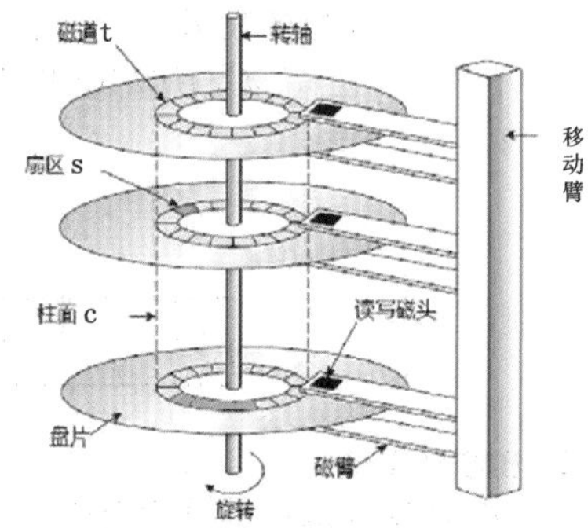

磁盘数据访问原理图

- **外部查找的存储结构**：为提高磁盘数据的查找效率，可将磁盘中的数据按前述平衡二叉树或红黑树的方式进行组织，但是，如此一来，有可能查找过程中访问的记录均位于不同的磁盘块中，这种情况下每次比较都要执行一次磁盘读取操作。而且，大量的数据会导致树的深度过高，从而导致过多的比较和磁盘访问，此时的数据访问时效性太差。为解决这一问题，可修改二叉搜索树的结构，允许树中一个结点存储同一个磁盘块中的多条记录（这些数据按关键字大小排好序），如此一来，每个结点的后继分支数量将大大增加，从而树的深度会极大地降低，查找数据时访问磁盘的次数会随之减小，从而可有效提高外部查找的效率。下图所示的树就是从这一思想出发而设计出来的一种存储结构，它被称为B树，下一节将详细介绍其概念及查找等操作的实现原理。

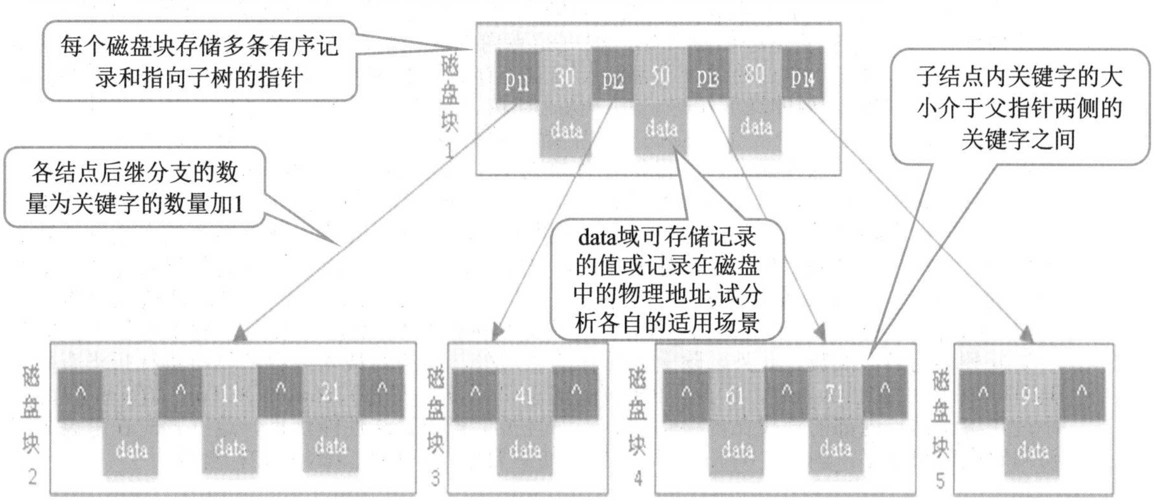

B树存储结构示意图

8.5.2 B树

- **B树的概念**：B树是由Rudolf Bayer和Edward M. McCreight于1972年提出的一种适用于外部查找的平衡多路搜索树（B可理解为Balanced或提出者名字的首字母）。具体而言，一棵n阶B树要么是空树，要么是满足如下性质的n叉有序树：

  （1）树中每个结点最多含n-1条记录和n棵子树，n通常由磁盘块最多可容纳的记录数决定；

  （2）根结点之外的结点最少含⌈n/2⌉-1条记录；

  （3）根结点若非叶子结点则至少含1条记录；

  （4）每个结点具有如下图所示结构，其中m为结点包含的记录数，这些记录以键值对的形式(K_i,V_i)存在（i=1,2,…,m-1），且记录按关键字大小有序排列（默认为升序）。p_i为指向当前结点第i个子树的指针，第i个子树中所有结点的关键字均大于K_{i-1}（i>1）且小于K_i（i<m）；

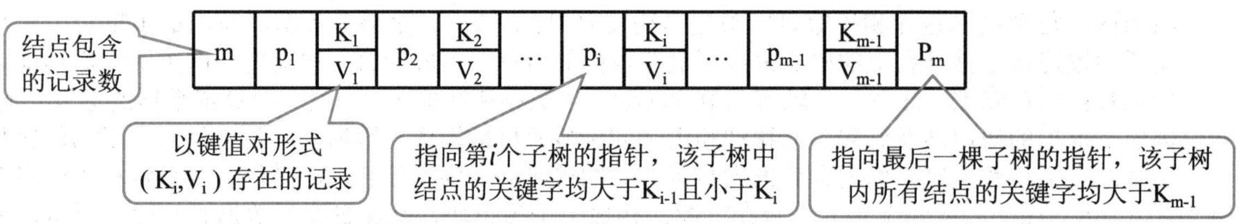

  （5）所有叶子结点都在同一层。

  - **B树的表示**：为简洁起见，在表示B树时通常省略结点中的记录数及各记录的值信息，以上节末尾所给B树的存储结构实例为例，它实际是一棵4阶B树，其更简洁的表示方法如下：

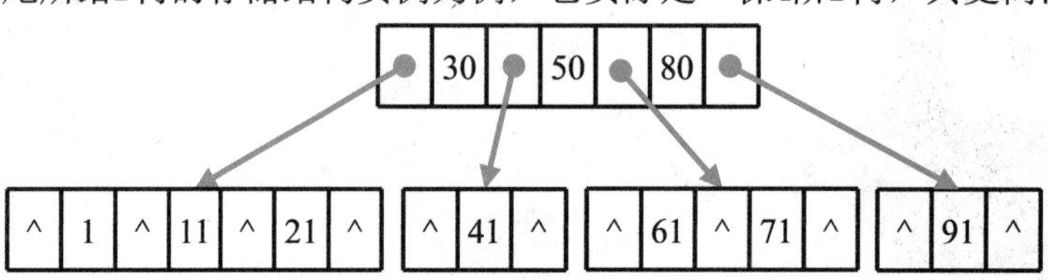

- **B树的查找**
  - **查找算法**：假设待查找的关键字为key，置B树的根结点为当前结点，重复如下操作：

    （1）在当前结点内部定位第一个关键字大于或等于key的记录（因结点的记录有序，采用顺序查找与折半查找算法均可）。

    （2）若定位到大于或等于key的记录，且所定位记录的关键字与key相等，则查找成功，结束查找过程并返回当前记录的信息即可。

    （3）若定位到大于或等于key的记录，但所定位记录的关键字大于key，假设该记录为结点内的第i条记录，其左侧指针为p_i，分如下两种情况：

    ① 若p_i为空指针则说明查找失败（当前结点为叶结点），结束查找过程并返回。

    ② 若p_i不是空指针，则将p_i指向的结点载入内存，并置其为当前结点，开始下次循环。

    （4）若未找到大于或等于key的记录，记当前结点指向最后一个子树的指针为p_m，分如下情况。

    ① 若p_m为空指针则说明查找失败（当前结点为叶结点），结束查找过程并返回。

    ② 若p_m不是空指针，则将p_m指向的结点载入内存，并置其为当前结点，开始下次循环。
  - **查找性能**：B树的查找会从根结点开始，根据结点内的比较情况逐步向子结点前进，由此构成一条查找路径。每向子结点前进一次都涉及一次外存数据的访问，该过程较为耗时，最坏情况下的外存访问次数与B树的深度相等。对一棵m阶B树，根结点最少有2个子树，其余非叶子结点最少有[m/2]棵子树，每个叶子结点拥有的空指针数最少也为[m/2]。记录数一定的前提下，各结点子树最少时树的深度最大。假设记录总数为N，且B树的最大深度为h，则此时从树的第一层开始直至最下一层，各层的结点数依次为1、2、$2[m/2]^1$、$2[m/2]^2$、…、$2[m/2]^{h-2}$，最下一层结点拥有的空指针数至少为$2[m/2]^{h-1}$。而与此同时，最下一层叶子结点拥有的空指针总数等于查找失败的情景总数，N条记录对应的查找失败的情景共N+1种（任意两条记录之间，最小记录的左侧区间，以及最大记录的右侧区间），由此可得$2[m/2]^{h-1} <= N+1$，两边取对数可得$h<=1+\log_{m/2}[(N+1)/2]$。上式即为含N条记录的m阶B树的最大深度，也即在B树中进行查找时需要访问外存的最大次数。此外，除上述外存的访问外，还需对载入内存的结点进行折半查找，其时间复杂度为$O(\log_2 m)$，由此，B树查找的总时间复杂度为$O(\log_2 m * \log_{m/2}((N+1)/2))$。不过，鉴于结点内部的查找在内存中完成，而且折半查找算法性能优良，这些耗时在考虑外存访问时间时可忽略，因此，B树的最坏查找性能主要通过$1+\log_{m/2}[(N+1)/2]$ 衡量。

□ **B树的插入**：B树的插入过程分两个阶段。首先是在B树中查找是否存在与待插入记录的关键字重复的数据，若存在则不允许插入，否则，查找过程必将终止于某叶子结点的某个空指针，接下来进行下一阶段具体的插入操作。插入时，先将新记录插入前述叶子结点的前述空指针处，但是，因n阶B树最多有n-1条记录和关键字，若新记录插入后使得结点的记录数超出上界，则对其进行**“分裂”**处理，即以该结点的中间记录为分界点，其左侧所有的记录构成一个新的树结点，其右侧所有的记录也构成一个新的树结点，而中间记录上移至父结点。若父结点因记录的移入也导致关键字个数超出上界则继续向上分裂，不断传播直至无须分裂。由于分裂的传播，B树插入操作的最坏时间复杂度与B树的高度是同阶的。下面结合一个4阶B树的插入实例说明具体过程。

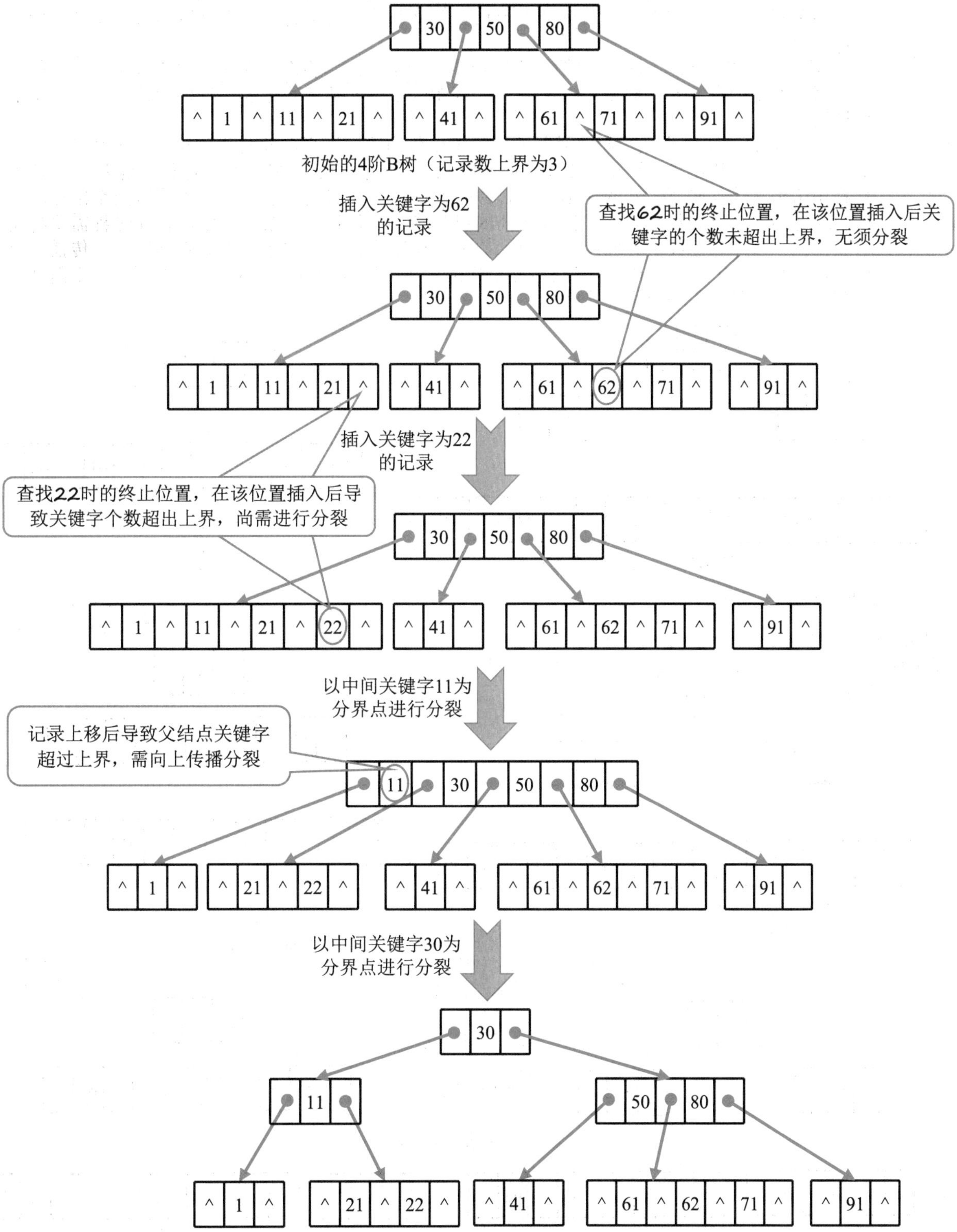

□ **B树的删除**：首先在B树中根据关键字查找欲删除的记录，若查找失败则无须修改树结构；否则，若查找到的关键字位于非叶子结点中，则利用该关键字右侧指针所指向子树中的最小记录覆盖欲删除的记录，子树中的最小记录必然位于叶子结点中，从而将问题转换为删除叶子结点中的一个关键字；若查找到的关键字本来就位于叶子结点中则可省略上一步的处理。至于从n阶B树的一个叶子结点中删除关键字的操作，分为如下两种情况：

（1）若删除叶子结点中的关键字后叶子结点的关键字数量没有小于下界⌈n/2⌉-1，则直接删除。

（2）若删除叶子结点中的关键字后导致叶子结点的关键字数量小于下界⌈n/2⌉-1，则：

① 若该叶子结点相邻的右兄弟的关键字数量大于下界，则将右兄弟中的最小关键字对应的记录上移至双亲结点，并将双亲结点中小于且紧邻该上移关键字的记录下移以顶替叶子结点中的被删记录。

② 若该叶子结点相邻的左兄弟的关键字数量大于下界，则将左兄弟中的最大关键字对应的记录上移至双亲结点，并将双亲结点中大于且紧邻该上移关键字的记录下移以顶替叶子结点中的被删记录。

③ 否则，该叶子结点及其相邻兄弟的关键字个数均达到下界，此时，先从该叶子结点中删除记录，之后，若其存在右兄弟，则将该叶子结点与其右侧相邻的兄弟结点进行“**合并**”，若没有右兄弟则将其与左侧相邻的兄弟结点**合并**。所谓两个相邻结点的合并是指将这两个结点的所有记录连同父结点中位于它们父指针之间的记录统一合并到一个新结点中。合并过程需要将父结点中的一条记录下移，若父结点因记录的下移导致关键字个数超出下界则继续向上传播，直至无须合并。由于合并的传播，B树删除操作的最坏时间复杂度也与B树的高度同阶。下面结合一个4阶B树的删除实例说明具体过程。

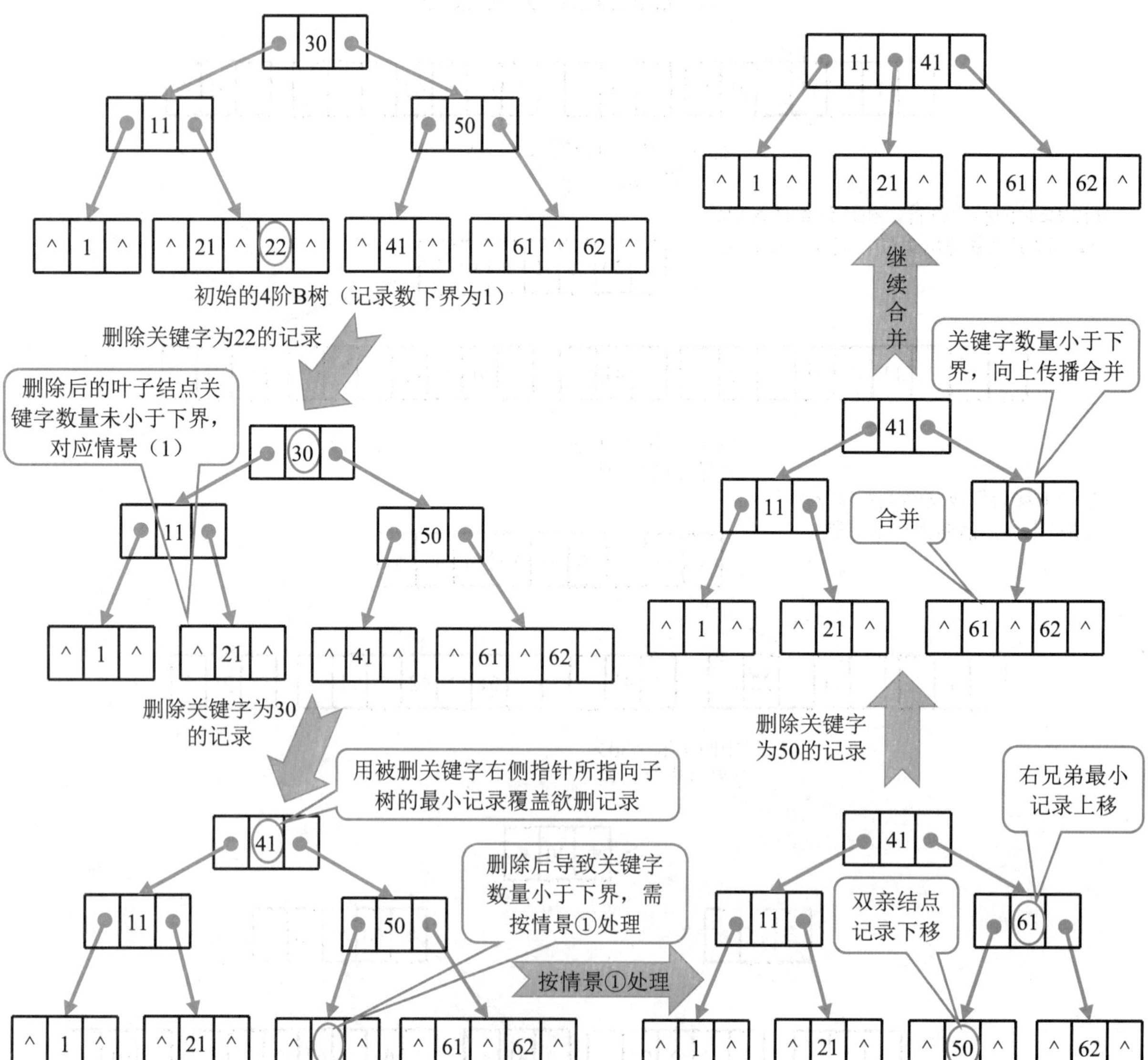
30
11
50
1
21
22
41
61
62
初始的4阶B树（记录数下界为1）
删除关键字为22的记录
删除后的叶子结点关键字数量未小于下界，对应情景（1）
删除关键字为30的记录
用被删关键字右侧指针所指向子树的最小记录覆盖欲删记录
41
删除后导致关键字数量小于下界，需按情景①处理
按情景①处理
双亲结点记录下移
右兄弟最小记录上移
删除关键字为50的记录
合并
关键字数量小于下界，向上传播合并
继续合并

□ **拓展与思考**

➢ **B树与红黑树的转换：**红黑树可以看作4阶B树的一种实现方式。具体而言，任给一棵4阶B树，将树中含3个关键字的结点按关键字顺序拆分为3个结点，中间结点设置为黑色，两侧结点设置为红色，且中间结点作两侧结点的双亲；将树中含2个关键字的结点拆分为2个结点，其中一个设置为红色，另一个设置为黑色，黑色结点作红色结点的双亲；仅有一个关键字的结点直接设置为黑色；空指针设置为红黑树中的叶子结点，如此可将一棵B树转换为红黑树。反之，任给一棵红黑树，将每个红色结点与其双亲结点合并到一起，则可得到一棵4阶B树。在此基础上，红黑树的结点删除或插入过程便可借助4阶B树的相应操作实现，如下图所示。

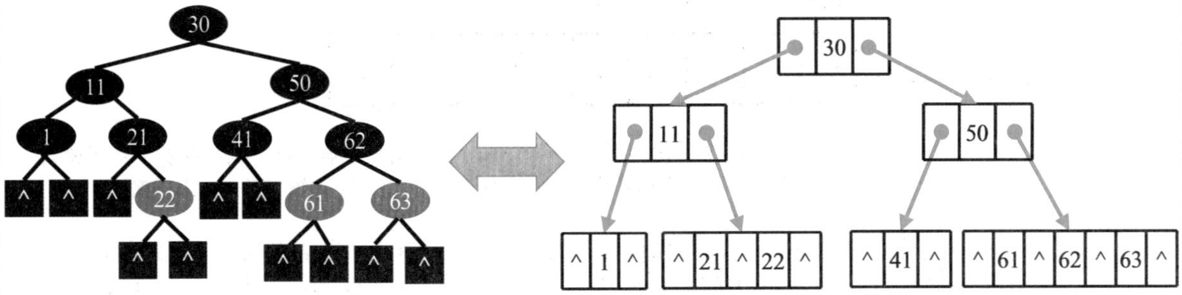

红黑树与4阶B树的转换实例

➢ **基于B树结点删除过程的红黑树结点删除：**鉴于红黑树与4阶B树存在的相互转换关系，可通过4阶B树结点删除的过程制定红黑树结点的删除规则。以从上图的4阶B树删除关键字为41的结点为例，它符合B树结点删除时情景①的条件，此时应将其右兄弟中最小关键字对应的记录上移至双亲结点，并将双亲结点中小于且紧邻该上移关键字的记录下移来覆盖叶子结点中的被删记录，如此处理后得到的4阶B树及其对应的红黑树如下图所示。归结到红黑树结点的删除规则上，此场景的约束条件为："红黑树被删结点的两个孩子为NIL结点，其右兄弟为黑色且具有两个非NIL的子结点。"此时，红黑树应进行一定的旋转和重新涂色等操作直至得到下图所示的红黑树。读者可尝试给出该场景以及其他不同场景时红黑树结点删除的具体规则。

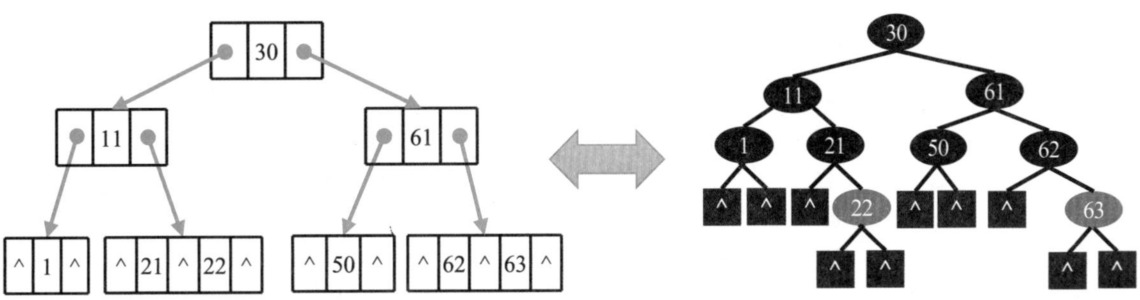

删除关键字为41的记录后所得4阶B树及其对应的红黑树

➢ **B树的区间查找与全记录检索：**前文给出的B树查找算法根据给定关键字查找等值的记录，在此基础上略作调整也可查找第一个大于等于（或小于等于）给定关键字的记录，这些操作统称为B树的单点查找。若要查找关键字值介于区间[minKey, maxKey]的多条记录，先参考B树的单点查找算法定位第一个大于或等于minKey的记录，若定位成功则从当前记录开始，对B树进行类似二叉树的中序遍历，直至遇到一个关键字大于maxKey的记录或遍历结束。若要检索所有的记录，则需从根结点开始进行类似二叉树的中序遍历。区间查找与全纪录检索的详细过程及算法实现可作为练习进行实现。不过，在B树上，上述两种操作的算法效率偏低。在数据库查询等应用场景下，区间查找及全记录检索等操作需要频繁执行，此时可对B树进行针对性的修改以提高上述操作的效率，下面将要介绍的B+树就能很好地解决这一问题。

8.5.3 B^+树

- **B^+树的概念**：B^+树是B树的一种变型，为提高按关键字取值范围查找多条记录或进行全记录检索的效率，B^+树将所有的记录信息存储于叶结点并将叶结点组织为一个双向链表，非终端结点存储其各子树关键字的最值（默认存最大值，也可存最小值）作索引，由此形成一种同时支持索引随机查找和顺序查找的数据结构。具体而言，一棵n阶B^+树或者是空树，或者是满足如下性质的n叉有序树：

  （1）每个树结点最多含n个关键字记录和n棵子树，n通常由磁盘块最多可容纳的关键字数决定；

  （2）每个结点最少含 $n/2$ 个关键字；

  （3）每个非叶子结点具有下图所示结构，其中m为结点包含的关键字个数，关键字 K_i有序排列（其中i=1,2,…,m，且默认关键字升序排列）。p_i为指向当前结点第i个子树的指针，第i个子树中的关键字最大值为K_i且均大于K_{i-1}（在i>1时）；

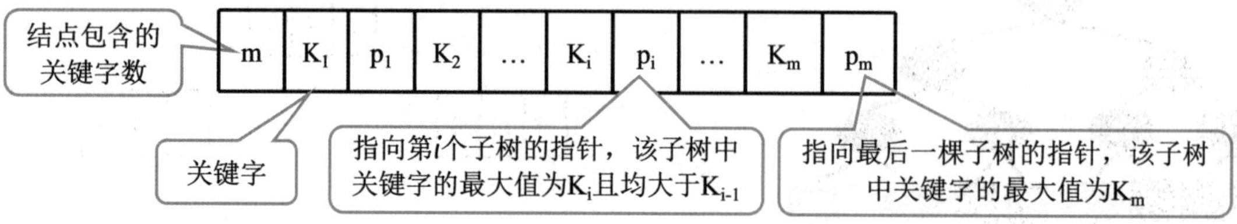

  （4）所有叶子结点都在同一层，而且具有下图所示结构，其中m为结点包含的记录数量，这些记录以键值对的形式(K_i,V_i)存在（其中i=1,2,…,m），且记录按关键字大小有序排列（默认为升序）。prior为指向前驱磁盘块的指针，next为指向后继磁盘块的指针。

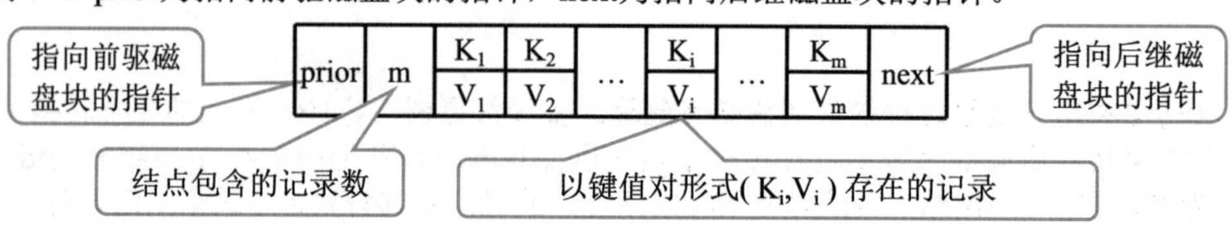

- **B^+树的表示**：下面给出了一个4阶B^+树的存储结构示意图及简化表示，其中root为B^+树根结点的地址，head为叶结点所构成双向循环链表的头指针。简化表示中叶结点关键字右上角标注星号以示此处同时存储有该关键字所对应记录的值信息或者记录在磁盘中的地址。

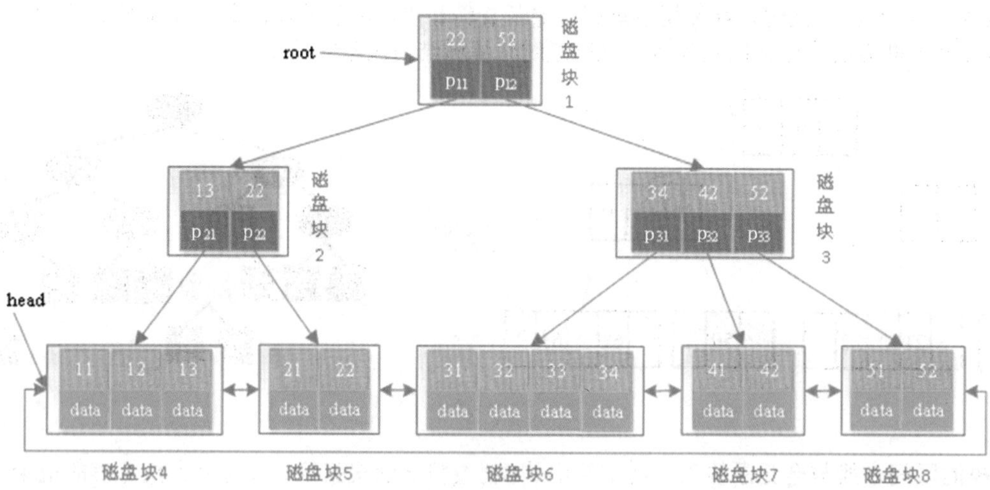

B^+树存储结构示意图

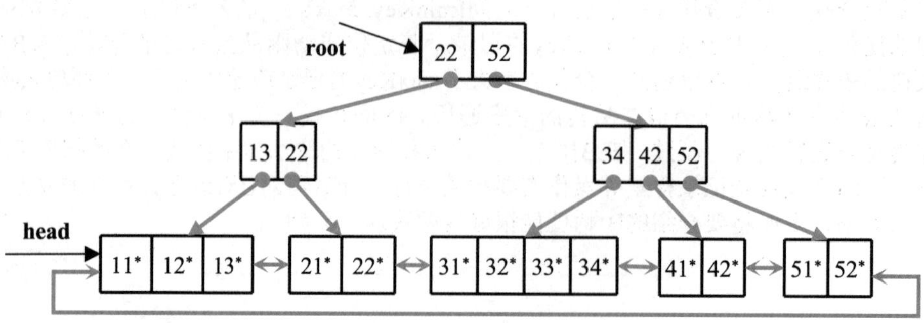

B^+树的简化表示

- **B^+树的查找**
  - **单点查找**：查找关键字为key的单条记录时，置B^+树的根结点为当前结点，重复如下操作：
    （1）在当前结点内部定位第一个大于或等于key的关键字（因关键字有序可折半查找定位）。
    （2）若未能找到大于或等于key的关键字，则说明所有记录的关键字均小于key，查找失败，结束查找过程并返回。
    （3）若成功定位到第一个大于或等于key的关键字，则分如下情况处理：
    ① 在前结点为叶结点且定位的关键字等于key时，说明查找成功，返回当前关键字对应的完整记录信息，结束查找过程并返回；
    ② 在当前结点为叶结点但定位的关键字大于key时，说明查找失败，结束查找并返回；
    ③ 在当前结点不是叶结点时，假设定位到的关键字为该结点内第i个关键字，记其对应的子树指针为p_i，则将p_i指向的结点载入内存，并置其为当前结点，开始下次循环。
  - **区间查找**：查找关键字值介于区间[minKey, maxKey]的多条记录时，先按B^+树的单点查找算法定位第一个大于或等于minKey的记录，若定位成功则从当前记录开始沿叶结点构成的链表顺序访问，直至遇到一个关键字大于maxKey的记录或到达表尾时停止。具体而言，置B^+树的根结点为当前结点，重复如下操作：
    （1）在当前结点内部折半定位第一个大于或等于minKey的关键字。
    （2）若未能找到大于或等于minKey的关键字，则说明所有记录的关键字均小于minKey，查找失败，结束查找过程并返回。
    （3）若成功定位到第一个大于或等于minKey的关键字，则分如下情况处理：
    ① 在当前结点为叶结点时，从当前记录开始沿叶结点构成的链表顺序访问，直至遇到一个关键字大于maxKey的记录或到达表尾时结束查找过程并返回；
    ② 在当前结点不是叶结点时，假设定位到的关键字为该结点内第i个关键字，记其对应的子树指针为p_i，则将p_i指向的结点载入内存，并置其为当前结点，开始下次循环。
  - **最大最小查找与全记录检索**：根据B^+树的head指针将叶结点链表中的第一个结点载入内存，该结点内第一条记录即为关键字取值最小的记录。此外，根据叶结点链表第一个结点的prior成员可直接定位到链表的尾结点，该结点的最后一条记录即为关键字取值最大的记录。若要检索所有的记录，只需从head指针指向的结点出发，沿各结点的next指针逐个结点加载并访问结点记录，如此可完成记录的升序遍历；也可从叶结点链表的尾结点沿prior指针降序遍历记录。
  - **查找性能**：当进行单点查找时，若根据索引进行随机查找，则从B^+树的根结点开始，根据结点内的比较情况逐步向子结点前进，若查找的记录存在则必然会前进到叶结点，由此构成一条查找路径。每向子结点前进一次都涉及一次外存数据的访问，该过程较为耗时，最坏情况下的外存访问次数与B^+树的深度相等。对于一棵m阶B^+树，根结点最少有1个子树，其余非叶子结点最少有[m/2]棵子树。在记录数一定的前提下，各结点子树最少时树的深度最大。此时，假设B^+树的深度为h，则从第一层开始直至最下一层，各层结点数依次为1、1、$[m/2]^1$、$[m/2]^2$、…、$[m/2]^{h-2}$，最下层每个结点至少拥有[m/2]条记录。记总记录数为N，则$[m/2]^{h-2}*[m/2]<=N$，两边取对数可得$h<=\log_{m/2}N$。上式即为含N条记录的m阶B^+树的最大深度，也即在B^+树中进行单点查找时需要访问外存的最大次数。此外，B^+树的查找除了上述外存的访问外，还需对载入内存的结点进行折半查找，这部分耗时在考虑外存访问时间时可忽略。进行区间查找的性能主要取决于单点查找的性能以及符合查找条件的记录所占的磁盘块数和记录数量。最大最小查找的性能为常数时间复杂度，而全记录检索的性能依赖于全部记录所占的磁盘块数和记录总量。
- **B^+树的插入与删除**
  - **B^+树的插入**：首先在B^+树中查找是否存在与待插入记录的关键字重复的数据，若存在则不允许插入。否则，或者新记录的关键字比已有的所有关键字都大，此时先将新记录插入底层最后一个叶结点的尾部并更新其双亲结点的最大关键字索引，或者查找算法会定位到某个叶结点内第一个大于待插入数据的记录，此时先将新记录插入到该记录的左侧。之后，考察上述记录的插入会否导致叶结点包含的记录数超出上界（即B^+树的阶数），若超出则进一步将该结点从中间位置分裂为两个结点，并据此向它们的双亲结点中添加相应的最大关键字索引；类似地，若双亲结点的关键字个数也超出上界则继续向上传播分裂。
  - **B^+树的删除**：在B^+树中查找欲删除的记录，若查找失败则无须修改树结构；否则，查找算法将定位到叶结点的某条记录。接下来，先从叶结点删除该记录并在必要时更新双亲结点的最大关键字索引；之后，若删除后未导致叶结点的记录数小于下界（即B^+树阶数整除2），则无须进一步处理，否则应进行结点的**“合并”**等操作，具体原理请自行分析。

- **拓展与思考**
  - **B树与B^+树的对比分析：**

（1）就单点查找而言，B树的每个结点同时存储关键字和数据信息，查找过程中一旦遇到与待查找关键字相等的结点即可获取完整的记录信息而终止查找；而B^+树的非叶结点仅存储子树最大关键字的索引，即使中间找到与待查找关键字相等的结点，也必须继续前进到叶结点方可获取完整的数据信息。若各层结点被访问的概率相同，则B树在最好情况和平均情况下的单点查找性能要优于B^+树。

（2）B树的每个结点同时存储记录的关键字和值以及子树的指针信息，而B^+树的内部结点仅存储关键字和子树指针，B^+树的叶结点仅存储关键字和值，这使得同样容量的磁盘块在B^+树中能容纳更多的关键字，从而允许B^+树的阶数更大。如此一来，存储同样数量的记录时，阶数更高的B^+树的深度会比B树小，从这个角度看，B^+树单点查找的最坏查找性能要优于B树。

（3）就区间查找和全记录检索而言，B树需借助树的遍历实现，而B^+树可在单点查找的基础上通过叶子结点链表的顺序访问实现，后者效率更高。

（4）数据库是按照数据结构来组织、存储和管理数据的仓库，它存储空间很大，可存放百万条、千万条、上亿条数据，为提高数据各类查询或其他操作的效率，如MySQL等数据库通常使用B^+树建立数据的索引结构。

  - **聚簇索引与非聚簇索引**：B^+树中结点的data域可存储记录的值或记录在磁盘中的物理地址，前者将索引关键字与记录值存储在一起，称为聚簇索引（在数据库中常用于主键索引）；后者将索引关键字与记录值分开，叶结点仅存放索引和记录在磁盘中的地址，称为非聚簇索引（在数据库中常用于辅助索引），下图为聚簇与非聚簇索引的一个实例。思考辅助索引允许关键字重复时B^+树各种操作的实现过程。

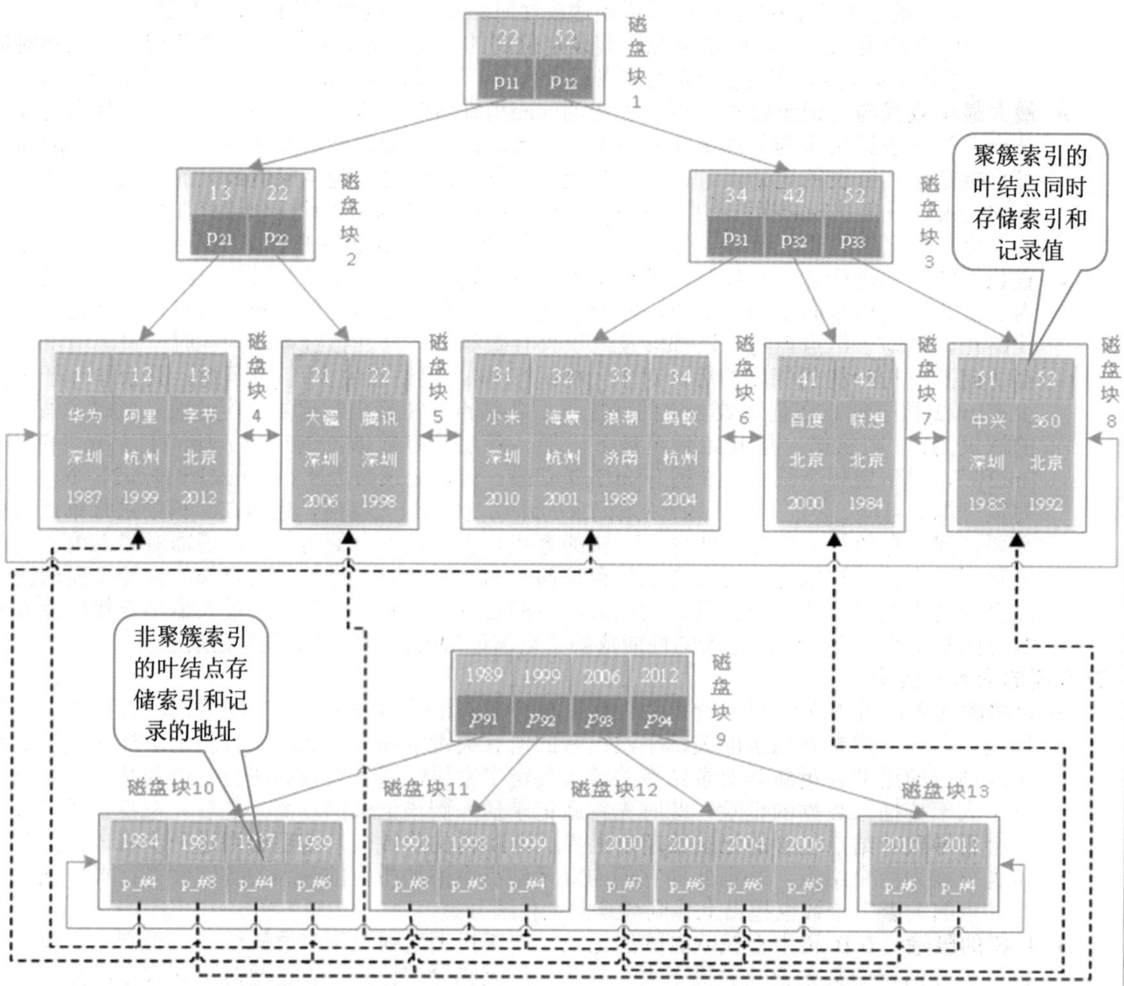

聚簇索引与非聚簇索引的B^+树结构示意图（上方为聚簇索引，下方为非聚簇索引）

第九章 排序

《高山流水图轴》梅清（清）

9.1 排序的概念与数据存储

- **排序的概念**：排序通常指将一组记录按某个关键字属性的大小排列成一个递增或递减的有序记录序列。具体而言，对于含n条记录的集合$\{R_1, R_2, ..., R_n\}$，假设其相应的关键字集合为$\{k_1,k_2, ...,k_n\}$，排序的目标是确定$\{1,2,...,n\}$的一种排列$(p_1, p_2, ..., p_n)$使得$k_{p_1} \le k_{p_2} \le ... \le k_{p_n}$或者$k_{p_1} \ge k_{p_2} \ge ... \ge k_{p_n}$成立。除非特殊说明，本文默认排序为递增排序。
- **排序的稳定性**：假设原本给定了一个记录的序列，对其中任意两条记录R_i与R_j，只要其满足$i<j$且$k_i=k_j$(即两记录的关键字相等且排序前R_i位于R_j之前)，某些应用场合下要求排序后R_i与R_j的相对次序不发生改变(即排序后R_i仍要位于R_j之前)，满足这一要求的排序方法称为稳定的排序方法。
- **内部排序与外部排序**：若待排序的记录数量较小，可一次性载入内存，则设计排序算法时无须考虑内存与外存数据的交换，排序过程中可随时访问任意一条记录，在此前提下的排序称为内部排序。反之，若待排序的记录数量较大，内存无法一次性存放全部记录，此时需在分组加载数据且仅访问当前载入内存之记录的前提下设计排序算法，此类排序称为外部排序。
- **待排序数据的存储结构**：通常假设待排序的记录存放在一个数组中，而且不考虑记录的增删等操作，此时可通过以下简化的静态顺序表存储待排序数据。其中，顺序表的静态数组成员r从1号元素开始存放具体记录，数组的0号元素闲置或者在某些排序算法中作哨兵单元以终止循环。

```
//简化的静态顺序存储结构定义
#define MAXSIZE 1000
typedef int KeyType; //排序关键字的类型定义
typedef char InfoType [20] ; //记录其余属性类型的定义
typedef struct RcdType{ //记录类型的定义
   KeyType key; //关键字属性
   InfoType otherInfo; //其余属性
}RcdType;
typedef struct StaticSqList {
   RcdType r [ MAXSIZE +1 ]; //记录数组
            //从1号元素开始存放记录,0号元素留作他用
   int length; //数组中有效记录的个数
}StaticSqList ;
```

假设待排序记录除了关键字属性外，还有一个字符数组类型的属性

记录类型的定义

静态集合的类型定义

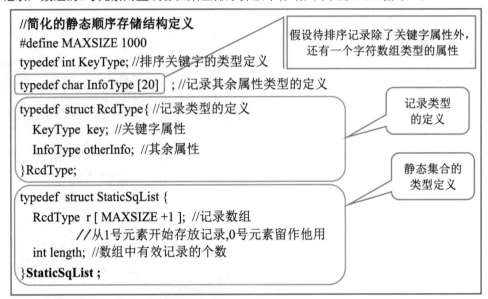

- **排序算法的分类**：排序可以从多种不同的角度来理解，从而存在多种类型的排序算法，举例如下：
  - **插入类排序**：将原始待排序序列看作头部的有序块和尾部的无序块两部分构成。初始情况下，有序块仅含首元素，其余元素构成无序块。为完成排序，每次将无序块的第一个元素插入到其前方的有序块中，如此可使得有序块逐步变长而无序块逐步变短，最终可完成排序。此类排序算法称为插入类排序。
  - **交换类排序**：将排序看作消除序列中逆序对的过程。多轮次遍历待排序序列，每次都检查是否存在顺序不符合要求的逆序对，存在则交换之。如此一来，逆序对会逐步变少，直至所有的逆序对被消除便可得到一个有序序列，此类排序算法称为交换类排序。
  - **选择类排序**：将排序的过程看作从小到大（或者从大到小）逐条选择最值的过程。比如，第一轮选择最小的记录存入序列首位置，第二轮从剩余的元素中再选择最小的记录存入序列的第二个位置，以此类推，最终会得到一个有序序列。也可按相反的顺序，先选最大的记录放入序列末尾，剩余元素再选最大者放入序列倒数第二个位置。此类排序算法称为选择类排序。
  - **归并类排序**：先将原始序列每个元素看作一个长度为1的有序序列，之后，相邻的两个有序子序列归并为一个更长的有序序列。重复上述操作，有序子序列的长度会逐步增大，待所有元素归并到一个序列后，这个序列即为所求。此类排序算法称为归并类排序。
  - **分配类排序**：根据关键字的取值直接或者逐步确定记录在最终有序序列中的位次，而无须进行关键字相互之间的大小比较。此种排序算法称为分配类排序。

9.2 插入类排序

插入类排序的基本思想见下图。将待排序序列分为左侧有序子序列和右侧无序子序列，初始情况下有序子序列只含首元素，之后，每一轮均将无序子序列的首元素插入到前方有序块的适当位置使得有序块逐步变长，直至最终全部有序。根据无序块首元素插入位置定位方式的不同将插入类排序分为直接插入排序和折半插入排序。在直接插入排序的基础上还发展出了缩小增量排序，后文分别介绍。

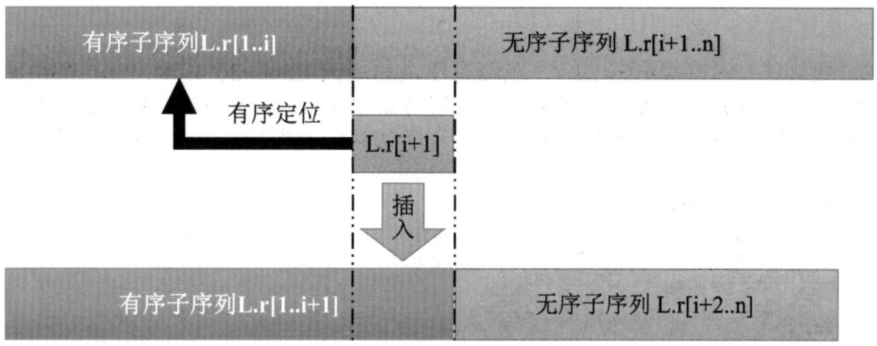

插入类排序基本思想

9.2.1 直接插入排序

- **算法思想**：将无序块首元素与有序块中的元素从后向前逐个比较，有序块中元素大则将其后移一位，如此重复，边比较边后移，直至定位到一个小于或等于待插入元素的记录时停止，并将待插入记录填入终止位置的右侧。
  - **注意**：进行元素移动前需将待插入记录备份至数组的0号元素，一方面可防止待插入记录被覆盖，另一方面，可防止待插入记录小于有序块所有元素时导致的数组越界访问。
- **排序过程实例**
  - **初始状态**：首记录18构成有序块，其余记录构成无序块。

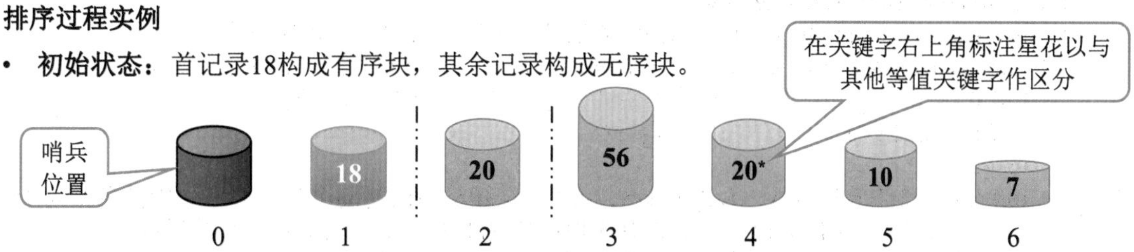

  - **第1轮排序**：考察第2条记录20，有序块的尾记录18比其小，无须移动和插入，有序块长度增1。

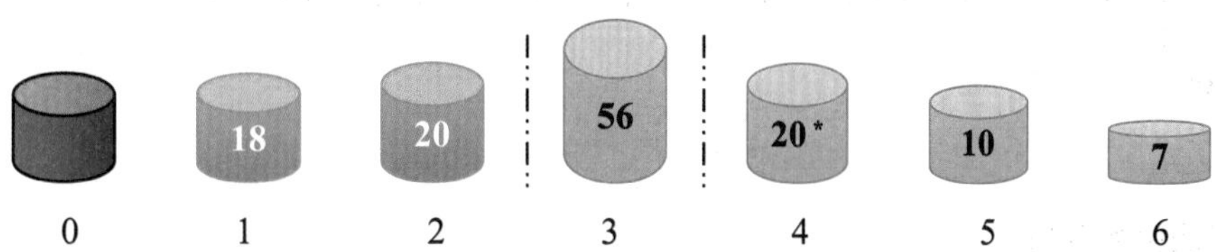

  - **第2轮排序**：考察第3条记录56，有序块的尾记录20比其小，无须移动和插入，有序块长度增1。

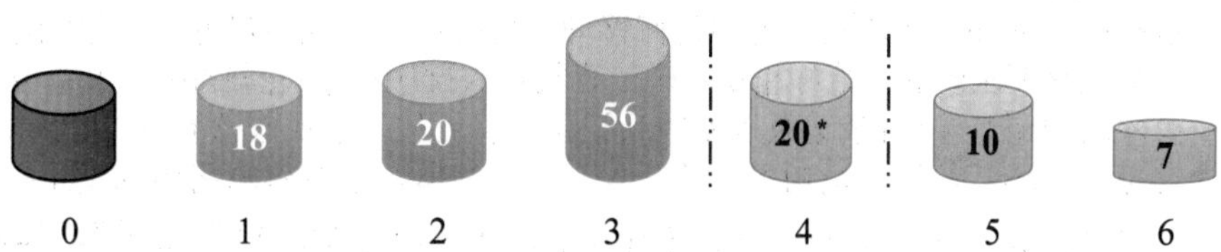

  - **第3轮排序**：考察第4条记录20*，左侧有序块的尾记录56比其大，将待插入记录备份至0号元素，并将56后移；继续考察有序块的下一个尾记录20，因其等于待插入元素而终止比较和移动，将20*插入其右侧，有序块长度增加1。

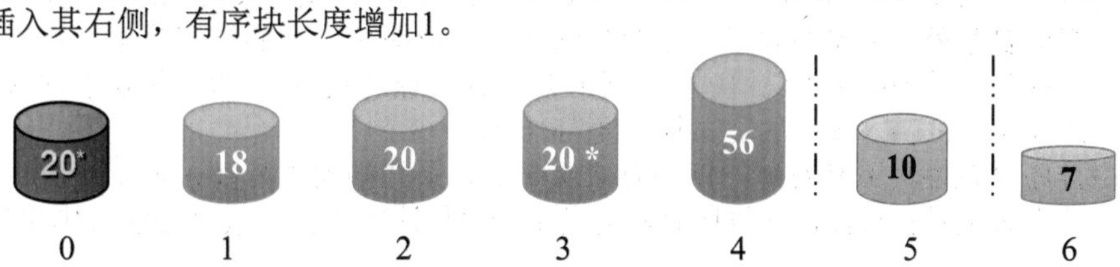

- **第4轮排序**：考察第5条记录10，左侧有序块的尾记录56、20*、20、18均比其大，将10备份至0号元素并将上述元素逐个后移；此时考察至0号元素处的哨兵记录10，因其等于待插入元素而终止比较和移动，将10插入其右侧，有序块长度增加1。

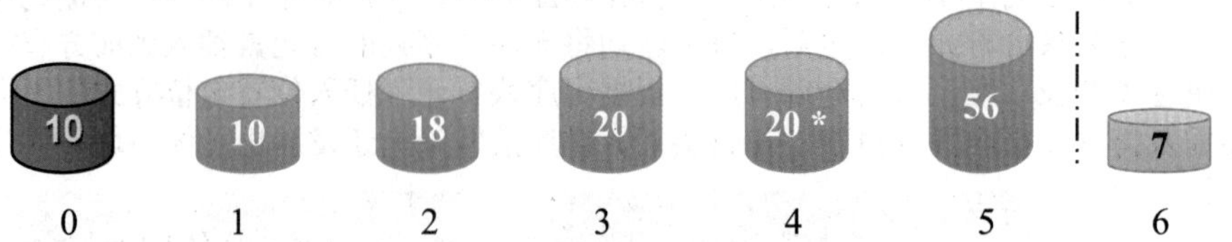

- **第5轮排序**：考察第6条记录7，左侧有序块的尾记录56、20*、20、18、10均比其大，将7备份至0号元素并将上述元素逐个后移；此时考察至0号元素处的哨兵记录7，因其等于待插入元素而终止比较和移动，将7插入其右侧，有序块长度增加1，包含了所有元素，排序完成。

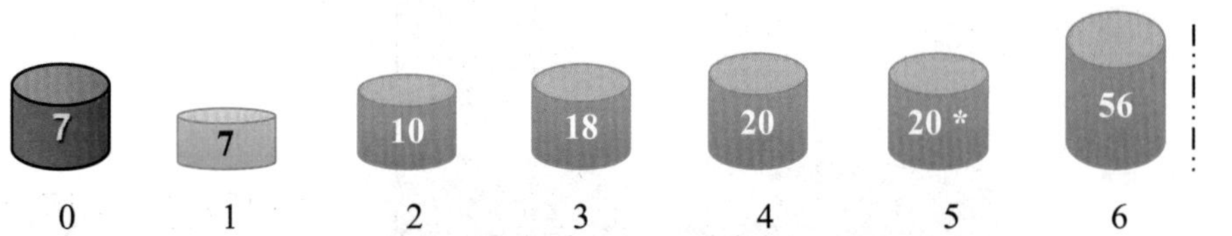

□ **算法设计**：从第2条记录开始至最后一条记录，每轮次都先将当前记录与有序块尾元素比较，根据比较结果处理如下：若尾元素小于或等于当前记录则无须任何处理；否则，将当前考察的记录填入顺序表的0号元素，将尾元素后移，再继续在有序块中按从后向前的顺序将当前元素与0号元素处的待插入记录比较，只要有序块中的元素大就后移，如此重复直至在有序块中遇到一个小于或等于待插入记录的元素时停止循环；最后，将0号元素备份的记录填入终止位置右侧即可。具体算法如下。

```
//将顺序表L中的记录按照关键字从小到大的顺序进行直接插入排序
void InsertionSort(StaticSqList &L) {
  for( int i = 2; i <= L.length; ++i ) { //从第2条记录至最后一条记录逐轮次排序
    if( L.r[ i-1 ].key > L.r[ i ].key ){ //有序块尾元素大于当前轮次考察的无序块首元素
      L.r[ 0 ] = L.r[ i ];    //将当前轮次考察的无序块首元素备份至0号元素
      L.r[ i ] = L.r[ i - 1 ]; //有序块尾元素后移
      int k;
      for( k = i - 2; L.r[ k ].key > L.r[ 0 ].key; --k ){ //继续从后向前逐个考察有序块中的各个元素
          L.r[ k+1 ] = L.r[ k ];    //如果有序块中的元素大于待插入记录则将其后移
      }//for循环结束，k指向一个小于或等于待插入记录的元素
      L.r[ k+1 ] = L.r[ 0 ]; //将待插入记录插入至循环终止位置的右侧
    }//if
  }//for
}
```

□ **算法性能分析**

- **时间复杂度**：当原始序列正序（原始排列次序与最终要求的顺序相同）时，直接插入排序仅需进行L.length-1次比较，无须任何移动，此时的时间性能最好。当原始序列逆序（原始排列次序与最终要求的顺序恰好相反）时，直接插入排序在第i轮排序过程中，无序块首记录需与左侧有序块中所有的i-1条记录以及哨兵记录进行比较，总比较次数为i；每次比较都需将有序块中的记录后移，再加上最初备份待插入记录至哨所，以及将哨所中的记录插入最终位置的操作，总移动次数为i+1。由此可知，逆序时总的比较次数为$\sum_{i=2}^{L.length} i = \frac{(L.length-1)(2+L.length)}{2}$，总的移动次数为$\sum_{i=2}^{L.length}(i+1) = \frac{(L.length+1)(4+L.length)}{2}$，此时的时间性能最差。综上所述，直接插入排序的最坏时间复杂度为$O(L.length^2)$，最好情况下的时间复杂度为O(L.length)。
- **空间复杂度**：无论待排序记录数量的多少以及原始序列的排列状态，直接插入排序都仅需一个存放哨兵的辅助空间L.r[0]、存储排序轮次的循环变量i，以及遍历有序块的循环变量k共3个辅助变量，故插入排序的空间复杂度为O(1)。
- **排序稳定性**：不难发现，仅当有序块中的记录严格大于待插入记录时放将其后移，故原本相等的多条记录在直接插入排序时不会发生相对位次的变化，故直接插入排序是稳定的。

9.2.2 折半插入排序

- **折半插入排序思想**：为定位无序块首记录在其左侧有序块中的插入位置，直接插入排序在有序块中按从后向前逐个比较的方式完成定位。实际上，该过程可利用有序块的有序特性通过折半定位的方式完成，即采用折半查找算法定位第一个大于待插入记录的位置，之后将该位置及其后的元素后移，并将待插入记录填入定位的位置，由此可以完成一轮次插入排序。从第二条记录开始至最后一条记录结束，执行多轮次前述折半定位和插入的过程，最终可完成排序，称为之为折半插入排序。
- **折半定位与插入原理**：记有序块左右边界的下标为low和high，计算其中间元素的下标mid=(low+high)/2，若中间元素小于或等于待插入记录，则说明第一个大于待插入记录的元素位于右侧区间，此时令左边界low=mid+1，如此可保证low左侧的元素均小于或者等于待插入记录；反之，若中间元素大于待插入记录，则令右边界high=mid-1，如此可保证high右侧的元素均大于待插入记录。上述过程不断重复，直至low>high，此时必然有low=high+1，鉴于low左侧元素均小于或者等于待插入记录，而high右侧元素均大于待插入记录，故low就是第一个大于待插入记录的元素所在的位置，折半定位完成。之后进行元素后移和插入即可，下面结合实例说明折半定位和插入的过程。

  - **初始状态**：假设有序块左边界low=1，右边界high=9，10号元素为待插入记录，具体如下：

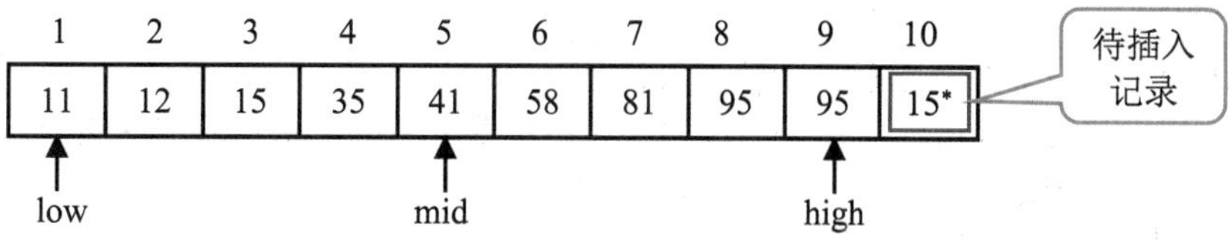

  - **第一次折半定位**：鉴于上述有序块的中间元素41大于待插入记录，故令high=mid-1=4，同时更新mid取值，得到新的定位区间如下：

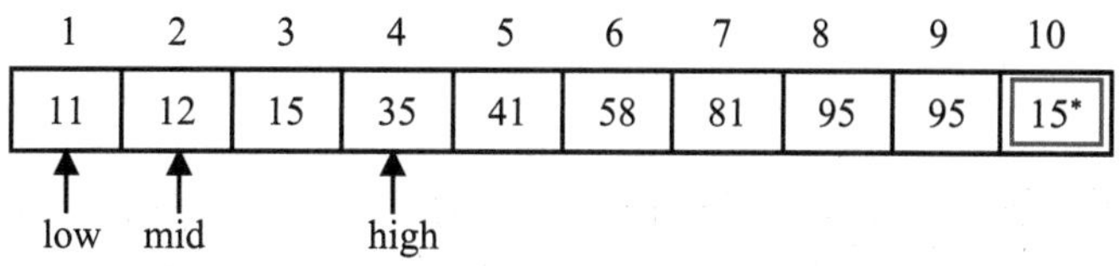

  - **第二次折半定位**：上述有序块的中间元素12小于待插入记录，故令low=mid+1=3，同时更新mid取值，得到新的定位区间如下：

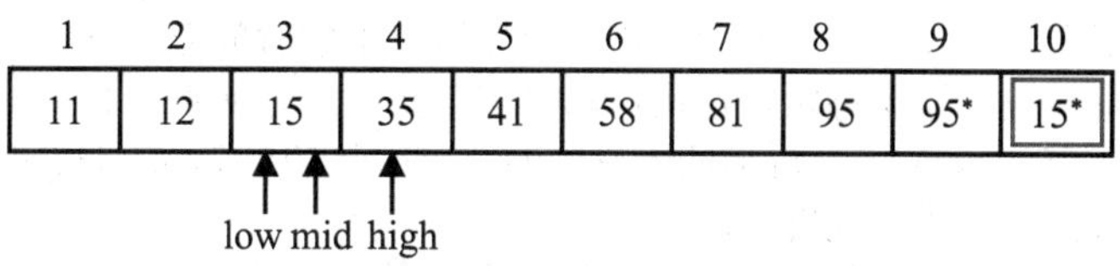

  - **第三次折半定位**：上述有序块的中间元素15等于待插入记录，为定位第一个大于15的元素，令low=mid+1=4，同时更新mid取值，得到新的定位区间如下：

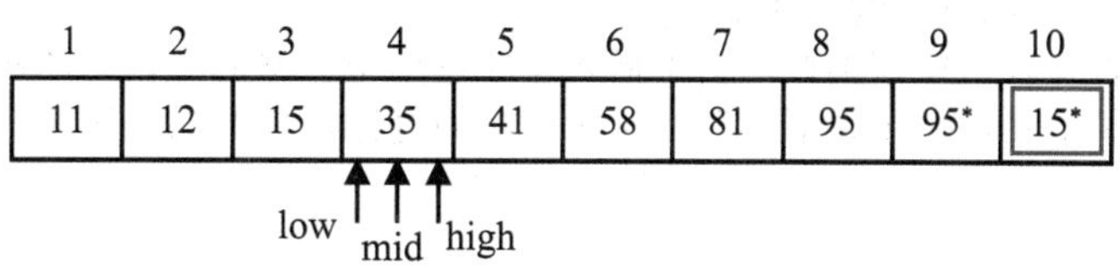

  - **第四次折半定位**：上述有序块的中间元素35大于待插入记录，故令high=mid-1=3，结果导致low>high，此时low指向的位置即为第一个大于待插入记录的元素的位置，定位成功。

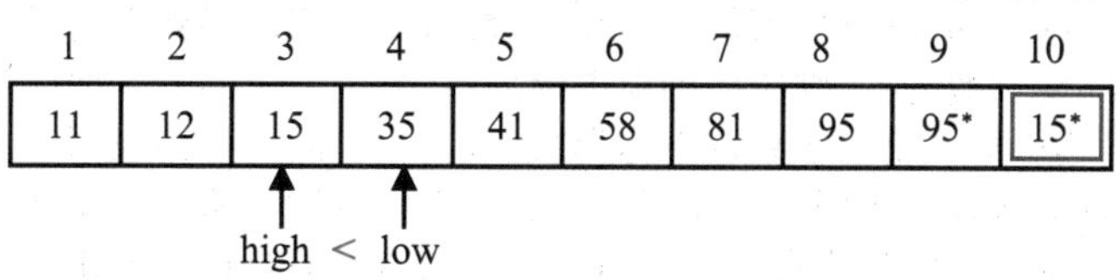

  - **元素后移与插入**：定位成功后，先将待插入记录备份，之后将从low开始的有序块中的元素从后向前逐个后移，最后将待插入记录填入low指向的位置，由此完成一轮折半插入排序。

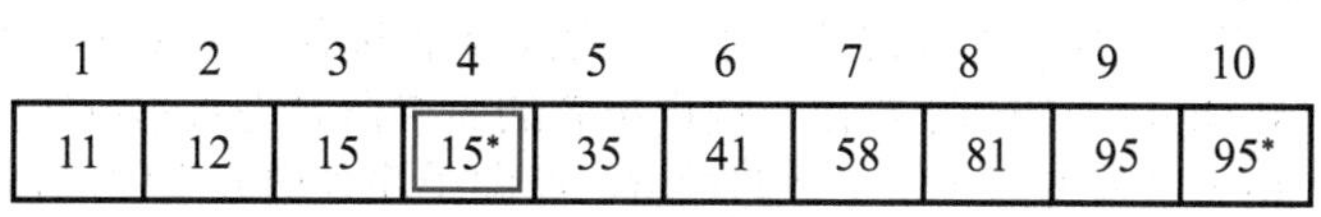

□ **算法设计**：从第2条记录开始至最后一条记录，每轮次都执行如下操作：先用折半定位算法确定当前记录在其左侧有序块中的位置，之后将当前记录备份，再将位于定位位置之后的有序块中的记录从后向前逐个后移，最终将备份的待插入记录插入到定位的位置。具体算法如下。

```
//将顺序表L中的记录按照关键字从小到大的顺序进行折半插入排序
void BinaryInsertionSort(StaticSqList &L) {
  for ( int i = 2; i <= L.length; ++i ) { //从第2条记录至最后一条记录逐轮次折半定位和插入
    int low = 1, high = i-1, mid;
    while ( low<=high ) { //重复折半定位直至low>high
      mid = ( low + high ) / 2;
      if( L.r[mid].key <= L.r[i].key )
        low = mid+1;
      else
        high=mid-1;
    }//while
    L.r[0] = L.r[i]; //备份当前轮次的待插入记录
    for ( int j = i-1; j >= low; -- j ) //将有序块中定位位置之后的记录从后向前逐个后移
      L.r[j+1] = L.r[j];
    L.r[ low ] = L.r[0]; //插入待插入记录
  }//for
}
```

折半定位

□ **算法性能分析**

- **时间复杂度**：就无序块首记录插入位置的定位操作而言，折半定位的性能在平均情况下要优于直接插入排序从后向前逐个定位的方法。不过，就定位之后元素的移动操作而言，折半插入排序与直接插入排序的性能相同。当原始序列逆序时，虽然折半定位一条记录插入位置的复杂度会从直接插入排序的线性阶降低到对数阶，但是定位之后需要的记录移动次数没有减少，相对记录数量仍然呈平方阶增长，故折半插入排序最坏情况下的时间复杂度仍为$O(L.length^2)$；当原始序列正序时，直接插入排序每轮定位操作都只需一次比较，而折半插入排序每轮定操作的时间复杂度为$O(\log_2（L.length）)$，折半插入排序的总时间复杂度为$O(L.length * \log_2（L.length）)$，此时的性能相比直接插入排序要更差。
- **空间复杂度**：无论待排序记录数量的多少以及原始序列的排列状态，折半插入排序都仅需一个备份待插入记录的辅助空间L.r[0]、两个循环变量i和j，以及折半定位的三个游标low、high和mid，故插入排序的空间复杂度为O(1)。
- **排序稳定性**：与直接插入排序类似，折半插入排序过程中后移的元素都严格大于待插入记录，故原本相等的多条记录在排序时不会发生相对位次的变化，折半插入排序也是稳定的。

9.2.3 希尔排序

□ **算法思想**：无论直接插入排序还是折半插入排序，插入位置之后的元素每次仅后移一个位置，在序列较为无序时一个元素可能需要多次后移方能置于最终位置，增大元素一次后移的间隔有望更快完成元素的最终定位和排序。为此，可设置一个间隔常数dlta，将原序列中的元素以此为间隔划分为dlta个子序列（假设间隔常数为3，则原序列中下标为1、4、7、…的元素构成第一个子序列，下标为2、5、8、…的元素构成第二个子序列，下标为3、6、9、…的元素构成第三个子序列）；之后，针对每一个子序列进行直接插入排序，子序列内部的一次元素后移从完整序列的角度看会跨越多个位置，从而有望快速完成元素的最终定位。然而，子序列内部的直接插入排序仅能保证子序列自身的有序性，无法确保完整序列有序，为此，需设置一个逐步缩小直至最后为1的间隔常数序列，每一轮次根据序列中的一个间隔常数对原序列进行划分，最后一轮增量为1时相当于将所有元素看作一个序列，对这个完整序列进行一次直接插入排序，如此可保证最终完整序列的有序性。该算法由美国学者Donald Lewis Shell于1959年提出，按提出者的名字命名为希尔排序，又称“缩小增量排序”，其中“增量” 指子序列内部元素下标的增量，亦即子序列内元素的间隔量。

□ **排序过程实例**：给定原始序列如下，假设增量序列为(5, 3, 1)，则希尔排序的具体排序过程如下：

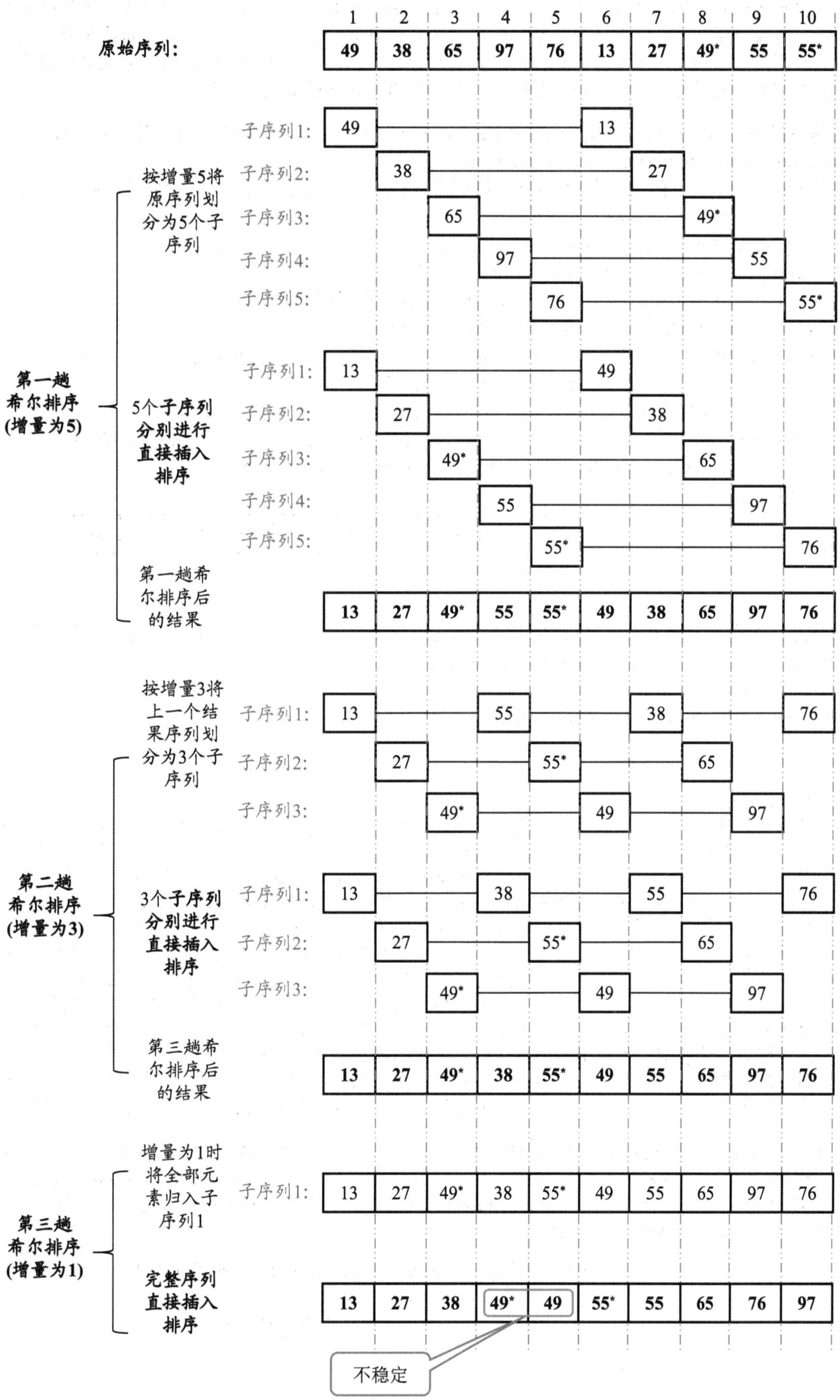

- **算法设计**：从原理上看，每一趟希尔排序都根据增量值将原序列划分为多个子序列，之后对各个子序列分别进行直接插入排序。不过，在具体算法实现时不必以子序列为单位分别调用直接插入排序函数。假设增量为dlta，实际只需从第dlta+1个元素开始到最后一个元素结束，每次都将当前元素与其左侧同一序列中的元素（下标减去dlta的整数倍）从后向前逐个进行比较，并在必要时进行子序列内部的元素后移即可。单趟希尔排序以及完整希尔排序的算法实现如下：

```
//单趟希尔排序：按间隔量dlta对顺序表L中的记录分组为多个子序列，每组子序列进行直接插入排序
void InsertionSortByGroup (StaticSqList &L, int dlta) {
  //从第dlta+1至最后一条记录逐个将其在子序列内进行插入位置定位以及子序列内的后移和插入
  for( int i = dlta+1; i <= L.length; ++i ) {
    if( L.r[ i-dlta ].key > L.r[ i ].key ){ //同一子序列的上一个元素大于当前元素
      L.r[ 0 ] = L.r[ i ];    //将当前元素备份至0号元素
      L.r[ i ] = L.r[ i - dlta ]; //将同一子序列的上一个元素在子序列内后移
      int k = i-2*dlta; //k用于遍历同一子序列再向前的元素
      while( k>0 && L.r[ k ].key > L.r[ 0 ].key){ //子序列中的k号元素存在且大于待插入记录
        L.r[ k + dlta ] = L.r[ k ]; //将k号元素在子序列内后移
        k -= dlta; //k继续向前遍历同一子序列的元素
      }//while循环结束后，k指向子序列内最后一个小于或等于待插入记录的元素或者越界
      //之后，将待插入记录插入至循环终止位置在同一子序列的右侧即可
      L.r[ k + dlta ] = L.r[ 0 ];
    }//if
  }//for
}
```

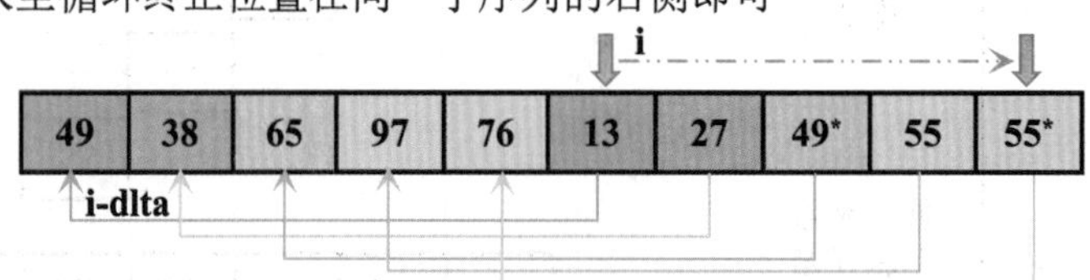


```
//希尔排序：根据给定的增量序列dltaSeq对顺序表L进行排序，增量个数设为m，最后一个增量为1
void ShellSort (StaticSqList &L, int dltaSeq[ ], int m) {
  for( int i = 1; i <= m; ++i )
    InsertionSortByGroup( L, dltaSeq[ i ] );
}
```

- **算法性能分析**
  - **时间复杂度**：希尔排序的性能与增量序列的选择密切相关。D. L. Shell设定$L.length/2^i$为第i个增量，此时的最坏时间复杂度为$O(L.length^2)$，不过，D. L. Shell在其论文中指出实验统计的平均时间复杂度接近$O(L.length^{1.226})$。1963年Thomas N. Hibbard将第i个增量设为$2^{\lfloor \log_2 L.length+1 \rfloor - i+1} - 1$，已证明此时的最坏时间复杂度为$O(L.length^{1.5})$，更多关于增量序列的设计方案可自行查阅资料，但如何设置增量序列最好尚未得到有效解决。此外，虽然希尔排序多次调用直接插入排序，最后更是对整个序列执行直接插入排序，但其性能却优于直接插入排序，究其原因，直接插入排序在序列较短或者序列基本有序时拥有更好的性能，而希尔排序前期是对长度较短的子序列进行直接插入排序，后期虽然子序列长度增加但其已基本有序，故希尔排序的整体性能会变好。
  - **空间复杂度**：若不考虑增量序列占据的辅助空间，则希尔排序需要定义的辅助变量与直接插入排序相似，辅助空间大小不随待排序记录数量的增加而增加，故其空间复杂度是$O(1)$。
  - **稳定性**：如前文希尔排序实例所示，希尔排序并不稳定。究其原因，子序列内部元素的一次后移会跨越其他子序列的元素，而这些被跨越的元素可能与后移元素相等，这会破坏排序稳定性。

- **希尔排序的命名与实事求是的科学精神**：1961年IBM的工程师Marlene Metzner Norton给出了希尔排序的FORTRAN语言实现，其代码简洁优美，引起了业界关注。1976年，John P. Grillo在其论文中引用了Marlene的程序，并将其称为Shell-Metzner排序算法。对此，Marlene在2003年做了如下声明，其严谨求实、淡泊名利的科学精神值得尊敬！

> *I had nothing to do with the sort, and my name should never have been attached to it. Gave Don Shell complete credit!*
>
> *——Marlene Metzner Norton*

9.3 交换类排序

交换类排序通过交换序列中不符合顺序要求的元素的位置来消除逆序对并最终完成排序，冒泡排序和快速排序是两种典型的交换类排序算法，两者在逆序对寻找和交换的方式上不同，下面具体介绍。

9.3.1 冒泡排序

- **算法思想**：从当前待排序序列的首记录开始至倒数第二条记录结束，每条记录与其后继记录两两比较，不符合顺序要求则进行交换，一趟排序结束后除消除一定量的逆序对外，最大记录必然会被交换至序列的末尾，该过程称为一趟冒泡排序；之后，忽略上一趟冒泡排序后的尾记录，对其余记录构成的子序列重复上述过程，假设有N条记录，则N-1趟冒泡排序后最大的N-1条记录会依次定位至最终的位置，由此完成排序。此外，若某趟排序过程中未发生数据交换则说明序列已经有序，这种情况下后续各趟冒泡排序可以忽略。
- **排序过程实例**：假设原始序列含6个元素，关键字依次为11、3、7、22、7*、19，则冒泡排序共进行5趟，具体过程如下：
  - **第一趟冒泡排序**：从首记录开始至第5条记录结束，每次都将当前记录与后继记录比较，不符合要求就交换。注意，由于记录的交换，考察第i条记录时，该位置上的记录可能与原序列中的第i个记录不同。

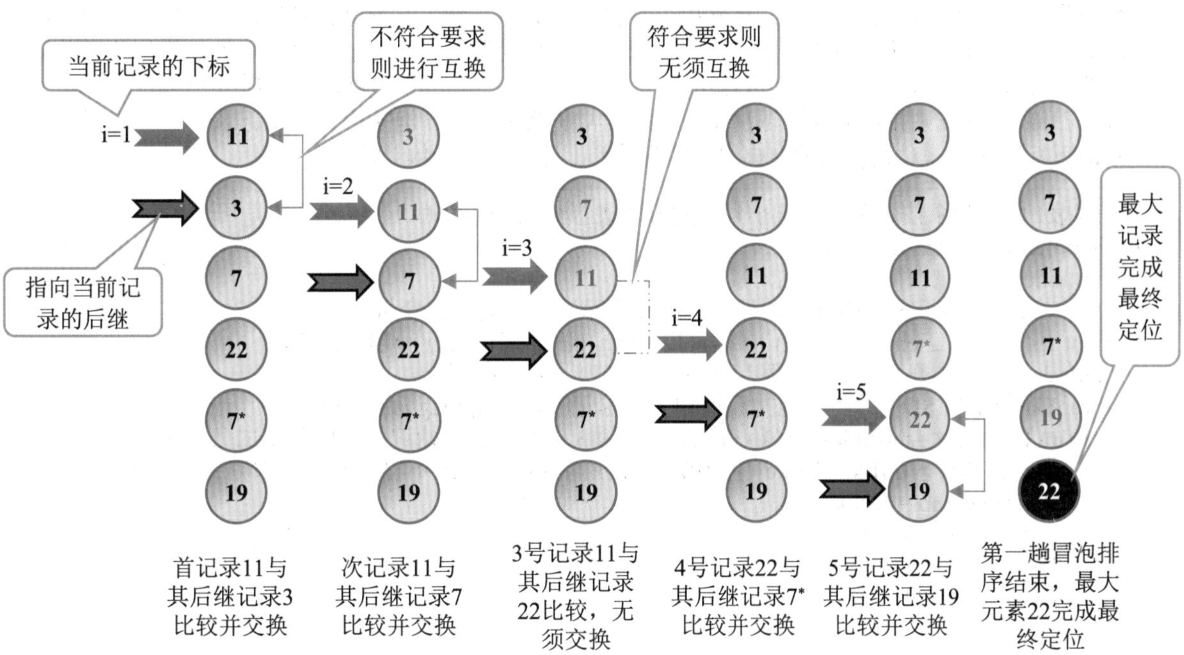

  - **第二趟冒泡排序**：忽略上一趟排序后的尾记录22，从首记录开始至第4条记录结束，每次都将当前记录与后继记录比较，不符合要求就交换。

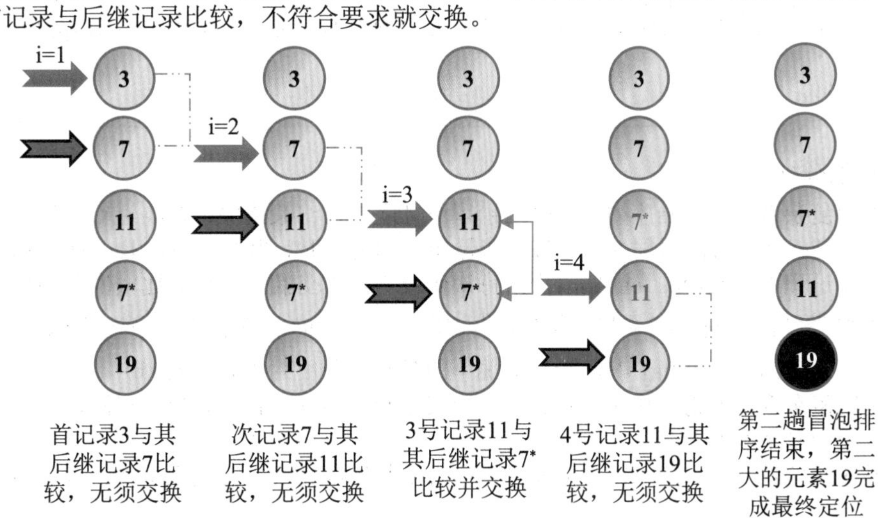

- **第三趟冒泡排序**：忽略上一趟排序后的尾记录19，从首记录开始至第3条记录结束，每次都将当前记录与后继记录比较，在该过程中未发现不符合要求的相邻元素对，说明序列已经有序，此时忽略后续各趟冒泡排序，排序过程结束。

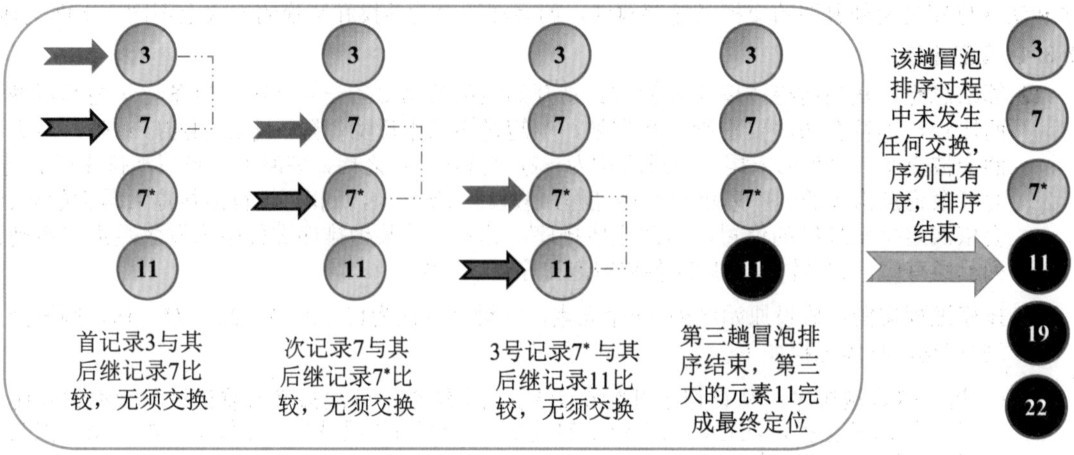
3
7
7*
11
首记录3与其后继记录7比较，无须交换
次记录7与其后继记录7*比较，无须交换
3号记录7*与其后继记录11比较，无须交换
第三趟冒泡排序结束，第三大的元素11完成最终定位
该趟冒泡排序过程中未发生任何交换，序列已有序，排序结束
19
22

□ **算法设计**：对于给定的顺序表L，重复如下过程L.length-1趟：设置是否发生元素交换的标记变量swapFlag为FALSE，从当前待排序序列的首记录开始至倒数第二条记录结束，每条记录与其后继记录两两比较，不符合顺序要求则进行交换，并标记变量swapFlag为TRUE；一趟排序结束后，若swapFlag为FALSE则排序完成，退出循环，否则，忽略上一趟冒泡排序后的尾记录（更新序列尾记录的下标即可），对其余记录构成的子序列重复上述过程。具体算法如下。

```
//将顺序表L中的记录按照关键字从小到大的顺序进行直接插入排序
void BubbleSort(StaticSqList &L) {
  int tailIndex; //记录待排序序列尾元素的下标
  Status swapFlag; //记录某趟冒泡过程中是否发生元素交换的标记变量
  for( int i = 1; i <= L.length-1; ++i ) { //循环L.length-1次，每次进行一趟冒泡排序
    tailIndex = L.length + 1 - i; //计算当前待排序序列尾元素的下标
    swapFlag = FALSE; //每趟冒泡排序均初始化标记变量swapFlag为FALSE
    for (int k = 1; k <= tailIndex - 1; k++){ //循环变量k从首记录开始遍历至倒数第二条记录
      if( L.r[ k ].key > L.r[ k + 1 ].key ){ //第k条记录与其后继记录不符合顺序要求则交换两者的位置
        RcdType tmp = L.r[ k ];
        L.r[ k ] = L.r[ k + 1 ];
        L.r[ k+1 ] = tmp;
        swapFlag = TRUE;
      }//if
    }//for
    if ( swapFlag == FALSE )
        break; //某一趟冒泡排序过程中未发生交换则排序完成，省略后续各趟循环
  }//for
}
```

□ **算法性能分析**

- **时间复杂度**：当原始序列正序时一趟冒泡排序即可结束排序，仅需进行L.length-1次比较，无任何交换，此时的时间性能最好。当原始序列逆序时，共需进行L.length-1趟冒泡排序，第i趟排序过程中，比较L.length-i次，每次比较均发生交换，其总的比较次数和交换次数均为 $\sum_{i=1}^{L.length-1} L.length - i = \frac{L.length*(L.length-1)}{2}$，此时的时间性能最差。综上所述，冒泡排序的最坏时间复杂度为O(L.length²)，最好情况下的时间复杂度为O(L.length)。
- **空间复杂度**：无论待排序记录数量多少或原始序列排列状态如何，冒泡排序仅需一个辅助变量，其空间复杂度为O(1)。
- **排序稳定性**：仅当序列前面的元素严格大于其后继元素时方发生交换，故冒泡排序是稳定的。

9.3.2 快速排序

- **算法思想**：冒泡排序的交换发生在两个相邻元素之间，一次交换仅能消除一个逆序对，为提高排序的效率，快速排序采用如下方案：选择序列中某个记录作基准，设法将序列后端小于该基准的记录交换到前端合适位置，并将序列前端大于该基准的记录交换到后端合适位置，如此一来，一趟排序可将整个序列分为中间的基准元素（又称枢轴）、其前方小于等于基准元素的子序列、其后方大于等于基准元素的子序列三部分，对两个子序列再重复上述过程直至子序列仅含1个元素或者为空，如此可完成排序。上述方案中，元素每次都从一侧交换至另一侧，有望一次性消除多个逆序对，从而在平均情况下具有更好的时间性能。快速排序算法的关键在于基准元素的选取和序列的划分办法，下面予以说明。
  - **序列的划分**：假设选择最前端元素作基准，先将其备份至顺序表的0号空间，并设置下标变量low和high分别指向待排序序列的最前端和最后端元素，此时low指向的元素已被备份，其对应的位置相当于空置；之后，令high向前遍历各元素，一旦发现小于基准元素的记录则将其移动至low指向的位置，此时high指向的元素已经移动至左端，其对应的位置相当于空置；接下来，令low向后遍历各元素，一旦发现大于基准元素的记录则将其移动至high指向的位置，此时low指向的元素已被备份，其对应的位置相当于空置。上述过程不断重复，high与low交替向中间移动，至两者相遇时停止。此时，相遇位置前方的记录均小于或等于基准元素，相遇位置后方的记录均大于或等于基准元素，将备份的基准元素填入相遇的位置，则序列的划分完成。
  - **基准元素的选取**：若选择最前端元素作基准且该元素值的大小位于所有待排序元素的中间，则一趟划分消除的逆序对会更多，排序效率就更高。为此，可在顺序表中查找取值介于中间的元素，将其与最前端元素互换，之后再以新的最前端元素为基准进行序列划分和排序。然而，每一次都在待排序序列的所有元素中查找取值介于中间的元素代价过大，一般是在待排序序列的首、尾和中间三个位置确定取值介于中间的元素，并将其交换至待排序序列的最前端作基准，在此基础上得到的快速排序算法称为三点取中快速排序。
- **排序过程实例**：假设直接取待排序序列的最前端元素为基准而非采用三点取中法，则对于待排序关键字序列11、3、7、22、7*、19，快速排序各趟划分的过程如下。
  - **第一趟划分与交换**：以整个序列为待排序序列，以其最前端元素11为基准元素进行划分和元素移动，过程如下（当中蓝色矩形框内为备份的基准元素；灰色填充矩形框内的元素表示已经进行备份或者已经被移动，相当于空置而可被覆盖；黄色填充者为一趟划分和交换后基准元素的最终位置）。

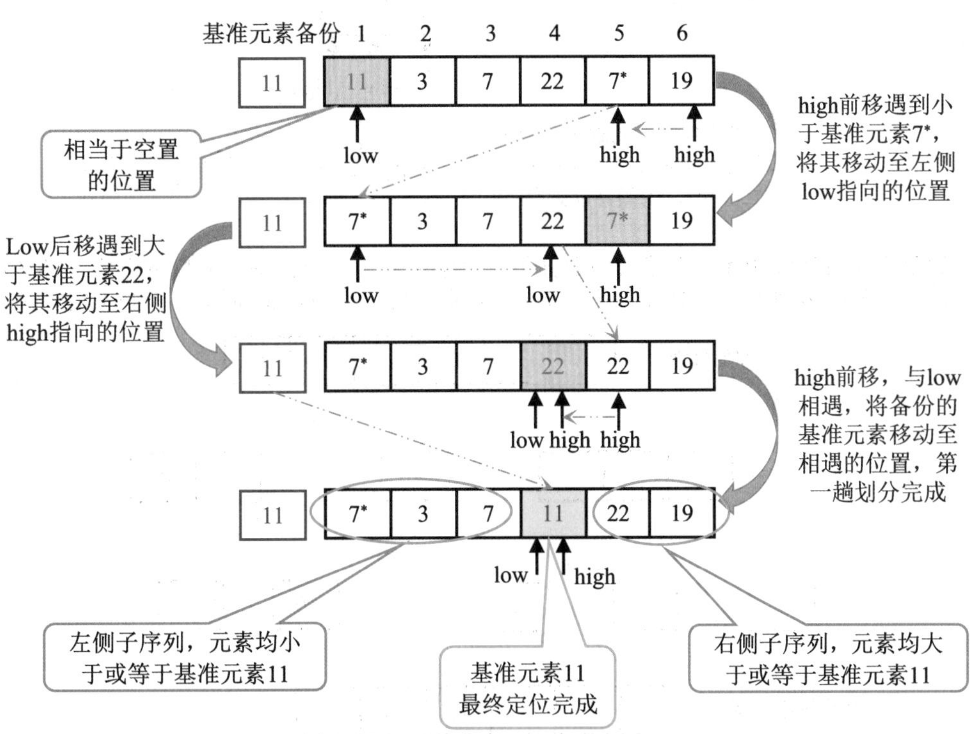

- **第二趟划分与交换**：以第一趟划分后完成最终定位的枢轴11为分界点，接下来对其左侧子序列7*、3、7进行划分与交换，同样以该子序列最前端元素7*为基准元素进行划分和元素移动，过程如下：

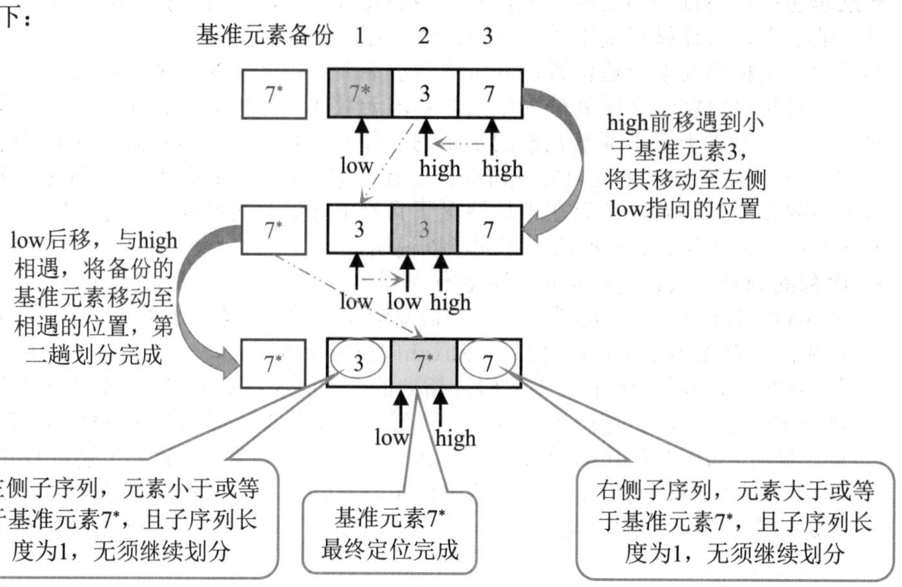

- **第三趟划分与交换**：以第一趟换分后完成最终定位的枢轴11为分界点，对其右侧子序列22、19进行划分与交换，同样以该子序列最前端元素22为基准元素进行划分和元素移动，过程如下：

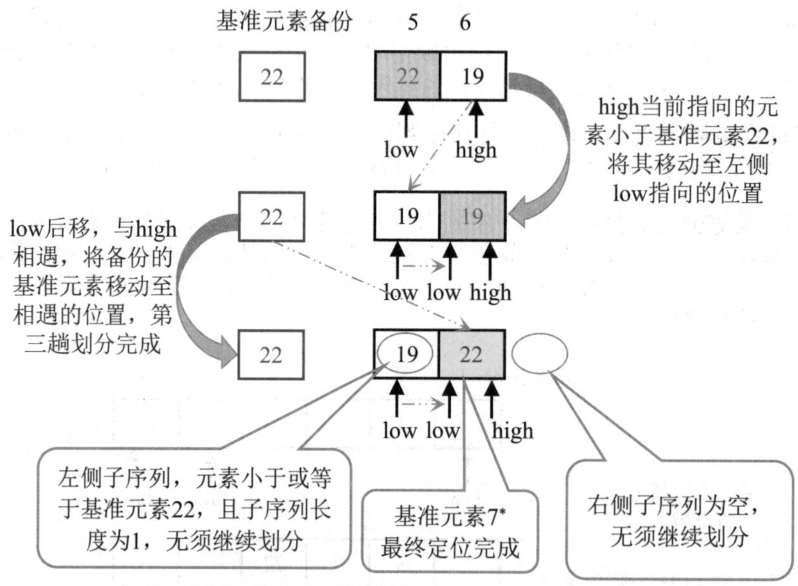

- **划分终止与完成排序**：上述三趟划分与交换结束后，三个枢轴完成最终定位，且各自所在待排序序列的两侧子序列均为空或只含一个元素，排序完成，整体的划分过程和排序结果如下：

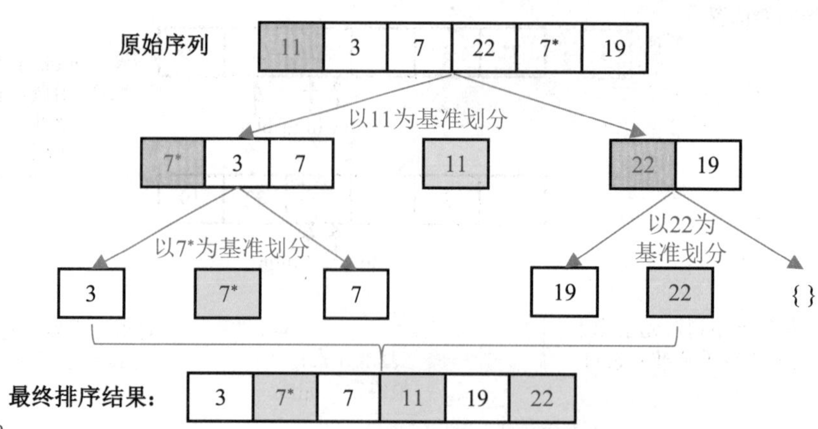

- **算法设计**：快速排序采用的是典型的分而治之的策略，首先根据基准元素将待排序序列分为小于或等于基准的子序列、基准元素、大于或等于基准的子序列三个部分；之后，对两个子序列分别采用相同的方法进行划分和排序，直至子序列为空或者长度为1。上述过程可借助递归实现如下。
  - **递归边界**：假设待排序序列最前端元素的下标为low，最后端元素的下标为high，若low>=high则说明序列为空或者序列长度为1，此时该序列已经有序，无须处理，此为递归边界。
  - **递归关系**：若待排序序列长度大于1，则首先选择一个基准元素并备份，之后，采用前面的方法令high与low两个指针交替向中间移动并在必要时交换元素的位置，最终将备份的基准元素移动至high与low相遇的位置。由此可完成一趟划分，基准元素置入最终位置，前前端子序列的元素均小于或等于枢轴，其后端子序列的元素均大于或等于枢轴，如此一来，只要前端子序列和后端子序列再分别递归完成排序，则整个序列排序完成，此为递归关系。
  - **递归算法**：根据上述递归关系与递归边界，可得快速排序的递归实现如下，包括序列划分子函数和快速排序的递归函数两部分。其中low和high为顺序表L待排序区间最前端和最后端元素的下标。若要对顺序表L的所有记录进行排序，则可通过函数调用QuickSort(L, 1, L.length)实现。

```
//序列划分子函数：以待排序区间的最前端元素为基准对进行划分，并返回划分后基准元素的最终位置
int Partition ( StaticSqList &L, int low,  int  high ) {
  //此处选择待排序序列最前端元素作枢轴，若采用三点取中法需对下面的实现做相应更改
  L.r[ 0 ] = L.r[ low ];
  //high与low交替向中间移动直至相遇
  while  ( low < high ) {
    //只要high指向的元素大于或等于基准元素则high前移
    while ( high > low && L.r[ high ].key >= L.r[ 0 ].key )
      --high;
    //上一循环结束后，或者high与low相遇，或者high指向一个小于基准的元素
    //若为后者则将high指向的元素移动至左侧low指向的位置
    if( high > low )  L.r[ low ] = L.r[ high ];
    //只要low指向的元素小于或等于基准元素则low后移
    while ( low < high && L.r[ low ].key <=  L.r[ 0 ].key )
      ++low;
    //上一循环结束后，或者low与high相遇，或者low指向一个大于基准的元素
    //若为后者则将low指向的元素移动至右侧high指向的位置
     if( low < high ) L.r[ high ] = L.r[ low ];
  }//while
  //上一循环结束后low与high相遇，将基准元素填入相遇的位置
  L.r[ low ] = L.r[ 0 ];
  //返回枢轴的位置
  return low;
}
//快速排序的递归函数：将顺序表L中下标介于low与high之间的元素由小到大进行排序
void QuickSort (StaticSqList &L, int low,  int  high ){
  //递归边界：若待排序序列为空或者长度为1则无须排序
  if ( low >= high )
    return;
  else{
    //进行一趟划分并返回划分后基准元素的下标
    int pivotloc = Partition( L, low, high ) ;
    //对左侧子序列递归进行排序
    QuickSort ( L, low, pivotloc-1 ) ;
    //对右侧子序列递归进行排序
    QuickSort ( L, pivotloc+1, high );
  }
}
```

□ 算法性能分析

- **时间复杂度**：假设待排序序列有n条记录，快速排序的时间复杂度记为T(n)，显然T(0)=T(1)=O(1)。当n大于1时，一趟划分过程中high与low从两侧向中间交替移动直至相遇的时间复杂度为O(n)，进一步假设划分后枢轴前方待排序子序列的长度为k，则后端待排序子序列的长度为n-k-1，从而有T(n)=T(k)+T(n-k-1)+O(n)。当原始序列为正序时k的值为0，此时T(n)=T(0)+T(n-0-1)+O(n)=T(n-1)+O(n)，此种情况下的时间复杂度$T(n)=O(n^2)$；当原始序列逆序时k的值为n-1，此时T(n)=T(n-1)+T(0)+O(n)=T(n-1)+O(n)，此种情况下的时间复杂度也为$T(n)=O(n^2)$。上述两种情况下快速排序的时间复杂度最坏，与之相反的是，当基准元素恰好将待排序序列从中间平均地一分为二时k的值为(n/2-1)，此时T(n)=T(n/2-1)+T(n-n/2+1-1)+O(n) ≈ 2*T(n/2)+O(n)，此时时间复杂度$T(n)=O(n\log_2 n)$，此外快速排序最好的时间复杂度；平均情况下，k取值为0到n-1的概率均为1/n，此时$T(n) = O(n) + (\sum_{k=0}^{n-1} (T(k) + T(n-k-1)\ )/n$，在此基础上借助中学数列求通项公式的方法可推得平均情况下的时间复杂度为$T(n)=O(n\log_2 n)$。上述各种情况下时间复杂度的具体推导请读者自行练习。综上所述，对于顺序表L，其快速排序的最坏时间复杂度为$O(L.length^2)$，平均情况和最好情况下的时间复杂度均为$O(L.length*\log_2(L.length))$。
  - 思考：试分析原始序列正序或者逆序时快速排序的具体执行过程及比较和移动的总次数。
- **空间复杂度**：由前述快速排序的实现可见，一趟划分过程中需要的辅助空间数量是固定的，与待排序记录的数量无关，划分函数的空间复杂度是常数阶的。然而，就快速排序的递归函数而言，当原始序列正序（或者逆序）时，每递归前进一趟，枢轴右侧（或左侧）待排序子序列的长度只减小1，需递归前进L.length-1趟方使得待排序序列的长度到达递归边界1，此时递归工作栈的深度达到最大L.length-1；当基准元素每次都将待排序序列平均地一分为二时，递归前进的次数和递归工作栈的深度达到最小，约为$\log_2$（L.length）。由此可知，快速排序的空间复杂度最坏情况下是O(n)，最好情况下是$O(\log_2$（L.length））。
- **排序稳定性**：在前述快速排序过程的实例中，两个相等的元素7与7*的相对次序发生了变化，故快速排序是不稳定的，究其原因，划分过程中一个元素从一侧移动至另一侧的过程中会跨越多个元素，而这些元素中可能存在与被移动元素相等的记录，从而会破坏排序的稳定性。

□ 拓展与思考

- **基准元素的选择**：前文给出的快速排序算法实现中选择最前端元素作基准，也提到在最前端、最后端和中间元素中用三点取中的办法选择基准元素，实际还可以采用随机的策略选择基准元素，比如从待排序序列中随机选择三个元素再取其中值作基准，读者可分别实现并测试它们之间性能的差异。
- **三路快速排序**：当存在较多的关键字重复时，为提高排序效率，可考虑一趟划分将待排序的序列分为小于基准元素的子序列、等于基准元素的子序列、大于基准元素的子序列三部分，如此一来，与基准元素关键字重复的所有记录在后续过程中都不再参与比较和交换，从而可以提高排序的性能，此时的排序算法通常称为三路快速排序(3-way quick sort)，可尝试实现之。
- **快速排序算法的起源与Hoare的奋斗精神**：快速排序算法由图灵奖得主、英国计算机科学家Charles Antony Richard Hoare提出，他1959年至1960年在莫斯科国立大学学习期间尝试使用机器翻译将俄国文学翻译成英文。当时俄文到英文的词汇列表按字母顺序存储在磁带上，为提高翻译效率，拟将需要翻译的俄文单词列表按字母序先排序再到磁带中遍历查找相应的译文，如此可以只扫描一遍磁带。为解决这一问题，Hoare先自己设计出了冒泡排序算法，但是觉得太慢，于是进一步思考并设计出了快速排序算法。1961年快速排序算法首次以论文“Algorithm 64: QUICKSORT”的形式发表到了学术刊物*Communication of the ACM*，该算法被认为是最好的排序算法之一，并在许多编程语言和函数库中被实现，甚至在2021年6月，剑桥INI研究院（Isaac Newton Institute for Mathematical Sciences）专门为快速排序算法诞生60周年举办了一个庆祝活动。不过，时年87岁高龄的Hoare在庆祝会上却说，发明Quicksort仅是他生涯中的一个插曲。从1969年开始，受计算机科学家Robert W. Floyd的工作启发，Hoare决定将注意力转向程序证明，旨在创建一个通用框架使人们能够证明程序的正确性，以此减少软件缺陷所引起的飞机或宇宙飞船事故等灾难性故障。Hoare将此作为其终身奋斗的事业，并说：“我认为，在我退休前，这个主题不太可能在工业上得到应用。但是，我很高兴地宣布，即使到现在，我也从未改变过对这一研究主题的追求。”Hoare永不停息的奋斗精神值得我们学习！

9.4 选择类排序

选择类排序每趟从待排序的记录中挑选出最小记录（或者最大记录）并移动至待排序序列的开始（或者末尾），对顺序表L而言，经过L.length-1趟处理，会依次选择出最小(或最大)的前L.length-1条记录并移动至其最终位置，最后一条剩余的记录无须处理，由此可以完成排序。根据最值记录定位方式的不同有不同种类的选择排序算法，简单选择排序和堆排序是最具代表性的两个，下面逐一介绍。

9.4.1 简单选择排序

- **算法思想**：第一趟在所有的记录中定位关键字取值最小的记录，将其“移动”至序列首位置；之后，将第2条至最后一条记录看作待排序序列，再挑选出其中最小的记录并“移动”至当前待排序序列的首位置。上述过程不断重复，L.length-1趟后可完成排序。
  - **注意**：上述过程中如何将最值记录“移动”至待排序序列的首位置是一个问题。一般提到的简单选择排序算法直接将最值记录与待排序序列的首记录进行交换，这种移动方式会破坏排序的稳定性。以序列7、11、7*、3为例，若将最小记录3与首记录7互换得到3、11、7*、7，关键字同为7的两条记录的相对次序发生了改变，由此破坏了排序的稳定性。解决该问题的一个办法是先将待排序序列首位置至最小记录之前的元素全部后移一位，再将最小记录填入序列的首位置。如此一来，排序的稳定性可以保证，但每趟选择排序需要多进行一组元素的移动操作，不过算法时间复杂度是不变的。下面对稳定的简单选择排序的执行过程进行说明。
  - **第一趟选择排序**：先定位所有记录中最小记录的位置k=4，将该位置的记录备份至顺序表数组的0号哨所处；之后，从k-1开始直至序列的开始（即1号位置），每次都将当前记录后移一个位置；最后，将哨所中备份的最小记录填入序列开始位置1，完成最小记录的最终定位。

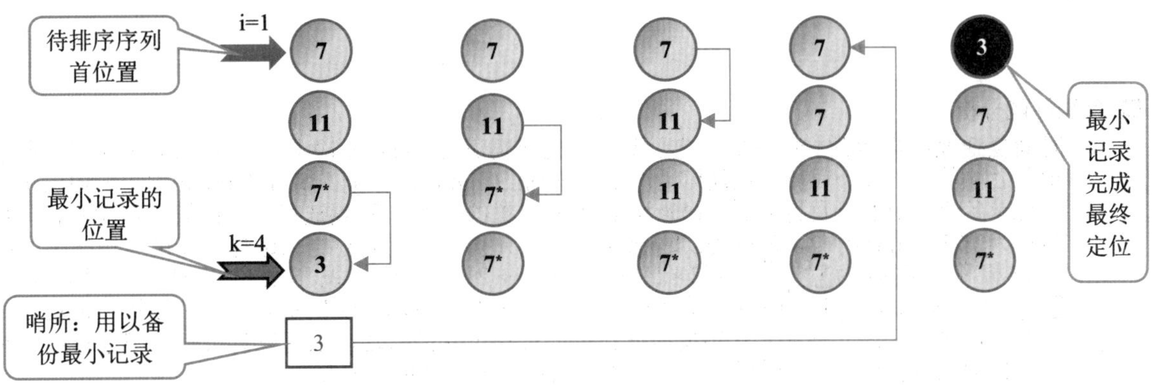

  - **第二趟选择排序**：忽略上一轮移动至首位置的最小记录，定位其后子序列中最小记录的位置k=2，此例中最小记录就在子序列的开头，此时无须任何移动，完成第2小记录的最终定位。

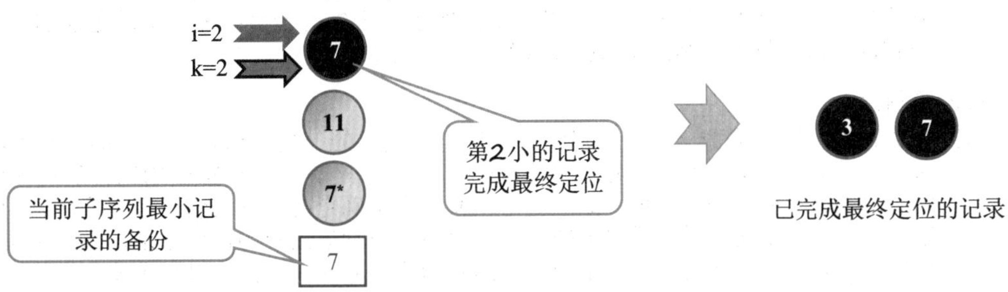

  - **第三趟选择排序**：忽略上一轮移动至子序列首位置的最小记录，定位其后子序列中最小记录的位置k=4，将该位置的记录备份至哨所；之后，从k-1开始直至序列的开始（即3号位置），每次都将当前记录后移一个位置；最后，将哨所中备份的最小记录填入序列的开始位置3，完成第3小记录的最终定位。原始序列一共4个元素，完成3个元素的最终定位后排序完成。

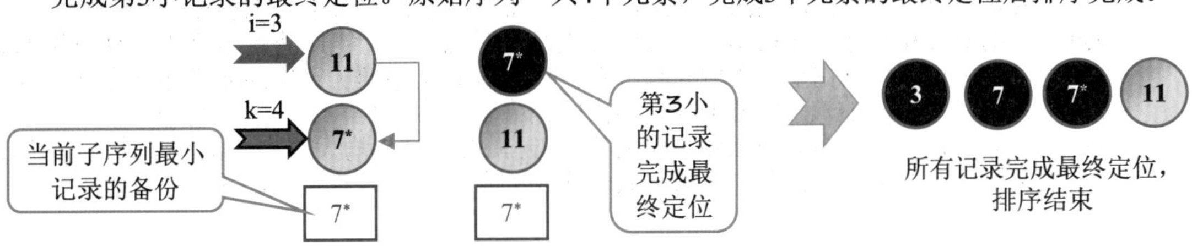

- **算法设计**：重复如下过程L. length-1趟：记当前待排序子序列的开始位置下标为i，之后，定位子序列中最小记录的下标，设为k；接下来，将k号记录备份至L. r[0]，再将k-1号至i号元素逐个后移一位，最后将备份的最小记录L. r[0]移动至L. r[i]即可。具体算法如下。

```
//稳定的简单选择排序
void StableSelectionSort(StaticSqList &L) {
  //重复L.length-1趟，第i趟挑选出第i小的记录，并将其移动至第i个位置
  for ( int i = 1; i <= L.length-1; ++i ) {
    //在i号到L.length号记录之间定位关键字最小的记录，将其下标赋值给k
    int k = i;
    for( int j = i+1; j <= L.length; j++ ){
      if( L.r[ j ].key < L.r[ k ].key )
        k = j ;
    }//for
    L.r[ 0 ] = L.r[ k ]; //备份第i小的记录到哨所中
    //将当前最小记录之前的、待排序序列中的记录逐个后移一位
    for( int j = k-1; j>=i; j--)
      L.r[ j+1 ] = L.r[ j ];
    L.r[ i ] = L.r[ 0 ]; //将哨所中备份的第i小的记录移动至第i个位置
  }//for
}
```

- **算法性能分析**
  - **时间复杂度**：第i趟选择排序时，定位最小的记录需进行L.length-i次比较，将当前子序列中最小记录之前的元素逐个后移一位最坏情况下需移动L.length-i次、最好情况下移动0次，再加上将最小记录备份至哨所以及将哨所中记录移动至i号位置的操作，第i趟选择排序比较和移动的总次数最坏为2*(L.length-i)+2、最好为L.length-i+2；由此可知，上述稳定的选择排序最坏情况下总的比较和移动次数为$\sum_{i=1}^{L.length-1}((2*L.length-i)+2)$，最好情况下总的比较和移动次数为$\sum_{i=1}^{L.length-1}(2*L.length-i+2)$，两种情况下的时间复杂度均为$O(L.length^2)$。若通过最值记录与待排序序列首记录互换的方式实现最值记录向最终位置的移动，虽可以省去部分记录移动的时间，但因比较次数不变，时间复杂度相对记录数量来说仍然是平方阶的。
  - **空间复杂度**：无论待排序记录数量的多少以及原始序列的排列状态，简单选择排序都仅需一个备份待最值记录的辅助空间L.r[0]，以及三个循环变量i、j和 k，故其空间复杂度为O(1)。
  - **排序稳定性**：若通过最值记录与待排序序列首记录互换的方式实现最值记录向最终位置的移动，则简单选择排序是不稳定的；若采用前文所述算法先逐个后移最值记录之前的元素再将最值记录移动至最终位置，则简单选择排序算法是稳定的。

9.4.2 堆排序

- **算法思想**：简单选择排序的一趟比较仅能定位当前的一条最值记录并移动至其最终位置，前一趟排序的处理结果对后续各趟排序几乎没有影响。实际上，在第一趟比较的过程中就可以将原始的记录组织成一个二叉堆，如此既可以通过堆顶确定出一条最值记录并将其移动至最终位置，还可借助二叉堆的性质在后序各趟排序过程中快速筛选出新的最值记录，由此可快速完成排序。堆排序就是基于上述思想提出来的一种高效的排序算法，其排序过程主要分为如下两个阶段。

  （1）**初始二叉堆构建**：根据原始的记录序列构建一个覆盖所有记录的初始二叉堆，具体来说，若要由小到大排序则构建一个大顶堆，若要由大到小排序则构建一个小顶堆。

  （2）**重复顶尾互换与向下筛选**：重复如下两个步骤共L. length-1趟则排序完成：

  ① 在当前二叉堆的基础上，将堆顶与堆尾记录互换，如此可完成堆顶记录的最终定位。

  ② 忽略当前的堆尾，通过向下筛选的方法将堆中剩余的记录重新调整成一个二叉堆。

  注意：堆的概念和筛选操作在第六章介绍优先队列时已提及，当时将堆定义为一棵特殊的完全二叉树，实际也可将该完全二叉树的顺序存储或者说其层序遍历对应的元素序列定义为堆。就优先队列而言，大（小）顶堆要求每个结点的优先级均大（小）于等于其两个孩子结点的优先级；就序列而言，大（小）顶堆要求序列第k个元素的关键字均大（小）于等于第2k和第2k+1个元素的关键字。实际上，完全二叉树与其层序序列存在一一对应关系，两种定义是一致的。

➢ **基于向下筛选的初始二叉堆构建**：6.5.1小节介绍了向下筛选的原理和过程。即对于一个根结点可能不符合堆的性质要求而其子树各结点均符合堆要求的完全二叉树，可从堆顶开始，若当前结点不满足堆的要求就将其两个孩子中关键字值较大的子结点与双亲互换，并置互换后下移的结点为当前结点，再重复上述过程直至当前结点为叶结点或者当前结点符合堆的要求为止，如此可得到一个新的二叉堆。进行排序时，将待排序序列看作一棵完全二叉树的层序序列，由此可给出其对应的完全二叉树；之后，从该完全二叉树的最后一个非叶子结点出发，不难发现，以其为根的子树满足前述向下筛选的前提条件（即根结点可能不符合堆的性质要求但其子树各结点均符合），由此可通过向下筛选的方法将该子树调整为一个二叉堆；接下来，根据层序的逆序按上述过程逐个处理各个非叶子结点直至根结点，最后会得到一个涵盖所有待排序记录、满足堆的性质要求的完全二叉树，此即初始二叉堆。下面结合实例说明这一过程，假设对给定序列按升序排序，构建初始大顶堆的过程如下。

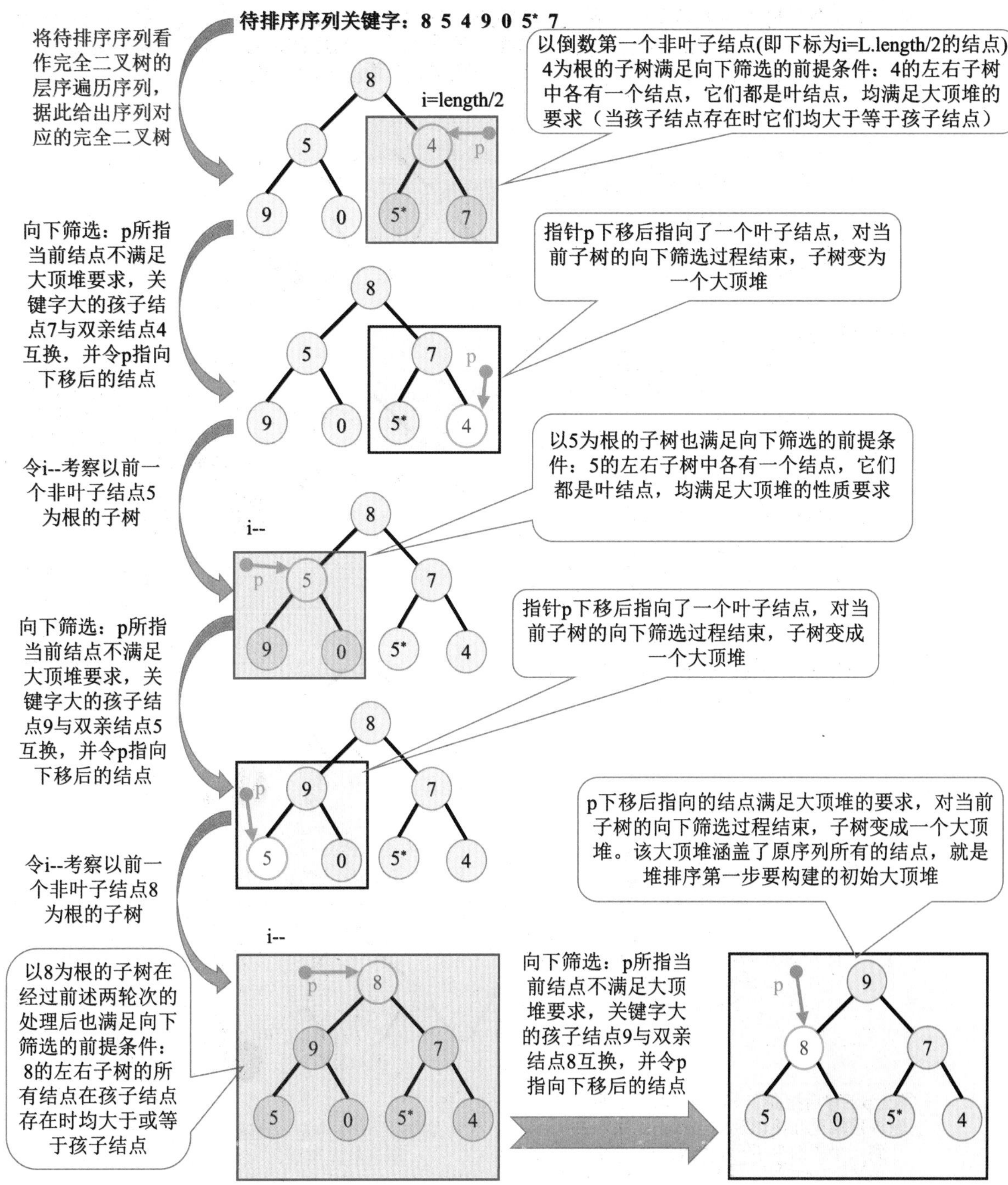

初始大顶堆

➤ **重复顶尾互换与向下筛选**：6.5.1小节介绍了向下筛选的原理和过程，即对于一个根结点不符合堆的性质要求而其子树中各结点均符合要求的完全二叉树，可从堆顶开始，一旦当前结点不满足堆的要求就将其两个孩子中关键字值大的孩子结点与双亲结点互换，之后置前述关键字大的孩子结点为当前结点，若其不满足堆的要求则继续重复上述过程，直至当前结点为叶子结点或者当前结点符合堆的要求为止，如此可得到一个新的二叉堆。当进行排序时，可将待排序序列看作一棵完全二叉树的层序序列，由此可给出其对应的完全二叉树；之后，从该完全二叉树的最后一个非叶子结点出发，不难发现以其为根的子树满足前述向下筛选的前提条件（即根结点不符合堆的性质要求但其子树各结点符合），由此可通过向下筛选的方法将该子树调整为一个二叉堆；接下来，按照层序的逆序按该过程逐个处理各个非叶子结点直至根结点，由此可得到一个涵盖所有待排序记录、满足堆性质要求的顺序存储的完全二叉树，即一个二叉堆。下面结合实例说明这一过程，假设对给定序列按升序排序，构建初始大顶堆的过程如下。

- **第一轮顶尾互换与向下筛选**：在初始大顶堆的基础上，堆顶与堆尾元素互换，最大记录移动至堆尾后完成最终的定位，将其从堆中忽略。新的堆顶可能会破坏大顶堆的性质，通过向下筛选的方法将忽略一个结点后的完全二叉树调整为一个新的大顶堆。

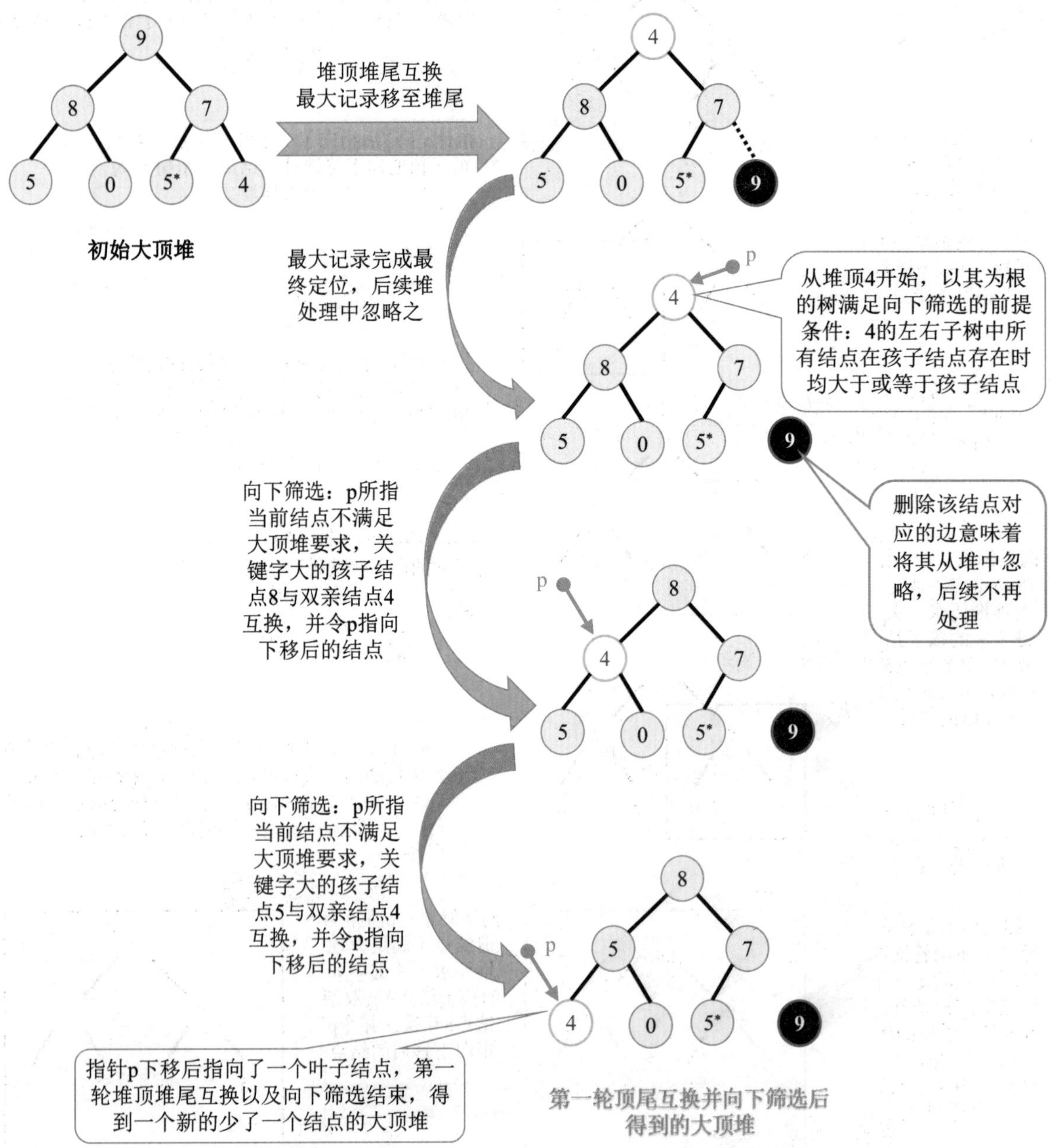

- **第二轮顶尾互换与向下筛选：**在上一轮所得大顶堆的基础上，继续堆顶与堆尾元素互换，第二大的记录移动至堆尾后完成最终定位，将其从堆中忽略。新的堆顶可能会破坏大顶堆的性质，通过向下筛选的方法将再次忽略一个结点后的完全二叉树调整为一个新的大顶堆。

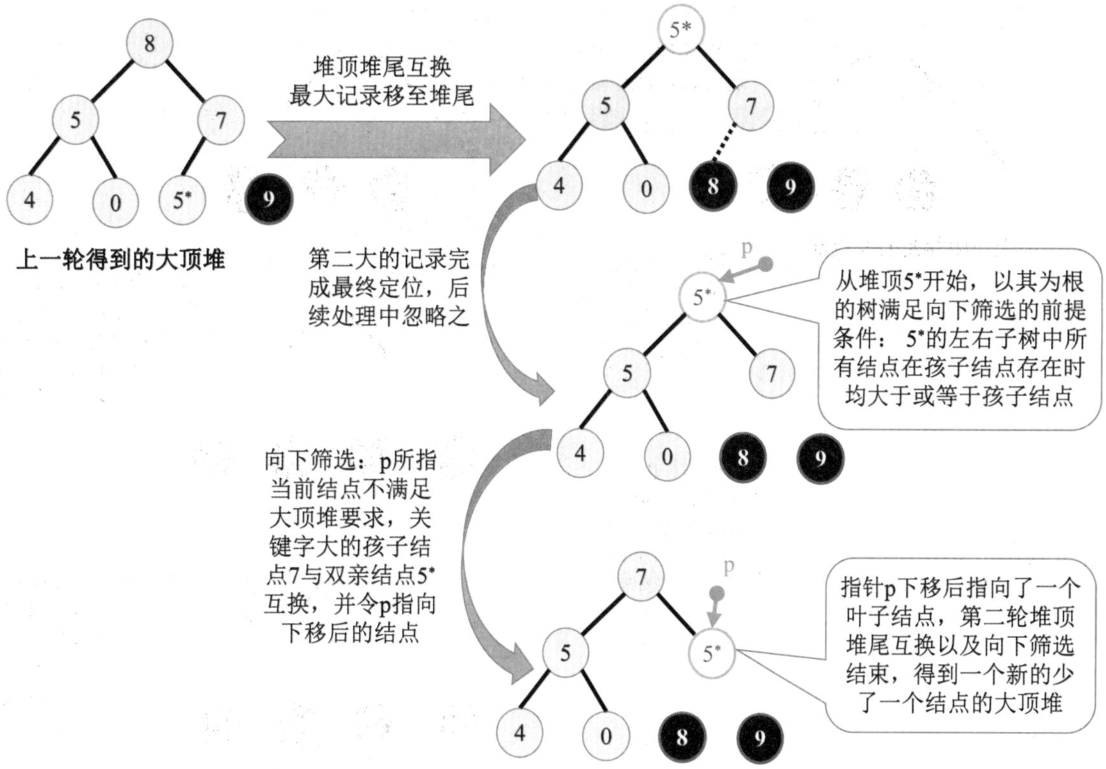

第二轮顶尾互换并向下筛选后得到的大顶堆

- **第三轮顶尾互换与向下筛选：**在上一轮所得大顶堆的基础上，继续堆顶与堆尾元素互换，第三大的记录移动至堆尾后完成最终定位，将其从堆中忽略。新的堆顶可能会破坏大顶堆的性质，通过向下筛选的方法将再次忽略一个结点后的完全二叉树调整为一个新的大顶堆。

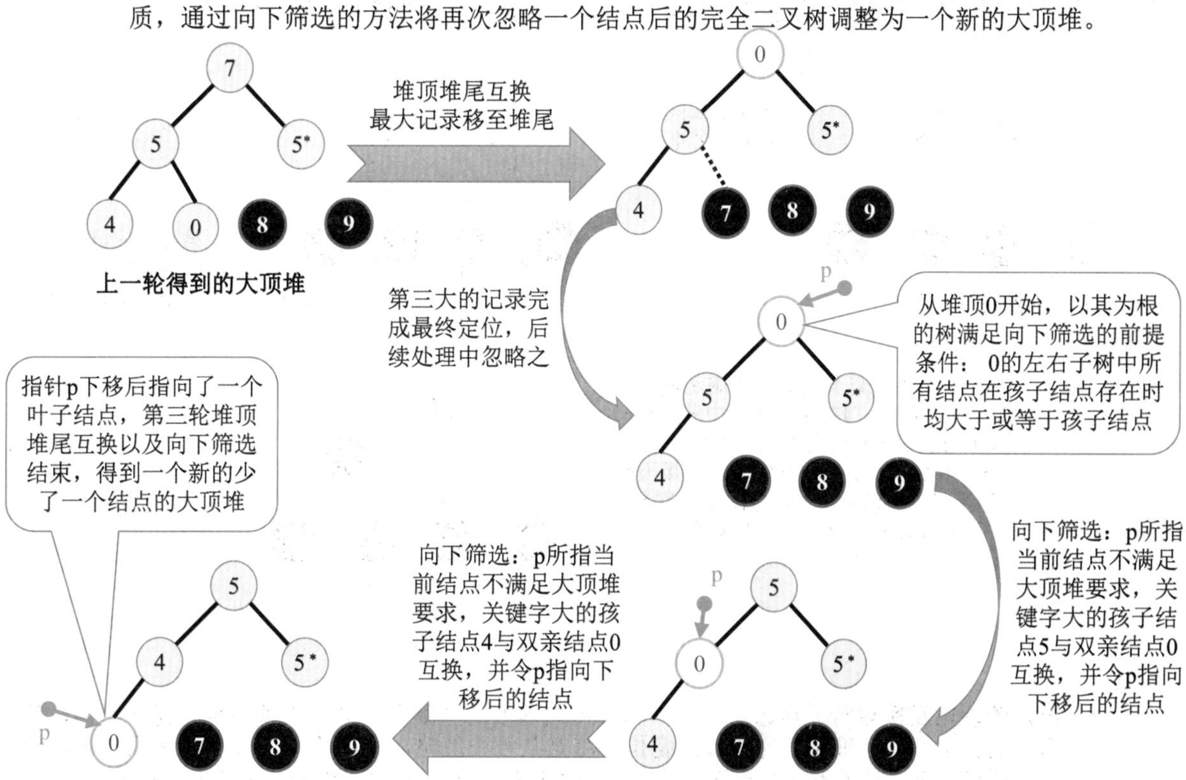

第三轮顶尾互换并向下筛选后得到的大顶堆

- **第四轮顶尾互换与向下筛选：** 在上一轮所得大顶堆的基础上，继续堆顶与堆尾元素互换，第四大的记录移动至堆尾后完成最终定位，将其从堆中忽略。新的堆顶可能会破坏大顶堆的性质，通过向下筛选的方法将再次忽略一个结点后的完全二叉树调整为一个新的大顶堆。

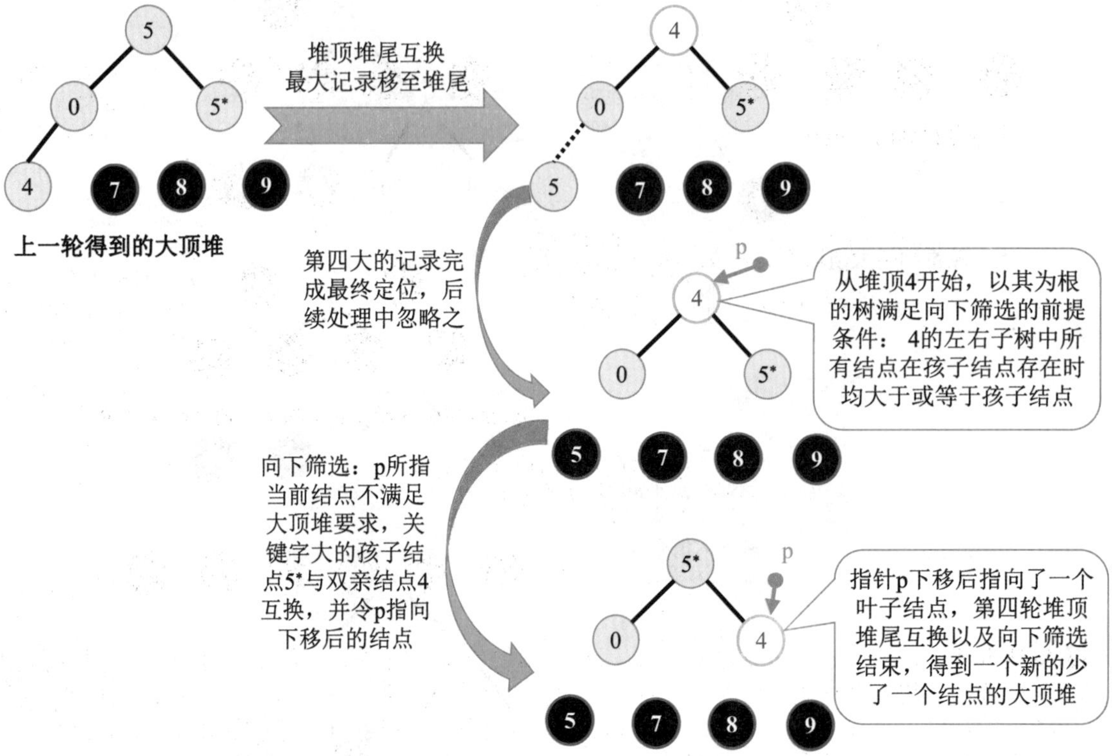

第四轮顶尾互换并向下筛选后得到的大顶堆

- **第五轮顶尾互换与向下筛选：** 在上一轮所得大顶堆的基础上，继续堆顶与堆尾元素互换，第五大的记录移动至堆尾后完成最终定位，将其从堆中忽略。新的堆顶可能会破坏大顶堆的性质，通过向下筛选的方法将再次忽略一个结点后的完全二叉树调整为一个新的大顶堆。

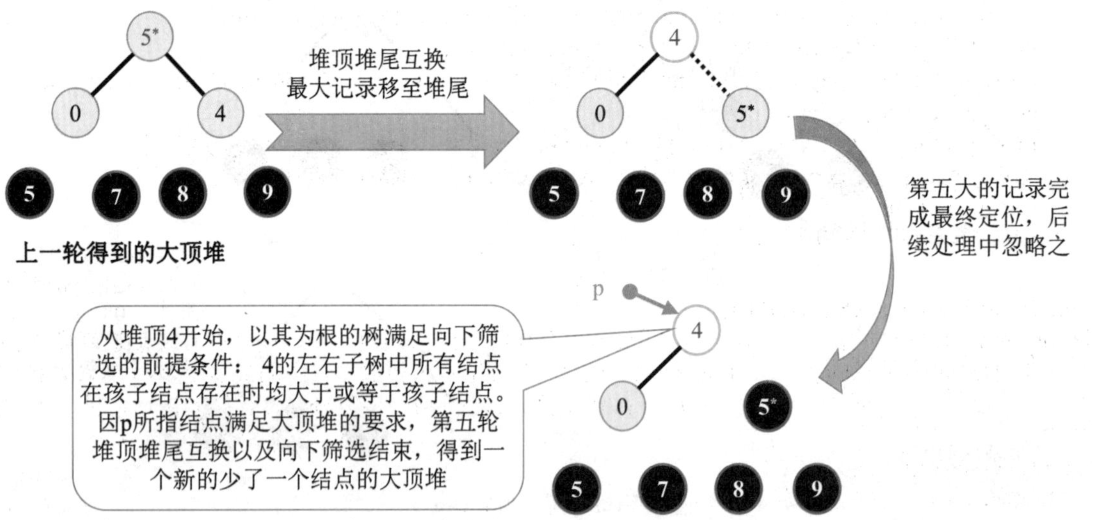

第五轮顶尾互换并向下筛选后得到的大顶堆

- **第六轮顶尾互换与向下筛选：** 在上一轮所得大顶堆的基础上，继续堆顶与堆尾元素互换，第六大的记录移动至堆尾后完成最终定位，将其从堆中忽略。新的堆顶可能会破坏大顶堆的性质，通过向下筛选的方法将再次忽略一个结点后的完全二叉树调整为一个新的大顶堆。

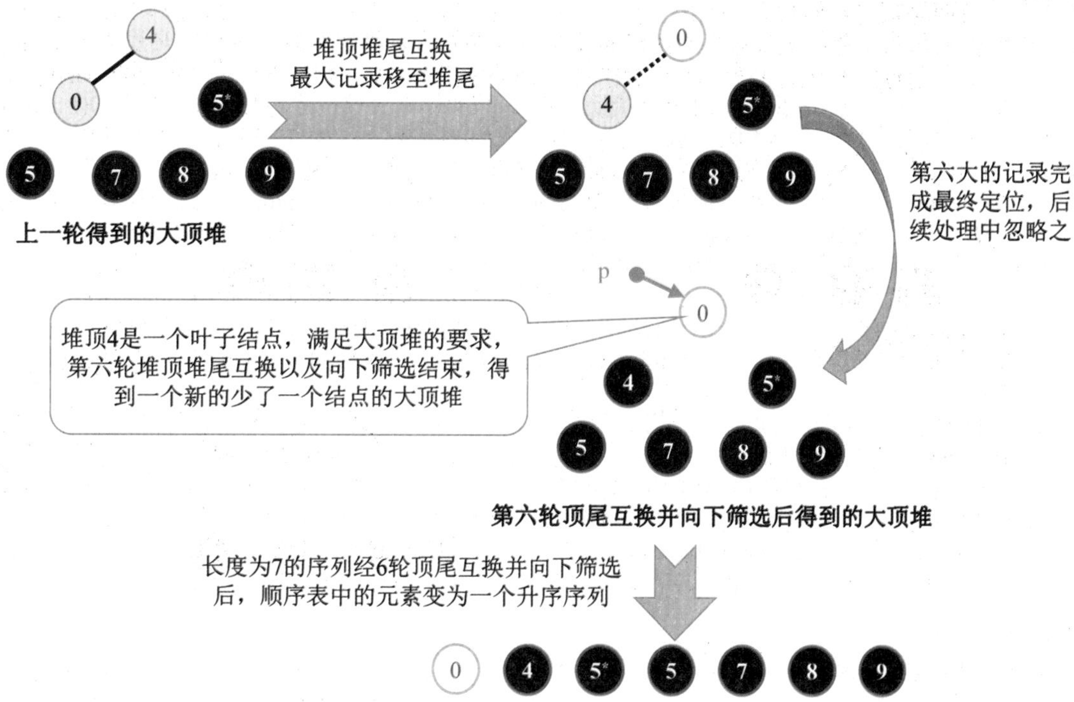

□ **算法设计：**根据堆排序的原理设计函数如下：SiftDown用于对一个根结点可能不符合堆的要求而其子树各结点均符合要求的完全二叉树进行向下筛选，由此得到一个新的二叉堆；BuildHeap用于构建一个初始二叉堆，它从倒数第一个非叶子结点出发直至根结点，逐个调用SiftDown函数对以当前结点为根的二叉树进行筛选，最终会得到一个覆盖所有元素的初始二叉堆；HeadSort函数先调用BuildHeap构建初始二叉堆，之后重复L.lengh-1轮进行堆顶堆尾的互换与向下筛选。具体如下：

```
void SiftDown( StaticSqList &L, int start, int end ){
  int p = start ; //令下标变量p指向二叉树的根结点
  while ( 2 * p <= end )  { //若当前结点不是叶结点而存在子结点
    //寻找当前结点的孩子中关键字较大的结点，将其下标赋值给greaterChild
    int leftChild = 2 * p, rightChild = 2 * p + 1, greaterChild;
    if ( rightChild <= end && L.r[ rightChild ].key > L.r[ leftChild ].key )  greaterChild = rightChild;
    else  greaterChild = leftChild;
    if( L.r[p].key >= L.r[ greaterChild ].key ) break; //若双亲大于等于子结点则筛选结束
    RcdType tmp = L.r[ p ]; L.r[ p ] = L.r[ greaterChild ]; L.r[ greaterChild ] = tmp; //大孩子与双亲互换
    p = greaterChild;  //令p指向互换后下移的结点
  }//while
}
void BuildHeap( StaticSqList &L){
  for( int i = L.length/2; i >= 1; i-- ) //从倒数第一个非叶子结点到根结点，逐个以其为根进行向下筛选
    SiftDown( L, i, L.length );  //L.length不一定是以i号结点为根的二叉树的最后一个结点的准确下标
                                 //但将L.length传递给end不会导致SiftDown执行结果出错，试思考原因。
}
void HeapSort( StaticSqList &L ){
  BuildHeap( L );  //构建初始大顶堆
  for( int k = 1; k <= L.length - 1; k++ ){ //重复L.length-1轮堆顶堆尾 互换与向下筛选
    RcdType tmp = L.r[ 1 ];  L.r[ 1 ] = L.r[ L.length - k +1 ];  L.r[ L.length - k +1 ] = tmp;  //堆顶堆尾 互换
    SiftDown( L, 1, L.length - k );  //对L.r[1]至L.r[L.length-k+1]之间元素构成的树进行向下筛选
  }
}
```

□ 算法性能分析

- **时间复杂度**：就初始二叉堆的构建而言，假设初始大顶堆所对应二叉树的高度为h，其第k层上的结点数最多为2^{k-1}，以它们为根的二叉树的深度为h-k+1，则构建初始大顶堆时调用L.lenght/2次向下筛选时进行的总比较次数不超过下式，故初始二叉堆构建的时间复杂度为O(L.length)。

$$\sum_{k=h-1}^{1}(2^{k-1}*2*(h-k)=\sum_{m=1}^{h-1}(2^{h-m}*m)\le(2*L.length)\sum_{m=1}^{h-1}(\frac{m}{2})^{m}\le 4*L.length$$

就L.length-1轮次的堆顶堆尾互换与向下筛选而言，每一轮向下筛选的时间复杂度为$O(\log_2$（L.length）)，故该过程的时间复杂度为O(L.length*$\log_2$（L.length）)。综上所述，堆排序的总时间复杂度为O(L.length*$\log_2$（L.length）)。就最坏时间复杂度而言，堆排序的性能优于快速排序，然而，堆排序经常涉及完全二叉树中双亲结点与孩子结点之间的比较，而双亲与孩子结点在顺序存储结构内可能相距较远，当元素数量较大时CPU缓存难以同时将双亲和孩子结点加载到缓存，这会影响排序性能，而快速排序是将序列中的记录从前向后或者从后向前逐个与基准元素进行比较，从而不存在上述问题。多数情况下，优化后的快速排序算法在统计性能上会好于堆排序算法。
- **空间复杂度**：初始大顶堆的构建以及重复多轮次的向下筛选并非在新开辟的完全二叉树上进行，而是将顺序表的数组看作一个完全二叉树的顺序存储，所有操作均在顺序表原本的存储空间上就地完成。此外，堆排序中用到的辅助变量个数也是固定的，故堆排序的空间复杂度是O (1) 。
- **排序稳定性**：在前述快速排序过程的实例中，两个相等的元素5与5*的相对次序发生了变化，故堆排序是不稳定的，究其原因，筛选过程中双亲与子结点之间的互换会跨越原序列多个元素，而这些元素中可能存在与互换元素相等的记录，从而会破坏排序的稳定性。

□ 拓展与思考

- **TopK问题的求解**：所谓TopK问题是从一个集合中求取最大或最小的K条记录。以求最大的K条记录为例，为解决这一问题，可以先基于集合中的K条记录构建初始小顶堆；之后，遍历集合中剩余的不在堆中的元素，每次将当前元素与堆顶的最小元素进行比较，若当前遍历到的堆外元素大则用其替换堆顶，再通过向下筛选重新得到一个含当前K条最大记录的小顶堆。不难发现，所有元素遍历结束后得到的小顶堆恰好保留了原集合中最大的K条记录。此外，也可基于快速排序的划分过程来实现，具体来说，按照由大到小排序的要求按快速排序的思想对原序列进行划分，每趟划分后比较枢轴的最终位置与K的大小关系，若枢轴位置恰好等于K，则枢轴及其左侧就是要求的K条记录；若枢轴位置小于K则到右侧递归地进行划分与查找；若枢轴位置大于K则到左侧递归地进行划分与查找。试分别分析上述两种方法的时间复杂度并尝试实现之。
- **堆排序的起源**：堆排序最初由J. W. J. Williams在1964年提出，不过最初版本的算法通过将待排序记录逐个向空堆中插入来构造初始二叉堆，这需要额外开辟一个堆的空间，空间复杂度为O(L. length)，而前文给出的堆排序算法则是直接利用顺序表的存储空间进行堆的就地构建，空间复杂度是常数阶的。此外，最初版本通过向上筛选的方法来构建初始大顶堆，该过程的时间复杂度是O(L. length*$\log_2$L.length)，也高于前文所给基于向下筛选的初始堆构建算法。同年12月，图灵奖得主Robert W. Floyd针对上述两个问题进行改进，提出了前文改进的堆排序算法。
- **堆排序蕴含的战略思维**：堆排序与简单选择排序同属选择类排序，后者的第一趟排序仅负责筛选出第一条最值记录，前者的第一趟排序则通过构建初始二叉堆既完成了一条最值记录的筛选，还方便了后续各趟最值记录的筛选。虽然堆排序的第一趟排序相比简单选择排序花费了更多的时间，但从全局和长远的角度看，第一趟排序时局部的、暂时的性能的牺牲带来了全局和长远性能的提升。立足全局，着眼长远，善于把握事物发展总体趋势和方向，这是一种典型的战略思维。党的十八大以来，习近平多次强调在改革和发展的各项工作中要有战略思维，并指出“全党要提高战略思维能力，不断增强工作的原则性、系统性、预见性、创造性”。

> “不谋全局者，不足谋一域”。大家来自不同部门和单位，都要从全局看问题，首先要看提出的重大改革举措是否符合全局需要，是否有利于党和国家事业长远发展。要真正向前展望、超前思维、提前谋局。
>
> ——摘自习近平《关于〈中共中央关于全面深化改革若干重大问题的决定〉的说明》
> 2013年11月9日

9.5 归并类排序

归并类排序的基本思想见下图，开始时将待排序序列的每条记录看作一个长度为1的有序块，之后将相邻的两个或多个有序块归并为一个新的长度更长的有序块，一趟归并后得到一组长度更长的有序块序列，再不断重复上述过程直至所有记录被归并到一个有序块中则排序完成。归并排序的关键在于如何将相邻的多个有序块归并为一个更长的有序块以及归并排序算法的实现方式，下面分别予以说明。

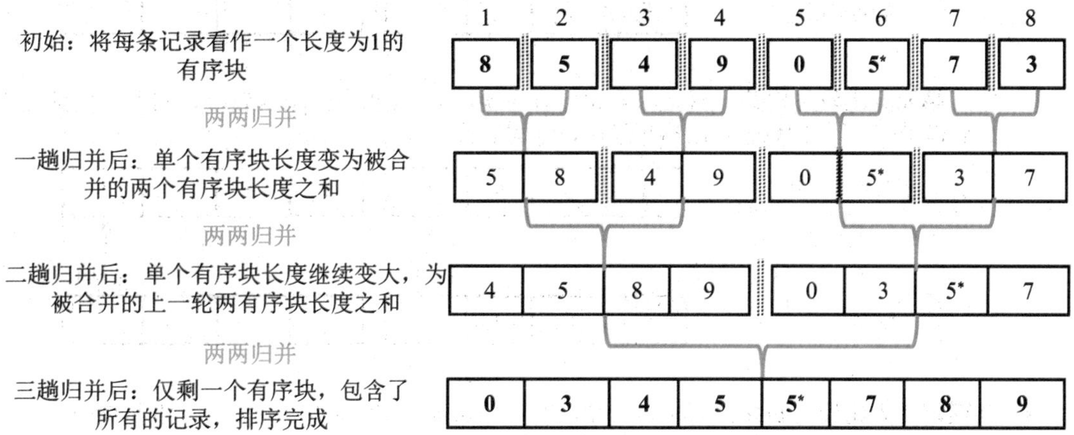

归并类排序基本思想

- **两相邻有序块的归并**：假设顺序表L中待归并的两个相邻有序块分别为L.r[low..mid]和L.r[mid+1..high]，拟将两个有序块中的元素归并后放入辅助数组的相同下标区间内，故需事先开辟一个与L等长的一维数组辅助空间tmpArray；接下来，分别设置指针p、q分别遍历两个有序块中的元素，设置指针r指向辅助数组中当前待填入元素的位置（初始指向辅助数组的low号元素）；只要p和q都未超出有序块的界限，则比较p与q指向的两条记录，将较小的记录移动至辅助数组指针r指向的位置，之后将指向较小记录的指针以及指针r后移一个位置；上述过程结束后p或者q必然有一个指针越界，一块为空，而另一块有剩余仍指向某有序块中的一个元，此时，只需余块中的元素逐一移动到辅助数组的相应位置，则辅助数组得到一个归并后的更大的有序块；最后，将辅助数组中的有序记录逐个填充至顺序表的相应位置即可。下面结合实例说明归并过程。
  - **初始状态**：假设要将相邻有序块L.r[low..mid]与L.r[mid+1..high]归并到辅助数组tmpArray[low..high]中，如下图所示，初始化指针p、q分别指向两个有序块的首元素，指针p_last与q_last分别指向两个有序块的尾元素，指针r指向辅助数组的low号位置。

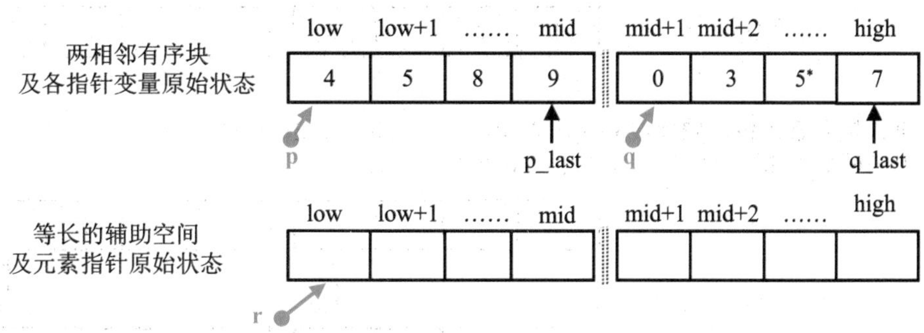

  - **第一趟元素比较与归并**：p和q均未超出有序块边界，q指向的记录较小，将其指向的元素0填入辅助数组r指向的位置，之后指针q和r分别后移一位。

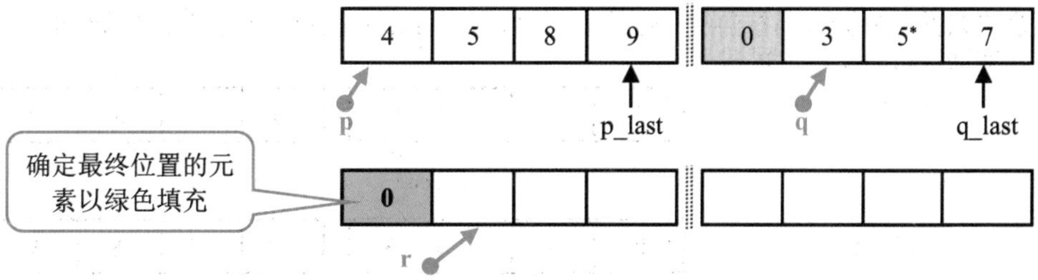

- **第二趟元素比较与归并：** p和q均未超出有序块边界，q指向的记录较小，将其指向的元素3填入辅助数组r指向的位置，之后指针q和r分别后移一位。

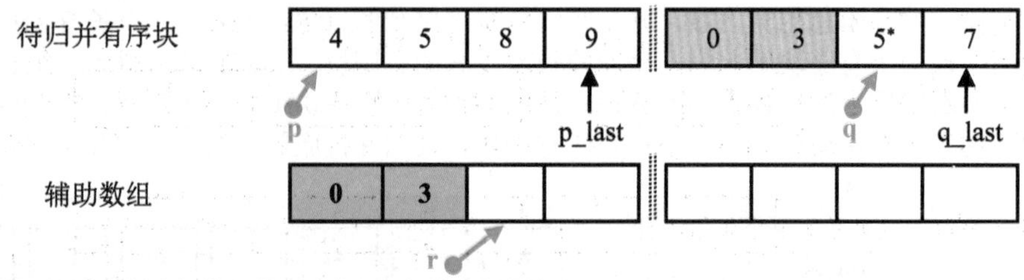

- **第三趟元素比较与归并：** p和q均未超出有序块边界，p指向的记录较小，将其指向的元素4填入辅助数组r指向的位置，之后指针p和r分别后移一位。

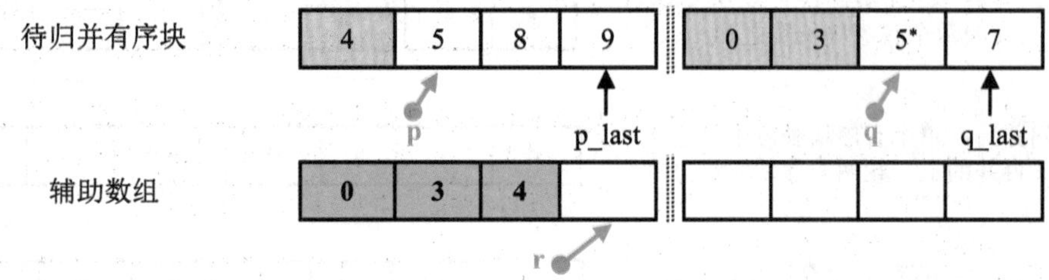

- **第四趟元素比较与归并：** p和q均未超出有序块边界，p指向的记录较小，将其指向的元素5填入辅助数组r指向的位置，之后指针p和r分别后移一位。

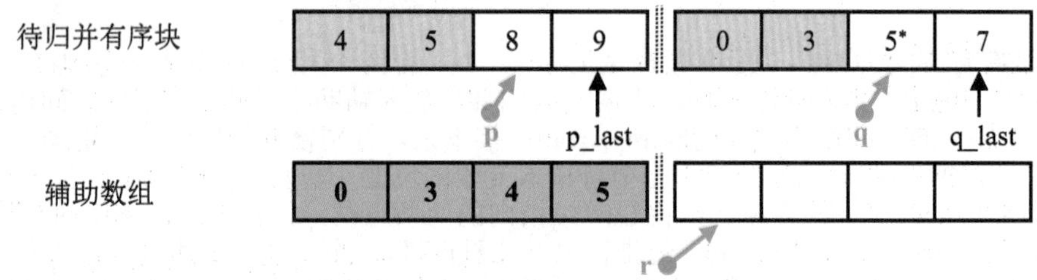

- **第五趟元素比较与归并：** p和q均未超出有序块边界，q指向的记录较小，将其指向的元素5*填入辅助数组r指向的位置，之后指针q和r分别后移一位。

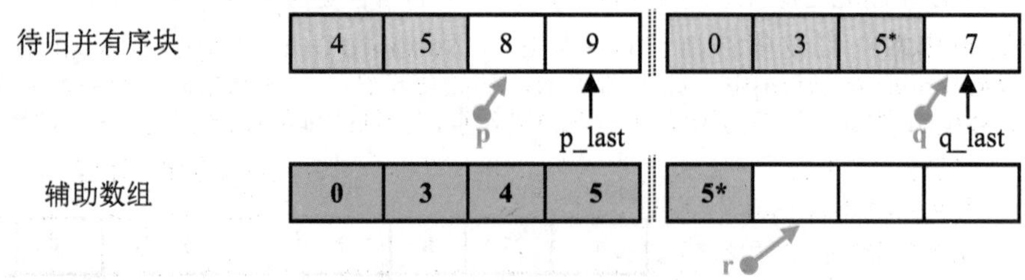

- **第六趟元素比较与归并：** p和q均未超出有序块边界，q指向的记录较小，将其指向的元素7填入辅助数组r指向的位置，之后指针q和r分别后移一位。

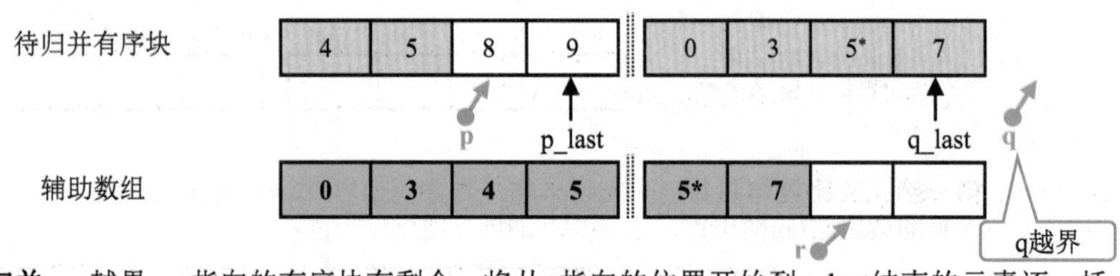

- **余块归并：** q越界，p指向的有序块有剩余，将从p指向的位置开始到p_last结束的元素逐一插入辅助数组的相应位置即可。

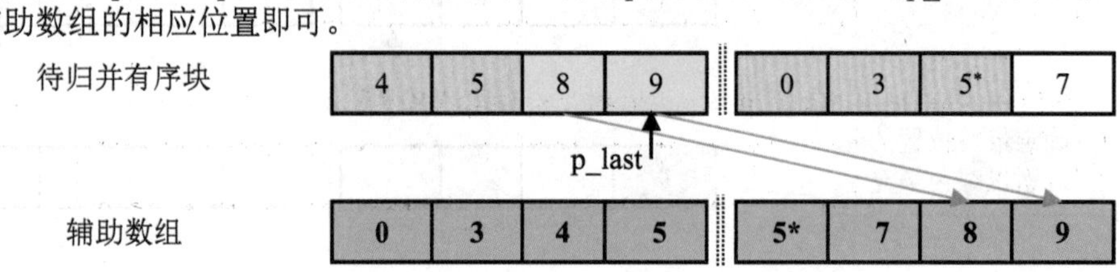

- **归并记录回填**：将辅助数组位于区间[low..high]中的已经归并好的有序记录逐个赋值到顺序表的相应位置，由此完成了顺序表L中两个相邻有序块的归并。

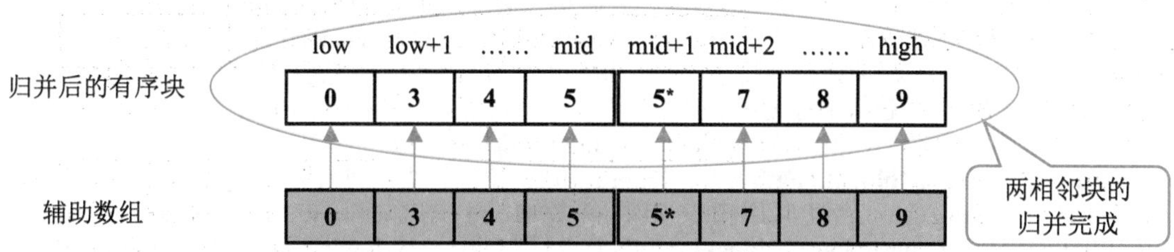

✓ **相邻有序块的归并算法**：根据前述两相邻有序块的归并原理和过程可得具体的归并算法如下，其中各指针变量的含义如前文归并实例所述。归并过程中，每次循环都将一个元素填入至辅助数组某个位置，最后再将辅助数组中排好序的记录回填至顺序表，因此，循环的总次数与两个有序块的总记录数量相等，从而算法时间复杂度相对相邻块的总记录量是线性阶的。

```
//归并函数：将相邻有序块L.r[low..mid]与L.r[mid+1..high]归并为更大的有序块L.r[low..high]
void Merge( StaticSqList &L, int low, int mid, int high, RcdType * tmpArray ){
  //初始化遍历两个相邻块以及指向辅助数组元素拟存入位置的指针
  RcdType * p = L.r + low, *p_last = L.r + mid;
  RcdType * q = L.r + mid + 1, * q_last = L.r + high;
  RcdType * r = tmpArray + low;
  //当两个块均有元素剩余时逐个元素进行比较与归并
  while ( p <= p_last && q <= q_last ){
    if( p->key <= q->key ){
      *r = *p;
      p++;
      r++;
    }
    else{
      *r = *q;
      q++;
      r++;
    }
  }//while
  //当有一个块为空时，将非空块的剩余元素逐个填入辅助数组相应位置完成归并
  if( p <= p_last ){ //p指向的有序块有剩余
    do{
      *r = *p;
      p++;
      r++;
    }while(p <= p_last );
  }
  else{//q指向的有序块有剩余
    do{
      *r = *q;
      q++;
      r++;
    }while( q <= q_last );
  }
  // 有序记录回填
  for( r = tmpArray + low, p=L.r + low;  r <= tmpArray + high;  r++, p++ )
    *p = *r;
}
```

与顺序表等长的辅助数组

当两个相邻块存在关键字相等的记录时，该归并过程总是先将p指向的前方相邻块的元素移动至目标位置，这可以保证排序的稳定性

- **自底向上的二路归并排序**：最初将待排序序列的每条记录看作一个长度为1的有序块，之后将相邻的有序块两两归并，每完成一趟两两归并便得到一个由更长有序块构成的序列，该过程不断重复直至所有记录被归并到一个有序块中则排序完成，称此为自底向上的二路归并算法。在算法实现时，对于给定的待排序序表L，记每一趟两两归并时单一有序块的最大长度为blockLength（其初值为1，每一趟两两归并后取值变为原来的两倍），只要blockLength<L.length就说明所有记录还未归入一个有序块，尚需进行一趟两两归并排序。每一趟归并排序过程中都需进行多对相邻有序块的归并，记欲归并之两相邻块的起始下标为low（其初值为1，每完成一次两两归并则令low指向下一个欲归并之相邻块的开始元素），根据low和blockLength的取值情况做如下处理：

（1）只要low+2*blockLength-1<=L.length，则说明需归并的两个相邻块都存在且它们的长度都为blockLength，此时调用前文归并函数Merge对L.r[low..low+blockLength-1]与L.r[low+blockLength..low+2*blockLength-1]进行归并，之后low向后移动2*blockLength个位置，再重复进行下一次两相邻块的归并。

（2）上述循环结束后，若low+2*blockLength-1>L.length但low+blockLength<=L.length，则意味着两个相邻块都存在，但后一个相邻块的长度小于blockLength，此时先调用前文归并函数Merge对L.r[low..low+blockLength-1]与L.r[low+blockLength..L.length]进行归并，之后结束当前轮次的两两归并。

（3）若low+blockLength>L.length则说明后一个相邻块不存在，此时直接结束该趟两两归并。

- **自底向上的二路归并排序过程实例**

第一趟两两归并前，blockLength=1小于表长，low初值为1，每完成两相邻块的归并后low的值加2，待low=7时第(3)种情况的条件满足，结束当前轮次的两两归并。

第二趟两两归并前，blockLength=2小于表长，low初值为1，每完成两相邻块的归并后low的值加4，待low=5时第(2)种情况的条件满足，进行最后两个相邻块的归并后结束当前轮次的两两归并。

第三趟两两归并前，blockLength=4小于表长，low初值为1，low+2*blockLength-1=8大于表长7但low+blockLength=5不超过表长，满足第(2)种情况，此时只进行一次相邻块的归并便可结束当前轮次的两两归并。

上一趟归并后blockLength=8大于表长，说明所有记录已归并到一个有序块，排序完成。

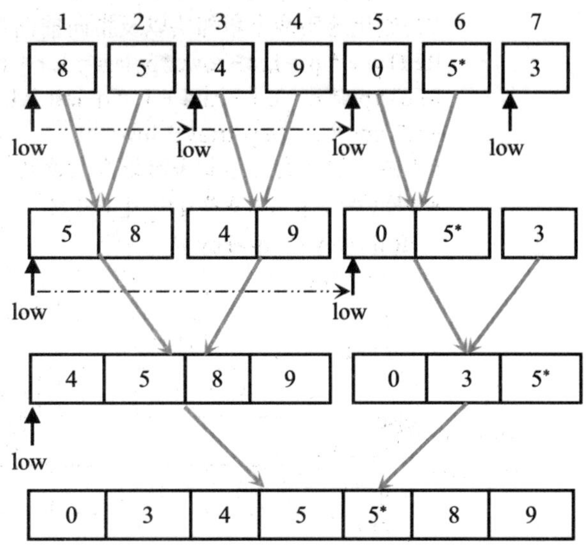

自底向上的二路归并排序过程示意图

- **自底向上的二路归并排序算法**：根据前述排序原理可得具体算法如下。其中，blockLength由1倍增到L.length需要的循环次数约为Log_2（L.length），每趟循环均需对所有的相邻块进行两两归并，单趟时间复杂度为O(L.length)，故总的算法复杂度为O(L.length*Log_2 (L.length)；因归并所用辅助数组的存在，空间复杂度为O(L.length)；归并时不交换相等元素的位置，故排序是稳定的。

```
void MergeSort_BottomUp( StaticSqList &L ){
   RcdType tmpArray [ L.length+1 ]; //开辟归并用的辅助数组
   // 初始归并块的长度为1，每归并一趟块长翻倍，只要块长小于表长就进行一趟两两归并
   for ( int blockLength = 1; blockLength < L.length; blockLength += blockLength ){
      int low = 1;
      while( low+2*blockLength-1 <= L.length ){ //属于第(1)种情况则重复进行相邻块的归并
         Merge( L, low, low+blockLength-1, low+2*blockLength-1, tmpArray ); //相邻块归并
         low += 2*blockLength;  //low后移以指向下一次归并之两相邻块的起始位置
      }
      if ( low+blockLength < =L.length ) //剩余两个相邻块且后一个相邻块长度不足
blockLength
         Merge( L, low, low+blockLength-1, L.length, tmpArray ); //归并最后两个相邻块
   }//for
}
```

□ **自顶向下的二路归并排序**：最初的二路归并排序算法由现代计算机之父John von Neumann在1945年提出，当时是基于分而治之的策略提出的一个递归算法。简而言之，若待排序的序列长度小于等于1，则排序完成，此为递归边界；若待排序的序列长度大于1，则将序列从中间平均地拆分为两个更小的子序列，这两个子序列分别递归地完成排序，之后再将这两个排序后的子序列归并为一个有序的序列，由此可完成原序列的排序，此为递归关系。按这种策略，对于给定的待排序序列，其排序过程主要涉及两类操作，一个是对无序序列的平分（只要待排序序列大于1就不断平分直至长度小于等于1），另一个是对有序序列的归并（最初将长为1的有序序列归并为长为2的有序序列，最后将所有元素都归并至一个序列）。下图给出了一个按分治策略对一个序列进行二路归并排序的具体过程（其中平分或者归并操作后的数字为该操作的相对执行次序）。前文自底向上的二路归并算法直接从单个记录构成的长度为1的有序块出发进行二路归并，而该算法则是从待排序序列的整体出发，先不断拆分直至子序列的长度为1，然后才进行二路归并，常称为自顶向下的二路归并排序。

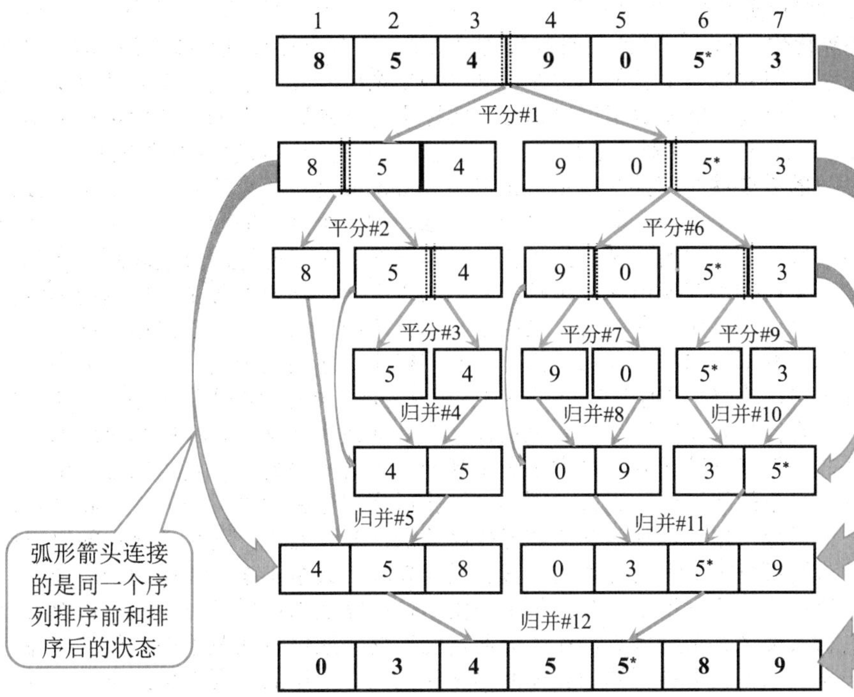

自顶向下的二路归并排序过程示意图

✓ **自顶向下的二路归并排序算法**：根据前述排序的分治策略及递归原理可得具体算法如下。相比自底向上的归并排序，在时间上多出了将序列不断平分直至长度为1的消耗，该过程的时间复杂度为$O(Log_2L.length)$；在空间上多出了递归工作栈的空间，递归深度等于将序列拆分至长度为1所需的最大平分层数，约为$Log_2L.length$。两者均小于自底向上排序的相应复杂度，故算法的时间复杂度为$O(L.length*Log_2L.length)$，空间复杂度为O(L.length)，排序是稳定的。

```
//自顶向下进行二路归并排序的递归函数与完整算法
void MergeSort_Recursion( StaticSqList &L, int low, int high, RcdType *tmpArray ){
   if( low >= high ) return ; //递归边界
   else{
      int mid = ( low + high ) / 2; //计算序列的平分位置
      MergeSort_Recursion( L, low, mid, tmpArray ); //左侧子序列递归完成排序
      MergeSort_Recursion ( L, mid+1, high, tmpArray ); //右侧子序列递归完成排序
      Merge ( L, low, mid, high, tmpArray ); //两个排好序的子序列进行归并
   }
}
void MergeSort_TopDown( StaticSqList &L ){
   RcdType tmpArray [ L.length+1 ]; //开辟归并用的辅助数组
   MergeSort_Recursion( L, 1, L.length, tmpArray ); //调用递归函数进行排序
}
```

□ 拓展与思考

- **乒乓归并排序**：按前述算法进行两相邻块的归并时，最后将辅助数组中归并好的记录逐个移动至顺序表所耗费的时间是所移动元素数量的线性阶，这个时间完全可以用来进行一趟新的归并，由此所有的移动操作都会对排序有所贡献，从而可提高排序的效率。基于这一思想，有学者提出每次针对四个相邻块进行处理，第一组的两个相邻块归并至辅助数组后，接着将后面的两个相邻块再归并至数组，由此可在辅助数组中得到两个长度更大的相邻有序块，再将这两个辅助数组中的相邻块归并到顺序表中。由此得到的排序算法称为乒乓归并排序，读者可尝试实现之。
- **自然归并排序**：在自底向上的二路归并排序算法中，即使原序列中存在多个自然有序的记录或者有序块，归并过程中仍然将它们当作独立的记录或者有序块进行无谓的归并，这会导致时间的浪费。充分利用原序列中自然的有序性提高归并排序的性能，由此提出的归并算法被称为自然归并排序，读者可自行实现之。
- **归并排序的空间性能优化**：归并排序的时间复杂度达到了所有基于比较进行排序的算法的下界，且是稳定的排序算法。归并排序主要的不足在于其空间复杂度较高。前述两个归并算法中均是开辟了一个与原顺序表等长的辅助数组用以归并。实际上，该辅助数组的的长度可以减小，甚至可以降低为常数阶。众多学者都对此进行了一定研究，读者可查阅并学习相关方法。
- **从排序算法看方法论的重要性**：归并排序由John Von Neumann基于“分而治之”的策略设计而来，分治策略的核心在于三个方面：其一为“分”，强调把一个复杂的问题按一定的方法分解为若干个等价的规模较小的子问题；其二为“治”，强调对各个子问题的分别求解，在算法设计领域子问题的解通常借助递归调用完成求解；其三为“合”，强调把各个子问题的解组合起来得到原问题的解。具体到排序问题而言，同样是基于分治的策略，但可以采用不同的问题分解手段，进而可导出多种不同的排序算法。例如，若将待排序序列从中间平均地一分为二，则可以得到二路归并算法；若将待排序序列分解为“前L.length-1个元素构成的子序列”和“尾元素”，则可以推导出直接插入排序算法；若先选择一个基准元素并据此将原序列分解为“小于等于基准元素的子序列”“基准元素”“大于等于基准元素的子序列”，则可以推导出快速排序算法；若先选择出最小的元素交换到最前面则可以将原序列分解为“最小元素”和“其余元素构成的子序列”两部分，据此可导出简单选择排序算法；若先通过一趟相邻元素的比较和交换使得最大元素沉底则可以将原序列分解为“最大元素”和“其余元素构成的的子序列”，据此可导出冒泡排序算法。上述各种基于分治策略得到的排序算法都可以通过递归简洁地给出相应算法，读者可尝试实现之。由此可见，在“分而治之”这一通用方法策略的框架下，通过对具体环节的不同设置可以得出多种不同的具体的排序算法，方法论的重要性由此可见一斑！我国传统文化也一直强调方法论和思维策略的重要性，比如老子曾说：道以明向，法以立本，术以立策，器以成事。所谓道通常指规律、原理和本质，法指思想策略和方法论，术指技术和手段，器指具体的工具器物。在算法设计领域，“道”可认为是对问题本质的抽象和理解，“法”可理解为通用的算法设计策略，“术”可理解为具体的算法，“器”可理解为具体的软件程序。术要符合法，法要基于道，道法术兼备方得最好的解决方案。

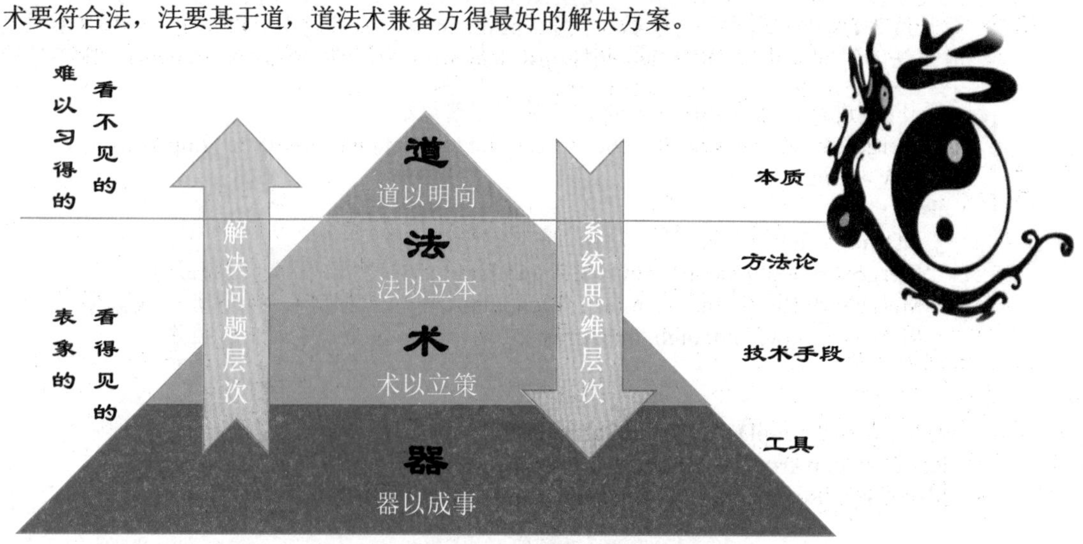

9.6 分配类排序

前面所讲的插入类排序、交换类排序、选择类排序和归并类排序都是通过关键字的大小比较来完成记录位置的调整，直至得到一个有序序列。排序必须基于关键字的大小比较来完成吗？是否存在无须“比较”就能完成排序的方法呢？看似不可能，“不比较大小”怎么能完成记录位置的调整和排序！正如马克思最喜爱的箴言“De omnibus dubitandum（怀疑一切）”，要勇于质疑、敢于创新，本节要讲解的分配类排序就是一类无须比较即可完成排序的算法，其基本思想是根据关键字的取值直接或者逐步确定记录在有序序列中的最终位次，之后将记录分配到相应位置，下面加以具体介绍。

9.6.1 鸽巢排序

- **算法思想**：当待排序记录的关键字为整型且不存在重复时，可首先遍历一遍顺序表找出所有关键字的最大值keyMax和最小值keyMin；之后，开辟一个长度为keyMax-keyMin+1的一维辅助数组，并初始化该数组各元素的值为无效记录；接下来，遍历一遍原记录序列，每遇到一条记录，假设其关键字大小为key，都将该记录移动至辅助数组的key-keyMin号位置，相当于根据函数f(key)=key-keyMin将记录按关键字值分配到辅助数组；最后再遍历一遍辅助数组，将其中的有效记录从顺序表的首元素位置开始逐个填充，相当于对辅助数组中的有效记录进行顺序收集，收集后的序列即为有序序列。

- **排序过程实例**：假设待排序记录的关键字序列为5、4、2、8，则遍历一遍可得关键字的最大和最小值分别为8和2，从而可开辟一个长度为8-2+1=7的辅助数组，之后根据函数f(key)=key-2将各记录放入辅助数组的相应位置，最后将辅助数组中的有效记录顺序收集即完成排序，如下所示。

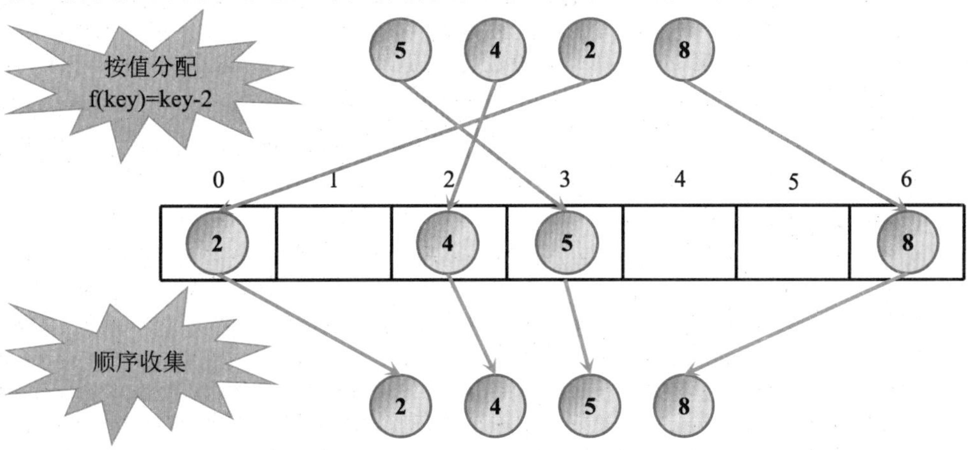

鸽巢排序过程实例

- **算法性能分析**：不难发现，鸽巢排序需要对顺序表和辅助数组各遍历一遍，其时间复杂度为O(L.length+keyMax-keyMin)，空间复杂度为O(keyMax-keyMin)。时间性能较好，但该算法不允许记录的关键字重复，而且记录取值稀疏时辅助数组需要开辟足够大的空间，而很多空间都是存储的无效记录，从而导致空间浪费。

9.6.2 桶排序

- **算法思想**：为解决鸽巢排序不允许关键字重复的问题，修改鸽巢排序中辅助数组的元素类型为一个队列，由此允许在辅助数组的一个位置存放多条关键字重复的记录。分配和收集的过程与鸽巢排序类似，分配时根据关键字的值按照函数f(key)=key-keyMin将记录插入到辅助数组相应位置队列的队尾，收集时每个非空队列按照从头到尾的顺序进行收集，如此得到的排序算法称为桶排序。
- **算法性能分析**：就时间性能而言，将所有记录根据关键字的取值分配到各桶队列的时间复杂度为O(L.length)，将所有桶队列中的记录收集至顺序表的复杂度为O(keyMax-keyMin+L.length)，故桶排序的时间复杂度为O(keyMax-keyMin+L.length)；就空间复杂度而言，辅助数组自身需要的辅助空间大小为O(keyMax-keyMin)，各桶队列需要将所有的记录进行存放，对应的空间复杂度为O(L.length)，由此可知总的空间复杂度为O(keyMax-keyMin+L.length)。不过，当原始记录以链表的形式存储时，桶队列在实现方式上可以采用链队列，此时可直接将记录链表中的结点插入到相应的链队列中，从而无须额外开辟空间对原始记录进行拷贝，空间性能会有所提升。

□ **排序过程实例**：假设待排序记录的关键字序列为5、4、2、8、5*，则根据函数f(key)=key-2将各记录依次压入辅助数组的相应队列，最后将辅助数组中队列的顺序收集即完成排序，如下所示。

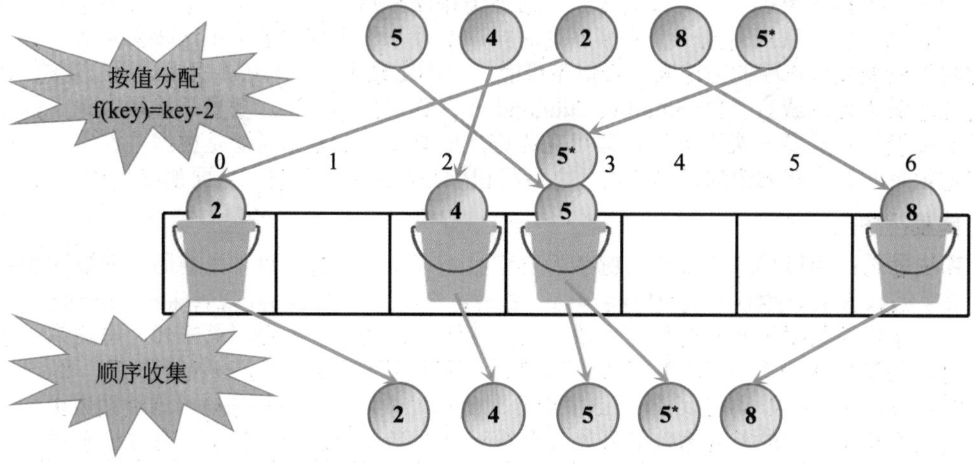

桶排序过程实例

9.6.3 基数排序

桶排序虽然解决了关键字重复的问题，但仍无法解决关键字取值稀疏导致的辅助数组空间过大的问题（比如仅有两条记录，一条记录的关键字为1，而另一条记录的关键字为10000，则需要开辟的辅助数组长为10000），对此，有学者提出将一个关键字根据其各个位置上的数字符号拆分为多个关键字，之后按照最低位优先或者最高位优先的方法分别进行多轮次的分配和收集。由于各个位置上数字符号的个数通常非常有限（对十进制数来说每个位上最多为0, 1, 2, …, 9共10个符号），从而辅助数组的空间大小可以得到有效控制。以十进制数的关键字为例，该方法仅需开辟一个长度为10的一维辅助数组。此类排序算法统称为基数排序，所谓基数是指各个位置上数字符号的最大个数，即辅助数组长度，十进制数排序时基数为10。下面分别予以说明。

□ **最低位优先的基数排序**

➢ **算法思想**：假设待排序记录的关键字均为非负整数，按最低位优先的方法进行基数排序时，先根据个位数上的数字进行分配和收集，在此基础上再根据十位数上的数字进行分配和收集，以此类推，直至根据最高位上的数字分配和收集，该过程完毕则排序完成。注意，第i轮根据第i位上的数字进行分配时，分配函数为f(key, i)=key[i]，其中key[i]表示关键字key第i位上的数字符号，收集的过程与桶排序类似，都是依次将各个桶队列中的数字进行顺序收集。

➢ **排序实例**：按照从最低位到最高位的顺序，在原始关键字序列或上一轮分配和收集的基础上，按当前位置上的数字分别进行分配和收集，具体如下例所示。

- **第1轮分配与收集**：将原始关键字序列按个位数上的数字进行分配和收集，结束后单独考察个位数构成的序列，显然该序列是有序的。

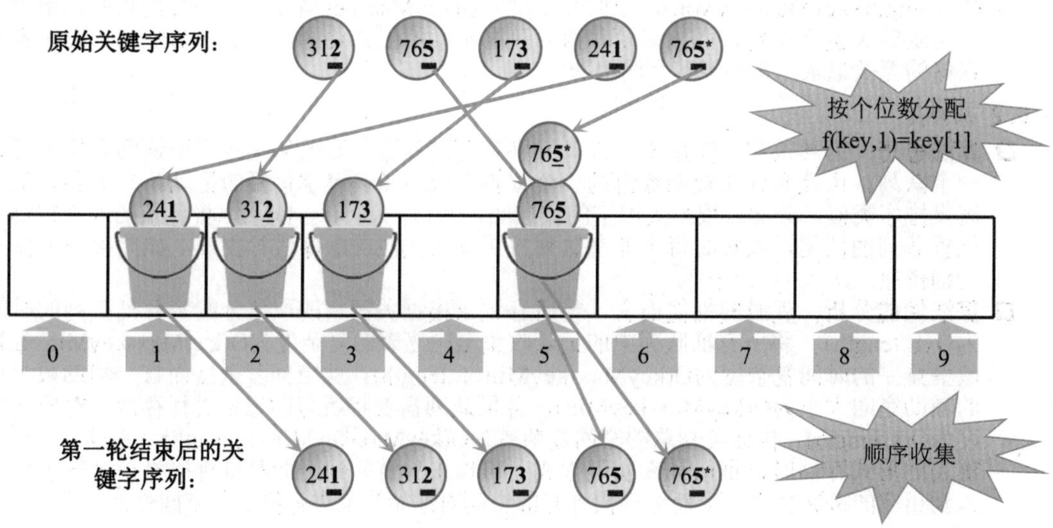

- **第2轮分配与收集：** 按十位数上的数字进行分配和收集，该过程结束后，仅考察每个关键字后两位数字构成的数值，会发现它们也有序。究其原因，对于后两位数字所构成的数值，在按个位数进行分配和收集后，关键字后两位数字构成的数值的相对位次可能不符合大小顺序的要求，但按十位数进行第二轮分配和收集时，这种错误的次序关系会得到矫正；在按个位数分配和收集后，若后两位数字所构成数值的相对次序符合顺序要求，则按十进制数进行分配和收集时其相对次序会保持不变。由此以来，无论按个位数分配和收集后关键字间后两位数值的顺序正确与否，第2轮分配和收集结束后，后两位数字构成的数值序列必然有序。

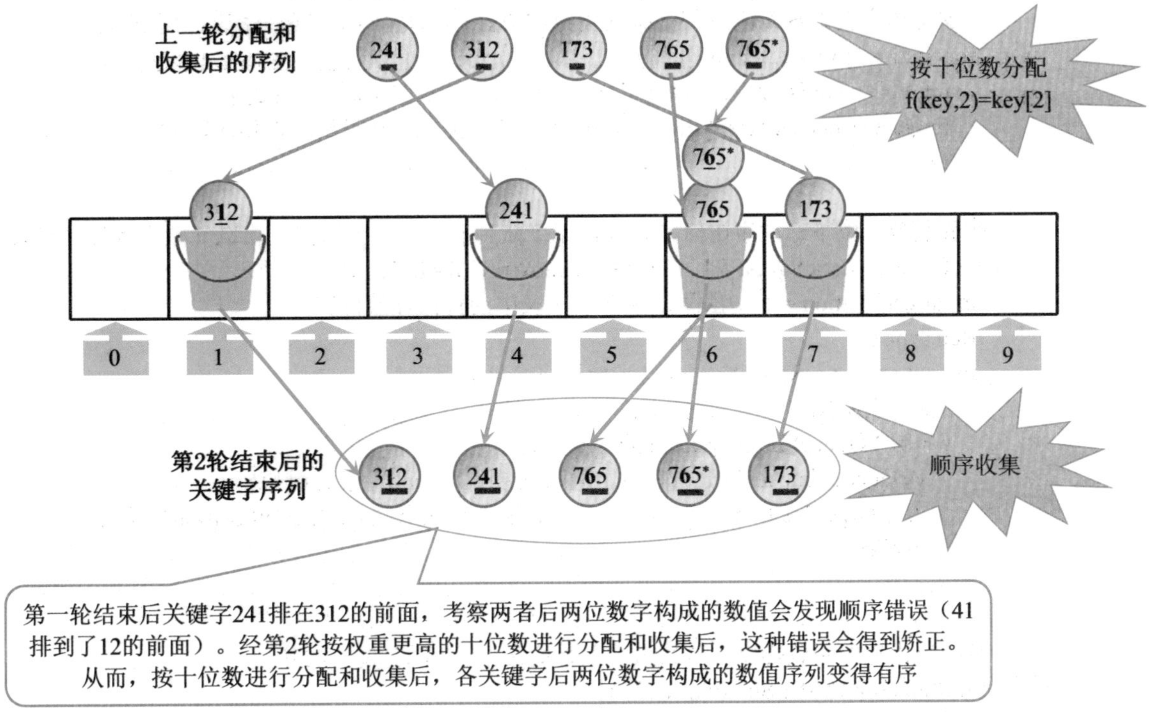
上一轮分配和收集后的序列
241
312
173
765
765*
按十位数分配
f(key,2)=key[2]
765*
312
241
765
173
0
1
2
3
4
5
6
7
8
9
第2轮结束后的关键字序列
312
241
765
765*
173
顺序收集
第一轮结束后关键字241排在312的前面，考察两者后两位数字构成的数值会发现顺序错误（41排到了12的前面）。经第2轮按权重更高的十位数进行分配和收集后，这种错误会得到矫正。从而，按十位数进行分配和收集后，各关键字后两位数字构成的数值序列变得有序

- **第3轮分配与收集：** 按百位数上的数字进行分配和收集，该过程结束后，仅考察关键字后三位数字构成的数值序列，会发现它们也有序，原因同前，可结合下面的实例进行分析。因本实例中，关键字最长为3位，所以，后三位数字构成的数值序列有序意味着整个关键字序列有序，排序完成。

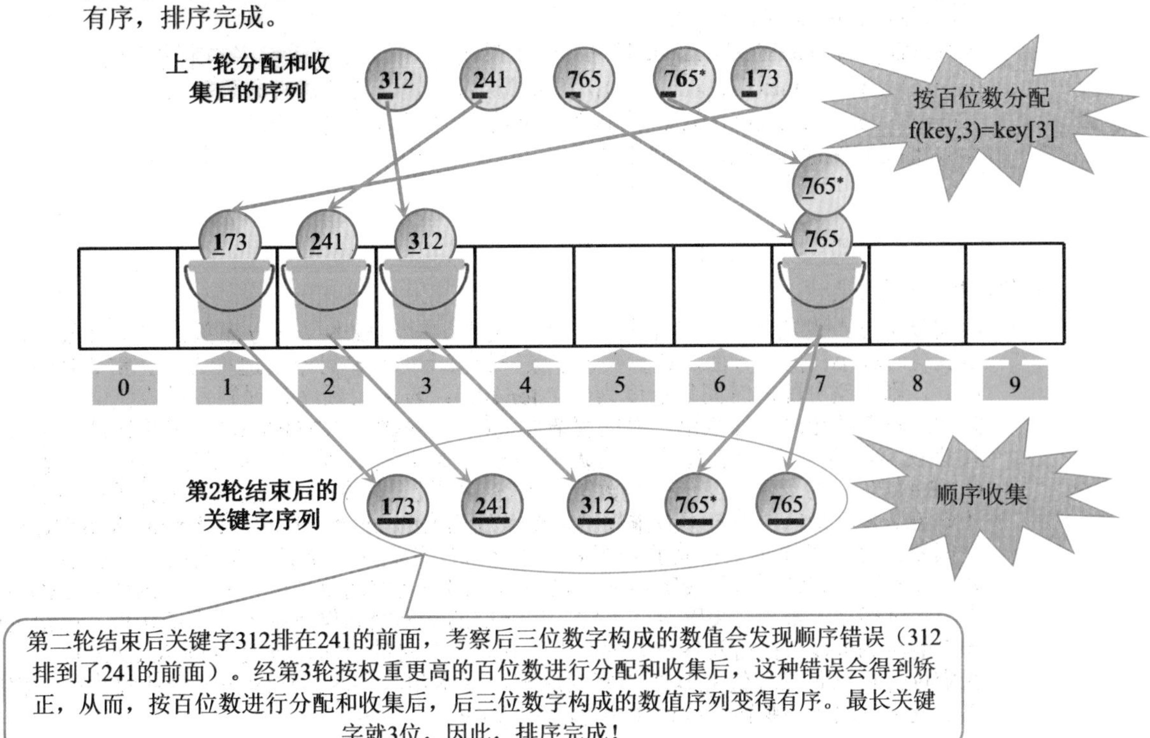
上一轮分配和收集后的序列
312
241
765
765*
173
按百位数分配
f(key,3)=key[3]
765*
173
241
312
765
0
1
2
3
4
5
6
7
8
9
第2轮结束后的关键字序列
173
241
312
765*
765
顺序收集
第二轮结束后关键字312排在241的前面，考察后三位数字构成的数值会发现顺序错误（312排到了241的前面）。经第3轮按权重更高的百位数进行分配和收集后，这种错误会得到矫正，从而，按百位数进行分配和收集后，后三位数字构成的数值序列变得有序。最长关键字就3位，因此，排序完成！

➢ **算法实现**：根据前述最低位优先基数排序的原理，可得排序的主要步骤和具体算法如下：

（1）设基数为RADIX（十进制关键字的基数为10），初始化RADIX个空队列；

（2）计算关键字的最大长度，设为maxDigLen；

（3）从最低位开始到最高位结束，每趟按一个位置上的数字进行分配和收集。

```
//分配函数：根据关键字第k位上的数字将记录分配到队列数组bucketArray的相应队列中
void Distribute( StaticSqList &L, Queue bucketArray[RADIX], int k){
  //遍历顺序表中各条记录，根据其关键字第k位上的数字将记录分配到相应的队列中
  for( int i = 1; i <= L.length; ++i ){
    int digit = GetDigit( L.r[i].key, k ); //获取当前关键字第k位上的数字
    EnQueue( bucketArray[ digit ], L.r[i] ); //将当前记录分配到放入相应队列中
  }//for
}
//收集函数：依下标次序访问各队列，每个队列逐步出队至队空，出队元素存入原顺序表
void Collect( StaticSqList &L, Queue bucketArray[ RADIX ] ){
  int targetPosition = 1; //出队记录在顺序表中的目标存放位置
  RcdType e;
  for( int i = 0; i < RADIX; ++ i ){ //遍历每个桶队列
    //执行出队操作直至队空
    while( ! QueueEmpty( bucketArray[i] ) ){
      DeQueue( bucketArray[i], e ); //从队列中出队一个元素并赋值给e
       L.r[ targetPosition ++ ] = e;  //出队的记录存入顺序表的targetPosition号位置
     }//while
   }//for
}
//最低位优先的基数排序：从最低位到最高位进行N趟分配和收集
void RadixSort_LSD( StaticSqList L ){
  //初始化RADIX个空队列
  Queue bucketArray [ RADIX ];
  for(int i=0;i<RADIX;++i)
    InitQueue( bucketArray[i] );
  int maxDigLen=GetMaxDigLength ( L ) ; //求顺序表L中各记录关键字的最大长度
  for( int k=1; k <= maxDigLen; ++k ){//从最低位到最高位逐位进行分配和收集
    Distribute( L, bucketArray, k ); //按关键字第k位上的数字进行分配
    Collect( L, bucketArray ); //收集
  }
}
```

➢ **算法性能分析**：

- **时间复杂度**：忽略计算关键字某一位置上数字的时间成本（一方面关键字不会太长，该步骤耗时较小；另一方面，计算关键字某一位置上的数字可通过递推方法在常数时间内完成），则每趟分配的时间复杂度为O(L.length)；若采用顺序队列则每趟收集需遍历所有队列并将全部记录依次取出，时间复杂度为O(L.length + RADIX)，若采用链队列则每趟收集仅需将前一个非空链队列的队尾与后一非空链队列的队头相连，时间复杂度为O（RADIX)；分配和收集的总趟数等于关键字的最大长度maxDigLen，无论采用顺序队列还是链队列，最低位优先基数排序的总复杂度均为O(maxDigLen * (L.length+RADIX))。
- **空间复杂度**：当原记录存储于顺序表且采用顺序队列时，需开辟的辅助空间包括十个空队列以及队列容纳所有记录所需的元素副本空间，此空间复杂度为 O(L.length + RADIX)；当原记录存储于链表且采用链队列时，需开辟的辅助空间仅包括十个空链队列，原记录链表中的结点可以直接插入各链队列而无须副本，此时的空间复杂度为 O(RADIX)。
- **稳定性**：根据最低位优先基数排序的原理，原本相等的两条记录在分配和收集的过程中不会发生位次上的变换，故该排序方法是稳定的。

□ 最高位优先的基数排序

➢ **算法思想**：同样假设待排序记录的关键字均为非负整数，先计算所有关键字的最大长度N，在较短关键字的左侧补0以使所有关键长度相等；之后，先按最高位进行分组，如此一来，最高位相等的记录会被分配到一个组中，而且组间记录是有序的；接下来，针对每一个最高位相同的记录组，若其仅有一条记录或没有记录则不必再处理，若其有多条记录则按关键字的次高位对其进一步分组；以此类推，最多经N趟分组，之后将处理完毕的各组中的记录进行顺序收集即可。下面结合实例说明最高位优先基数排序的整体流程与具体排序过程。

- **注意**：最高位优先通常采用递归的方式实现，具体实现及算法性能的分析留作练习，本节仅介绍排序的基本原理和流程。

➢ **排序实例**：以下图所示关键字序列为例，其关键字的最大长度为3，按照最高位优先的基数排序方法，整体的分组和收集过程如下图所示。部分组别在第3趟分组前的记录数小于或等于1则无须继续分组；部分组按从最高位到最低位的顺序进行3趟分组；最后，将各分组中的记录按组别顺序进行收集即可。具体各轮次的分组过程见随后各图。

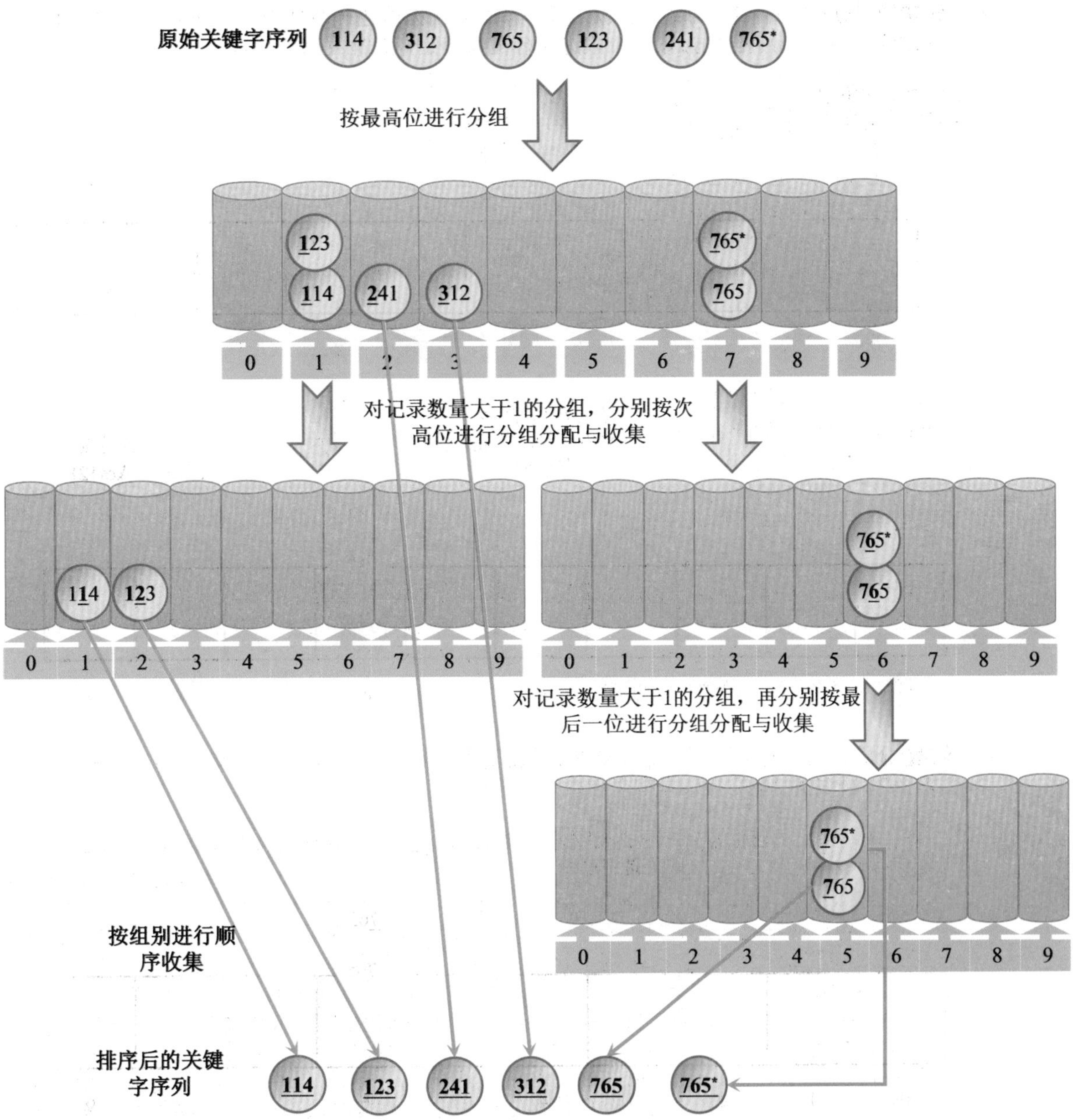

最高位优先的基数排序整体流程
（每一轮分组的具体过程见接下来的图示）

- **第1轮分组：**将原始关键字序列按百位数进行分配和分组，显然组间有序。

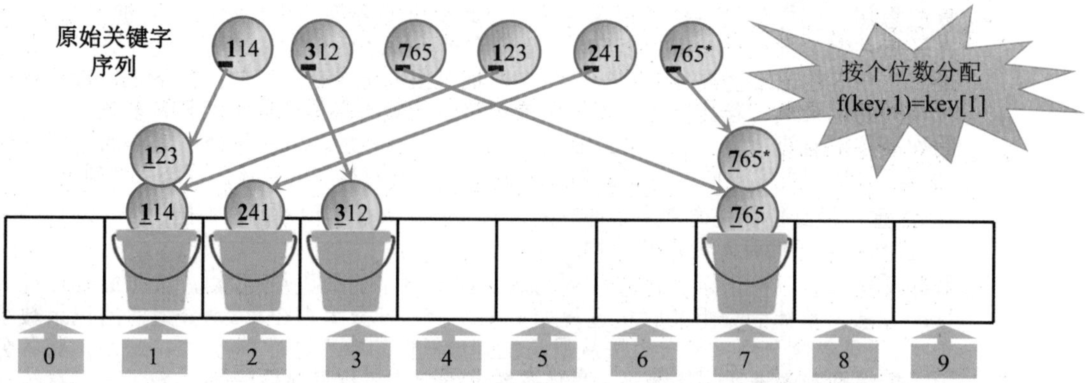

- **第2轮分组分配：**上一轮分组后，记录数为1的组别无须进一步处理，记录数大于1的组别，即百位数为1和7的组分别再按十位数进行分配和分组，易见组间依然有序。

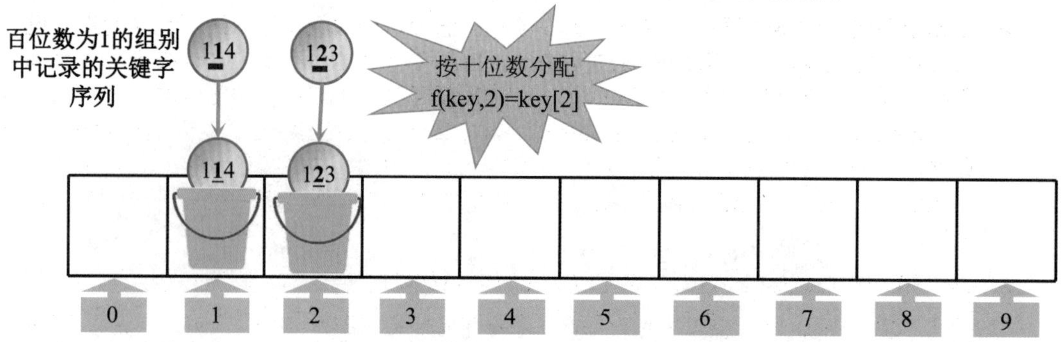

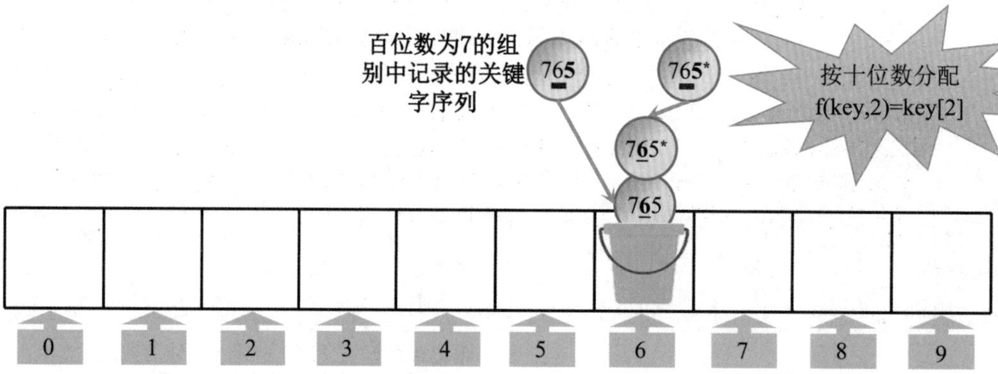

- **第3轮分组：**上一轮分组后，记录数为1的组别无须进一步处理，记录数大于1的组别，即百位数为7、十位数为6的组别再按个位数进行分组。

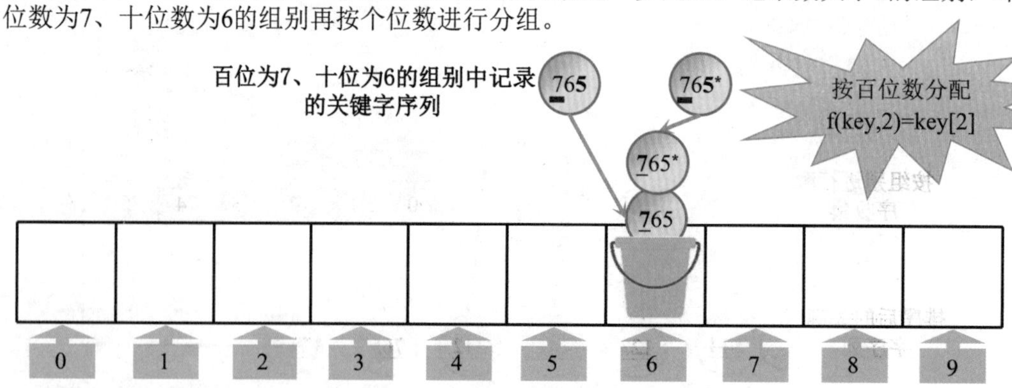

- **按组别顺序收集：**关键字的最大长度为3，经3轮分组后，对于最终的各分组，先收集高位数字小、后收集高位数字大的分组中的记录，如此即可完成排序，最终结果如下：

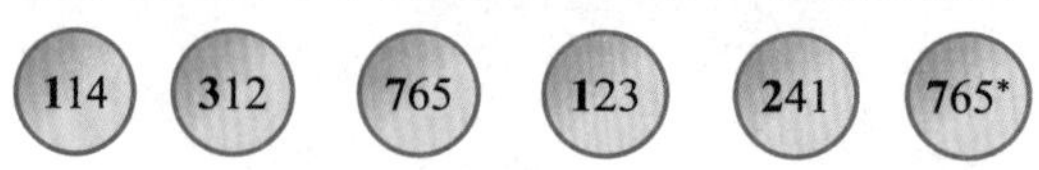

□ 拓展与思考

- **非负整数基数排序的处理**：前述最低位优先和最高位优先的基数排序算法均假设待排序记录的关键字为非负整数，当给定的待排序数据存在负数时，可通过在所有关键字基础上加上最小关键字绝对值的方式使得待排序数据的关键字均符合前述假定，具体实现留作练习。
- **记录的移动与地址排序**：包括基数排序在内的多种排序算法都需进行记录的移动，当单个记录占据的存储空间较大时，记录的移动会较为耗时。为解决这一问题，可先保持原顺序表中各记录的位置不变，另外开设一个地址向量，该向量第i个元素记录顺序表第i条记录的关键字及下标i；之后，对地址向量中的元素按照关键字大小进行排序，该排序过程中只会移动关键字及其关联下标而无须移动原始记录，从而可提高排序的效率；待地址向量排序完成后，根据地址向量各元素的关联下标即可得到最终的有序记录序列。
- **排序的稳定性问题**：前文讲解的每种排序算法均对其排序的稳定性进行了分析，实际上，若将关键字大小和记录在顺序中的下标共同作为记录大小比较的依据，则已有的算法就都可以保证排序的稳定性了，只不过，这是以大量新增的下标间的比较为代价的。
- **内部排序的时间复杂度**：在本章所讲的排序算法中，分配类排序算法不需要通过关键字的大小比较就可完成排序，而其余的排序算法均需借助关键字的大小比较完成排序。借助判定树可以证明，通过关键字比较进行排序的算法，其最坏情况下所需进行的比较次数至少为$\log_2 L.length!$次。根据Stirling公式有$O(\log_2 L.length!) \approx O(L.length * \log_2 L.length)$，从这个角度看，归并排序和堆排序的最坏时间复杂度已经达到了下界。对无须比较的基数排序算法，其时间复杂度为$O(maxDigLen * (L.length+RADIX))$，当关键字不是很长而记录总量较大时，基数排序的性能会更好。
- **C++ STL中sort方法的实现**：综合前文介绍的各种排序算法，就平均性能而言，快速排序最佳，但其最坏情况下的时间性能不如堆排序和归并排序；后两者相比，归并排序的时间性能好于堆排序，但它的空间复杂度更高。此外，当原始序列基本有序时直接插入排序的性能优异。因此，C++ STL的sort方法综合使用快速排序、堆排序和直接插入排序进行排序。具体而言，当待排序数据量较大时，sort会首先使用在基准元素的选择方法上和分段方法上做了一定优化的快速排序算法对序列进行分段和递归排序，如果分段后的数据量小于某个阈值（比如小于32条记录）则使用直接插入排序（因多次划分和递归排序后已经基本有序且序列较短）；如果递归层次过深（比如超过$1.5*\log_2 L.length$），则接下来不再用递归的快速排序而是改用堆排序算法。基本思路如下图所示，具体的实现细节请读者自行查阅相关资料并分析。

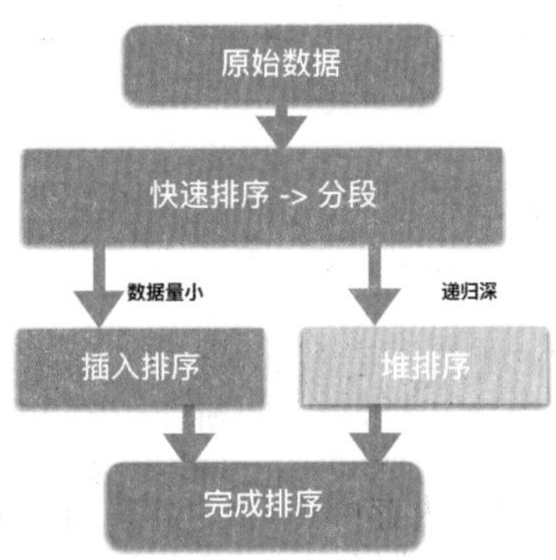

C++ STL中sort底层实现的基本框架

9.7 外部排序

当待排序记录数量巨大而无法一次性载入内存时，前述各种内部排序算法将失效。为解决这一问题，需将外存中的记录分批次载入内存，且在仅访问载入内存之记录的前提下设计排序算法，此即本节要介绍的外部排序。第八章介绍外部查找时已经指出，外存数据的访问速度要远小于内存数据的访问（截至2023年，内存数据随机访问的耗时在纳秒级，而磁盘数据随机访问的速度在毫秒级，固态随机访问的速度也在微秒级）。由此可见，为提高外部排序的效率，应在尽量少访问外存的前提下完成外部排序，本节将对基于多路归并排序的外部排序算法进行介绍。

9.7.1 基于多路平衡归并的外部排序

当待排序数据量大于内存工作区一次性能容纳的数据量时，多路平衡归并外部排序分如下阶段：

（1）**分段排序**：在内存工作区容量的限制下，将外存中的数据逐步读入内存并利用高效的内部排序算法进行排序，每完成一次内部排序都会得到一个有序子文件，将得到的有序子文件重新写入外存以便为下一次外存数据的读入和排序腾出内存空间。如此会在外存中得到若干长度基本相等的有序子文件，每个有序子文件称为一个**归并段**或者**顺串**（run），该阶段又称为初始归并段的构建。

- **分段排序实例**：假设内存能一次性将3条记录载入内存并完成内部排序，而外存中待排序的记录有9条。一种方案是每次都从外存中读3条记录，完成这3条记录的内部排序后重新写至外存，如此可腾出空间再读入下一组的3条记录，新读入内存的记录在排序后再写至外存，如此重复，直至所有的记录被分批次读入内存并在内部排序完成后写至外存。下图给出了分段排序前后外存中的数据情况以及内存分批次读入外存数据并在完成内部排序后重新写至外存的过程，最终得到3个有序归并段，分别为(1, 2, 7)、(4, 6, 9)和(3, 5, 8)。一般而言，假设待排序记录总量为F，内存能一次性容纳的记录量为M，则上述过程中，将所有记录从外存分批次读入内存需要的外存访问次数为F/M；将排序后的子序列重新写至外存需要的外存访问次数也为F/M，总的外存访问次数为2F/M。下图实例中，外存的访问次数为6。

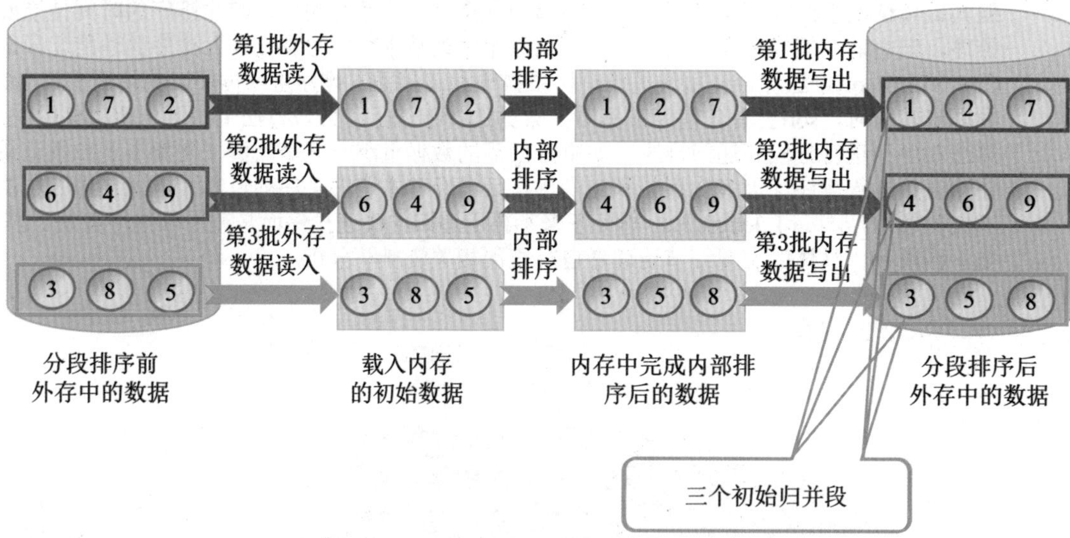

（2）**有序段多路平衡归并**：将外存中长度均衡的多个有序归并段进行归并排序，直至得到整体有序的文件为止。归并排序的具体方法类似9.5节所介绍的二路归并排序算法，只不过将“二路”扩展为了“多路”。以三路归并为例，每次从三个归并段中取出最前面的、尽量多的记录载入内存，之后，设置3个指针分别遍历载入内存中的3个归并段的记录，比较三个指针当前指向的记录找出最小者，将最小记录放入内存中存放排序结果的输出缓冲区并将相应指针后移。一旦某个指针指向的载入内存的归并段中的记录为空则将该归并段外存中剩余的记录再进行一次加载；一旦输出缓冲区中存放的记录达到上限则将其中的数据写入外存并将输出缓冲区置空以便容纳后续元素。上述过程不断重复，最终可将三个初始归并段中的记录归并为一个外存中有序的子序列。若原始归并段的数量不超过3个则上述过程仅执行一趟便可完成外部排序；否则，上述过程需要重复进行多趟。下面首先给出前述三个初始归并段进行一趟三路归并直至完成外部排序的过程；之后，假设原本有五个初始归并段，再给出对五个初始归并段进行外部排序的过程。

- **三个初始归并段的三路归并外部排序实例**：仍假设内存能一次性对3条记录进行外部排序，外存中有三个长度均为3的有序归并段，数据加载、内部排序及写至外存的过程如下。

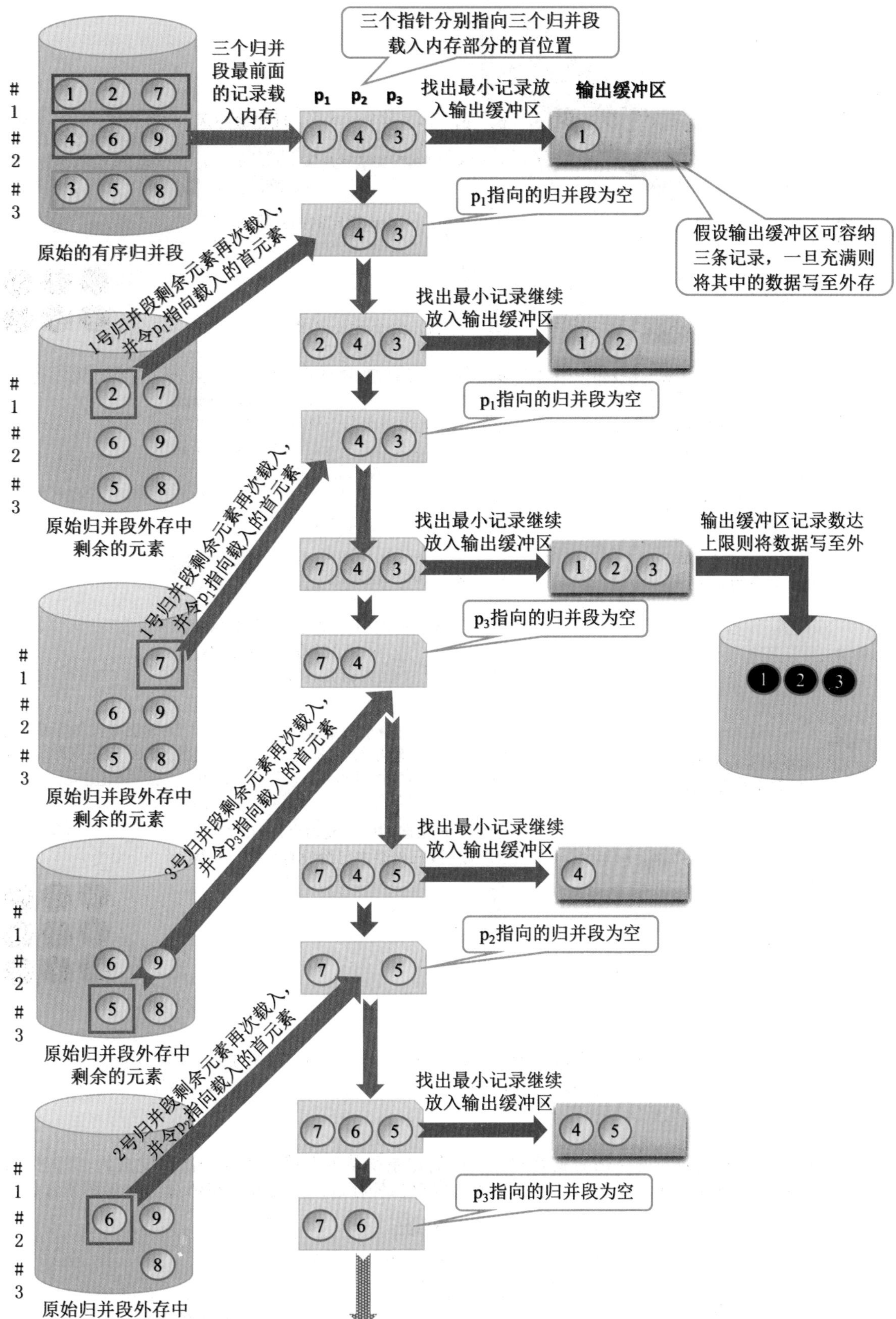

三个指针分别指向三个归并段载入内存部分的首位置
三个归并段最前面的记录载入内存
p_1 p_2 p_3
找出最小记录放入输出缓冲区
输出缓冲区
#1 #2 #3
原始的有序归并段
p_1指向的归并段为空
假设输出缓冲区可容纳三条记录，一旦充满则将其中的数据写至外存
1号归并段剩余元素再次载入，并令p_1指向载入的首元素
找出最小记录继续放入输出缓冲区
原始归并段外存中剩余的元素
输出缓冲区记录数达上限则将数据写至外
p_3指向的归并段为空
3号归并段剩余元素再次载入，并令p_3指向载入的首元素
p_2指向的归并段为空
2号归并段剩余元素再次载入，并令p_2指向载入的首元素

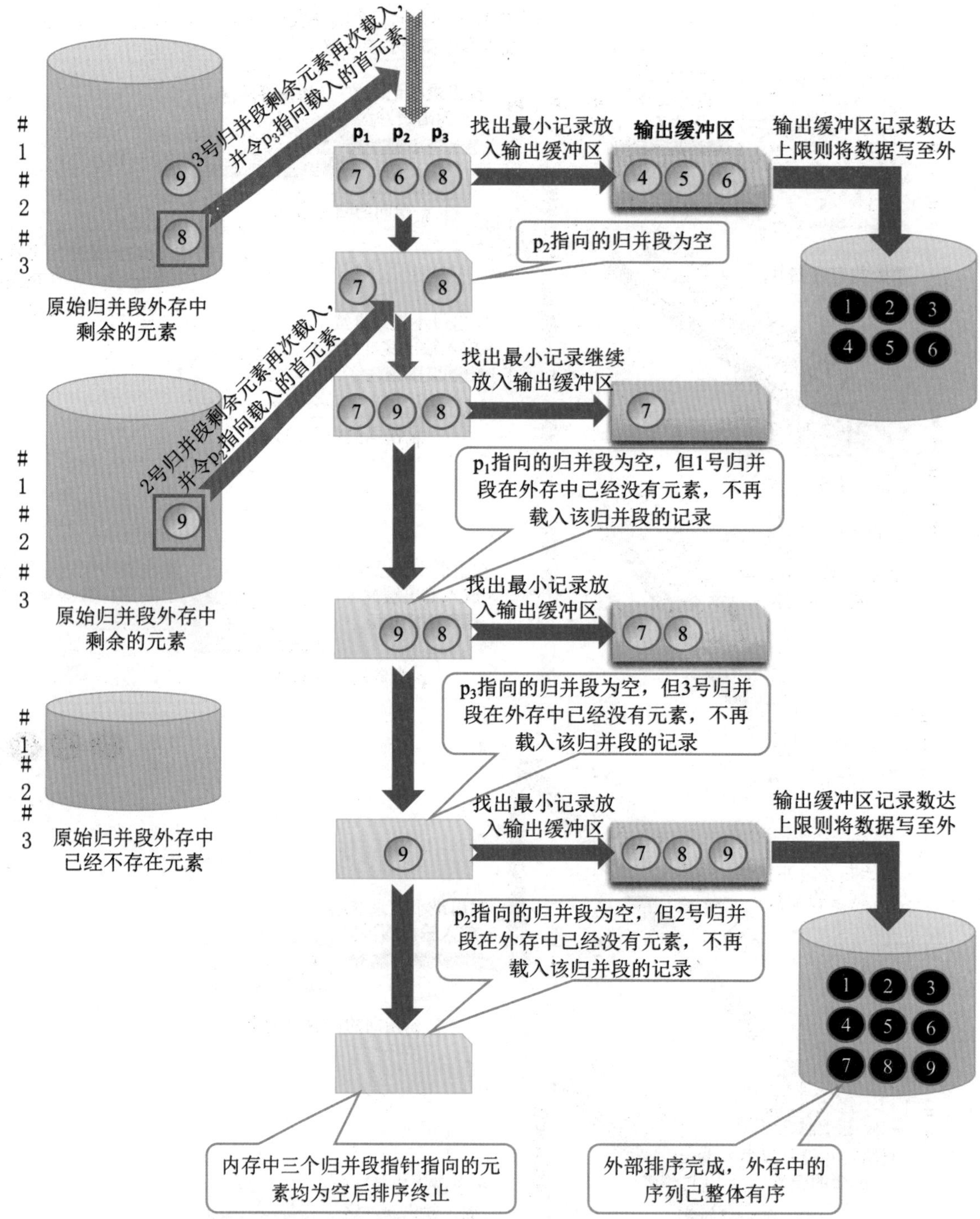

✓ 由上述排序过程可见，所有初始归并段中的记录均从外存载入内存一次，完成内部排序后由内存写至外存一次，每条记录进行了两次内存与外存之间的交互，整体过程如下图所示。

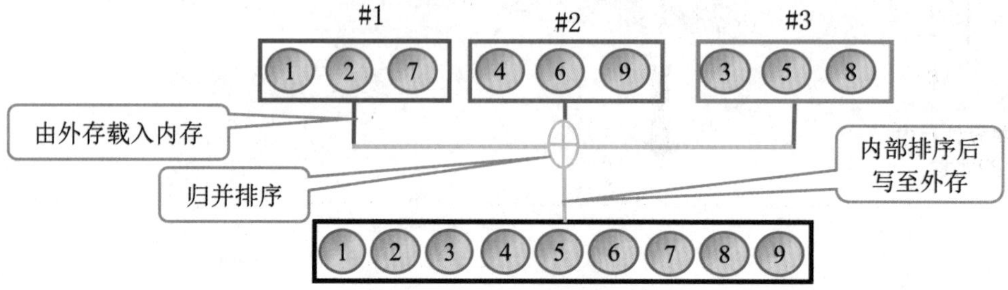

- **5个初始归并段的三路归并外部排序实例：**当原始归并段的数量大于归并路数时，需进行多个阶段的归并排序，每一个阶段都进行多次归并直至所有的原始归并段都完成一次归并为止。以下图为例，初始归并段有5个，假设归并路数k=3。第1阶段归并排序时，先对归并段#1_1、#1_2和#1_3进行一次三路归并排序，得到长度为k^2的有序段#2_1；之后，对归并段#1_4和#1_5进行一次三路归并排序，得到长度为9的有序段#2_2，该阶段归并排序完成后所得两个有序段分别作为下一阶段归并的原始归并段。第二阶段归并排序时，待处理的初始归并段数量为2，小于归并的路数，此时仅需进行一次三路归并排序即可将所有的记录归并到一个整体有序的序列#3_1中，该阶段结束后得到的有序序列只有一个，外部排序结束。

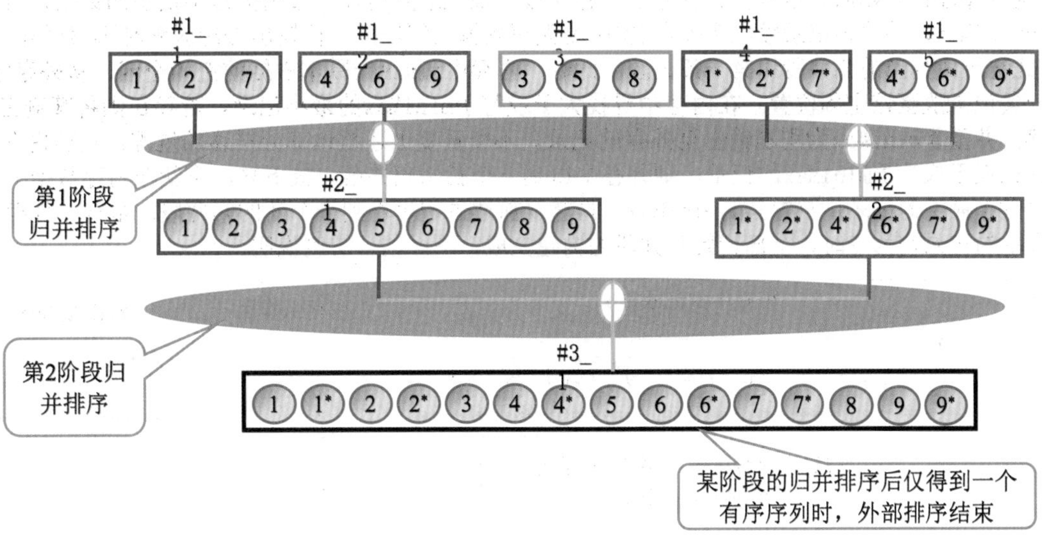

✓ 一般而言，假设外存中的原始归并段有m个，按前述方法进行k路平衡归并排序，则整个外部排序过程需要进行 $\log_k n$ -1阶段的归并排序，具体如下图所示。显然，每一个阶段归并排序时，各记录都会先从外存载入内存一次，再从内存写回外存一次。由此可见，减少初始归并段的个数m或增加归并的路数k，均有望减少归并的阶段数，从而可减少外存访问的次数并提高排序效率。当然，归并路数的增加会使得在内存中多路归并确定最值记录更加耗时，这一问题也需设法解决。接下来分别围绕初始归并段的优化构建、归并方案的优化以及最值记录的定位等问题展开讨论。

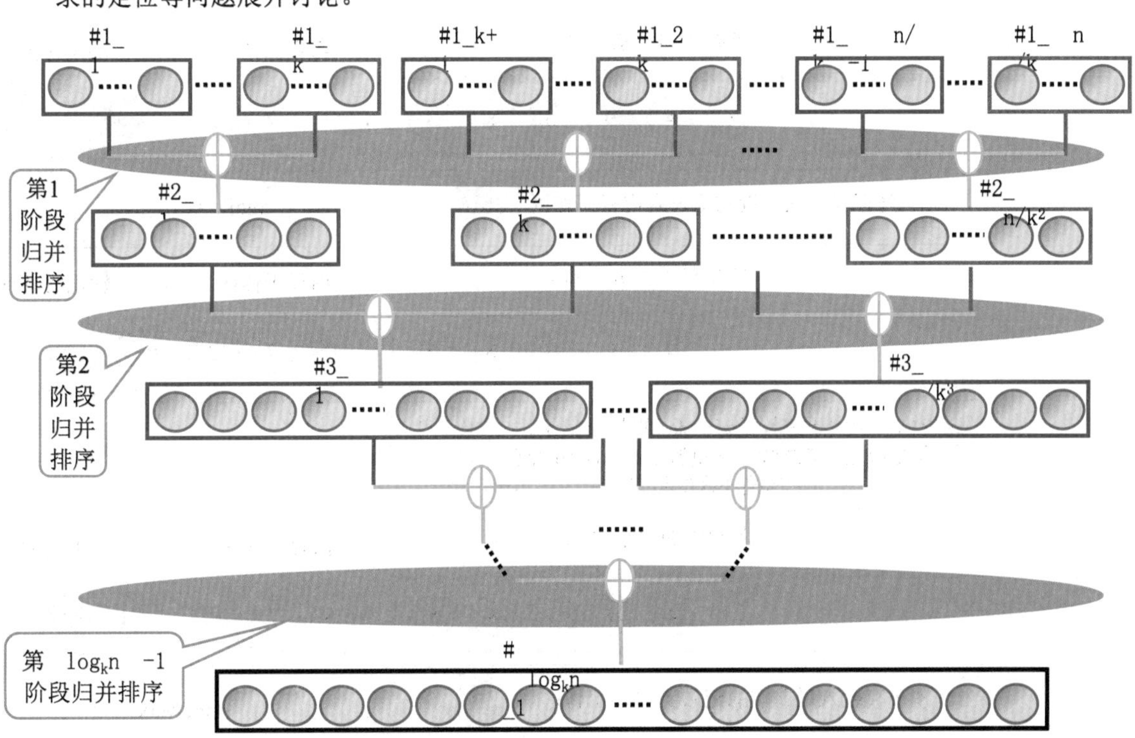

9.7.2 初始归并段的构建与置换-选择排序

前文将外存中的待排序记录根据内存容量平均划分为多个子序列，每个子序列载入内存完成排序后写至外存，由此得到多个长度均衡的初始归并段。假设外存中待排序记录量为N，内存工作区可载入的记录量为w，则除最后一个归并段的长度为N%w外，其余初始归并段的长度均为w。显然，记录总量一定的前提下，增加初始归并段的长度有望减小归并段的数量，从而可减少外存访问次数并提高排序性能。置换-选择排序就是一种构建更长初始归并段的算法，下面具体介绍。

- **置换-选择排序**：初始时，根据内存容量从外存加载一批记录到内存，选出关键字最小的记录，将其记作miniMax，并将该记录输出到外存(实际是先写到输出缓冲区，待输出缓冲区满时再写至外存)，此记录成为当前归并段的第一条记录。此时，**内存中miniMax原本占据的空间空闲，从外存中读取一条记录放至该空闲位置；在内存中寻找大于或等于miniMax的最小记录，若存在则将其输出到外存，并重置miniMax为刚刚输出至外存的记录**。不断重复上述粗体部分描述的过程，直至内存中不存在大于或等于miniMax的记录，则外存中得到一个初始归并段。接下来，重新在内存数据中选出关键字最小的记录，重置其为miniMax，再重复前述过程可得到一个新的归并段。最终，外存和内存中的记录均为空时，全部初始归并段的构建完成。下面结合实例说明。

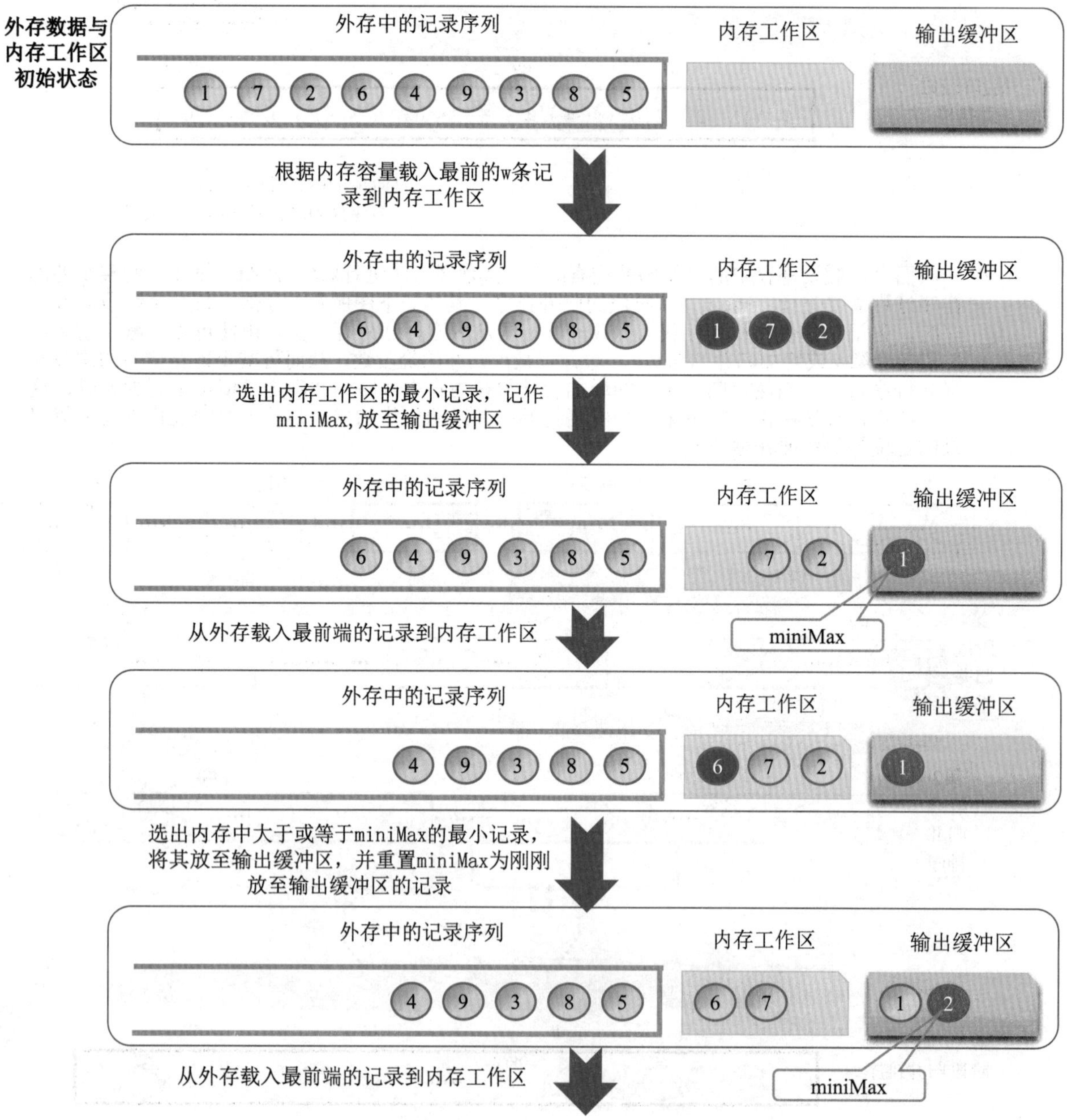

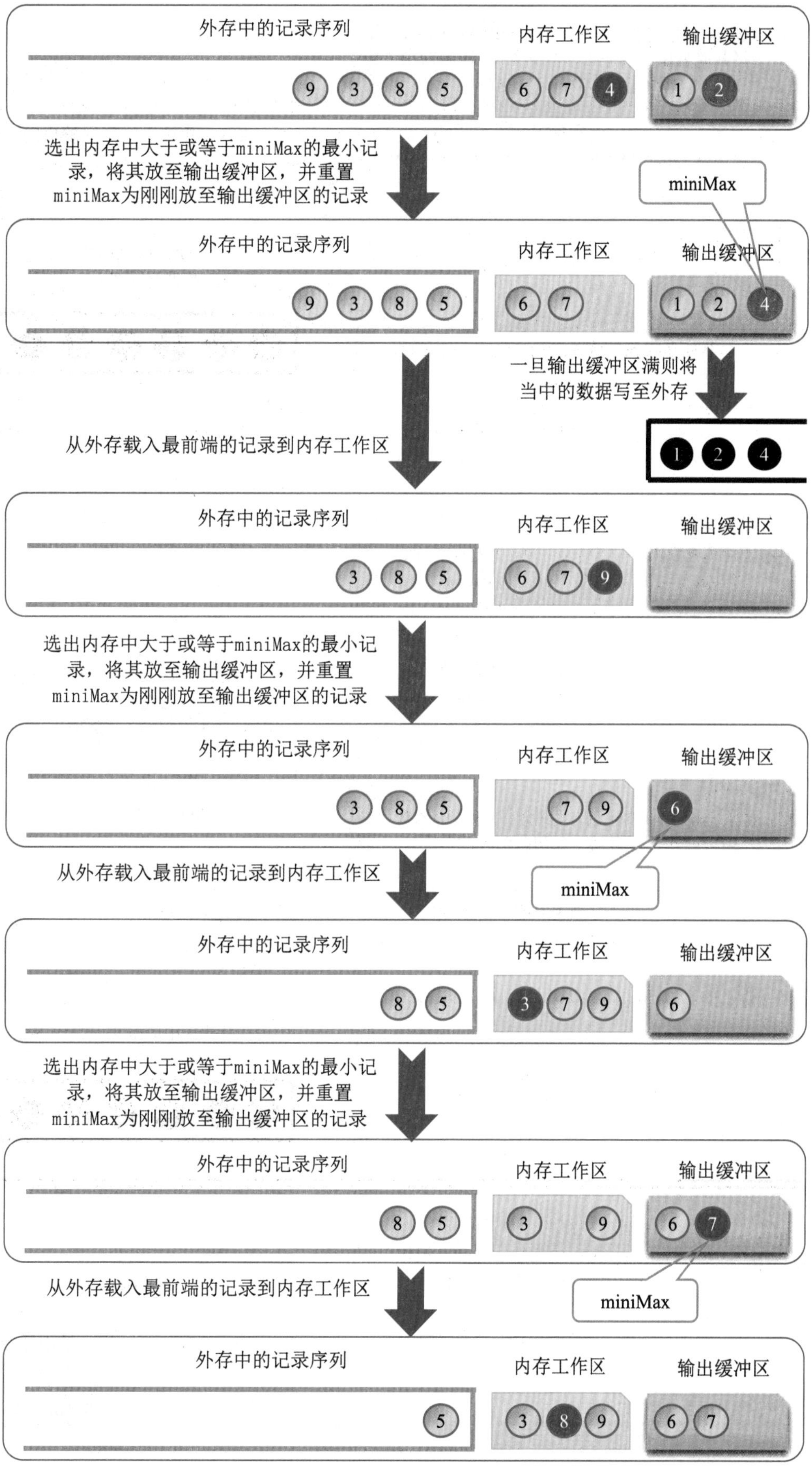
外存中的记录序列
内存工作区
输出缓冲区
9 3 8 5
6 7 4
1 2
选出内存中大于或等于miniMax的最小记录，将其放至输出缓冲区，并重置miniMax为刚刚放至输出缓冲区的记录
miniMax
外存中的记录序列
内存工作区
输出缓冲区
9 3 8 5
6 7
1 2 4
一旦输出缓冲区满则将当中的数据写至外存
1 2 4
从外存载入最前端的记录到内存工作区
外存中的记录序列
内存工作区
输出缓冲区
3 8 5
6 7 9
选出内存中大于或等于miniMax的最小记录，将其放至输出缓冲区，并重置miniMax为刚刚放至输出缓冲区的记录
外存中的记录序列
内存工作区
输出缓冲区
3 8 5
7 9
6
从外存载入最前端的记录到内存工作区
miniMax
外存中的记录序列
内存工作区
输出缓冲区
8 5
3 7 9
6
选出内存中大于或等于miniMax的最小记录，将其放至输出缓冲区，并重置miniMax为刚刚放至输出缓冲区的记录
外存中的记录序列
内存工作区
输出缓冲区
8 5
3 9
6 7
从外存载入最前端的记录到内存工作区
miniMax
外存中的记录序列
内存工作区
输出缓冲区
5
3 8 9
6 7

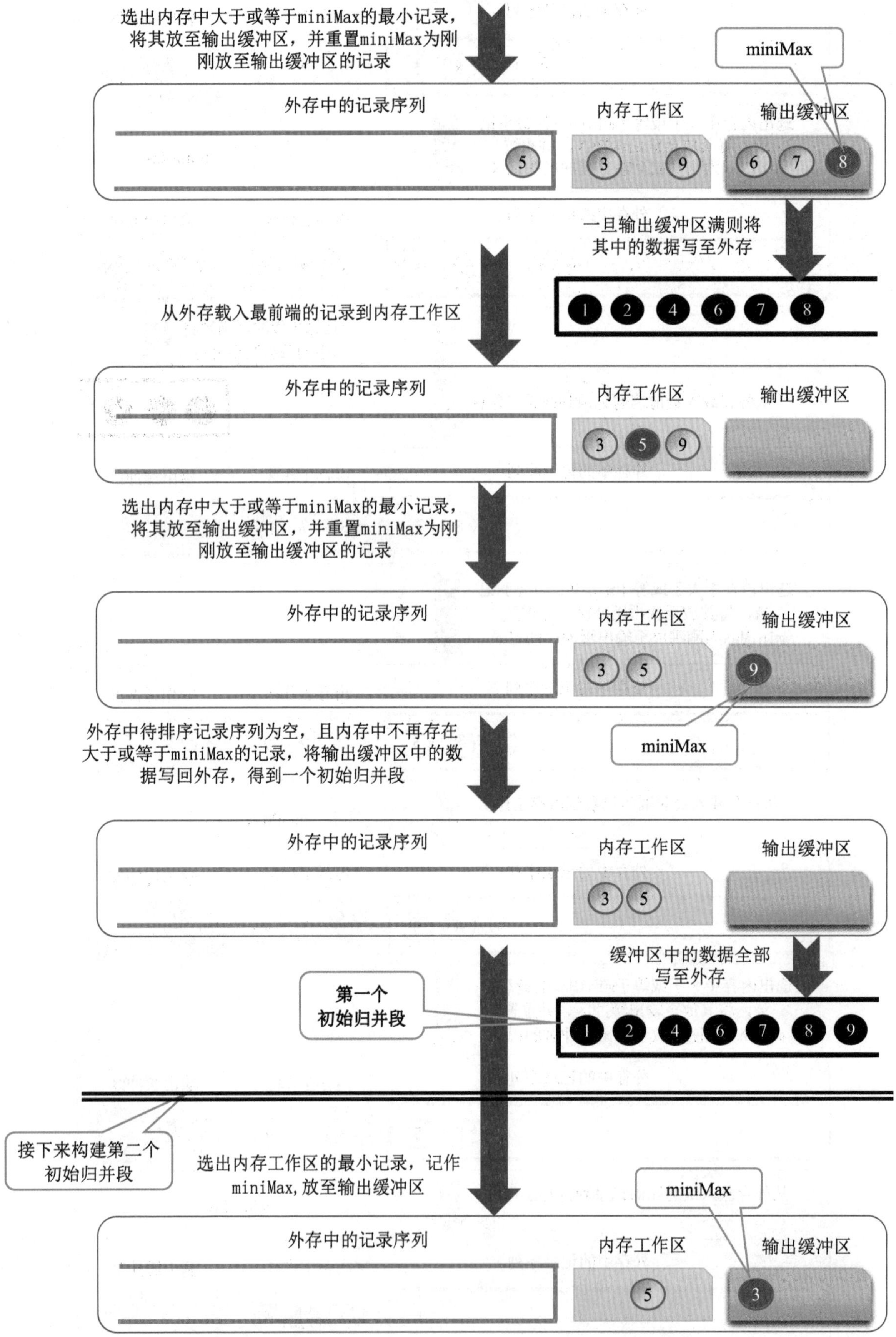

选出内存中大于或等于miniMax的最小记录，将其放至输出缓冲区，并重置miniMax为刚刚放至输出缓冲区的记录
miniMax
外存中的记录序列
内存工作区
输出缓冲区
5
3
9
6
7
8
一旦输出缓冲区满则将其中的数据写至外存
1
2
4
6
7
8
从外存载入最前端的记录到内存工作区
外存中的记录序列
内存工作区
输出缓冲区
3
5
9
选出内存中大于或等于miniMax的最小记录，将其放至输出缓冲区，并重置miniMax为刚刚放至输出缓冲区的记录
外存中的记录序列
内存工作区
输出缓冲区
3
5
9
miniMax
外存中待排序记录序列为空，且内存中不再存在大于或等于miniMax的记录，将输出缓冲区中的数据写回外存，得到一个初始归并段
外存中的记录序列
内存工作区
输出缓冲区
3
5
缓冲区中的数据全部写至外存
第一个初始归并段
1
2
4
6
7
8
9
接下来构建第二个初始归并段
选出内存工作区的最小记录，记作miniMax，放至输出缓冲区
miniMax
外存中的记录序列
内存工作区
输出缓冲区
5
3

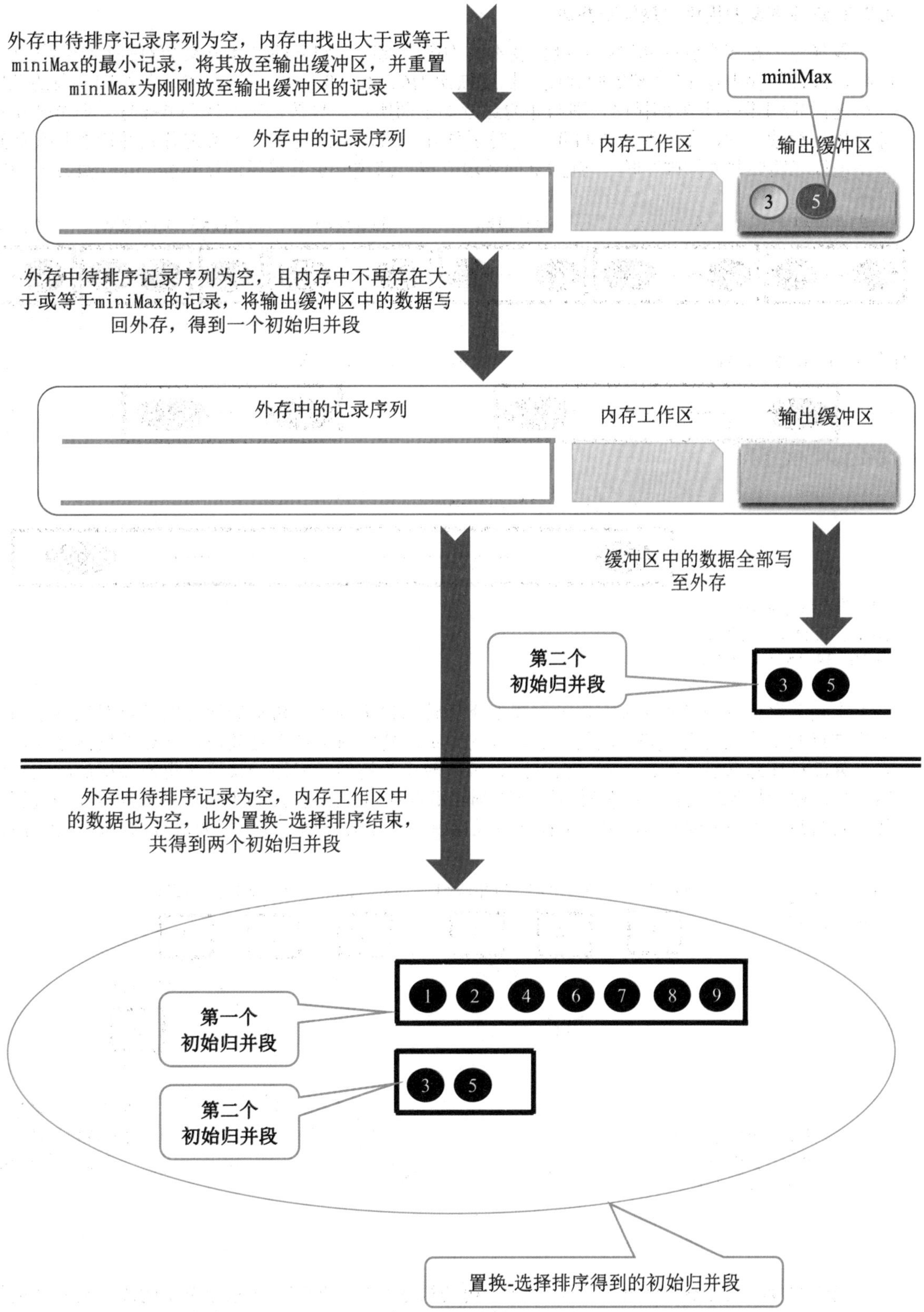
外存中待排序记录序列为空，内存中找出大于或等于miniMax的最小记录，将其放至输出缓冲区，并重置miniMax为刚刚放至输出缓冲区的记录
miniMax
外存中的记录序列
内存工作区
输出缓冲区
3
5
外存中待排序记录序列为空，且内存中不再存在大于或等于miniMax的记录，将输出缓冲区中的数据写回外存，得到一个初始归并段
外存中的记录序列
内存工作区
输出缓冲区
缓冲区中的数据全部写至外存
第二个初始归并段
3
5
外存中待排序记录为空，内存工作区中的数据也为空，此外置换-选择排序结束，共得到两个初始归并段
1
2
4
6
7
8
9
第一个初始归并段
3
5
第二个初始归并段
置换-选择排序得到的初始归并段

□ **拓展**：由上述置换-选择排序的原理和过程可见，该方法构造的初始归并段长度不再均衡。假设待排序记录中的关键字完全随机，则所得初始归并段的平均长度为内存工作区可容纳记录量的两倍，E.F.Moore在1961年通过将置换-选择排序与扫雪机扫雪过程类比证明了这一结论，感兴趣的读者可尝试自行证明并查阅相关资料。相比9.7.1小节将外存中的待排序记录平均划分后分批次载入内存并构造归并段的方法，置换-选择排序平均情况下可将初始归并段的数量减小为原本的一半。

9.7.3 归并方案的优化与最佳归并树

置换选择排序得到的初始归并段长度不再均衡，此时，归并的具体方案会对外存访问的次数产生影响。假设外存中存在7个初始归并段，长度依次为6、20、8、12、1、2、9。若按归并段的顺序三个一组进行3路平衡归并外部排序，则归并的过程如下图所示。显然，每一次归并排序，归并段中的记录都会从外存读一次，在内存完成归并后再写至外存一次，由此可见，不考虑各归并段的长度而直接按顺序进行三路归并外部排序时，前述7个归并段完成外部排序总共需要进行的读、写次数各为107次。

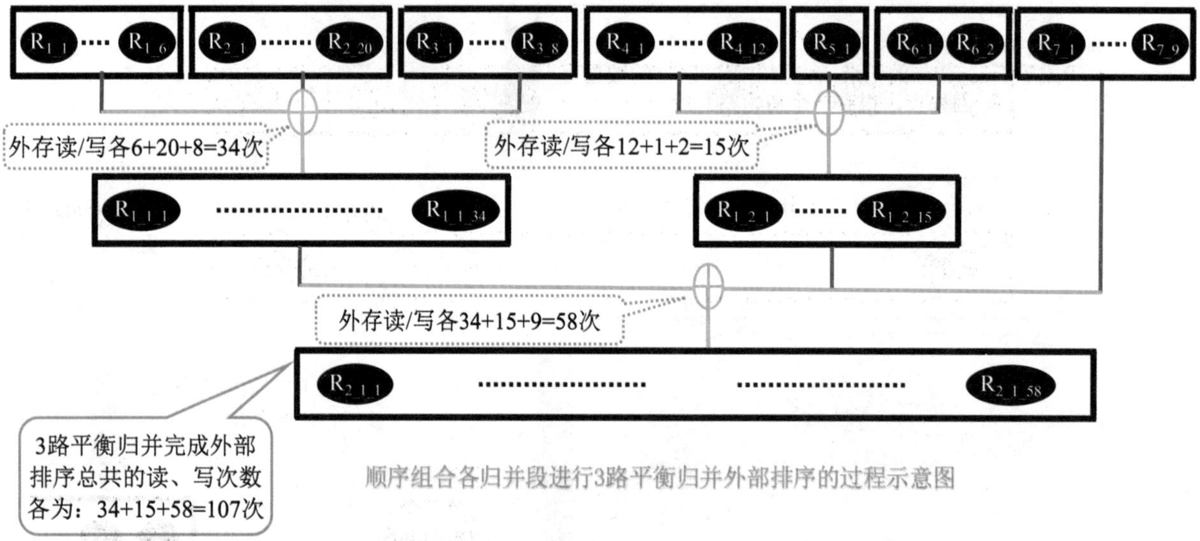

顺序组合各归并段进行3路平衡归并外部排序的过程示意图

上述三路归并的过程实际可通过一棵上下翻转的树来描述。树中最顶层的结点对应各个归并段，这些结点的权值设置为各归并段包含的记录的数量；树的内部结点是其前驱结点的权值之和，如此一来，外部排序总共进行的读、写各自的次数可以转换为树的带权路径长度（将最顶层的结点视为叶子结点），称所得到的的树为归并树。以前述顺序组合各归并段进行3路平衡归并外部排序的过程为例，其对应的归并树如下图所示，树的带权路径长度就等于完成外部排序所需要进行的读、写各自的次数。

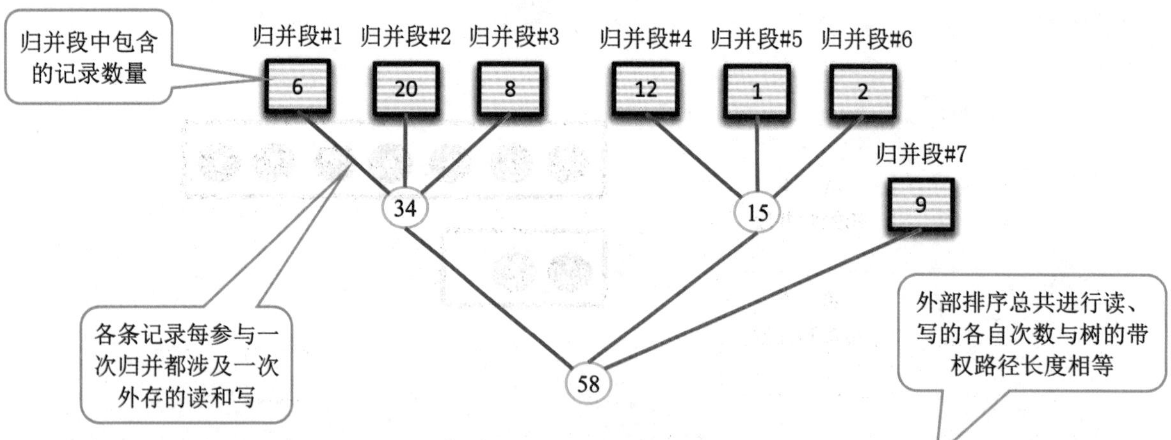

顺序组合各归并段进行3路平衡归并外部排序的归并树（带权路径长度107）

当归并段的长度不均衡时，若按Huffman树的构造思想，先归并记录数量小的段，后归并记录数量大的段，则可得到下方第一个图所示的归并过程。按照这一归并方案，完成外部排序总共需要进行的读、写次数各为93次，相比前一种方案有所优化。实际上，上述过程也可通过一棵归并树描述，初始为每个归并段生成一个顶层结点，结点的权值为各归并段包含的记录数量；之后，每次k路归并均根据结点的权值优先选择记录数量最小的k个结点归并得到一个新结点，且新结点的权值设为被归并各段的记录数之和，如此可得到一个新的归并树。仍以前述7个归并段为例，按这一思想构造的归并树见下方第二个图。不难发现，该树的带权路径长度与外部排序需要进行的外存记录读、写各自的次数相等，均为93。

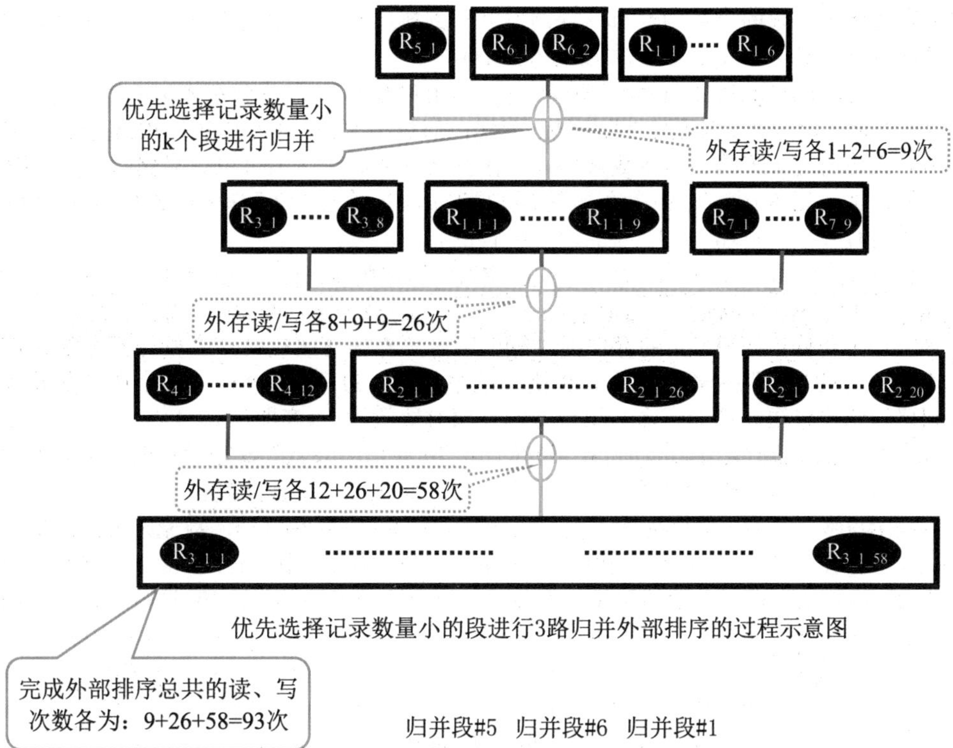

优先选择记录数量小的段进行3路归并外部排序的过程示意图

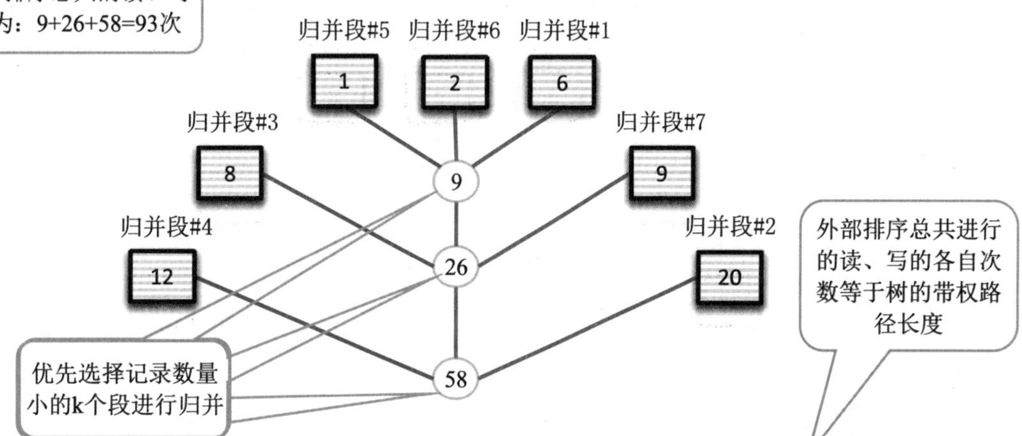

优先选择记录数量小的段进行3路归并外部排序的归并树（带权路径长度93）

然而，并非每次归并选择记录数最小的段就一定可以得到带权路径长度或者说总的外存读写次数最小的归并树。假设将前述7个归并段中的最后一个段#7去掉，按上述思想得到的归并树见下方左图，其带权路径长度为87。然而，若先添加一个记录数量为0的虚拟归并段，之后再按记录数量小的段优先归并的策略生成归并树，则可得到下方右图所示的归并树，其带权路径长度更小。

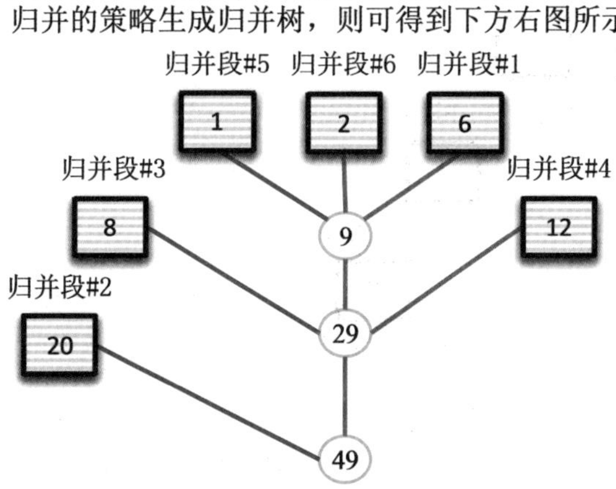

去掉归并段#7后按记录数量小的段优先归并的策略进行3路归并外部排序的归并树（带权路径长度87）

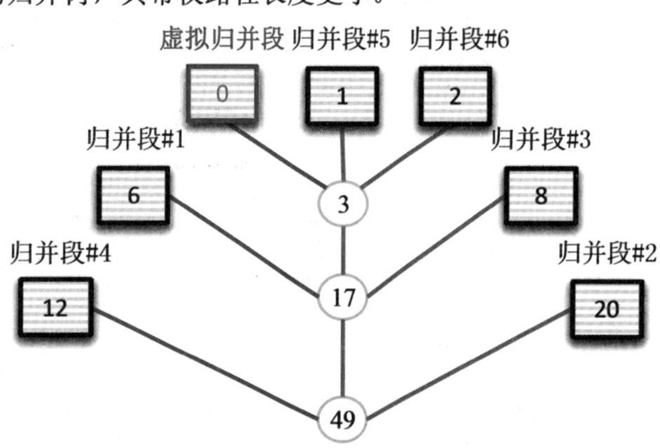

先添加一个记录数为0的虚拟归并段，再按记录量小的段优先归并的策略进行3路归并排序的归并树（带权路径长度69）

一般而言，假设初始归并段的个数为m，进行k路归并外部排序时，若要使得外存记录读写的次数最小，则需确保最终得到的归并树仅含度为k和度为0的结点。

作为一棵k叉树，当仅含度为0和度为k的结点时，记度为0和度为k的结点数分别为n_0和n_k，则树的边数一方面等于$k*n_k$（因每条边都从某个度为k的结点引出，而每个度为k的结点会引出k条边），另一方面等于$(n_0+n_k)-1$（因树的边数恒等于顶点数减1），由此可得 $k*n_k=(n_0+n_k)-1$。显然，在归并树中，n_0等于初始归并段个数（记作m）与额外添加的虚拟归并段的个数（记作x）之和，由此可得$k*n_k=(m+x+n_k)-1$，进而有 $x=(k-1)*n_k-m+1$ 与 $n_k=(x+m-1)/(k-1)$。

上式中，若x=0，则需 (m-1)%(k-1)=0 方可保证正整数n_k的存在性，而x=0就意味着无须添加虚拟归并段即可保证树的带权路径长度最小。其他情况下，鉴于$n_k=(x+m-1)/(k-1)$，需设置虚拟段个数x=(k-1)-(m-1)%(k-1) 方可保证正整数n_k的存在性。综上所述，若**(m-1)%(k-1)=0 则无须添加认可虚拟归并段即可使得归并树的带权路径长度最小，否则，应添加 (k-1)-(m-1)%(k-1) 个虚拟归并段方可使归并树的带权路径长度最短**。换而言之，第一次归并应对数量为k-x亦即1+(m-1)%(k-1)个初始归并段进行归并，后续都进行k路归并，按上述过程得到的归并树具有最小的带权路径长度，称其为最佳归并树。

以前述7个归并段的3路归并外部排序为例，因(m-1)%(k-1)=(7-1)%(3-1)=0，故无须添加虚拟归并段即可得到一个最佳归并树，如下方第一个图所示；去除一个归并段后，因(m-1)%(k-1)=5%2!=0，此时需添加虚拟归并段，添加的虚拟归并段的数量应为(k-1)-(m-1)%(k-1)=(3-1)-(6-1)%(3-1)=1，如此方可得到此时的最佳归并树，如下方第二个图所示。

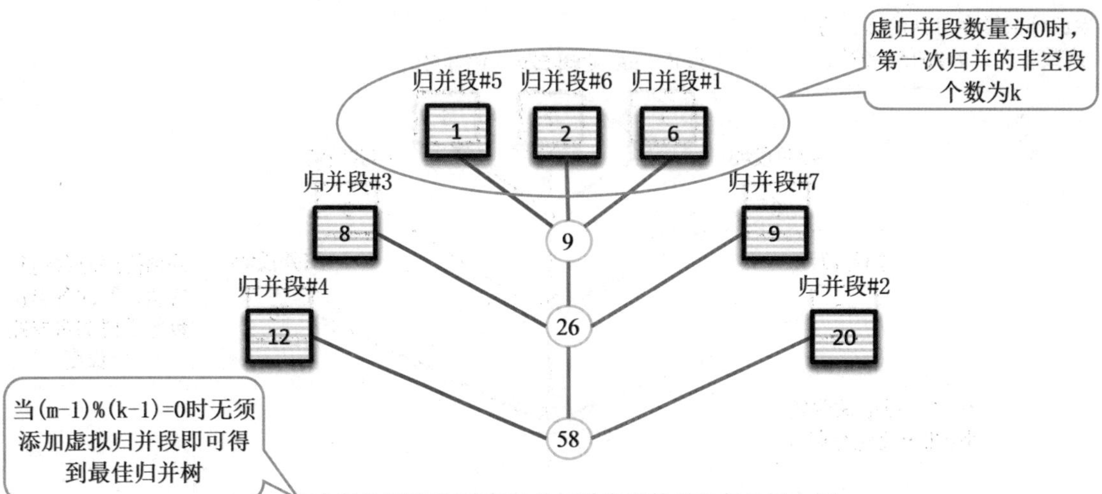

7个归并段进行3路归并外部排序时的最佳归并树实例

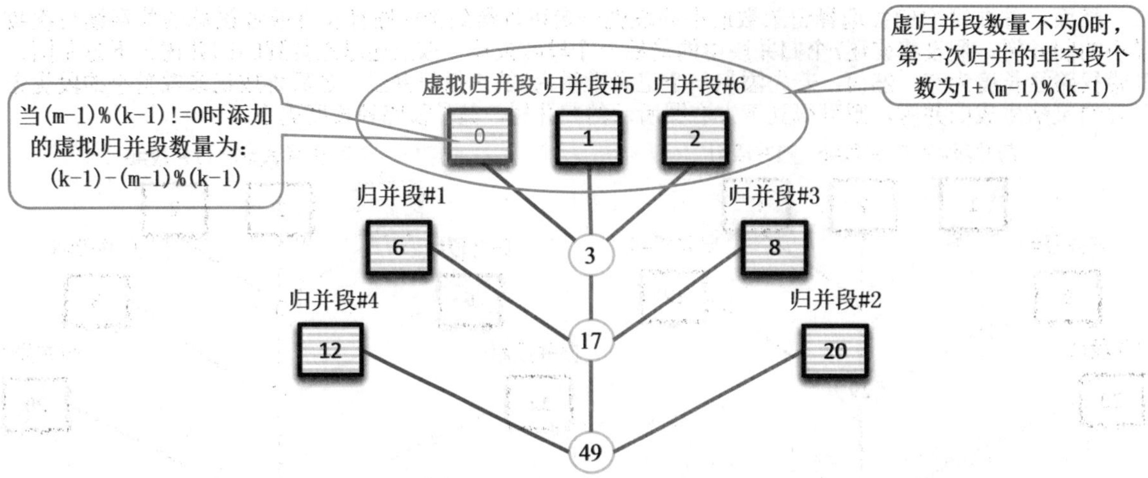

6个归并段进行3路归并外部排序时的最佳归并树实例

9.7.4 最值记录的定位与败者树

无论是置换-选择排序的过程还是有序段归并的过程，两者都涉及从一组记录中选择最值的问题，而且，选出最值记录后会用同一子序列中的下一记录替换之并再次定位最值。为提高上述最值记录的的定位效率，可利用一种称为败者树的数据结构，下面予以具体说明。

- **败者树与有序段的归并**：有序段多路归并过程中定位最小记录时，先从各归并段最前面的记录出发，两两比较，关键字大的记录视为“败者”，为两记录添加一个父结点，并将败者的段号填入父结点；胜者继续向上比较，并重复上述过程。下图实例中，比较归并段#1与#2的首记录，败者为归并段#1中的记录6，因此，为两者添加一个值为#1的父结点；类似地，为归并段#3和#4添加一个值为#4的父结点；两组的胜者分别是归并段#2和#3的首记录，两者相比，败者为归并段#3的首记录7，故继续向上添加一个值为#3的父结点；以此类推，前4个归并段的胜者（位于归并段#2）与后3个归并段的胜者（位于归并段#7）比较，归并段#2中的记录为败者，再生成一个父结点；而最后的胜者（位于归并段#7）为全局最小记录，定位成功。由此可得一个完全二叉树，其除根结点存储最值记录的段号外，其余内部结点均存储两两比较后败者的段号，故称败者树。得到一个败者树后，若寻找下一个最小记录，只需用最终胜者所在归并段的下一个元素替换同归并段的前一个记录（即前一个最小记录），然后从其出发沿败者树逆向向上，沿途重新进行比较并更新败者段号、根结点胜者段号即可完成重建。初始败者树及其重建实例如下。

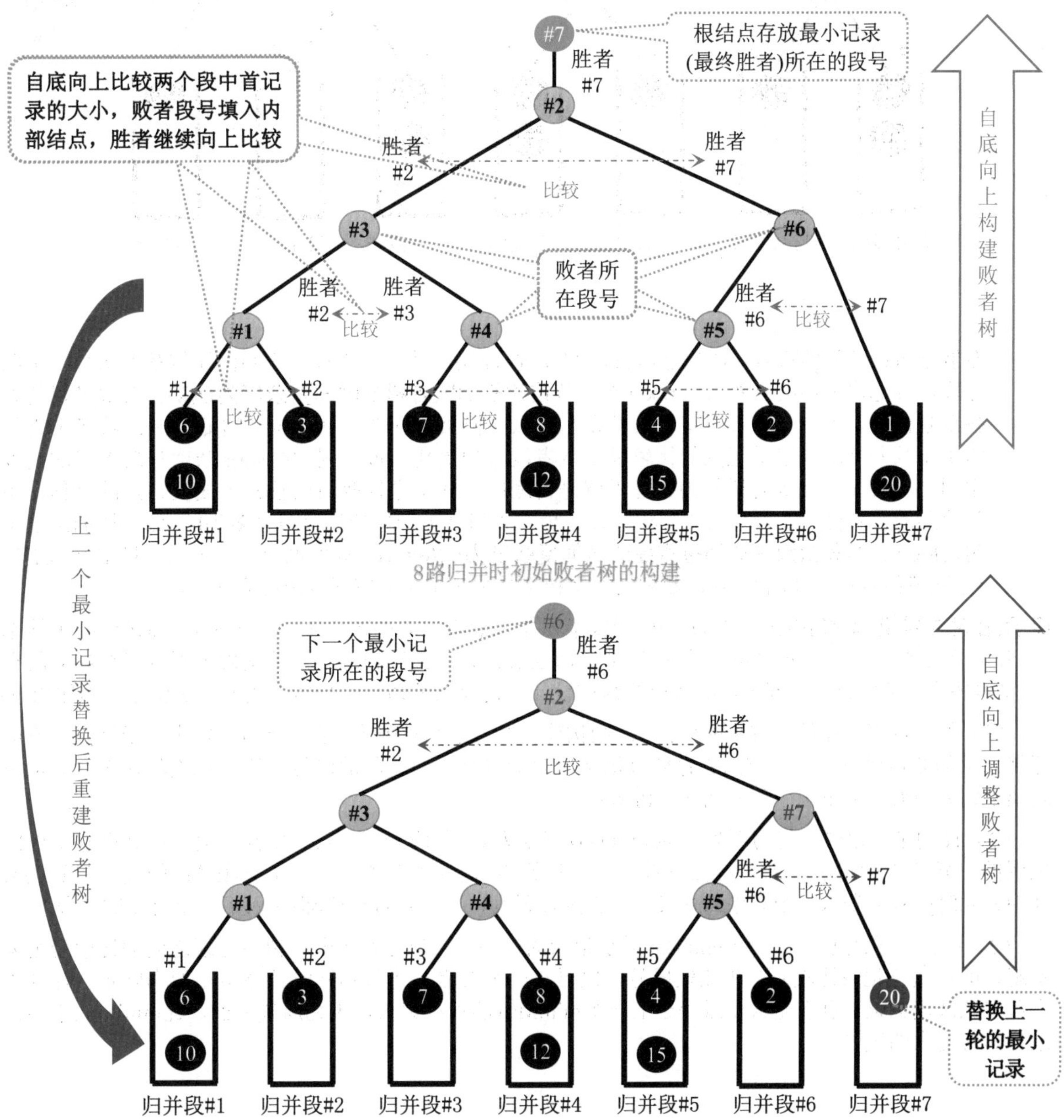

8路归并时初始败者树的构建

- **注意**：在选出最小记录后，正常情况下用其所在归并段的下一记录顶替刚刚选出的最小记录。当归并段为空而没有顶替者时，为保持败者树的结构不变以简化处理过程，在各归并段的末尾添加一个关键字为无穷大的虚拟结点（记作INF结点），在全部有效记录处理结束前这些INF结点始终不会成为最终的胜者。一旦INF结点成为最终的胜者则意味着全部记录归并结束。下图给出的败者树实例便添加上了INF结点。上一轮的最小记录位于归并段#6，定位下一个最小记录时，该归并段不再存在有效记录，故此时用INF结点顶替归并段#6的最小记录。在向上比较并调整败者树的过程中，因INF结点总是败者，故其不会比正常的有效记录先出现在败者树的根结点中。

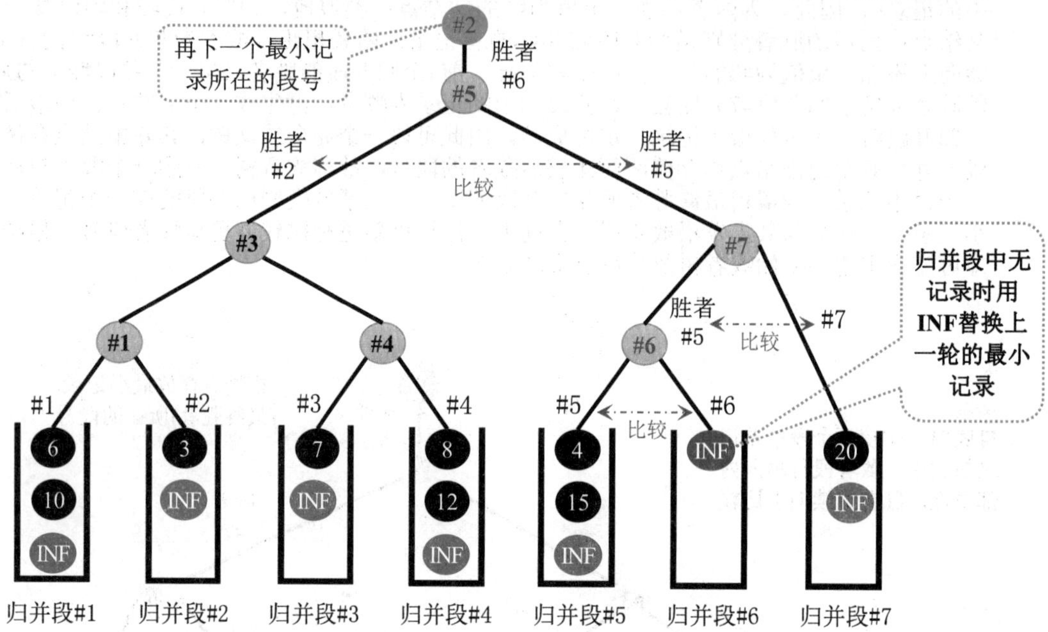

在上一轮败者树的基础上继续选择下一个最小记录时的败者树（各归并段的末尾添加无穷大记录INF）

- **性能分析**：就初始败者树的构建而言，假设进行k路归并，每进行一次两两比较都淘汰掉一个归并段，要选出最终的胜者需比较k-1次，故**构建初始败者树的时间复杂度为O(k)**；就败者树的调整重建而言，前一轮的最值记录被替换后，只需沿被替换的归并段位置自底向上沿败者树进行两个不同归并段中最前记录的比较以及败者段号的更新，该过程的时间复杂度与败者树的高度相同。不难发现，败者树的构建过程就是自底向上逐层进行两两比较并生成父结点的过程，由此得到的败者树是一颗完全二叉树，该完全二叉树最下一层的结点数至多为k，此时树的深度不超过$\log_2 k$，故**每次败者树调整重建的时间复杂度为$O(\log_2 k)$**。就空间复杂度而言，败者树共有k-1个败者结点和1个胜者结点，故利用败者树选择最小记录的空间复杂度为O(k)。

□ **败者树与置换-选择排序**：与有序归并段k路归并时最值记录的定位不同，置换-选择排序要求筛选出大于或等于上一个miniMax的最小记录，而且要在外存无序记录序列的基础上得到多个独立的有序归并段，为解决上述问题，败者树的结构设计、构建以及调整的具体方式上有所变化，具体如下：

（1）假设内存工作区可容纳w条记录，则构建一个叶子结点数为w的败者树，每个叶子结点一方面存储记录的取值信息，另一方面要存储该记录所属最终有序归并段的段号。第一批次载入内存的记录均属于归并段#1，如下图中的初始败者树所示。

（2）设刚刚求出的、将写至外存的miniMax记录为x，其段号记作$\#_x$，顶替该记录占据内存工作区位置的、新载入的记录设为y，y在败者树中占据原本x所在的叶结点，若y>=x则将y的段号设置为$\#_x$（因为此时y将和x归入一个有序归并段），否则设置为$1+\#_x$（因为此时y将归入下一个有序归并段）。

（3）选择大于或等于上一个miniMax最小记录的问题，可通过修改败者树中记录之间的比较规则来实现，即：进行记录比较时，先比较段号，段号小的为胜者，段号相同时关键字小的为胜者。这种规则可保证选出的最终胜者是大于或等于上一个miniMax的最小记录，因为新载入的、比miniMax小的记录都具有更大的段号。

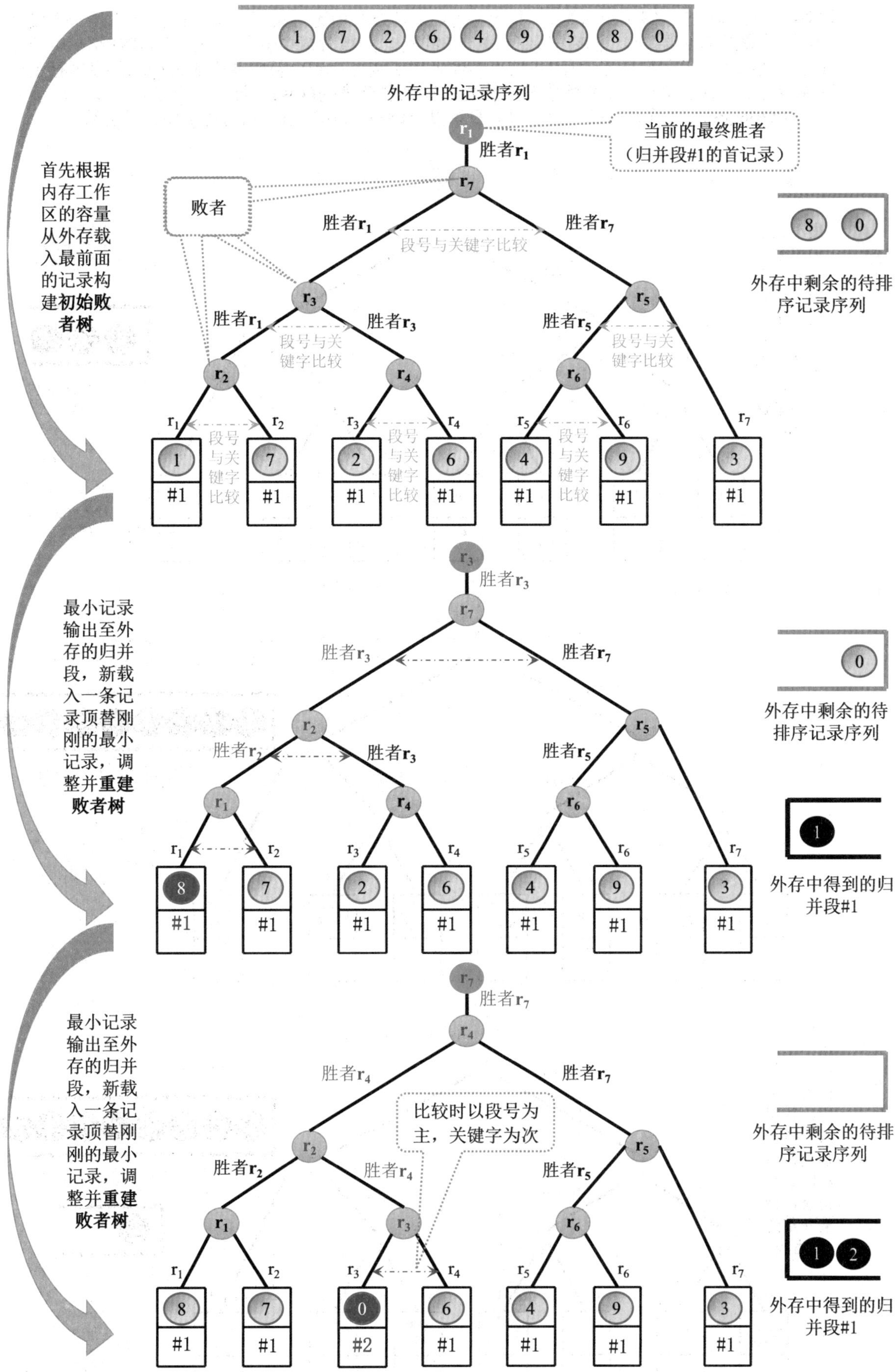
1 7 2 6 4 9 3 8 0
外存中的记录序列
当前的最终胜者
（归并段#1的首记录）
败者
首先根据内存工作区的容量从外存载入最前面的记录构建**初始败者树**
胜者r1
胜者r7
段号与关键字比较
外存中剩余的待排序记录序列
胜者r3
胜者r5
#1
最小记录输出至外存的归并段，新载入一条记录顶替刚刚的最小记录，调整并**重建败者树**
胜者r2
外存中得到的归并段#1
胜者r4
比较时以段号为主，关键字为次
#2

- **注意**：假设刚选出的最值记录为x，其段号为$\#_x$，若外存中无待处理记录，则额外添加一个段号为$1+\#_x$的虚拟结点顶替x，记该虚拟结点为INF结点 。待败者树中所有叶结点均为INF结点时归并段的构造结束。下图给出了含有INF结点的败者树实例及得到全部归并段的过程。假设内存工作区能容纳的记录数为w，则**初始败者树构建的时间复杂度为O(w)**，每一轮重建败者树的时间复杂度为**$O(\log_2 w)$**，置换选择排序的总时间复杂度为**$O(n*\log_2 w)$**，其中n为待排序记录总数。

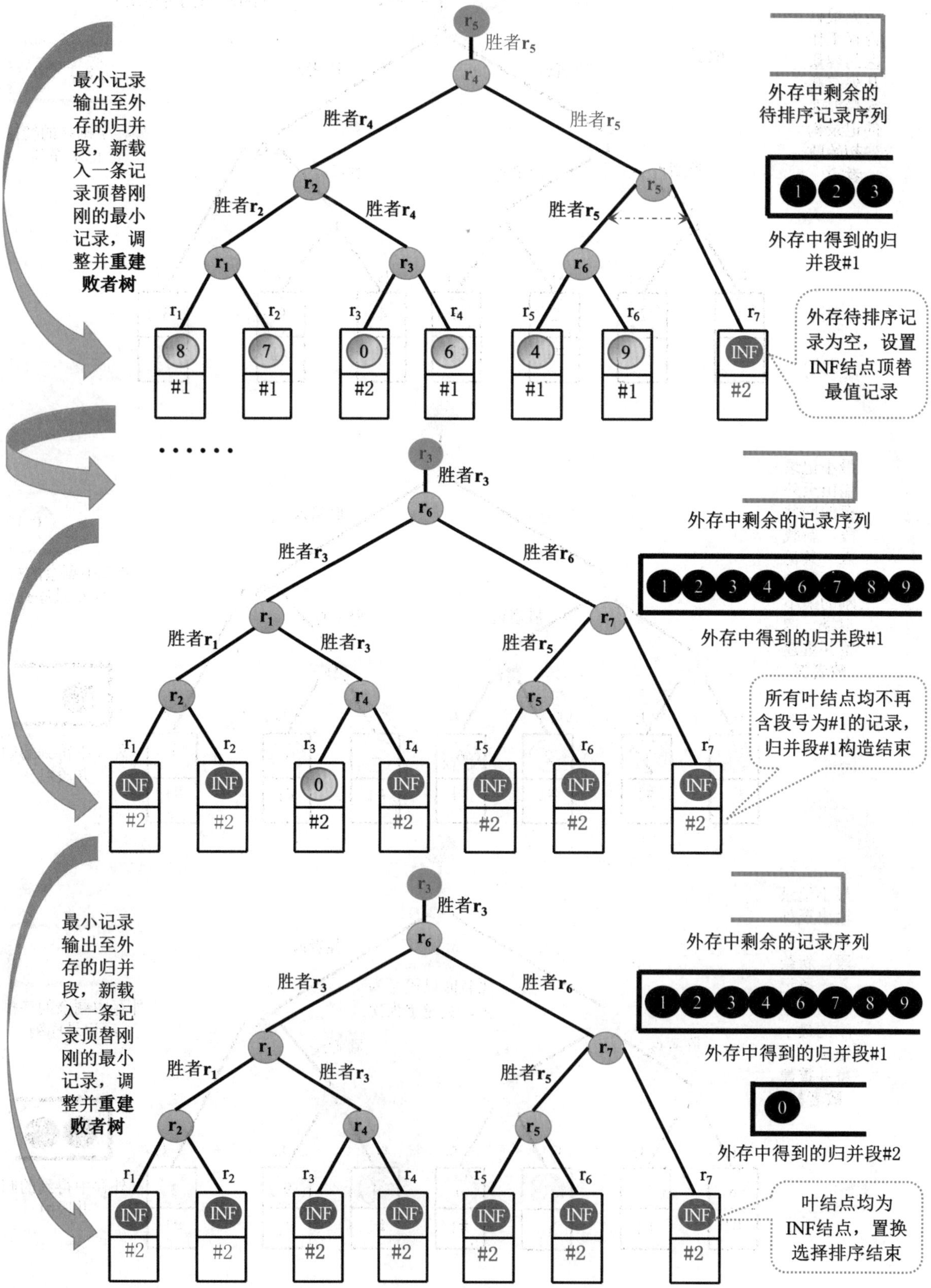

参 考 文 献

[1] 侯捷. STL 源码剖析[M]. 武汉:华中科技大学出版社,2002.

[2] 汤一介. 中国传统文化的特质[M]. 上海:上海教育出版社,2019.

[3] 肖前. 马克思主义哲学原理[M]. 北京:中国人民大学出版社,1994.

[4] 严蔚敏,李冬梅,吴伟民. 数据结构:C 语言版[M]. 2 版. 北京:人民邮电出版社,2015.

[5] 银文杰. Java 高并发与集合框架:JCF 和 JUC 源码分析与实现[M]. 北京:电子工业出版社,2022.

[6] 中共中央宣传部. 习近平新时代中国特色社会主义思想学习纲要(2023 年版)(大字本 16 开)[M]. 北京:学习出版社,2023.

[7] ALLEN WEISS M. Data structures and algorithm analysis in C[M]. 2nd ed. Menlo Park: Addison-Wesley, 1997.

[8] BAYER R. Symmetric binary B-Trees: data structure and maintenance algorithms [J]. Acta informatica, 1972, 1(4): 290-306.

[9] BENTLEY J L. Multidimensional binary search trees used for associative searching [J]. Communications of the ACM, 1975, 18(9): 509-517.

[10] CORMEN T H, LEISERSON C E, RIVEST R L, et al. Introduction to Algorithms [M]. Cambridge: The MIT Press, 2022.

[11] DIJKSTRA E W. A note on two problems in connexion with graphs[J]. Numerische mathematik, 1959, 1(1): 269-271.

[12] FLOYD R W. Algorithm 245: treesort[J]. Communications of the ACM, 1964, 7(12): 701.

[13] FLOYD R W. Algorithm 97: shortest path[J]. Communications of the ACM, 1962, 5(6): 345.

[14] FLOYD R W. Algorithm 113: treesort[J]. Communications of the ACM, 1962, 5(8): 434.

[15] HAMBLIN C L. Translation to and from Polish notation[J]. The computer journal, 1962, 5(3): 210-213.

[16] HOARE C A R. Quicksort[J]. The computer journal, 1962, 5(1): 10-16.

[17] HOPCROFT J, TARJAN R. Algorithm 447: efficient algorithms for graph manipulation [J]. Communications of the ACM, 1973, 16(6): 372-378.

[18] HUFFMAN D A. A method for the construction of minimum-redundancy codes[J]. Resonance, 2006, 11(2): 91-99.

[19] KAHN A B. Topological sorting of large networks[J]. Communications of the ACM, 1962, 5(11): 558-562.

[20] KELLEY J E, WALKER M R. Critical-path planning and scheduling[C]//IRE-AIEE-ACM′59 (Eastern): Papers presented at the December 1-3, 1959, eastern joint IRE-AIEE-ACM computer conference. December 1 - 3, 1959, Boston, Massachusetts. New York: ACM, 1959: 160-173.

[21] KRUSKAL J B. On the shortest spanning subtree of a graph and the traveling salesman problem [J]. Proceedings of the American Mathematical Society, 1956, 7(1): 48-50.

[22] LUHN H P, SCHULTZ C K. H. P. Luhn: pioneer of information science; selected works[M]. New York: Spartan Books, 1968.

[23] MORRIS J, PRATT V. Traversing binary trees simply and cheaply[J]. Information processing letters, 1979, 9(5): 197-200.

[24] PRIM R C. Shortest connection networks and some generalizations[J]. The bell system technical journal, 1957, 36(6): 1389-1401.

[25] SHELL D L. A high-speed sorting procedure[J]. Communications of the ACM, 1959, 2(7): 30-32.

[26] STEVENS H. Hans Peter Luhn and the birth of the hashing algorithm[J]. IEEE spectrum, 2018, 55(2): 44-49.

[27] TARJAN R. Depth-first search and linear graph algorithms[C]//12th Annual Symposium on Switching and Automata Theory (swat 1971). October 13-15, 1971, East Lansing, MI, USA. IEEE, 2008: 114-121.

[28] VIGNESH R, PRADHAN T. Merge sort enhanced in place sorting algorithm[C]//2016 International Conference on Advanced Communication Control and Computing Technologies (ICACCCT). May 25-27, 2016, Ramanathapuram, India. IEEE, 2017: 698-704.